U0347520

"十二五"上海重点图书
材料科学与工程专业应用型本科系列教材
面向卓越工程师计划·材料类高技术人才培养丛书

无机非金属材料工程案例分析

主　编　张长森
副主编　陈景华　杨凤玲　于方丽

华东理工大学出版社
EAST CHINA UNIVERSITY OF SCIENCE AND TECHNOLOGY PRESS

图书在版编目(CIP)数据

无机非金属材料工程案例分析/张长森主编. —上海:华东理工大学出版社,2012.7(2014.9 重印)
ISBN 978 - 7 - 5628 - 3294 - 2

Ⅰ.①无⋯ Ⅱ.①张⋯ Ⅲ.①无机非金属材料 Ⅳ.①TB321

中国版本图书馆 CIP 数据核字(2012)第 117086 号

"十二五"上海重点图书

材料科学与工程专业应用型本科系列教材

面向卓越工程师计划・材料类高技术人才培养丛书

无机非金属材料工程案例分析

主　　编／张长森

副 主 编／陈景华　杨凤玲　于方丽

责任编辑／马夫娇

责任校对／金慧娟

出版发行／华东理工大学出版社有限公司

　　　　　地址:上海市梅陇路 130 号,200237

　　　　　电话:(021)64250306(营销部)　64251137(编辑部)

　　　　　传真:(021)64252707

　　　　　网址:press. ecust. edu. cn

印　　刷／常熟华顺印刷有限公司

开　　本／787 mm×1092 mm　1/16

印　　张／23.5

字　　数／597 千字

版　　次／2012 年 7 月第 1 版

印　　次／2014 年 9 月第 2 次

书　　号／ISBN 978 - 7 - 5628 - 3294 - 2/TQ・167

定　　价／58.00 元

前　言

在多年的教学实践过程中,编者体会到已有的理论教学体系和实践教学体系与培养工程应用型人才的要求存在一定差距,学生在校期间得到的工程实践训练明显不足,难以实现向实践的转变,其原因之一是学习缺乏联系实际,缺少对工程案例的分析和研究。采用案例教学法,把实际工程事实以书面描述呈现在学生面前,让学生进入被描述的工程情景现场,进入角色,以工程技术人员的身份一起探寻工程得失的经验与教训。通过案例分析,使学生能运用已经掌握的基本理论和基础知识,对描述的工程事实做出分析,从而提高学生综合运用知识、分析问题和解决问题的实践能力。

为了更好地开展案例教学,提高学生的分析问题、解决问题的工程能力,我们编写了本书。它不仅适用于应用型本科高等院校材料专业课程教学,也可作为从事无机非金属材料工程技术人员的参考用书。

本书由张长森主编并统稿。张长森编写第一篇,杨凤玲编写第二篇,陈景华编写第三篇,于方丽编写第四篇。编写过程中,吕海峰、朱顺明提供了部分案例,李玉寿、李延波和诸华军三位教师给予了大力支持和帮助,并做了大量校对工作。

本书在成书过程中,参阅了大量著作和文章,在此向这些作者们表示衷心的感谢。本书在出版过程中,得到盐城工学院教材出版资金的资助,在此表示衷心的感谢。

由于编者经验和水平有限,书中不当之处在所难免,敬请读者批评指正。

目 录

绪 论

一、案例教学的发展

案例教学法最早可以追溯到古希腊时代哲学家苏格拉底的"问答法"教学,但它真正作为一种教学方法的形成和运用,是在 1910 年美国哈佛大学的法学院和医学院。哈佛医学院对当时传统的医学教学进行改革,采用临床医生记录的医疗病例进行教学,学生根据这些病例进行讨论研究,即案例法教学模式;法学院主要是以法院判例为教学内容,在课堂上学生充分地参与讨论,考试也以假设的判例作为考试题目。但由于其教学方法与传统教学不一致而发展缓慢。

1920 年,美国洛克菲勒财团为了企业发展,急需培养企业人才,为此提供资金资助哈佛大学商学院进行新教学方法的试验,哈佛商学院鉴于哈佛法学院和医学院成功的案例教学,以案例教学作为新教学方法的试验,并取得良好的效果;1921 年,哈佛商学院院长华莱士出版了第一本案例集。此后,案例教学被广泛地应用于工商管理专业。从 20 世纪 50 年代开始,加拿大、英国、法国、德国、意大利、日本以及东南亚国家都陆续在管理教育中引入案例教学法。

在我国,随着改革开放的进行,案例教学被引进并得到逐步发展。1980 年,我国国家科委、国家经委和教育部与美国政府合作,在大连设立了高级管理干部培训中心,由美国 6 所大学共同组成的教师团任教,培训中国的企业管理人才。大连培训中心引进美国管理理论和管理方法,积极推广应用案例教学法,深受学员欢迎,教学效果显著。从此,案例教学渐渐被我国教育界接受并推广应用。1983 年,在国家经委组织的全国管理干部统考中,开始出现案例考题。"八五"期间,案例教学的研究与应用得到了加强和发展,国内发行或公开出版了一大批案例汇编。虽然我国案例教学无论是在理论上还是在实践上起步都较晚,但案例教学已被越来越多的人所接受,并得到广泛的应用和全面的发展。至今,众多高校案例教学除了在管理类专业作为教学内容和教学手段得到广泛应用外,在其他专业的教学中也逐渐得到应用。

二、传统工科专业教学方式在应用型人才培养上存在的不足

20 世纪 90 年代以来,美国高等工程教育界首先针对传统工程教育过分强调专业化、科学化从而割裂了工程本身这种现象提出来的"大工程观"教育理念,发出了"回归工程"的呼声;另一方面,随着我国高等教育的大众化,高等学校的生源质量也发生了较大的变化,原有精英教育模式已不适应大众化教育的生源。在此背景下,众多工科院校切实推行了教育教学改革,强化工程教育,适应大众化教育的要求,以培养适应人才市场和地方经济建设要求的应用型人才作为办学的核心内容。越来越多的学校在培养工科专业毕业生处理工程问题的能力上,采取了诸多措施,如开设综合性和设计性实验课程、毕业设计(论文)环节提倡"真题真做"、开展"大学生创新计划"等各种课外科技实践活动和竞赛活动等;与此同时,将工程案例教学法引入工科专业教学中,能够丰富学生受训练的内容,拓宽实施范围,使更多的学生进入到工程实际,弥补了其他教学手段的不足,这种理论与实践相结合的教学模式可以缩短理论教学与生产实际的距离,满足工程教育必须面向工业企业的要求,体现"面向工程"的办学理念和培养目标。

从工科应用型人才培养的角度来看,传统工科专业教学方式存在着以下不足,致使工程教育培养的人才与工程实践脱节,不能满足工业、工程一线的需要。

(1)已有的理论教学体系和实践教学体系与培养工程应用型人才的要求存在一定差距,学生在校期间得到的工程实践训练明显不足;学生的实际工作技能达不到工业、工程一线对高级应用型人才的基本要求。

(2)理论与实践脱节,解决实际问题的能力弱;高校本身的实践性教学环境、条件投入不足,导致在学校内开展的实践教学环节(如基础实验课程、专业实验课程等)不能满足工科大学生的工程训练的要求。

(3)实习环节受到制约,实习地点难以满足要求。我国高校与企业的联系虽然依然存在,但随着我国企业的改制重组合并等,很多企业出于经济效益、保密和安全等原因,往往不愿接受学生前往实习,即使同意接受学生实习的企业,也主要是以参观的形式进行,使得2周的认识实习或4周的毕业实习等校外实习环节流于形式,企业在学生工程训练方面所起的作用已经很小。

(4)传统工科专业课程的讲授以教师为主体,学生处于被动听课状态,在教学方法上偏重口头讲解,注入式多,启发式、讨论式少;加之1999年以后的连续扩招,学校大量引进了年轻教师,由于这部分专业教师缺少在企业生产一线的锻炼,缺乏专门的工程训练,专业理论课中很难联系工程实践。

(5)传统工科专业课程提供的是该学科领域内认识事物和解决问题的一般原则与方法,课堂以讲授某学科的知识为中心,学生以学习知识为主,对工业企业大量丰富的实际问题缺乏应有的关注,且缺乏对企业生产问题或工程问题的针对性,导致学生运用知识分析、解决工程实际中的具体问题能力不足。

三、工程案例教学在工科专业教学中的优势

在传统的理论教学模式中,教师凭借粉笔和黑板做系统讲解,通过教师的口头表达、板书、手势及身体语言等完成教学活动,带有很大的局限性。这种教学模式缺乏师生之间、学生之间的交流,教师是这类活动的中心和主动的传授者,学生被要求精心倾听、详细记录和领会有关意图,是被动的接受者。因此,这种传统的教学模式应用于能力的培养上难以奏效,对独立思考能力日趋完善的大学生,尤其是对于以能力培养为主的应用型人才的工科学院大学生来说,是很难激发其学习兴趣的,因此也难以实现培养目标。

案例教学则完全不同,教学活动主要是在学生自学、争辩和讨论的氛围中完成,教师只是启发和帮助学生相互联系,担当类似导演或教练的角色,引导学生自己或集体做分析和判断,经过讨论后达成共识。教师不再是这类教学活动的中心,仅仅提供学习要求,或做背景介绍,最后进行概括总结,绝大部分时间和内容交由学生自己主动地进行和完成。工程案例教学有如下优势。

(1)工程案例教学使理论和实践更好地结合,有利于提高学生分析、解决问题的能力和工程实践能力。俗话说:"授人以鱼,不如授人以渔",工程案例来源于生产或工程实践,是发生过的真实事件,具有很强的实践性。通过工程案例可将抽象的专业理论具体化,学生在教师的引导下应用所学的理论知识,通过对具体的工程案例分析,体验生产或工程实践中的具体问题,达到理论与实践相结合,学生在获得知识的同时获得了相应的经验,克服了学生只是一般地掌握理论而不会在实际工作中应用的状况,有效地培养了学生综合运用知识、独立工作和实践能

力及创新精神。

（2）工程案例教学有利于提高学生学习的积极性和主动性。在工程案例教学中，需要学生通过对具体工程案例分析讨论，互相提问和解答，自己去寻找蕴含在案例背景材料中的相关知识，工程案例教学法使学生由被动接受知识变为接受知识与运用知识主动探索并举，学生将应用所学的基础理论知识和分析方法，对工程案例进行理论联系实际的思考、分析和研究，充分体现了学生在学习中的主体地位，有效地提高了学生学习的积极性和主动性。

（3）工程案例教学有利于增强学生团结协作精神。工程案例教学鼓励学生以辨证思维的方法，从不同角度去观察、探讨同一问题的不同侧面，提倡交流、讨论、启发和批评。帮助学生串联知识要点、解答疑难，通过讨论、集思广益，最后几个同学在一起完成最终的方案。这一过程可培养学生敢于质疑权威的能力、敢于发表个人观点的能力、分析个案的能力和团队协作精神。

（4）工程案例教学有利于加强教师和学生之间在教学中的互动关系。在传统教学中，教师是传授者，学生则是消极的接受者，教师提供理论知识，学生囫囵吞枣地接受；而在案例教学中，教师与学生的关系是"师生互补、教学相辅"。这种教学法将使得学生积极参与，在阅读、分析案例和课堂讨论等环节中发挥主动性。教师在案例教学中则始终起着"导演"作用，既要选择好的"剧本"即符合教学需要的案例，又要在课堂讨论中审时度势、因势利导，让每一个学生充分地发挥，获得最大的收效。案例教学加强了师生交流，活跃了课堂气氛，这方面是传统教学方式难以比拟的。

（5）工程案例教学有利于提高教师素质和教学水平。工程案例教学对教师来讲，要求具有比传统讲授方法更高的知识结构、教学能力、工作态度及教学责任心，既要求教师具有渊博的理论知识，又要求教师具备丰富的实践经验，并将理论与实践融会贯通；既要求教师不断地更新教学内容，补充教案，又要求教师更加重视企业生产现状和工程实践，不断地从企业和工程实践中寻找适宜教学的案例。从而使教学活动始终处于活跃进取的状态，不断推陈出新、提高教学质量和教学水平。

（6）工程案例教学法可与其他教学手段互为补充、共同促进。在工科课程教学实践中，并没有唯一的或所谓完美的教学方法，各种教学手段不能互相排斥或取代。工程案例教学法应与其他教学手段如课堂讲授、设计、实习、实验等互为补充、共同促进，更有利于培养工科应用型人才。

第一篇　水　泥

基础知识

一、水泥的定义与分类

凡磨细成粉末状,与适量的水混合后,经过一系列物理化学变化能由可塑性浆体变成坚硬的石状体,并能将砂、石等散粒状材料胶结在一起、能保持并发展其强度的水硬性胶凝材料,统称为水泥。

水泥品种很多,通常可按主要水硬性矿物、水泥的用途和性能进行分类。按主要水硬性矿物可以分为:硅酸盐水泥、铝酸盐水泥、硫铝酸盐水泥、氟铝酸盐水泥以及少熟料和无熟料水泥等。按水泥的用途和性能可分为:通用水泥、专用水泥和特种水泥。通用水泥如通用硅酸盐水泥的六大品种水泥,用于一般土木建筑工程;专用水泥,如油井水泥、大坝水泥、耐酸水泥、砌筑水泥等,用于某一专用工程;特种水泥,如双快(快凝、快硬)硅酸盐水泥、低热矿渣硅酸盐水泥、抗硫酸盐硅酸盐水泥、膨胀硫铝酸盐水泥、自应力铝酸盐水泥等,用于对混凝土某些性能有特殊要求的工程。

以硅酸盐水泥熟料和适量的石膏及规定的混合材制成的水硬性胶凝材料称为通用硅酸盐水泥。通用硅酸盐水泥按混合材料的品种和掺量分为硅酸盐水泥、普通硅酸盐水泥、矿渣硅酸盐水泥、火山灰硅酸盐水泥、粉煤灰硅酸盐水泥和复合硅酸盐水泥。

二、硅酸盐水泥熟料的组成

硅酸盐水泥熟料主要由氧化钙(CaO)、氧化硅(SiO_2)、氧化铝(Al_2O_3)和氧化铁(Fe_2O_3)四种氧化物组成,通常在熟料中占95％以上;四种主要氧化物的波动范围为:CaO 62％~67％,SiO_2 20％~24％,Al_2O_3 4％~7％,Fe_2O_3 2.5％~6％。另外有5％以下的少量的氧化物,如氧化镁(MgO)、硫酐(SO_3)、氧化钛(TiO_2)、氧化磷(P_2O_5)以及碱(K_2O、Na_2O)等。

硅酸盐水泥熟料中,各种氧化物不是以单独的氧化物存在的,而是经高温煅烧后,以两种或两种以上的氧化物反应生成多种矿物的集合体,其结晶细小,通常为$30\sim60\ \mu m$。硅酸盐水泥熟料的主要矿物组成为:

硅酸三钙　$3CaO \cdot SiO_2$,可简写为C_3S;

硅酸二钙　$2CaO \cdot SiO_2$,可简写为C_2S;

铝酸三钙　$3CaO \cdot Al_2O_3$,可简写为C_3A;

铁相固溶体,通常以铁铝酸四钙$4CaO \cdot Al_2O_3 \cdot Fe_2O_3$作为代表式,简写为$C_4AF$;

另外,还有少量的游离氧化钙(f-CaO)方镁石(结晶氧化镁)、含碱矿物以及玻璃体。

硅酸三钙一般占50％左右,可以多至60％,被称为阿利特(Alite),简称A矿,硅酸三钙凝结时间正常,水化较快,放热较多,抗水性较差,但强度最高,强度增长率也大,28天抗压强度可达1年抗压强度的80％。

硅酸二钙一般占 20％左右,被称为贝利特(Belite),简称 B 矿,贝利特水化较慢,水化热较低,抗水性较好,早期强度较低,但 1 年后可以赶上阿利特的强度。

铝酸三钙一般占 7％~15％,水化迅速,放热多,凝结急,需加石膏调节其凝结速度,强度不高,干缩变形较大,抗硫酸盐性能也较差。

铁铝酸四钙一般占 10％~18％,被称为才利特(Celite),简称 C 矿,水化速度介于铝酸三钙和硅酸三钙之间。

三、硅酸盐水泥生产的原燃料

(1) 原料。生产硅酸盐水泥的主要原料是石灰质原料和黏土质原料。如果这两种原料按一定配比组合还满足不了形成矿物的化学组成的要求,则需要加入校正原料。因此,硅酸盐水泥的原料主要由三部分组成:石灰质、黏土质及校正原料。

石灰质原料主要提供氧化钙(CaO),常用的天然石灰质原料有石灰岩、泥灰岩、白垩、贝壳等。作为水泥原料,石灰石中 CaO 含量应不低于 45％~48％。泥灰岩是由碳酸钙和黏土物质同时沉积所形成的均匀混合的沉积岩,所以是一种极好的水泥原料,因为它含有的石灰岩和黏土已呈均匀状态,易于煅烧。白垩是由海生生物外壳与贝壳堆积成的,主要由隐晶或无定形细粒疏松的碳酸钙所组成的石灰岩。

黏土质原料主要提供氧化硅和氧化铝,也提供部分氧化铁。天然黏土质原料有黄土、黏土、页岩、泥岩、粉砂岩及河泥等,其中黄土与黏土用得最广。作为水泥原料,除了天然黏土质原料外,赤泥、煤矸石、粉煤灰等工业废渣也可作为黏土质原料。

当石灰质原料和黏土质原料配合所得生料成分不能符合配料方案要求时,必须根据所缺少的组分,掺加相应的校正原料。当生料中 Fe_2O_3 含量不足时,可以加入黄铁矿渣或含铁高的黏土等加以调整;若 SiO_2 不足,可加入硅藻土、硅藻石等,也可加入易于粉磨的风化砂岩或粉砂岩加以调整;若 Al_2O_3 不足,可以加入铝矾土废料或含铝高的黏土加以调整。

(2) 燃料。煅烧水泥熟料采用的燃料有固体燃料、液体燃料与气体燃料。固体燃料如烟煤与无烟煤,回转窑一般用烟煤,立窑用无烟煤;液体燃料多为重油、渣油;气体燃料为天然气。

(3) 矿化剂。为降低烧成温度和改善煅烧条件,生成更多液相,有利于硅酸盐水泥熟料的形成而加入的物质称为矿化剂,常用的矿化剂有萤石、石膏等。少量矿化剂的加入可降低液相出现的温度,或降低液相黏度,增加物料在烧成带的停留时间,使石灰的吸收过程更充分,有利于熟料的形成,提高窑的产量和质量,降低消耗。

四、硅酸盐水泥的生产方法及工艺流程

硅酸盐水泥的生产分为三个阶段。第一阶段称为生料制备,即石灰质原料、黏土质原料与校正原料经破碎或烘干后,按一定比例配合、磨细,并调配为成分合适、混合均匀的生料;第二阶段称为熟料煅烧,即生料在水泥窑内煅烧至部分熔融,得到以硅酸钙为主要成分的硅酸盐水泥熟料;第三阶段称为水泥制成,即熟料加适量石膏,有时还加一些混合材料共同磨细为水泥。这三个阶段简称为"二磨一烧"。

由于各地条件、原料资源和采用的主机设备等情况不同,水泥生产方法也有所不同,通常有两种分类方法,一是按煅烧窑的结构分为立窑和回转窑两种,立窑有普通立窑和机械化立窑;回转窑有湿法回转窑、干法回转窑和半干法回转窑。二是按生料制备方法分为湿法、干法和半干法三种。

水泥生产工艺流程有干法回转窑生产工艺流程、湿法回转窑生产工艺流程和立窑生产工艺流程等。干法回转窑生产工艺流程见图1.0.1,立窑生产工艺流程见图1.0.2。

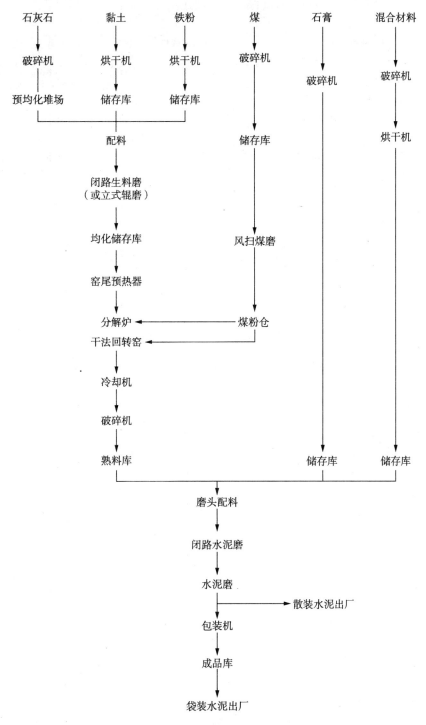

图 1.0.1 干法回转窑生产工艺流程

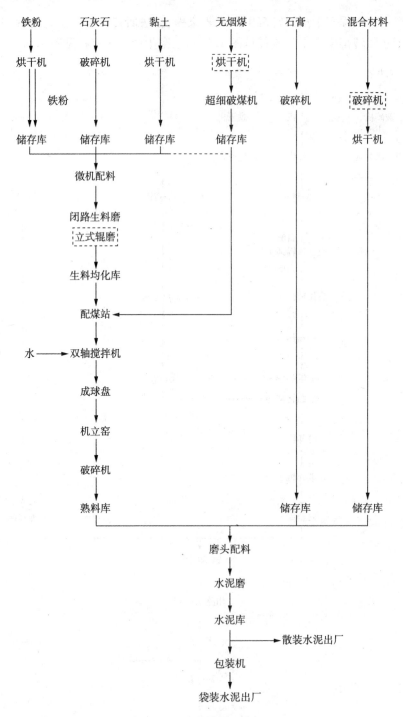

图 1.0.2 立窑生产工艺流程

五、硅酸盐水泥的性能

(1) 密度。普通硅酸盐水泥的密度一般介于 3 100~3 200 kg/m³,如果掺有大量的混合材,如火山灰和矿渣等,则水泥的密度会降到 3 000 kg/m³ 以下。硅酸盐水泥的松散容积密度为 1 000~1 300 kg/m³,紧密容积密度为 1 400~1 700 kg/m³。

（2）细度。水泥细度的评定指标有筛余（%）和比表面积（m²/kg）两种；GB 175—2009 规定，硅酸盐水泥和普通硅酸盐水泥以比表面积表示，不小于 300 m²/kg；矿渣硅酸盐水泥、火山灰硅酸盐水泥、粉煤灰硅酸盐水泥和复合硅酸盐水泥以筛余表示，80 μm 方孔筛筛余不大于 10% 或 45 μm 方孔筛筛余不大于 30%。

（3）凝结时间。水泥凝结时间分初凝和终凝两种。标准稠度水泥净浆从加水拌合起，至开始失去可塑性所需的时间为初凝时间；从加水拌合起，至完全失去可塑性并开始产生强度所需时间为终凝时间。GB 175—2009 规定，硅酸盐水泥初凝不小于 45 min，终凝不大于 390 min；普通硅酸盐水泥、矿渣硅酸盐水泥、火山灰硅酸盐水泥、粉煤灰硅酸盐水泥和复合硅酸盐水泥初凝不小于 45 min，终凝不大于 600 min。

（4）强度。我国 GB 175—2009 将通用硅酸盐水泥强度等级规定为：硅酸盐水泥分为 42.5、42.5R、52.5、52.5R、62.5、62.5R 六个等级（R 表示早强型）；普通硅酸盐水泥分为 42.5、42.5R、52.5、52.5R 四个等级；矿渣硅酸盐水泥、火山灰硅酸盐水泥、粉煤灰硅酸盐水泥和复合硅酸盐水泥分为 32.5、32.5R、42.5、42.5R、52.5、52.5R 六个等级。

（5）体积安定性。水泥体积安定性是指水泥浆体硬化时，体积变化是否均匀的性质。如果水泥硬化后产生不均匀的体积膨胀，就会使构件产生膨胀性裂缝，即为体积安定性不良。引起水泥安定性不良的原因有：①水泥熟料中由于配料、烧成及冷却制度不当而存在的游离氧化钙（f-CaO）过多。这种高温下死烧的氧化钙结构致密、水化缓慢，当水泥浆凝结硬化后，游离石灰的水化仍在继续，导致固体体积膨胀，当这种应力超过水泥石的承受能力时，水泥石将产生裂纹直至破裂。②熟料中氧化镁过多。硅酸盐水泥熟料中的氧化镁一般以游离状态存在，称为方镁石。方镁石的水化更为缓慢，水泥已经硬化后才进行，生成氢氧化镁，体积增大两倍以上，使水泥石开裂破坏。③粉磨水泥时掺入石膏过多。由于石膏在水泥硬化后继续与固态的水化铝酸钙反应生成三硫型水化铝酸钙而产生体积膨胀。国标规定用沸煮法检验水泥的安定性，水泥安定性不合格即为不合格品。

（6）水化热。水泥水化过程中放出的热量称为水化热。水泥水化热的大小及放热速度主要决定于水泥的矿物组成及细度。水泥熟料中硅酸盐三钙和铝酸三钙的含量越高，颗粒越细，则水化热越大。水泥完全水化放出热量约为 503 kJ/kg。

第一章　原材料与配料

知识要点

水泥熟料是一种多矿物集合体,而各个矿物又是由两种或两种以上主要氧化物化合而成。因此,在生产控制中,不仅要控制熟料中各氧化物的含量,还应控制各氧化物之间的比例即率值,这样可以比较方便地表示化学成分和矿物组成之间的关系,明确地表示对水泥熟料煅烧和性能的影响。因此,在水泥生产中,通常采用率值作为生产控制的一种指标。

硅率(Silica modulus)又称硅酸率,以 SM 或 n 表示,其计算如式(1.1.1)所示。

$$SM(n) = \frac{SiO_2}{Al_2O_3 + Fe_2O_3} \tag{1.1.1}$$

铝率,又称铁率(Iron modulus)或铝氧率,以 IM 或 p 表示,其计算如式(1.1.2)所示。

$$IM(p) = \frac{Al_2O_3}{Fe_2O_3} \tag{1.1.2}$$

式中,SiO_2、Al_2O_3、Fe_2O_3 分别为熟料中各该氧化物的质量分数。通常,硅酸盐水泥熟料的硅率在 1.7～2.7,铝率在 0.9～1.7。有的品种如白色硅酸盐水泥熟料的硅率达 4.0 左右,而抗硫酸盐水泥或低热水泥的铝率可低至 0.7。

硅率是表示熟料中氧化硅含量与氧化铝、氧化铁之和的质量比,也表示了熟料中硅酸盐矿物与熔剂矿物的比例。当铝率大于 0.64 时,经推导硅率和矿物组成之间关系的数学式是

$$SM(n) = \frac{C_3S + 1.325C_2S}{1.434C_3A + 2.046C_4AF} \tag{1.1.3}$$

式中,C_3S、C_2S、C_3A、C_4AF 分别为熟料中各该氧化物的质量分数。

硅率随硅酸盐矿物与熔剂矿物之比而增减。如果熟料中硅率过高,煅烧时由于液相量显著减少,熟料煅烧困难,特别当氧化钙含量低、硅酸二钙含量多时,熟料易于粉化;硅率过低,则熟料中硅酸盐矿物太少而影响水泥强度,且由于液相过多,易出现结大块、堵炉瘤、结圈等。

铝率是表示熟料中氧化铝和氧化铁含量的质量比,也表示熟料熔剂矿物中铝酸三钙与铁铝酸四钙的比例。当铝率大于 0.64 时,铝率和矿物组成关系的数学式是

$$IM = \frac{1.15C_3A}{C_4AF} + 0.64 \tag{1.1.4}$$

式中,C_3A、C_4AF 分别为熟料中各该氧化物的质量分数。可见铝率随 C_3A 与 C_4AF 之比而增减,铝率高低,在一定程度上反映了水泥煅烧过程中高温液相的黏度。铝率高,熟料中铝酸三钙多,相应 C_4AF 就少,则液相黏度大,物料难烧;铝率过低,虽然液相黏度较小,液相中质点易于扩散,对 C_3S 形成有利,但烧结范围变窄,窑内易结大块,不利于窑的操作。

石灰饱和系数以 KH 表示,KH 值为熟料中全部氧化硅生成硅酸钙(硅酸二钙和硅酸三钙)所需的氧化钙含量与全部氧化硅生成硅酸三钙所需氧化钙最大含量的比值,也即表示熟料中氧化硅被氧化钙饱和形成硅酸三钙的程度。

当熟料的 IM≥0.64 时,有

$$KH=\frac{CaO-1.65Al_2O_3-0.35Fe_2O_3}{2.8SiO_2} \tag{1.1.5a}$$

当 IM<0.64 时,有

$$KH=\frac{CaO-1.1Al_2O_3-0.7Fe_2O_3}{2.8SiO_2} \tag{1.1.5b}$$

当石灰饱和系数等于 1.0 时,此时形成的矿物组成为 C_3S、C_3A、C_4AF,而无 C_2S;当石灰饱和系数等于 0.667 时,此时形成的矿物为 C_2S、C_3A、C_4AFC,而无 C_3S。为使熟料顺利形成,不致因过多的游离石灰而影响熟料质量,通常工厂生产中石灰饱和系数在 0.82~0.94。

要使熟料既易烧成,又能获得较高的质量与要求的性能,必须对三个率值或四个矿物组成或四个化学成分加以控制,力求相互协调,配合适当。同时,还应视各厂的原料、燃料和设备等具体条件而异,才能设计出比较合理的配料方案。在选择确定熟料率值时,不应片面强调某一率值而忽视其他率值,要充分考虑到它们之间相互影响、相互制约的关系。还应结合工厂实际情况、技术条件以及原料资源情况综合考虑,总之要达到优质、高产、低消耗以及设备长期运转的目的。在选择率值时,应注意以下几项原则。

(1) 硅率的选择。选择硅率要与石灰饱和系数相适应,一般要避免以下几种情况:①KH 值高,n 值也偏高。n 值高,说明熟料中硅酸盐矿物多,熔剂性矿物少;KH 高说明 C_3S 含量多,C_2S 含量少。这对熟料的强度有好处,但是这种方案,在烧成过程中,因熔剂性矿物少,石灰吸收反应进行不完全,物料不易烧成,游离氧化钙高,有时还会发生生烧现象。②n 值高,KH 值低。此种方案硅酸盐矿物多,KH 低说明在硅酸盐矿物里 C_3S 含量少,熟料强度不高。在煅烧过程中,熔剂性矿物少,有大量的 C_2S 生成,易造成熟料的粉化。③KH 值低,n 值也偏低。此种方案硅酸盐矿物少,C_3S 含量也少,熟料强度不高。在煅烧过程中,熔剂矿物多,熟料易形成大块,不好煅烧,易造成游离氧化钙高,熟料质量差。

(2) 铁率的选择。铁率 p 的选择,也要与石灰饱和系数值 KH 相适应。如 KH 值选择比较高时,则 p 值相应低些,这样有利于 C_3S 生成。因为 p 值低,熟料中 C_4AF 含量较多,其液相黏度较低。目前有些工厂在铁率选择上,采用高铝配料方案或高铁配料方案。

(3) 高铝配料方案。熟料中 C_3A 含量高,熟料早期强度高,但液相黏度大,不利于 C_3S 生成。但高铝配料方案可使立窑的底火比较结实,不易破裂,不易产生风洞,有利于稳定底火。对于燃料的热值高、风机的风压大、操作技术水平较高的机械化立窑,可采用高铝配料方案。

(4) 高铁配料方案。熟料中 C_4AF 含量较多,可降低液相出现的温度及液相黏度,有利于石灰吸收反应的进行,促使 C_3S 形成,提高熟料强度。采用高铁配料方案产生液相量较多,易形成大块,易长窑皮。对立窑来讲,底火不结实。当煤的质量较差,而 KH 又较高时,宜采用高铁配料方案。

所以在选择熟料率值或矿物组成时,既要考虑熟料的质量,又要考虑熟料的煅烧;既要考虑各率值或矿物组成的绝对值,又要考虑它们之间的相互制约关系。原则上三个率值或四种矿物组成不能同时偏高或偏低。

案例 1-1 湿排粉煤灰代替黏土生产低碱水泥

青海某水泥有限公司为了调整产品结构,组织力量用湿排粉煤灰代替黏土生产低碱水泥,取得了成功。

1. 原材料及生产工艺条件

该公司有两条 1 000 t/d 新型干法水泥生产线和一条 2 000 t/d 新型干法水泥生产线,一直沿用石灰石、黏土、硫酸渣三组分配料生产硅酸盐水泥;但是黏土中碱含量高达 3.2% 左右,无法满足低碱水泥的配料要求,该公司决定采用附近电厂的湿排粉煤灰代替黏土配料,其碱含量为 1.46%,基本满足低碱配料要求。

该公司 2007 年 10 月在 1 000 t/d 熟料生产线上进行探索性试生产,其间出现窑皮垮落、耐火材料使用寿命缩短、影响窑的安全运行和生产成本较高等问题。2008 年 4 月针对低碱水泥试生产存在的问题进行分析研究,决定在 2 000 t/d 生产线上再次试生产,取得了较好的效果。

生产低碱水泥的关键是有效控制原燃材料中的 R_2O 值。该公司主要原料碱含量的控制范围如下:钙质原料中 $R_2O \leqslant 0.2\%$,硅质原料中 $R_2O \leqslant 1.5\%$,铁质校正原料中 $R_2O \leqslant 1.0\%$。原燃材料化学成分见表 1.1.1,煤粉工业分析见表 1.1.2。

表 1.1.1 各种原燃材料的化学成分 w 单位:%(质量分数)

名称	烧失量	SiO_2	Al_2O_3	Fe_2O_3	CaO	MgO	R_2O	$\sum$
石灰石(1#)	38.49	8.53	1.82	0.83	48.07	0.96	0.21	98.91
石灰石(2#)	41.68	2.12	0.20	0.11	51.33	2.59	0.11	98.14
石灰石(3#)	40.80	1.66	0.75	0.34	51.45	2.12	0.13	97.25
湿排粉煤灰	5.72	53.75	20.35	7.54	6.23	3.15	1.46	96.20
硫酸渣	2.39	28.12	7.12	43.72	2.51	2.46	0.96	87.28
煤灰	48.70	20.20	8.14	2.77	3.87	1.12		94.80

表 1.1.2 煤粉工业分析

水分/%	挥发分/%	固定碳/%	灰分/%	热值/(kJ/kg)
2.20	28.02	42.48	27.30	21150

(1) 钙质原料。石灰石开采有三个矿点(1#、2#、3#),1# 开采点石灰石含土量大,SiO_2 为 8.53%,碱含量偏高,且成分波动大,影响配料质量;2#、3# 两个开采点石灰石质量较好,化学成分相近,碱含量较低,能满足生产要求,但开采量较小,只能作为补充原料。为了解决这一矛盾,通过增加装运设备,增大 2#、3# 开采点石灰石的搭配比例,由原来的 15% 提高到 35%,满足了钙质原料碱含量的要求。

(2) 硅质原料。湿排粉煤灰 $w(R_2O)=1.46\%$,用它代替黏土配料,能满足生料碱含量的要求,另具有以下特点:①粉煤灰有 50% 左右颗粒小于 0.08 mm,且具有良好的易磨性,有利于提高原料磨产量,降低电耗。②粉煤灰中含有活性很高的玻璃体和活性 SiO_2、Al_2O_3 的物料,用其配制的生料具有良好的易烧性,且有利于挂窑皮。但因其铝含量较高,易形成长窑皮,影响窑内通风,并易造成"黄心料"。③粉煤灰中含有残留的碳,其本身发热量可达 800 J/kg

左右,可降低熟料热耗。

（3）铁质校正原料。硫酸渣,含铁量高,主要成分为 Fe_2O_3,碱含量为 0.96%。

（4）燃料。进厂原煤热值低、灰分大、碱含量高,均化条件差,质量波动大;而且其着火温度高,燃烧速度慢、火力强度小、烧成温度低,易造成熟料欠烧或黄心料。另外劣质煤在煅烧中 SO_3 和 R_2O 循环富集,在窑后部结硫碱圈,在分解炉锥部及窑尾上升烟道形成结皮,导致窑内通风不良。

根据原燃材料的化学成分,按照 42.5 级低碱水泥的性能要求,确定采用石灰石、湿排粉煤灰、硫酸渣三组分配料方案,设计熟料率值为:KH＝0.90,SM＝2.3,IM＝1.0。后考虑熟料 SM 值偏低,影响熟料 3d 强度,通过调整 Fe_2O_3 含量,以保证熟料煅烧过程所需液相量,基本满足生产要求。

2. 措施

（1）提高煤粉质量。加强原煤均化,降低出磨煤粉细度和水分,将煤粉细度从 12% 降低到 8.0% 左右,水分控制在 1.5% 以下,以提高煤粉燃烧速度。

（2）更换燃烧器。将三风道煤粉燃烧器更换为 2500A 型四风道煤粉燃烧器。该燃烧器一次风比例仅 $5\%\sim8\%$,直流风、旋流风速度大。与二次风的速差加大,调节灵活;对煤质的适应性更强,窑头火焰形状完整、火力强劲、热力集中、烧成带温度高,煅烧条件得到了改善,窑皮状况保持得比较稳定,熟料散料减少,结粒良好。

（3）提高二、三次风温。通过适当降低篦冷机篦速,增加一室冷风机风量,采用厚料层（一室料层厚度 600 mm 左右）的操作方法,提高二、三次风温,针对窑内熟料情况综合控制二、三次风的比例和压力,以较好的窑况去适应劣质煤的燃烧,从而达到较好的运行状态。

（4）加强窑内通风。针对窑内煤粉不完全燃烧造成的还原气氛,影响熟料烧成过程中的化学反应情况,适当提高高温风机转速,加强窑内通风,控制合理的系统负压,提高窑的快转率,"薄料快烧"降低窑内物料填充率,改善窑内反应环境,以利于物理化学反应的进行,减少或避免"黄心料"的产生。

（5）调整火嘴位置。火嘴在窑内的位置与窑皮的长度、厚度有很大关系,调整喷煤嘴中心线,和窑的中心线相同,以形成完整的火焰形状,有利于二次风的带入,使煤粉有足够的空间进行完全燃烧,提高烧成温度。

（6）优化操作参数。积极调整合适的窑操作参数,稳定热工制度,调整控制系统温度比煅烧普通硅酸盐熟料时稍高。目标值为窑尾温度 1 100℃,窑头罩风温 950℃,三次风温 860℃,分解炉出口 900℃,C_5 级筒出口温度 910℃,C_1 级筒出口温度 340℃。

3. 效果

2008 年 4 月 17 日开始实施低碱水泥配料方案,通过四个月的生产实践,由于配料方案选择合理,工艺措施调整及时得当,保证了回转窑系统热工制度的稳定,从而保证了熟料的产质量。产量由 78.6 t/h 提高到 79.8 t/h,且质量符合国标要求。熟料化学成分、率值熟料及矿物组成见表 1.1.3。

表 1.1.3 低碱熟料化学成分及率值

化学成分质量分数/%								率值			矿物组成质量分数/%			
烧失量	SiO_2	Al_2O_3	Fe_2O_3	CaO	MgO	f-CaO	R_2O	KH	SM	IM	C_3S	C_2S	C_3A	C_4AF
0.21	21.98	4.92	4.65	65.27	1.80		2.10	0.42	0.903	2.30	1.08	50.42	25.02	5.14	14.15

采用低碱水泥熟料,以配合比为熟料：石膏：粉煤灰＝87：5.0：8.0生产水泥,其水泥的抗折强度3d为4.7 MPa、28d为9.2 MPa,抗压强度3d为20.6 MPa、28 d为46.2 MPa,碱含量为0.53%,达到42.5级低碱水泥的要求。

分析点评

低碱水泥综合了普通硅酸盐水泥的许多优点,具有抗腐蚀性强、干缩性小、抗冻性能好等特点。用其配制的混凝土具有良好的施工性和优良的耐久性,技术性能优于其他混凝土。按国标要求,低碱水泥中的碱含量控制指标为 $w(R_2O)=w(Na_2O)+0.658\,w(K_2O)\leqslant0.6\%$。

该水泥有限公司地处西北地区,该地区因原燃材料的限制,低碱水泥的生产量很小,远远不能满足市场需求。企业根据市场的需求和企业自身发展的要求,为追求更大的经济效益,主动进行产品结构调整,公司组织力量对低碱水泥的生产进行技术攻关,获得了成功。

通过采用湿排粉煤灰代替黏土配料和石灰石搭配使用,有效控制生料中的碱含量,在燃料质量较差的情况下,通过优化熟料的三个率值、合理调整工艺操作参数、改用四风道粉煤燃烧器、稳定热工制度等系列措施,成功生产出高质量的低碱水泥,满足了市场需求。由于湿排粉煤灰的大量使用,既降低了黏土资源的消耗,又解决了火力发电厂湿排灰堆放难的问题,减少了对土地、水源、大气的环境污染,且符合国家"三废"政策,获得了较好的经济效益和社会效益。

思考题

1. 该水泥有限公司为什么要生产低碱水泥？该企业生产低碱水泥对企业和社会有什么益处？

2. 生产低碱水泥原材料有什么要求？配比时应注意什么？三个率值控制的范围如何？

3. 生产低碱水泥时工艺操作参数应如何调整？

4. 石灰饱和系数(KH)的变化对熟料煅烧和质量有什么影响？

案例 1-2　干粉煤灰配料生产水泥及其措施

山东某建材有限公司 1 000 t/d 新型干法熟料生产线自 2001 年开始使用电厂湿排粉煤灰作为黏土质原料,配以砂岩作为硅质校正原料,进行生料配料,取得了成功。但湿排粉煤灰水分较高(一般大于 18%),使用中易造成配料秤断料严重、出磨生料成分合格率低,影响熟料质量和窑系统工艺状况的稳定。尤其是夏季,往往造成入磨原料综合水分较高(大于 8%),因而要求生料磨烘干废气温度较高,出磨气体温度较低(小于 70℃),生料水分大于 2.0%。该公司在对粉煤灰资源进行详细考察并研究生产工艺后,使用干粉煤灰替代湿排粉煤灰配料取得成功。

1. 粉煤灰成分和原料配料方案的确定

(1) 粉煤灰成分。选用泰丰电厂的干粉煤灰,干湿粉煤灰的化学成分见表 1.1.4,干灰的 Al_2O_3 含量低、Fe_2O_3 含量高,配比中通过降低铁粉的配比,控制砂岩使用量,适当增加干灰的用量。

(2) 原料配比的变化。根据原湿排灰的配料经验及干灰的化学组成,进行原料配料方案调整,见表 1.1.5。

表 1.1.4　干湿粉煤灰化学成分　　　　　　　　　　　　　单位:%

品种	烧失量	SiO_2	Al_2O_3	Fe_2O_3	CaO	MgO	水分
阳光电厂(湿排灰)	5.6	47.79	26.69	8.36	2.45	1.71	19.0
泰丰电厂(干灰)	8.1	46.87	24.32	11.25	2.89	1.35	1.5

表 1.1.5　配料方案

名称	湿排粉煤灰配料			干粉煤灰配料		
	质量配比/%	水分/%	湿基配比/%	质量配比/%	水分/%	湿基配比/%
石灰石	84.85	3	84.0	84.85	3	84.7
砂岩	9.15	3.5	9.1	9.15	3.5	9.18
铁粉	1.8	10	1.9	1.5	10	1.61
粉煤灰	4.2	19	4.98	4.5	1.5	4.43
煤灰	1.8			1.8		
生料率值	KH=1.00, SM=2.42, IM=1.85			KH=1.00, SM=2.46, IM=1.82		
熟料率值	KH=0.924, SM=2.32, IM=1.77			KH=0.926, SM=2.36, IM=1.74		

2. 配套改造和试生产情况

利用原石灰石存储库作为干粉煤灰储库(库存粉煤灰 1 200 t),并将皮带计量秤改为管式螺旋计量秤。粉煤灰经配料计量后与石灰石混合入磨。2006 年 11 月干粉煤灰投入使用。使用后消除了粉煤灰断料现象,使生料合格率升高。其中 KH 合格率从 62% 提高到 65%;SM 合格率从 66% 提高到 71%;IM 合格率从 64% 提高到 68%。生料出磨温度升高达到 80℃;生料水分降低,小于 1.0%。

试生产中出现的问题有:一是预热器系统温度升高,在分解炉控制温度不变的情况下一级筒出口温度由 346℃ 升高到 353℃,其余二～五级出口也分别出现 5～10℃ 不等的温度升高。预热器四级出口温度升高幅度最大,达到 10℃,膨胀仓内不时出现积料,下料不畅,发生堵塞事故。二是生料磨产量降低,由 87 t/h 降到 84 t/h。三是电除尘收尘效率降低,有灰白色烟尘排出,而入窑生料也表现为浅灰色。四是生料出磨成分控制与熟料成分控制出现较大的出入,熟料 KH 比控制指标低、IM 值比控制指标高。造成上述问题的主要原因有以下几点。

(1) 使用干粉煤灰,磨机研磨能力下降。水分为 1.5% 的干粉煤灰由于在配料的过程中没有与其他原材料进行充分的混合,进入原料磨烘干仓后被较快的风速迅速带走,在磨内停留时间短,造成磨内实际研磨物料的性质、粒度分布发生了较大的变化,粉煤灰的助磨作用未得到充分发挥。

(2) 烧失量的升高,说明干粉煤灰中固定碳含量高;另外,由于大量含有固定碳颗粒的粉煤灰未经研磨就作为成品被收集,生料喂入预热器后固定碳颗粒在低温环境下燃烧释放热量的速度缓慢,进入五级上升烟道后,在超过 850℃ 环境下迅速燃烧进入四级,物料温度过高而引发堵塞。

(3) 使用干粉煤灰后,出磨气体温度升高,进入电除尘温度相应升高至 140℃,同时出磨气体水分也大幅度降低,导致废气中粉尘的比电阻率增大,从而影响电除尘的收尘效率,造成部分微细颗粒排放。

(4) 粉煤灰掺入生料的途径发生了变化,更多的通过电除尘收集进入均化库,造成生料出磨控制成分取样点试样失真,按照原有的标准进行配料计算,与实际控制有较大的差距。

针对上述问题该公司采取了以下技术措施:一是关小生料磨排风机风门,降低磨内风速,减少带走粉煤灰的比例,延长粉煤灰在磨内的滞留、研磨时间;二是调整球配,适当补充大球,并提高磨内填充率;三是尽量控制进厂粉煤灰烧失量小于 6.0%;四是调整增湿塔用水量,进一步降低入电除尘废气温度,调整粉尘比电阻;五是降低煤粉细度、水分,控制分解炉煤粉不完全燃烧现象,缓解粉煤灰固定碳燃烧带来的不利因素;六是摸索生料出磨成分控制与熟料成分的对应关系,及时调整生料控制指标,稳定熟料控制指标。

3. 效果

采取一系列措施后问题得到了解决。其中生料磨产量恢复并提高到 89 t/h,预热器操作控制参数恢复,堵塞故障消除;除尘器粉尘排放浓度(标况)为 70 mg/m³;烧成系统运行稳定,熟料产质量得到提高。

分析点评

粉煤灰作为火力发电厂的一种工业废料,它的堆存不仅占用了大量的耕地,而且也对环境造成一定的污染。粉煤灰是一种分散度较高的微细物料,是各类颗粒混合体。粉煤灰矿物相主要由玻璃相、无定形相和结晶相三类矿物组成。玻璃相主要是球型玻璃体,这部分为漂珠、沉珠、磁珠等;结晶相主要为莫来石、石英、磁铁矿、硅酸盐矿物等;无定形相多为未燃烧的炭粒。低钙粉煤灰(CaO 含量在 5% 以下)的密度一般为 1.8～2.3 g/cm³。粉煤灰颗粒径一般为 0.5～300 μm,平均几何粒径小于 40 μm,粉煤灰的主要化学成分为 SiO₂ 和 Al₂O₃,两者含量占 60% 以上。粉煤灰中未燃尽的炭大部分以单体形式存在于粉煤灰中,炭粒呈海绵状和蜂窝状,比表面积大,疏松多孔,亲油疏水,具有良好的吸附活性。炭粒较软,强度较低,部分石墨化,密度一般为 1.6～1.7 g/cm³,视密度一般为 0.74～0.66 g/cm³。一般炭粒平均粒度大于粉煤灰的平均粒度,即粗粒级粉煤灰中的含碳量高于细粒级粉煤灰。

粉煤灰的开发利用早已为人们所关注,粉煤灰在水泥中的应用最初是作为混合材掺入水泥中;另外,作为混凝土掺合料应用,2005 年 8 月 1 日实施的《用于水泥和混凝土中的粉煤灰》GB/T 1956—2005 标准规定,根据粉煤灰细度(45 μm 筛余)、需水量比、烧失量等指标,将粉煤灰分为Ⅰ级、Ⅱ级、Ⅲ级灰,对其细度要求分别为 12.0%、25.0%和 45.0%,烧失量要求分别为 5.0%、8.0%和 15.0%。

本案例和案例 1-1 均是用粉煤灰替代黏土作为硅质原料生产水泥,这是利用粉煤灰具有与黏土相近的化学成分的特点。粉煤灰替代黏土,可以保护耕地,减少对土地资源开采,具有重要的现实意义和长远的历史意义,以及广阔的推广应用前景。

思考题

1. 在水泥原料上的使用,本案例和案例 1-1 给我们什么启迪?

2. 干排粉煤灰与湿排粉煤灰用于替代黏土配料各有什么优缺点?

3. 窑外分解窑上用粉煤灰替代黏土配料应重点控制粉煤灰中的哪些成分? 为什么?

4. 在水泥中粉煤灰作原料使用时,粉煤灰中的碳含量对水泥生产有何影响? 若粉煤灰作为水泥混合材或水泥混凝土掺合料时,粉煤灰中的碳含量对水泥混凝土有何影响?

案例 1-3 铅锌尾矿代替黏土和铁粉配料生产水泥熟料

湖南郴州某水泥有限公司在 2 500 t/d 新型干法窑上利用铅锌尾矿代替全部黏土和铁粉生产水泥熟料。

1. 原料及配料方案

桥口铅锌矿尾矿为浅灰色粉状,含水量较大(10%左右)。尾矿成分稳定,特点是硅、铁含量高,铝含量略低,与常规使用的黏土质原料的化学成分非常接近,是理想的黏土质原料替代物。铅锌矿尾矿的化学成分见表 1.1.6。

表 1.1.6 铅锌矿尾矿的化学成分　　　　　　　　单位:%

成分	烧失量	SiO_2	Al_2O_3	Fe_2O_3	CaO	MgO	SO_3	CaF_2	$\sum$
铅锌矿尾矿	1.96	65.26	11.43	10.21	1.59	2.47	0.55	4.70	97.65

该公司根据正常生产控制指标及桥口铅锌矿尾矿的化学成分的实际情况,决定利用该铅锌尾矿替代 100%黏土和铁粉进行配料。其率值控制为:KH=0.93±0.01,SM=2.8±0.1,IM=1.6±0.1;熟料成分控制为:$Al_2O_3 < 5.2\%$,$Fe_2O_3 < 3.2\%$。其配料方案及有关化学成分对比见表 1.1.7。

表 1.1.7 生产配料方案及有关化学成分

配方类型	生料配比/%				熟料率值			熟料中/%	
	石灰石	黏土	尾矿	铁粉	KH	SM	IM	Al_2O_3	Fe_2O_3
黏土配料	85.57	12.39	0.00	2.04	0.92	2.58	1.50	5.38	3.05
铅锌矿配料	86.19	0.00	13.81	0.00	0.93	2.75	1.56	5.03	3.14

2. 生产情况

铅锌尾矿配料后生料的易磨性相对黏土配料较差,应注意铅锌尾矿均化和喂料速度,可保证生料的细度达到要求。生料易烧性好,窑的热工制度和台时产量稳定。当熟料 KH 为 0.93、SM 在 2.7 以上时,料子感觉并不是很难烧;当 f-CaO 较低时,熟料结粒明显均齐细小,立升重下降。试生产期间,熟料成分及其物理性能良好。熟料质量稳定,28 d 平均强度为 59.9 MPa。与利用黏土配料时的熟料强度非常接近,基本没有差别。

3. 效果

采用铅锌尾矿配料后生产的水泥熟料,按掺二水石膏 4%、石灰石 3%、矿渣 5%、粉煤灰 7%配比磨制的水泥,其 28 d 抗压强度达 59.9 MPa。其水泥送湖南省建材质检站检测,根据 GB 6566—2001《建筑材料放射性核素限量》要求,各项检测指标均合格。

分析点评

据统计,1 t 铅锌原矿经提炼后将产生 0.95 t 以上的尾矿,尾矿的排放不但占用大量的土地,而且对周边的城镇和农村的环境造成了严重的影响。湖南郴州作为全国著名的有色金属之乡,具有丰富的有色金属矿产资源,各矿点经过多年的生产已排出数以千万吨的尾矿。该水泥有限公司结合当地的资源情况,根据铅锌尾矿的主要化学成分与生产所用黏土质原料接近,且铅锌矿尾矿中有一定量的铁质氧化物及微量元素,利用其全部代替黏土原料和铁质校正原料配料,使铅锌矿尾矿中的有关成分在水泥生产中得到有效利用,不但充分利用了工业废渣,减少了环境污染,而且节约了资源。同时利用其中的微量元素作为矿化剂,可以改善硅酸盐水泥生料的易烧性,对水泥熟料的形成以及降低煅烧温度有着重要的影响,无疑对企业的经济效益和环境保护均是一件有益的事情。

需要注意的问题是铅锌矿尾矿可能存在放射性元素,因此要根据 GB 6566—2001《建筑材料放射性核素限量》的要求,进行放射性检测试验,必须符合要求。

思考题

1. 利用铅锌矿尾矿配料生产水泥熟料有什么优势?
2. 采用铅锌矿尾矿配料应注意什么?
3. 铅锌矿尾矿配料为什么有利于降低水泥熟料的烧成温度?

案例 1-4　立窑采用劣质煤生产高标号水泥

某立窑水泥厂针对石灰石品位低、成分波动大和燃煤质量差等情况,采取有效措施,成功生产了高标号水泥。

1. 石灰石和煤的情况

为对矿石进行综合利用,把原废弃的山皮土和石渣作为低品位矿石掺入水泥原料中,达到综合利用资源的目的。山皮土和石渣综合利用前后石灰石的化学分析见表 1.1.8,两组数据均为磨头取样的月平均值。石灰石矿山在综合利用后,CaO 含量能保证生产的要求,并且 MgO、SiO_2 等成分的含量有所增加。另外,山皮土的掺入不均匀也会造成石灰石成分频繁波动。

表 1.1.8　综合利用前后的石灰石化学成分　　　　　　单位:%

名称	烧失量	SiO_2	Al_2O_3	Fe_2O_3	CaO	MgO	Σ
综合利用后	41.50	2.68	0.84	0.76	49.79	3.03	98.60
综合利用前	42.18	1.92	0.63	0.49	50.80	2.50	98.52

一般情况,在立窑全黑后料生产工艺中,对原煤的质量要求是:分析基灰分 $A^f < 25\%$;分析基挥发分 $V^f < 10\%$;应用基低位热值大于 20.9 kJ/kg。该厂的原煤煤质次且成分波动大,同一天的煤工业分析结果波动为:W^y 在 $15.4\% \sim 45.0\%$,W^f 在 $0.18\% \sim 0.76\%$,A^f 在 $35.78\% \sim 41.90\%$,V^f 在 $6.50\% \sim 9.54\%$,Q_d^f 在 18 310 $\sim$ 20 650 kJ/kg,Q_d^f 在 17 220 $\sim$ 19 660 kJ/kg。数据与工艺要求有一定的差距。煤的灰分高、挥发分高、发热量低,在立窑上表现为煅烧速度慢、易塌边。而煤质的不稳定也会降低配热、配料的准确性。

2. 技术措施

(1) 选择合理的配料方案。由于原燃料质量较差,在制定配料方案时,尽可能地选用易烧的方案,同时适当提高矿化剂的掺加量。考虑到原燃料中,MgO 含量较高,硫含量较高,能起到一定的矿化作用,故在配料时采用了单掺萤石的配料方案。确定配料方案为:$KH = 0.91 \sim 0.95$,$n = 1.70 \sim 1.90$,$p = 1.55 \sim 1.75$,萤石$= 1.0\%$,配热$= 4\,500 \pm 100$ kJ/kg 熟料。

(2) 控制生料细度。80 μm 方孔筛筛余 $< 8.0\%$,900 孔筛筛余 $< 1.0\%$。

(3) 加强对原煤和小宗原材料的管理与控制。①把原煤堆场分为东西两部分,轮番堆放与使用。进厂煤平铺堆放。使用时,用挖掘机先从断面切取,然后再用推土机推入配料棚,坚决杜绝随卸随用。②对黏土实行剥离使用。先把地表的黄沙土剥离弃去,采用外观为红色的黏土,其塑性较好,其中 Al_2O_3 含量大于 14.0%。这样就可以减轻黏土掺量少对生料球强度的影响。同时还采取一定措施控制黏土中砾石的带入量。③要求进厂铁矿石 Fe_2O_3 含量大于 50%,并且备一批硫酸渣供调料使用。④进厂萤石中 CaF_2 含量要求大于 70%。

(4) 利用四元素分析仪,加强磨头的监测与调整。生料磨头石灰石 CaO 检验由原来每班两次增至每班四次,生料 TCaO 除每小时一次外还增加每四小时一次的连续样的四元素分析。将微机处理结果迅速反馈到磨头,及时调整配比。

(5) 充分利用现有设施,提高入窑生料的均匀性。生料用若干圆仓储存,没有其他均化措施,但是通过入仓和放仓的控制也能收到较好的均化效果。在提高出磨生料均齐性的同时,强化生料的配库使用。假设有四个生料仓,窑上操作和化验分析表明,某一化学成分偏高,可以选取其中一个料少的仓尽快放完。然后,向其中注入含这种成分较低的生料,再根据需要和其他三个仓搭配使用。这样用较短的时间就能把生料的成分调整过来。

（6）调整成球工艺设备,适当缩小料球粒径,降低高温爆破率。料球粒径越小,其高温爆破率越低。因此,把料球粒径由原来的 10～15 mm 改为小于 10 mm,以改善由于黏土掺量少对料球强度的不良影响。通过观察罗茨风机的电流发现上升不到 5A,约占电流总量的 5%。这说明,窑的阻力并未发生大的变化。这是因为料球缩小,虽然其堆积密度有所增加,但由于高温爆破率降低和高温收缩率的增加,使得料层的孔隙率有所提高,两者互相抵消,所以整个窑的阻力变化不大。当然料球粒径越小,孔隙率越高,对煅烧反应越是有利。

3. 效果

通过采取有效的技术措施,克服了石灰石和原煤的质量问题对生产工艺的影响。两个月共生产 42.5R 级普通水泥 1.2 万吨,各种理化指标均符合国家标准,其性能见表 1.1.9。

表 1.1.9　熟料和水泥性能

项目	细度/%	SO_3/%	初凝/min	终凝/min	抗折/MPa		抗压/MPa	
					3 d	28 d	3 d	28 d
熟料	7.3	2.84	114	269	6.4	8.4	36.0	60.3
水泥	1.8	2.76	176	290	6.0	8.2	35.2	60.4

分析点评

立窑水泥厂在生产高标号水泥时,因受诸多因素的影响有一定的局限性,特别是在原燃材料品位较低的情况下,此生产过程更是难以实现。本案例中立窑企业利用劣质煤和低品位石灰石生产高标号水泥取得了成功。①当原燃料品质较次时,选择比较易烧的配料方案是解决问题的技术关键。②在大宗原燃料出现质量问题时,可以考虑通过精确控制小宗原料的品质达到改善生料的质量。③中小型水泥厂加强工序控制与现场管理是非常重要的。④立窑采用 10 mm 以下的料球煅烧是比较合理的。

在采用劣质石灰石时,石灰石中有害成分如 MgO、结晶 SiO_2 等的含量有所增加,MgO 的加入直接造成烧成制度紊乱,MgO 为溶剂矿物,可使煅烧过程中液相量增加,液相黏度降低,烧结范围变窄。表现为窑内结块严重,呲火频繁,烧出的熟料很不均匀。而石灰石中带入过多的结晶 SiO_2,一方面会使黏土的掺入量减少（最低掺量只有 2%）,造成中部通风不良、偏火不易调整、死烧过多等弊病;另一方面结晶的 SiO_2 使煅烧过程趋于缓慢。因此,在工艺操作和参数的控制上要有相应的调整。

思考题

1. 立窑生产高标号水泥时,熟料的三个率值应控制在什么范围?与窑外分解窑有什么差别?说明其原因。

2. 采用劣质石灰石时,应采取哪些措施保证生料的稳定性?

3. 石灰石中的有害成分有哪些?它们对烧成制度有何影响?

4. 什么叫矿化剂?其矿化作用机理是什么?

案例 1-5 高硅石灰石在水泥生产中的应用

宁夏某实业股份有限公司 2 500 t/d 熟料生产线技改工程,充分考虑公司现有矿山高结晶硅石灰石的现状,通过使用立式磨及 TSD 分解炉等新的生产技术及生产工艺,解决了低品位、高结晶硅石灰石在水泥生产中的应用难题,使 3 000 万吨拟抛弃的资源得以充分利用,石灰石矿山服务年限延长了 11 年。

1. 石灰石资源状况

该公司石灰石矿山已探明 B+C+D 级储量 8 908.2 万吨,该矿山于 1987 年建成投产,矿山设备、运矿道路、前期剥离作业及后续技改扩建投资总计 6 000 万元,目前已累计采出矿石约 900 万吨,到 2005 年年底该矿山保有 B+C+D 级储量约 8 000 万吨。但其中西部山梁 0.518 km² 范围内约 3 000 万吨矿床结晶 SiO_2 含量(质量分数)在 8.0% 左右,部分矿区燧石结核(条带)SiO_2 含量高达 12.70%。该范围内石灰石化学成分见表 1.1.10。

表 1.1.10 西部山梁 0.518 km² 范围内石灰石化学成分　　　　单位:%

矿层	烧失量	SiO_2	Al_2O_3	Fe_2O_3	CaO	MgO	K_2O	Na_2O	SO_3	Cl^-
全矿区	39.55	8.15	1.00	0.52	48.92	0.97	0.48	0.04	0.02	0.01
部分矿区	36.18	12.70	1.83	0.64	46.65	1.33	0.25	0.08	—	—

原在设计及生产中都严禁采用高硅石灰石,因此矿山石灰石的实际可采储量仅有 5 000 万吨左右。多年来,高硅石灰石一直被搁置,并与已开采的台段形成 30 m 的落差。如要对矿山进行拓展,此部分石灰石必须清理掉,这不仅增加了矿山开采费用,也造成资源的极大浪费。为此,该公司曾在原有 φ3.6 m×11 m 棒球磨(台产 75 t/h)上进行试验,在粉磨此种石灰石时,产量降至 50 t/h(低于 50 t/h 研磨体及衬板很难承受)以内,出磨生料细度在 16%(0.08 mm 方孔筛余)以上,不能满足熟料煅烧的要求。

2. 粉磨设备的选择

对各类粉磨设备工艺性能及粉磨原理进行综合对比,立式磨在硬质物料粉磨方面有一定优势,公司委托沈阳重型机械设计研究院,对高硅石灰石、硅砂、煤矸石、硫酸渣(铁粉)进行立式磨原料易磨性试验。高硅石灰石中含有一定量的结晶硅,硬度较一般的灰岩高,抗冲击能力较强,难于破碎;经试验表明高硅石灰石内部颗粒结构较差,抗碾压、抗剪切力差。

选用 MLS3626 立磨:①生产能力为 190 t/h;②入磨物料粒度≤90 mm;③允许入磨物料最大水分 12%;④出磨生料细度(80μm 筛的筛余)<12%;⑤出磨生料最大水分<0.5%;⑥布置方式可带厂房或露天布置;⑦配套主电机型号:YRKK710-6 绕线式异步电动机(双轴伸),额定功率 2 100 kW,电压 10 000 V,转速 994 r/min;⑧配套选粉电机型号 YTP280S-4-V1 型,功率 75 kW,变频调速,转速 162~1 620 r/min。

3. 煅烧设备的选择

生料易烧性试验:设计了两组不同的生料配料方案,第一组采用高硅石灰石与硅砂、煤矸石、铁粉(硫酸渣)四组分配料;第二组采用高硅石灰石、硅砂、湿粉煤灰、铁粉(硫酸渣)四组分配料方案,各组的生料率值不同。两组的配料方案和率值见表 1.1.11。

测定时按国家标准进行,即各配合生料成型、干燥后,先放在 950℃ 下预烧 30 min,再分别在 1 400℃、1 450℃ 煅烧,分析熟料中的游离氧化钙并判定生料的易烧性能:w(f-CaO)<1.0%,易烧

性为"优";$w(f\text{-}CaO)=1.0\%\sim1.5\%$,易烧性为"良";$w(f\text{-}CaO)=1.5\%\sim2.5\%$,易烧性为"一般";$w(f\text{-}CaO)>2.5\%$,易烧性为"差"。测定结果见表 1.1.11。可见,第二组方案较为理想。

表 1.1.11 生料易烧性试验

试验组别	配比/%					熟料率值			$w(f\text{-}CaO)/\%$	
	高硅石灰石	硅砂	煤矸石	铁粉(硫酸渣)	湿粉煤灰	KH	SM	IM	1 400℃	1 450℃
第一组	89.2	5.0	4.0	1.8		0.908	2.83	1.45	5.2	3.6
第二组	91.4	4.5		1.6	2.5	0.915	2.85	1.55	4.8	2.52

按第二组方案配料进行了不同温度下煅烧试验。结果表明,当温度从 1 450℃ 降到 1 400℃ 时,$w(f\text{-}CaO)$ 由 2.52% 增加到 4.8%,增加近一倍;当温度从 1 400℃ 降到 1 350℃ 时,$w(f\text{-}CaO)$ 达 5.61%;而当温度升到 1 470℃ 时,$w(f\text{-}CaO)$ 下降为 1% 左右。因此在实际生产时,应采用调节灵活的燃烧器,注意合理用煤与用风,控制好煅烧温度,烧好窑头这把火,才能确保熟料的质量。将传统的三通道燃烧器改为 TC 型四通道煤粉燃烧器,以灵活调节火焰形状、火焰长度和火点温度,满足窑内高温煅烧的需要。

4. 生产情况

(1) 石灰石的预均化。新建生产线原料磨于 2006 年 6 月 10 日开始带负荷试运转,石灰石全部采用西部山梁的高结晶硅石灰石。生产中石灰石的预均化从以下两方面控制:①根据矿区各区域矿物结晶硅分布情况,采取平面降段和多台段搭配开采方式,在采场进行初步搭配;②按矿车运输能力和各台段矿石成分,控制每台段各时间段内的供应量,在石灰石入破碎卸料坑前按比例进行二次搭配,保证石灰石各成分的稳定均匀。

(2) 磨机生产状况。①立磨运行参数控制。原料磨运行中,保持磨辊压力在 12.6 MPa 以内,磨盘上料层厚度在 50～80 mm;使用磨内喷水方式(4.5 m³/h)以稳定料层厚度,合理调整磨内用风量,减少磨内细粉的内循环量,提高粉磨效率;使用窑尾 320℃ 左右的高温废气对含水分 6% 原料进行烘干,使进电收尘的废气温度降低到 110℃ 以下,提高热能利用效率,减少废热排放量。②实际运行情况。回转窑未投入运行没有热风来源,为冷磨运行,出磨生料细度(0.08 mm 筛余量)控制在 ≤18%,水分 <1.5%,磨机产量为 160 t/h;2006 年 7 月正常生产通入窑尾热风后,出磨生料细度控制在 ≤16%,出磨生料水分控制在 <0.5%,磨机台时产量 200 t 左右,超过设计值。

(3) 生料质量。2006 年 7～9 月的出磨生料和入窑生料质量平均值见表 1.1.12。其中入窑生料中掺有窑灰,与出磨生料相比,入窑生料中 $w(SiO_2)$ 下降,$w(CaO)$ 增加。因此在确保生料易烧性和熟料质量的前提下,将出磨生料细度放宽到 ≤16%(0.08 mm 方孔筛余量),这样可降低生料能耗、提高磨机产量,获得高的效益。另外尽管石灰石中 SiO_2 含量较高,但粉磨后的生料中并未出现 SiO_2 富集现象,这说明立磨产品颗粒较为均匀。

表 1.1.12 出磨和入窑生料化学分析结果　　　　单位:%

样品名称	烧失量	SiO_2	Al_2O_3	Fe_2O_3	CaO	MgO	$\sum$
出磨生料	35.67	13.55	2.78	1.99	43.57	1.28	98.84
入窑生料	35.85	13.07	2.78	2.02	43.82	1.27	98.79

(3) 磨辊、磨盘衬板磨损情况。截至 2006 年 12 月底,磨机累计运行 2 868.1 h,共计生产

生料 53.7 万吨。停磨后检查磨辊、磨盘,其中磨盘衬板表面磨损均匀,吨生料的磨耗量为 2.4 g/t;磨辊衬板表面磨损较为光滑,外侧受喷吹环高速气流作用,衬板面上有呈 5 mm 深凹槽状磨蚀,吨生料的磨辊总磨耗量为 3.7 g/t,磨盘与磨辊总的磨损量为 6.1 g/t,远低于该公司生料磨-球磨机的钢球与衬板的磨损量 28 g/t,预计磨辊翻面后总的使用时间应在 7 000 h 以上。另立磨单位产品电耗 7.9 kW·h/t,原料粉磨系统电耗平均值为 12.74 kW·h/t,均低于设计值要求(设计指标为:粉磨吨生料的磨机电耗为 8.0 kW·h/t,系统综合电耗为 15.0 kW·h/t)。

(4) 熟料产质量。2006 年 6～7 月试生产期间,对高硅石灰石配料和煅烧等处于摸索阶段,各种操作参数在逐步调整,熟料的产质量受到一定程度的影响。8 月份以后通过对试生产期间的各项技术参数和回转窑运行状况进行综合分析,确定了较为适宜的系统操作、运行参数,并通过对四通道煤粉燃烧器内外风比例和煤粉使用量的调整,生产线的各项技术经济指标达到或超过了设计指标要求(表 1.1.13),高硅石灰石在水泥生产中的使用问题得以彻底解决。

表 1.1.13 2006 年 8～11 月实际生产熟料产量、质量情况

时间/月	熟料月产/t	窑日产量/t	熟料 3 d 强度 /MPa	熟料 28 d 强度 /MPa	熟料 $w(\text{f-CaO})/\%$
8	41 278.0	2 591.3	26.4	56.0	1.71
9	102 138.0	2 552.6	28.9	55.0	0.87
10	79 775.0	2 568.0	30.4	56.8	1.12
11	49 870.0	2 579.0	29.3	57.0	1.33

5. 效益

西部山梁 3 000 万吨高硅石灰石如弃置不用,则意味着矿山建设投资中有 2 020 万元(3 000÷8 908.2×6 000＝2 020 万元)的投入将失去作用;还要将此部分石灰石清除才能进行正常的采掘作业,其全部剥离费用在 1.2 亿元左右。而高硅石灰石的使用,使该公司现有矿山服务年限由 19 年延长至 30 年,矿山全总剥采比也由 0.015∶1(m³/m³)降低到 0.01∶1 (m³/m³),3 000 万吨拟废弃的资源得以重新利用,很好地解决了企业持续发展的资源难题,也使企业获得了可观的经济效益。

分析点评

石灰石是水泥生产的主要原料,占水泥原料总量的 85% 左右,通常要求石灰石中 SiO_2 含量(质量分数)小于 4%,以保证生料粉磨效率和熟料煅烧过程中各矿物组成的形成时间。该公司在充分调研和试验研究的基础上,采取加强石灰石均化、选择 MLS3626 加强型立磨作为原料生产的终粉磨设备和四通道喷煤管等措施,成功地利用了 SiO_2 含量大于 8% 的高硅石灰石,使该公司 3 000 万吨拟废弃的资源得以重新利用,现有矿山服务年限由 19 年延长至 30 年。高结晶硅石灰石的成功利用,拓宽了原料的选择范围,减少了工程初期投资和运行费用,降低了能源消耗量,延长了石灰石矿山的服务年限,提高了资源的综合利用水平和节能降耗能力,也使企业的资源综合利用水平有了长足的进步。

立磨是根据料床粉磨原理来粉磨物料的机械,依靠磨辊和磨盘之间的压力对物料进行挤压、剪切粉碎,其工作特性决定了立磨与球磨机相比,对易磨性良好但难碎的物料更具优越性,

该公司采用立磨作为原料粉磨设备成功地解决了硅质石灰石不易粉磨的问题；该公司改三通道喷煤管为四通道喷煤管，四通道喷煤管是调节灵活的燃烧器，能燃烧低燃点煤，燃烧器在火嘴的设计上实现了高温二次风与煤粉的快速混燃，形成的火焰有较强的前冲力；净风压力提高到 20～30 kPa，燃烧器前端截面积减小，净风风速可达 200 m/s 左右，煤风 20～30 m/s，形成大速差，火焰集中、有力，易于提高火点温度，满足窑内高温煅烧的需要，有效地控制了熟料中 f-CaO 的含量。

思考题

1. 以此案例说明水泥技术的进步对原燃材料使用的作用。
2. 高硅石灰石作为水泥原料使用应解决哪些问题？
3. 四通道喷煤管与三通道喷煤管相比有哪些优点？
4. 立磨与球磨机相比有哪些优点？

案例 1-6 采用煤矸石配料生产水泥熟料

山东某水泥有限公司 5 000 t/d 生产线自 2005 年 7 月投入正常生产运行以来,主要原料是石灰石、砂岩、硫酸渣和当地丰富的煤矸石,到 2006 年 7 月统计,共生产熟料 140 万吨,利用煤矸石 15 万吨,且熟料质量达到生产 52.5 级硅酸盐水泥的标准。

1. 原燃材料的配合及配料方案的确定

所用石灰石品位高且碱含量低(表 1.1.14),这为大量使用煤矸石配料生产创造了条件;而且煤矸石中 SiO_2,Fe_2O_3 的含量又较高,因此可减少成本高的砂岩、硫酸渣用量。根据一年多的生产实践,设计熟料的三率值目标值分别为:KH=0.90±0.02,SM=2.55±0.10,IM=1.50±0.10(表 1.1.15);按此率值配料生产的水泥熟料质量稳定且强度高(表 1.1.16)。

表 1.1.14　实际生产用原燃材料的化学分析　　　　　　　单位:%

名称	烧失量	SiO_2	Al_2O_3	Fe_2O_3	CaO	MgO	SO_3	K_2O	Na_2O	$\sum$
石灰石	41.87	3.35	1.02	0.40	51.31	1.29	0.03	0.10	0.02	99.39
煤矸石	5.42	57.47	20.11	7.46	3.22	1.70	2.25	2.12	0.64	100.39
砂岩	4.04	82.57	7.69	2.78	0.63	0.58	0.02	1.07	0.38	99.76
铁粉	6.92	29.09	7.41	43.63	3.78	2.70		1.89	0.74	96.16
煤灰		53.56	26.54	6.11	6.48	1.58	1.52	1.40	0.59	97.78

表 1.1.15　实际生产的生料、熟料的化学成分

名称	化学成分质量分数/%										率值		
	烧失量	SiO_2	Al_2O_3	Fe_2O_3	CaO	MgO	SO_3	R_2O	不溶物	$\sum$	KH	SM	IM
05 生料	35.67	13.67	2.92	2.09	43.50	1.28				99.13	0.99	2.74	1.40
06 生料	35.82	13.42	2.87	2.07	43.31	1.45				98.94	1.01	2.72	1.39
05 熟料	0.24	22.26	5.21	3.45	65.46	1.83	0.86	0.56	0.10	99.97	0.88	2.57	1.51
06 熟料	0.18	22.09	5.15	3.40	65.65	2.09	0.75	0.54	0.06	99.91	0.90	2.58	1.52

表 1.1.16　出窑熟料的物理性能

名称	80μm 筛余/%	比表面积/(m²/kg)	SO_3/%	稠度/%	安定性 饼法	初凝/min	终凝/min	抗折强度/MPa		抗压强度/MPa	
								3 d	28 d	3 d	28 d
05 熟料	2.8	352	2.20	23.3	合格	78	120	6.0	9.7	31.2	60.2
06 熟料	2.8	352	2.22	23.1	合格	82	124	6.6	9.9	33.6	60.9

2. 熟料中硫、碱比的控制

硅酸盐水泥熟料按 GB/T 21372—2008 要求 $SO_3 \leqslant 1.5\%$,低碱熟料 $R_2O \leqslant 0.60\%$。因碱金属硫酸盐在烧成带只部分分解,挥发性较低,入窑物料中 SO_3 与 R_2O 的物质的量之比小于1时,进入窑内硫含量增加碱含量也随之增加。熟料中的碱主要来自石灰石和煤矸石,硫则主要来自煤矸石和煤。在煤矸石 Al_2O_3 符合要求的情况下,应注意选用含碱低、含硫低的煤矸石;若对石灰石、煤矸石选择空间不大的情况下,就要严格控制燃煤的含硫量,才能生产出符合

标准要求的熟料。为此,控制指标为:煤中的全硫含量(质量分数)<1.0%(极限不超过1.5%),熟料硫碱比≤1.0(若硫碱比大于1时,过量的硫会以硫酸钙形式存在而使产品质量降低)。

3. 煤矸石的应用

煤矸石的控制指标为:$w(Al_2O_3) \geq 18\%$,$w(SO_3) \leq 2.50\%$,$w(R_2O) \leq 3.0\%$,烧失量≤8%,粒度小于80 mm。该公司生产中对煤矸石配料的生料,严格控制出磨生料温度不应≤90℃,出磨废气温度应≥100℃。这样,物料中的水分在90℃以上的温度下非常容易汽化脱水,因此有利于控制生料水分达到≤1.0%的水平,使生料有较好的流动性,有利于提高生料的均化效果。

该公司在5 000 t/d熟料生产线中采用了红煤矸石作为生料组分配料。红煤矸石用于生料配料,可降低黏土类矿物在预热器脱水时吸收的热量,能改善生料的易烧性。另外,与黑煤矸石相比,红煤矸石的化学成分和矿物组成因自燃和风化作用,已发生了很大的变化,其所含碱、硫、氯等有害组分含量低,这大大减轻了因碱、硫、氯等成分引起分解炉、预热器结皮,窑结圈、结蛋,箅冷机堆雪人等不良工况的发生,窑操作难度得以降低,熟料产质量得以提高。

在试生产初期,曾出现预热器C2、C3筒内结皮堵料事故,主要原因有:一是点火烘窑时保温时间长,大量水蒸气结露附在预热器筒体浇注料表面,造成物料过湿结壁塌料;二是旋风筒下料排灰阀动作不灵活,阀板与下料管浇注料壁间隙过小,冷态时活动自如,受热膨胀后阀板与管壁摩擦容易卡死;三是排灰阀配重太轻使其闭合不严,造成大量内串风,使分解炉内煤粉窜到C2、C3筒内燃烧。

调整了阀板与下料管之间的间隙距离,并调整了排灰阀配重位置,其后生产正常,未再有因煤矸石配料引起的事故发生。因煤矸石中碱、硫、氯有害组分较使用黏土、页岩、高岭土、铝矾土、粉煤灰等原料配料时要高,并含有微量重金属和稀金属元素,在熟料烧成过程中,熟料液相量大,液相黏度低,易使熟料结粒差,粉料多,易出现飞砂料。因此在操作方面,要注意稳定入窑煤量,控制好窑的转速及主电机电流,降低煤粉的细度、水分,提高二、三次风的温度,窑口成微负压状态。

生产中,当窑喂料量在350 t/h,煤粉发热量为23 400 kJ/kg时,控制80 μm筛煤粉的细度≤5%,水分≤1.5%,喂窑煤量为12.7 t/h,窑的转速为3.70~3.90 r/min,窑主电机电流为700~900 A,窑头温度(1 100±50)℃,三次风温(980±30)℃,窑口负压在-30 Pa左右。按此操作所烧熟料质量好、产量高。因煤矸石配料熟料结粒差、粉料多,运行中发现,现配置的箅冷机风量不足、冷却效果不好,出窑熟料温度高,这限制了窑系统产量的进一步提高,且使出库熟料皮带寿命短。对此问题要引起足够的注意。因煤矸石的化学成分、矿物组成变化大,因此使用前必须充分做好预均化,尽可能缩小组分间的化学、矿物差异,可选用2~3个矿点的红煤矸石搭配使用。

4. 效果

使用煤矸石配料生产的熟料在省水泥质检站组织的全省新型干法水泥生产企业熟料抽样质量评价中,3d强度2005年、2006年连续两年获得第一名,公司所售商品熟料比同类厂家每吨价格高5元,公司生产的普通42.5R、42.5、32.5R、32.5和复合32.5R、32.5强度等级的水泥,全部通过了省经贸委组织的资源综合利用产品认证,享受国家免税政策。

分析点评

　　硅酸盐水泥熟料主要由 SiO_2、Al_2O_3、Fe_2O_3 和 CaO 四种氧化物组成,凡是含有这四种氧化物的物质无论天然还是工业副产品或其他废弃物,都可作为水泥熟料生产用原料,只要经过合理配料和煅烧操作,就可生产出合格的水泥熟料。在原燃材料的选取中要注意各原料间的相互影响及配合问题。如石灰石是生料的主要原料,其他辅助原料(包括各类废弃物或工业副产品)的化学成分要满足与石灰石的配合问题。若石灰石品位高(CaO 含量高),能处理的辅助原料就多,辅料品位可降低;若石灰石品位低(CaO 含量低),能处理的辅助原料就少,其品位要求就高。

　　煤矸石中含有可燃碳,其主要化学成分是 SiO_2、Al_2O_3、Fe_2O_3 和 CaO 四种氧化物,还含有 MgO、K_2O、Na_2O、SO_3 和 Cl^- 等成分以及微量的重金属元素。煤矸石中含有高岭石、伊利石、石英、长石、蒙托石、黄铁矿、白云石、铝土矿等多种矿物。煤矸石的每一种化学或矿物组分,对熟料的形成都有独自或综合(SM、IM、KH,硫碱比、矿化剂和助溶剂)的影响;红煤矸石(也称自燃煤矸石)是采煤过程中产生的黑煤矸石,在空气中长期堆放后自燃过的煤矸石,其内在原黏土类矿物被进一步风化脱水。红煤矸石中含有活性的无定形 SiO_2 和活性 Al_2O_3,具有一定的火山灰活性,可作水泥混合材,也可用于生料组分配料,生料配料优于黑煤矸石。另外,生产中使用煤矸石时应加强对煤矸石的检测分析。

　　建设节约型社会、清洁文明生产是当今社会发展的主题;资源综合利用、建立循环经济是企业可持续发展的出发点和落脚点。在山东淄博地区新型干法水泥生产企业中,该公司是首家全部长期使用煤矸石配料生产水泥的企业,企业大量使用煤矸石,符合国家的产业政策,不仅享受国家的免税政策,而且减轻了煤矸石堆放对生态环境的危害,复垦了土地,具有良好的经济效益和社会效益。

思考题

　　1. 煤矸石替代的是水泥生产中的何种原料?

　　2. 黑煤矸石与红煤矸石有什么区别? 哪一种煤矸石更适合作水泥原料使用?

　　3. 煤矸石用作窑外分解炉窑原料配料时,应注意哪些问题?

　　4. 黑煤矸石与红煤矸石除作为水泥原料使用外,可否作水泥混合材使用? 为什么?

案例1-7 电石渣替代石灰石生产水泥熟料

采用电石渣配料、"干磨干烧"新型干法生产水泥熟料的主要生产工艺过程为:电石渣经过机械脱水成为含水分约35%的电石渣料饼,然后与其他原料经配料一起入立式磨烘干、粉磨;出立式磨的生料粉经生料均化库均化后入窑尾四级旋风预热器、半离线分解炉,最后进入回转窑煅烧成水泥熟料。

合肥水泥设计研究院开发了国内首条高掺电石渣(生料中电石渣干基掺量≥60%)、"干磨干烧"1 200 t/d熟料新型干法水泥生产线,于2005年8月8日在淄博某公司一次点火成功并生产出合格熟料。生料中电石渣掺量(干基)64%(电石渣替代石灰石量达80%以上),熟料28 d抗压强度≥60 MPa,熟料烧成热耗≤3 167 kJ/kg熟料。该生产线采用电石渣脱水、预烘干、生料立式磨、带预分解回转窑等一系列节能环保综合技术和装备。

1. 生产线主要系统

(1)电石渣浆处理系统

电石渣的主要成分是$Ca(OH)_2$,其CaO含量高达60%以上。从乙炔生产中排出的电石渣液水分高达90%以上,经沉降池浓缩后,水分仍有80%左右,正常流动时的水分在50%以上,其化学成分见表1.1.17。电石渣中的细颗粒较多,10～60 μm的颗粒达80%以上。通过对电石渣的物理及化学性能分析可以看出:电石渣中的CaO含量很高,是制造水泥熟料的优质钙质原料。其粒度很细,几乎不需要粉磨就可以满足水泥熟料生产的要求。需要解决的主要问题是对电石渣浆进行有效脱水和准确配料。

表1.1.17 原料的化学成分 单位:%

名称	烧失量	SiO_2	Al_2O_3	Fe_2O_3	CaO	MgO	SO_3	K_2O	Na_2O	Cl^-
电石渣	26.68	4.70	2.54	0.40	64.34	0.54	0.66	0.04	0.08	0.023
石灰石	41.73	1.48	0.29	0.82	54.0	1.61	0.14	0.20	0.07	0.016
黏土	6.72	65.03	15.29	5.90	0.60	2.50	0.30	2.21	0.64	0.006
砂岩	3.27	82.74	7.98	2.90	0.97	0.71	0.23	0.42	0.10	0.007
铁粉	4.03	27.57	5.99	53.57	2.33	2.49	3.92	1.48	0.42	0.009

电石渣浆的脱水:①电石渣液的浓缩、压滤。电石渣液通过料浆泵送到2-ϕ24 m浓缩池中浓缩,电石渣液经浓缩后含水约75%;浓缩后的电石渣送入带气橡胶隔膜板压滤机中进行压滤脱水,压滤后的料饼的水分在25%～35%。②电石渣的预烘干。经机械脱水后电石渣再经2-ϕ3.0 m×25 m回转式烘干机系统进行烘干,最终水分约15%。

(2)生料的烘干及粉磨

生料采用石灰石、电石渣、黏土、硫酸渣、砂岩五组分配料,需要研磨的物料约占37.7%。根据入磨物料综合水分为11%～14%的特点和原料易磨性实验结果,专门研制了烘干能力强、热交换和粉磨效率高的HRM1900/2200立式磨作为生料磨,该磨具有45～60 t/h生料的研磨能力和80～90 t/h生料的烘干能力。进磨气体温度为340℃,出磨气体与生料的温度均为80℃,出磨生料水分小于1%。

(3)烧成实验及烧成装置

针对电石渣替代石灰石生产水泥熟料的特殊性,进行生料易烧性试验。原料的化学成分分析结果见表 1.1.17;试验生料配料分为两组,其配比及熟料矿物组成见表 1.1.18;试烧后熟料的 f-CaO 含量分析见表 1.1.19。这些实验说明此配比原料易烧性能很好,均能烧出低 f-CaO 的熟料。

表 1.1.18　原料的配比和熟料矿物组成

编号	原料的配比/%					熟料矿物组成/%				率值		
	石灰石	电石渣	黏土	砂岩	铁粉	C_3S	C_2S	C_3A	C_4AF	KH	SM	IM
A	27.48	53.41	10.81	6.00	2.30	61.06	17.04	9.69	9.56	0.91	2.5	1.7
B	16.41	64.48	11.01	6.00	2.10	62.27	18.82	8.29	9.04	0.91	2.6	1.8

表 1.1.19　熟料的 f-CaO 含量　　　　　　单位:%

编号 \ 温度	1 350℃	1 400℃	1 450℃
A	1.39	0.97	0.71
B	1.62	1.07	0.72

电石渣中 $Ca(OH)_2$ 的分解温度与石灰石中 $CaCO_3$ 不同。电石渣中含有较多毛细水和结晶水,分解温度较低,电石渣中 $Ca(OH)_2$ 的分解温度约为 550℃,低于石灰石中 $CaCO_3$ 的 750℃分解温度。$Ca(OH)_2$ 分解吸热为 1 160 kJ/kg,而 $CaCO_3$ 分解吸热为 1 660 kJ/kg,熟料形成热不同。电石渣在生料中所占比例达到 63.5% 时,该生料的熟料形成热为 1 025 kJ/kg,约为普通原料所配生料的熟料形成热的 $\frac{3}{5}$。

针对上述问题,电石渣配料生产水泥熟料时,必须充分考虑预热器、分解炉的结构。电石渣的掺入量越大,对预热器、分解炉的结构设计影响也越大。经过对系统进行综合分析和平衡计算,烧成热耗确定为 3 100～3 360 kJ/kg,其中蒸发生料物理水的耗热为 35 kJ/kg,熟料形成热为 1 025 kJ/kg;预热器出口废气温度按 340℃考虑时,废气带走热 700 kJ/kg;入窑物料分解率按 90%～95% 设计。研制开发出的预热器为低阻、高分离效率、显著防堵的新型低压损 S 形结构、3R 大包角型式蜗壳、偏锥新型五级旋风预热器。

分解炉采用旋流、喷腾、悬浮原理,使燃料有充分的燃烧时间,物料与燃料充分混合,在炉内有较长的停留时间,燃料在较低温度的 SC 室大量燃烧,分解炉系统没有产生局部高温的条件,故结皮堵塞现象很少。预分解系统关键部位采用特殊衬料。

2. 效果

2005 年 7 月投入运行后,到 2006 年 3 月,随着操作人员操作水平的提高,生料中电石渣掺量达 64%,生料粉磨系统产量在 84 t/h,系统平均电耗 18 kW·h/t。烧成系统熟料产量在 52.5 t/h。熟料热耗 3 176 kJ/kg,水泥综合电耗 102 kW·h/t,熟料 28 d 抗压强度达 61.2 MPa。每年可消耗电石渣 30 万吨(干基),节省约 35 万吨优质石灰石资源,减少向大气中排放 15 万吨 CO_2。

分析点评

电石渣是在乙炔气、聚氯乙烯或聚乙烯醇等工业产品生产过程中,电石(CaC_2)水解后产生的沉淀物(工业废渣),主要成分为 $Ca(OH)_2$。每吨电石水解后约产生 $1.15\ t$ 电石渣。电石渣的堆放不仅占用大量的土地,而且因电石渣易于流失扩散,会污染堆放场地附近的水资源、碱化土地;长时间堆放还可能因风干起灰,污染周边环境。

20 世纪 70 年代,我国就开始将电石渣用作水泥熟料生产的原料之一。当时,电石渣配料主要采用湿法回转窑工艺生产水泥熟料,后来电石渣配料又发展了立窑、半湿法料饼入窑、立波尔窑、五级旋风预热器窑等多种工艺生产水泥熟料,但这些生产工艺的技术经济指标相对落后,而且不符合国家的相关产业政策,不宜推广。之后,又发展了技术相对较先进的电石渣配料、"湿磨干烧"新型干法水泥熟料生产工艺,其熟料烧成热耗超过 $4\ 180\ kJ/kg$,与同规模、采用通常原料配料的新型干法水泥熟料生产工艺相比,热耗高出近 30%。该案例采用了电石渣配料、"干磨干烧"新型干法水泥熟料生产新工艺,进一步降低水泥熟料的烧成热耗,熟料热耗为 $3\ 176\ kJ/kg$,提高了企业的经济效益和社会效益。

电石渣的主要成分是 $Ca(OH)_2$,其分解温度约为 $550℃$,远低于石灰石中 $CaCO_3$ 的 $750℃$分解温度;另外,电石渣中含有较多毛细水和结晶水,电石渣颗粒较细,脱水较早,在温度较高的旋风筒和分解炉锥部易产生堵塞,这在设计和生产中应引起重视并采取相应措施。

思考题

1. 分析电石渣替代石灰石生产水泥熟料的优缺点。

2. 采用电石渣生产水泥时,要实现"干磨干烧"关键是电石渣的脱水,电石渣的脱水可采用哪些措施?

3. 电石渣的主要化学成分是什么? 与石灰石有什么区别?

4. 能否用电石渣完全替代石灰石生产水泥熟料? 为什么?

第二章　生料粉磨与均化

知识要点

生料粉磨是水泥生产的重要工序，其主要功能在于为熟料煅烧提供性能优良的粉状生料。对粉磨生料要求：一是要达到规定的颗粒大小；二是不同化学成分的原料颗粒混合均匀；三是粉磨效率高、耗能少、工艺简单，易于大型化、形成规模化生产能力。

1. 粉磨系统流程

粉磨系统有开路和闭路两种流程，在粉磨过程中，当物料一次通过磨机后即为产品时，称为开路系统；当物料出磨后经过分级设备选出产品，粗料返回磨机再粉磨，称为闭路系统。

开路流程具有流程简单、设备少、投资省、操作维护方便等优点，但物料必须全部达到产品细度后才能出磨。因此，当要求产品细度较细时，已被磨细的物料将会产生过粉碎现象，并在磨内形成缓冲层，妨碍粗料进一步磨细，从而降低粉磨效率，且产量低、电耗高。

闭路流程可以减少过粉碎现象，同时出磨物料经过输送和分级可以散失一部分热量（对水泥粉磨而言），粗粉回磨再磨时，可降低磨内温度，有利于提高磨机产量和降低粉磨电耗。一般闭路系统的产量比开路系统（同规格磨机）高，产品细度可通过调节分级设备的方法来控制，比较方便。但是闭路系统流程较复杂，设备多，系统设备利用率较低，投资较大，操作、维护管理较复杂。

开路系统产品的颗粒分布较宽；而闭路系统产品颗粒组成较均匀，粗粒少，微粉也少。

2. 生料粉磨设备比较

目前，常用的生料粉磨设备有球磨机和辊式磨（又称立磨）两种。据统计，粉磨易磨及中等易磨性原料（如生料）时，辊磨系统比球磨系统经济。球磨系统的单位投资分别比辊磨系统增加 $30\% \sim 16\%$，单位电耗分别增加 $9\% \sim 23\%$。

3. 生料质量的控制

控制好生料质量是水泥生产的核心问题之一，合理而又稳定的生料成分是保证熟料质量和维持正常煅烧操作的前提。为了获得合格的生料，必须在对各种原料、燃料进行严格控制的情况下，加强对生料生产过程的控制，以保证配料方案的实现。

（1）入磨物料配比控制

出磨生料成分的控制通过控制入磨物料配比来实现。在现代生产中生料微机控制的基本原理如下：计算机根据输入原料——石灰石、黏土、铁质原料、灰分、煤、矿化剂等物料的化学成分及煤的工业分析数据、化验室给出的熟料率值等，自动进行配料计算，求得各种原料的最佳配比，得到 CaO、Fe_2O_3、SiO_2、Al_2O_3、含煤量等目标值，当原料化学成分变化或熟料率值改变时，生料化学成分的目标值也相应改变。

配制生料用的原料——石灰石、黏土、铁质原料、矿化剂、煤等，由装在库（仓）下的调速电子皮带秤由计算机给出的配比喂入磨中。在线连续自动取样器安装在生料磨选粉机的细粉绞刀上，取样器不断地取样、搅拌。一般 1 h 取样一次（自动或人工取样），经过压片机压片，送入 X 射线荧光仪分析生料中 CaO、Fe_2O_3、SiO_2、Al_2O_3 等的含量，计算机将根据目标值与实测值之间的偏差及特定的工艺要求,采用一定的调节规律,求出新的下料配比并进行调节,以保证生料质量的稳定。

(2) 出磨生料控制项目

出磨生料控制项目主要有碳酸钙(或氧化钙)含量、氧化铁含量、细度、黑生料中含煤量等项目。

碳酸钙(或氧化钙、氧化镁):控制生料中 $CaCO_3$(或 CaO,MgO)含量的主要目的是为了控制生料的石灰饱和系数。通过测定它们的含量,基本上可以判别出生料石灰石与其他原料的比例。生料 $CaCO_3$ 滴定值波动范围是 $\pm0.5\%$,一般为每小时一次。

三氧化二铁:控制 Fe_2O_3 含量是为了及时调整铁质原料的加入量,稳定生料成分,达到控制熟料铁率的目的。一般来说铁率相对稳定,可使窑的热工制度和燃烧稳定,有利于熟料质量的提高。

生料的细度:一般而言,生料细度控制为 0.2 mm 方孔筛筛余$<1.5\%$和 0.08 mm 方孔筛筛余$<10\%$,合理的细度应通过实验,经过综合技术经济分析而确定。

4. 影响粉磨过程的主要因素

(1) 入磨物料的粒度。入磨物料的粒度大小,是影响磨机产量的主要因素之一。入磨粒度小,管磨机第一仓可减小钢球平均直径,在钢球装球量相同时,钢球个数增多,钢球总表面积增加,因而增强了钢球对物料的粉磨效果,从而可提高产量、降低单位产品电耗。由于破碎机的电能利用率约为 30%,而球磨机只有 $1\%\sim3\%$,最高 $7\%\sim8\%$,因而降低入磨粒度,还可以降低粉磨电耗和单位产品破碎粉磨的总电耗。

(2) 入磨物料的易磨性。物料的易磨性(或易碎性)表示物料本身被粉碎的难易程度。一般用易磨系数 K_m 表示。物料易磨系数越大,物料越容易粉磨,磨机产量越高。

(3) 入磨物料温度。入磨物料温度高,物料带入磨内大量热量,加之磨机在粉磨过程中大部分机械能转化为热能,致使磨内温度较高;且物料的易磨性随温度升高而降低,同时磨内温度升高易使物料因静电引力而聚结,严重时会黏附研磨体和衬板,从而降低粉磨效率。试验证明,如入磨物料温度超过 $50℃$,磨机产量将会受到影响,如超过 $80℃$,产量降低 $10\%\sim15\%$。

(4) 入磨物料水分。入磨物料水分对于干法生产的磨机操作影响很大。如入磨物料平均水分达 4%,会使磨机产量降低 20%以上。严重时甚至会粘堵隔仓板的篦缝,从而使粉磨过程难以顺利进行。但物料过于干燥也无必要,这会增加烘干煤耗;而保持入磨物料中少量水分,还可以降低磨温,并有利于减少静电效率,提高粉磨效率。因此,入磨物料平均水分一般应控制在 $1.0\%\sim1.5\%$为宜。

(5) 产品细度与喂料均匀性。粉磨的物料要求细度越细,物料在磨内停留时间就越长。为使磨内物料充分粉磨,达到要求细度,就必须减少物料喂入量,以降低物料在磨内流速;另一方面,要求细度越细,磨内产生细粉越多,缓冲作用越大,黏附现象也较严重,使磨机的产量降低。产品细度过细,会使磨机粉磨效率降低,电耗增大,成本上升。因此,应在满足产品性质和要求的前提下,确定经济合理的粉磨细度指标。如果喂料太少,则产量降低,这是因为钢球降落时,并不是全部在粉碎物料,而是相互撞击,结果没有做有效功,只将能量变为热传给磨机;反之,喂料量过多,研磨体的冲击力不能充分发挥,磨机产量也不能提高。由此可见,要获得磨机最高产量,均匀喂料是重要一环。

(6) 磨机各仓的长度。一个磨机应分几个仓和各仓应多长主要视磨机的规格和产品的细度要求而定。磨机的仓数多,能根据各仓物料的情况合理确定研磨体的级配和平均球径。但仓数多,隔仓板增多,将减少磨机有效容积,通风阻力也会增加,并影响磨机的产量。若仓数少,有效容积大,但研磨体级配不能适应磨内物料变化的要求。磨机的仓数一般根据磨机的长度 L 和直径 D 之比来确定,即 $L/D<2.0$,用单仓;$L/D=2.0\sim3.0$,用双仓;$L/D>3.0$,用三仓或四仓。各仓长度比例不合理,将造成粗磨与细磨能力不平衡,出现产品细度过粗或过细的现象。根据生产资料统计,磨机各仓所占百分比:双仓磨为Ⅰ仓占 $30\%\sim40\%$,Ⅱ仓占 $60\%\sim70\%$;三仓磨为Ⅰ仓占 $25\%\sim30\%$,Ⅱ仓占 $25\%\sim30\%$,Ⅲ仓占 $45\%\sim50\%$。

(7) 磨机通风。加强磨机通风是提高磨机产量、降低电耗的措施之一。因为加强磨机通风可将磨内微粉及时排出,减少过粉碎现象和缓冲作用,从而可提高粉磨效率;其次加强通风,能及时排出磨内的水蒸气,减少黏附现象,防止糊球和篦孔堵塞,以保证磨机的正常操作;加强通风还可以降低磨机温度和物料温度,有利于磨机操作;此外还能消除磨头冒灰,改善环境,减少设备磨损。衡量磨机通风强弱程度是以磨内风速来表示:在一般开流磨的磨内风速以 $0.3\sim0.7$ m/s 较为合适;圈流磨可适当提高,以 $0.7\sim1.0$ m/s 为宜。

(8) 选粉效率与循环负荷。闭路磨机选粉效率的高低对于磨机产量影响很大,因为选粉机能将进入选粉机的物料中的合格细粉及时分离出来,改善磨机粉磨条件,提高粉磨效率。然而,选粉效率高,磨机产量不一定高,因为选粉机本身不能起粉磨作用,也不能增加物料的比表面积。所以选粉机的作用一定要同磨机的粉磨作用相匹配,才能提高磨机产量并降低电耗。循环负荷决定于入磨和入选粉机的物料量,能反映磨机和选粉机的配合情况。为提高磨机粉磨效率,减少磨内过粉碎现象,就应适当提高循环负荷。循环负荷应根据设备条件及操作情况,控制在一个合适的范围。各种粉磨系统的循环负荷率的范围大致如下:一级闭路水泥磨 $100\%\sim300\%$,二级闭路水泥磨 $300\%\sim600\%$,一级闭路干法生料磨 $150\%\sim400\%$。

(9) 球料比及磨内物料流速。球料比就是磨内研磨体质量与物料质量之比,它可大致反映仓内研磨体的装载量和级配是否与磨机的结构和粉磨操作相适应。球料比太小,则仓内的研磨体量过少,或存料量太多,以致仓内缓冲作用大,粉磨效率低;球料比太大,则仓内研磨体装载量过多,或存料量太少,研磨体间及研磨体与衬板间的无用功过剩,不仅产量低,而且单位电耗和金属磨耗高,机械故障也多。球料比适当,研磨体的冲击研磨作用才能充分发挥,磨机才能实现高产、优质和低耗。据生产经验,开路磨适当的球料比为:中小型双仓磨一仓 $4\sim6$,二仓 $7\sim8$;三仓磨一仓 $4\sim5$,二仓 $5\sim6$,三仓 $7\sim8$;四仓磨一仓 $4\sim5$,二仓 $5\sim6$,三仓 $6\sim7$,四仓 $7\sim8$。闭路磨各仓的球料比均比开路磨小些。料比可以在磨机正常生产突然停磨后,分别称量各仓球、料质量进行测定,也可以通过突然停磨,观察磨内料面高度来进行判断,如中小型二仓开路磨,第一仓钢球应露出料面半个球左右,第二仓物料应刚盖过钢球面。

磨内物料流速是保证产品细度,影响产质量、能耗的重要因素。若磨内物料流速太快,容易跑粗料,难以保证产品细度;若流速太慢,易产生过粉碎现象,增加粉磨阻力,降低粉磨效率。所以,在生产中必须把物料的流速控制适当,特别是磨头仓物料的流速不应太快,否则,粗粒子进入细磨仓,就难以磨细。

5. 生料均化

生料的均化方式有机械搅拌和气力搅拌两种基本方式。空气搅拌又分间歇式和连续式。连续式具有流程简单、操作管理方便、便于实现自动控制等优点;间歇式系统的均化效果较好。均化系统的选择取决于出磨生料成分的波动情况、工厂规模、自动控制水平以及对入窑生料质量的要求等。对于有预均化堆场的水泥厂,当出磨生料波动不大时,可采用连续式生料均化系统,并能对该系统进行自动控制,它适用于大型水泥企业;对于出磨生料成分波动较大、计量水平不高的中小型水泥企业,应采用间歇式空气搅拌系统或机械搅拌系统。

案例 2-1 控制生料成分与喂料量波动的措施

水泥生料成分与喂料量波动对水泥熟料产质量有很大影响。河南某水泥有限责任公司 5 000 t/d 生产线对生料采取了以下措施。

1. 出磨生料成分波动的分析与措施

(1) 原料的预均化

石灰石采用圆形堆棚均化,堆料机布料、取料机取料。堆取料机使用不正常,其主要原因是控制系统 PLC 故障,所配置的空调没有正常使用,夏天环境温度高,PLC 工作一段时间后自动跳停。正常使用空调后,PLC 工作稳定。堆取料机已能堆取自如,运转率在 95% 以上,石灰石成分有所稳定,为配料稳定提供了前提条件。

铁矿石和砂岩采用平堆的形式,加上供货商多,品位不一,铲车司机是哪好铲就取哪里的料,其成分难以稳定。对此公司采取了定点堆料与定点取料,采用大料堆的形式,由化验室通知堆取料的位置。严格执行堆取料制度,责任落实到人,严格考核,使铁矿石和砂岩成分稳定性有很大提高。

(2) 配料用的定量给料机

定量给料机经常出现入磨皮带电流波动,致使入磨料成分不稳定。定量给料机的皮带与储仓下料溜子之间经常卡料块,导致计量不准,严重时把定量给料机卡停。经过调节储仓溜子与给料机皮带之间的距离,减少了料块卡死的现象。要求现场人员加强对给料机的巡检与维护,发现问题及时处理,中控人员发现入磨皮带电流波动时及时通知现场检查并处理。

(3) 采取措施前后出磨生料 X 射线荧光分析结果

采取措施前后出磨生料 X 射线荧光分析结果见表 1.2.1 和表 1.2.2。

表 1.2.1 采取措施前出磨生料 X 射线荧光分析结果

项目	烧失量	SiO_2	Al_2O_3	Fe_2O_3	CaO	MgO	KH	n	p
最大值	35.58	14.21	2.97	2.00	44.05	0.95	1.29	3.12	1.56
最小值	34.73	13.1	2.66	1.82	42.97	0.88	0.941	2.76	1.38
平均值	35.23	13.68	2.84	1.90	43.60	0.89	1.032	2.89	1.50
标准偏差	0.347	0.434	0.099	0.060	0.434	0.024	0.112	0.110	0.058

表 1.2.2 采取措施后出磨生料 X 射线荧光分析结果

项目	烧失量	SiO_2	Al_2O_3	Fe_2O_3	CaO	MgO	KH	n	p
最大值	35.17	13.88	3.08	1.96	43.50	0.91	0.994	2.82	1.62
最小值	34.86	13.58	2.99	1.88	43.11	0.88	0.963	2.73	1.54
平均值	35.05	13.72	3.04	1.92	43.36	0.90	0.98	2.77	1.59
标准偏差	0.108	0.110	0.029	0.028	0.133	0.009	0.010	0.030	0.025

2. 入窑生料成分波动分析与措施

(1) 生料均化

均化库是七区卸料,换区时间原设定 20 min,均化库料位在 20~28 m,没有注意到料位与换区时间之间的关系,均化效果不理想。调整的方法:第一次将换区时间调整为 8 min,料位是 27.5 m,应用一段时间后发现时间短时效果不错,时间一长又有波动。第二次将换区时间调整为 16 min,料位是 27 m,应用起来生料均化效果不明显。第三次将换区时间调整为 12 min,料位是 25 m,应用了一周,入窑生料成分波动不大。从而得出结论:根据不同的料位、不同的均化形式设定不同的换区时间,能达到最佳的均化效果。

(2) 回灰的使用

生料磨是伯力休斯立磨,产量高、运转平稳,其台时产量远远超过窑,所以生料磨停车时间较多。相对集中的回灰料不利窑的煅烧,f-CaO 高在所难免。为此,在生料磨停车时,回灰存在除尘器,待生料磨开启后再缓缓放回灰与出磨生料混合入均化库;增湿塔回灰外排后拉到砂岩堆场,进料时和砂岩一起进。这种方法在生料磨停车不频繁时效果不错。但是,该公司生料磨每天都停车 4 h,增湿塔外排回灰太多,对生料磨配料很不利。

为了解决这一问题,专门建了一回灰仓;在生料磨停车时除尘器和增湿塔的回灰都入回灰仓,待生料磨开启后再与出磨生料混合入均化库,回灰仓放灰时间根据回灰量灵活掌握,放灰时间越长对窑系统的影响越小。这种方法基本上避免了回灰对窑系统的影响。

(3) 采取措施前后入窑生料 X 射线荧光分析结果

采取措施前后入窑生料 X 射线荧光分析结果见表 1.2.3 和表 1.2.4。

表 1.2.3 采取措施前入窑生料 X 射线荧光分析结果

项目	烧失量	SiO_2	Al_2O_3	Fe_2O_3	CaO	MgO	KH	n	p
最大值	35.76	14.26	2.86	1.91	44.28	0.90	1.044	3.02	1.52
最小值	35.02	13.26	2.72	1.83	43.36	0.87	0.955	2.81	1.47
平均值	35.28	13.72	2.80	1.87	43.69	0.88	1.001	2.94	1.50
标准偏差	0.243	0.346	0.051	0.029	0.316	0.009	0.033	0.077	0.016

表 1.2.4 采取措施后入窑生料 X 射线荧光分析结果

项目	烧失量	SiO_2	Al_2O_3	Fe_2O_3	CaO	MgO	KH	n	p
最大值	35.53	14.04	2.99	1.93	43.95	0.91	0.994	2.96	1.59
最小值	34.64	13.56	2.77	1.85	42.84	0.88	0.971	2.85	1.46
平均值	35.09	13.81	2.86	1.89	43.43	0.89	0.984	2.91	1.52
标准偏差	0.255	0.149	0.083	0.028	0.313	0.010	0.008	0.040	0.058

3. 喂料量不稳分析与措施

从投产开始,入窑生料喂料量波动一直较大,主要是均化库底的流量阀门控制器工作不正常。由于阀门控制器所用压缩空气含水、油较多,气体进入阀门控制器后,易在里面滞留,时间一长就会影响控制器的工作性能。改进措施:合理处理压缩空气,稳定气压,换一套阀门控制器。另外,适当提高且稳定计量仓仓位。处理之后,入窑提升机电流波动范围由原来的 5~8 A 减小到 2~4 A,预热器系统压力及分解炉出口温度明显稳定,预热器堵塞现象很少发生,运行平稳。

4. 效果

通过以上措施,生料成分及喂料量波动有了很大改善,回转窑烧成带温度不必偏高控制,熟料中 f-CaO 合格率在 85％以上,窑系统运转率明显提高,由原来的 80％左右提高到 90％以上。

分析点评

入窑生料成分与喂料量的稳定是生产高质量水泥熟料和保证窑系统安全稳定运行的前提。入窑生料化学成分波动大,容易造成生料率值的很大变化,使回转窑操作困难,热工制度不稳,熟料中 f-CaO 含量高,窑系统运转率低,导致熟料成本提高等。入窑生料喂料量出现较大波动,会使预热器系统压力及温度不稳,易在旋风筒出料口、排灰阀和下料管处造成积料。时间一长易引起系统塌料,甚至堵塞等,同时也极大地影响了回转窑煅烧的稳定。此时,为了能够烧出合格的熟料,窑操作员一般将烧成带温度偏高控制。温度偏高控制时,一般窑用燃烧器内旋流风开得较大,外直流风相对较小,火焰短粗易扫窑皮,物料有过烧现象,稍有不慎就会将料子烧黏、结大块、掉窑皮和掉砖,对稳定生产、长期运转很不利。

该水泥有限责任公司通过对出磨生料成分波动、入窑生料成分波动和喂料量不稳的分析并采取相应措施,达到稳定生产高质量水泥熟料和窑系统安全稳定运行。

思考题

1. 为保证入窑生料化学成分的稳定,应在哪些方面采取措施?
2. 入窑生料成分与喂料量波动会有什么危害?
3. 什么是标准偏差? 标准偏差大小反应了什么?

案例 2-2　生料均化链及粉磨过程中的质量控制

入窑生料成分的均匀性是稳定水泥窑的正常热工制度,提高熟料产质量的重要条件。

1. 生料均化链的构成与分工

生料均化链中各环节的主要功能见表 1.2.5。在生料均化链中,生料均化库要完成整个均化任务的 40%。在实际生产中,生料均化库经过长时间使用后,由于堵塞、黏库或设备故障等原因,均化效果明显下降,大部分均化效果通常只能保持在 2~3,甚至更低。

表 1.2.5　生料均化链的均化效果及分配

环节名称	平均均化周期①/h	CaCO₃ 标准偏差/%		均化效果 S_1/S_2	完成均化工作量比例/%
		进料 S_1	出料 S_2		
矿山搭配开采	8~168		±2~±10		10~20
原料预均化	2~8	≤±10	1~±3	≤10	30~40
生料配料粉磨	1~10	±1~±3	±1~±3	1~2	0~10
生料均化库	0.5~4	±1~±3	±0.2~±0.4	≤10	~40

① 各环节的生料累计平均值达到允许的目标值时所需的运转时间。

为提高入窑生料的稳定性,除了保证矿山合理搭配、预均化堆场和均化库的均化效果外,努力提高在生料配料及粉磨时的均化作用,不但能降低对生料库均化效果的依赖,还能提高整个均化链的可靠性和富余能力,为窑系统的热工制度稳定和熟料产质量的提高,提供更高的保证系数。

2. 生料粉磨过程中存在的问题

(1) 生料质量控制方法不够合理。目前,我国部分新型干法窑厂还是采用传统的钙铁控制进行生料质量控制。钙铁控制的优点是生料中的 CaO(或 TCaCO₃)、Fe_2O_3 含量可通过简单的快速化学分析测定出来,而且配料调整简单,适用于人工调整;缺点是只针对 CaO 和 Fe_2O_3 成分进行控制,而无法控制生料中 SiO_2 和 Al_2O_3 成分。表 1.2.6 为某厂使用钙铁控制的生料化学成分,可见,即使 CaO 和 Fe_2O_3 成分比较稳定,生料中 SiO_2 和 Al_2O_3 成分变化后,生料率值波动也很大。在实际生产中,与生料易烧性和熟料质量有直接关系的是生料的三个率值 KH、SM 和 IM,因此采用钙铁控制难以适应生产要求。

表 1.2.6　生料中 SiO_2 含量的波动对生料率值的影响

编号	化学成分/%				率值		
	SiO_2	Al_2O_3	Fe_2O_3	CaO	KH	SM	IM
1	13.02	2.62	1.82	44.15	1.075	2.93	1.44
2	14.51	1.65	1.91	43.83	0.995	4.08	0.86
3	12.03	3.21	1.95	44.52	1.144	2.33	1.65
4	12.10	3.86	2.23	44.35	1.098	1.99	1.73
5	14.25	2.98	1.84	43.52	0.951	2.96	1.62
标准偏差	1.16	0.82	0.17	0.40	0.078	0.80	0.35

（2）配料过程中堵料。大部分新型干法窑水泥厂的生料磨都利用窑尾热风，在生料粉磨过程中同时进行烘干。由于磨机对入磨物料的水分要求降低，大部分原料都采用露天的形式预均化或堆存，结果在配料的时候，水分大的原料堵秤或者架仓现象频繁发生，造成原料不能按预期比例进入磨机，出磨生料的成分波动非常大。

（3）配料仓内物料离析。原料由堆场取出后，首先要进入配料站或磨头仓储存。大型立磨和辊压机等生料粉磨工艺和设备的应用，放宽了入磨物料的粒度要求。如果在实际生产中不能保持配料仓内料位的稳定，物料在仓内就会发生离析甚至跨仓，造成实际入磨原料成分波动，对配料调整造成很大困难。

（4）人为因素的影响。一些厂虽然配制了大型 X 射线荧光分析仪，但没有使用先进的计算机控制软件，在取样分析后的原料比例调整中，还是依靠人工经验。人工调整一般采用根据经验试凑方法，调整周期长且控制效果差。同样是人工 1 次/小时取样 XRF 分析，人工调整出磨生料的 KH 标准偏差为 $3.5 \sim 10$，而采用计算机软件调整的 KH 标准偏差仅为 $2.8 \sim 5$，波动减小近一半。

3. 提高生料粉磨均化的对策

（1）采用率值控制，快速分析出生料中 SiO_2、Al_2O_3、CaO 和 Fe_2O_3 的含量，现已有多种快速分析方法和分析设备以供选择。

（2）减少或消除配料时的架仓和堵料现象。通过采用扩大出料口，在出料口下增加链板机，并将链板机与配料秤连锁控制，可有效解决原料水分大时容易架仓和堵料的问题。

（3）避免中间仓物料离析。生产过程中应合理安排堆场取料间隔，保持配料仓料位的稳定。同时，采取降低物料粒度及仓内增加方格竖井等防偏析措施。

（4）采用先进的配料控制系统。对于已配备了 X 射线荧光分析仪的水泥厂，其具备了快速测定出磨生料 SiO_2、Al_2O_3、Fe_2O_3 和 CaO 的能力，应选用成熟的率值配料控制软件，减少人为因素的干扰，为出磨生料稳定性提供可靠的保障体系。

湖北某水泥有限公司武汉工厂于 2009 年 4 月投产的 4 200 t/d 生产线，采用的生料率值控制系统取得了良好的控制效果。由表 1.2.7 可见，该厂出磨生料的稳定性达到了较高水平，三个率值的合格率均保持在 90% 以上，且标准偏差很小，为窑系统的优质高产创造了良好的前提条件。

表 1.2.7 出磨生料统计结果

月份	测定次数	KH	SM	IM	KH	SM	IM
5 月	562	90.1	96.5	100.0	0.016	0.05	0.04
6 月	575	91.8	93.0	99.8	0.013	0.06	0.02
7 月	581	92.4	94.9	99.6	0.012	0.03	0.03

注：合格率根据每小时出磨生料 XRF 测定结果，按照 KH±0.02、SM±0.1、IM±0.1 进行统计。

分析点评

为稳定水泥窑的正常热工制度，提高熟料产质量，保证窑系统的长期安全运行，新型干法窑生产对入窑生料成分的均匀性提出了严格的要求。为此，企业采取了矿山搭配开采、原料预均化、生料配料粉磨及成分控制、生料均化等工艺措施，形成一个完整的生料均化链，以确保入窑生料三个率值的稳定性。而国内水泥厂对于生料配料粉磨过程重视不够，对生料库的均化效果依赖过多,使得整个均化过程的保证度降低。如何充分发挥均化过程中各个环节的作用,克服各种不利因素,提高入窑生料率值的稳定性,仍是水泥厂稳定和提高水泥生产质量的一个重点。要充分认清生料均化链各过程的作用及构成和分工,从工艺设计、设备配置、控制方法和生产管理等多方面着手提高生料粉磨时的均化效果,在生料配料时采用率值控制系统,能显著提高出磨生料的稳定性,提高整个生料均化效果,以达到减少对生料均化库均化效果依赖过多的问题,从而可保证生料的均匀性。

思考题

1. 生料均化链指的是什么?
2. 为了减少对生料均匀化库的依赖,可从哪几个方面着手改进?
3. 试述采用钙铁分析的方法来控制生料配料的利弊。
4. 如何提高生料粉磨过程中的均化效果?

案例 2－3　φ3.5 m×10 m 中卸烘干生料磨提产措施

河南某水泥有限责任公司1 200 t/d生产线的生料制备系统,采用1台 φ3.5 m×10 m 中卸烘干生料磨,设计产量83～85 t/h,研磨体装载量85 t,传动装置电动机功率1 400 kW,投产后没有达到设计指标。该公司采取拆除隔仓板,将烘干仓改为粗磨仓,并在粗磨仓第7排加装一圈活化衬板,降低入磨石灰石的粒度等措施后,使物料与废气充分接触,保证出磨生料水分小于1%,产量提高到85 t/h,仍不能满足回转窑产量提高的要求。为此,对该生料磨系统再次进行改造,产量提高到95～100 t/h。

1. **基本情况**

(1)生料粉磨系统工艺流程见图1.2.1。

(2)电动机功率。在装球量为84.2 t、粗磨仓填充率为21%、细磨仓填充率为28%时,电动机的实际运行电流为135～150 A,为额定电流175 A 的77%～85%。说明电动机还有 15%～23%的富余能力可以利用,为提高填充率创造了条件。

(3)操作参数。磨机出磨物料细度仅为70%～75%,系统循环负荷率高达381.6%～410.3%,而选粉效率仅为

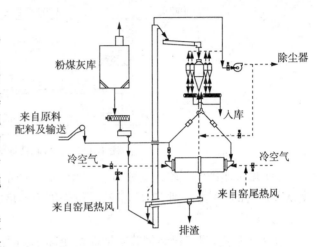

图 1.2.1　生料粉磨系统工艺流程示意

61.7%～62.7%,由此可以看出,降低出磨物料细度是提高产量的关键。

2. **改造方案**

(1)研磨体级配调整。研磨体装载量由84.2 t增加到105 t,增加了约25%,粗磨仓的填充率提高到28%,细磨仓提高到30%。入磨石灰石粒度较小,尤其是细磨仓,最大的入磨物料粒度为1 mm 左右,所占比例仅为4.5%。因此,降低平均球径,将粗磨仓的平均球径由φ70.5 mm降为φ58.9 mm,细磨仓的平均球径由φ40 mm 降为φ21.28 mm。调整后研磨体的级配、平均球径 D、装载量和填充率 ψ 参数见表1.2.8。

表 1.2.8　调整后生料磨级配

仓别	级配/t					Σ/t	D/mm	ψ/%
粗磨仓	φ80	φ70	φ60	φ50	φ40	62	58.90	28
	7	13	18	14	10			
细磨仓	φ30	φ20	φ15			43	21.28	30
	12	18	13					

(2)衬板的调整。根据物料在磨内的细度变化,研磨介质应为粗磨仓大球要靠近进料端,细磨仓大球要靠近磨尾的进料端。因此,将粗磨仓阶梯衬板改为大波形分级衬板和大波形衬板,细磨仓由双波衬板改为三波衬板,并增设两道挡球圈。选用如图1.2.2所示的衬板和挡球圈的排列安装方案。衬板螺栓头必须高于衬板螺栓孔的最高边2～5 mm,以保证拆卸时方

便,砸堆后要向外延展。

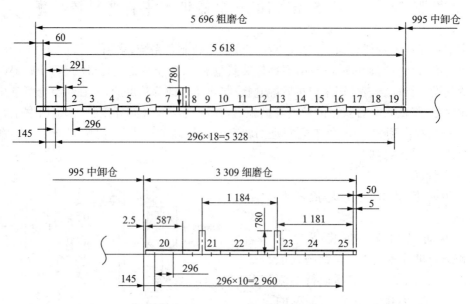

图 1.2.2 衬板和挡球圈的排列

(3) 增大出磨空气输送斜槽角度。由于磨机产量的提高,出磨斜槽有堵塞现象,将斜槽角度从设计时的 10°提高到 13.3°,解决了输送能力不足的问题。

3. 效果

技术改进后,尽管研磨体装载量提高,但是减速器运行良好,没有什么不良反应。改造前衬板受冲击损坏严重,更换频繁,改造后单位磨耗明显减少,再也没有衬板损坏现象,设备运转率大大提高。磨机改造前后数据对比见表 1.2.9。运转一段时间后,从磨头开始间隔 0.5 m 取样作筛析曲线(图 1.2.3),表明钢球级配比较合理。

表 1.2.9 生料磨改造前后生产数据对比

时间	生料细度(80 μm 筛余)/%	出磨水分/%	电耗/(kW·h/t)	磨耗/(g/t)
改造前	16.8	0.2	25.32	25.0
改造后	15.2	0.2	23.15	21.6

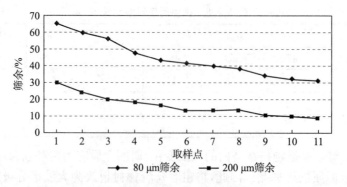

图 1.2.3 φ3.5 m×10 m 生料磨粗磨仓筛余曲线

工艺系统操作稳定,磨系统循环负荷由 400% 左右降低到 200% 左右,选粉效率提高到 80% 以上。磨机台时产量提高到 95 t/h 以上,设备运转率可达到 95% 以上,系统电耗降低 5% 以上,满足了窑系统的正常用生料。同时,生料制备系统生产成本每年可减少 60 万元,取得了良好的经济效益。

分析点评

该公司在生料产量不能满足窑产量的情况下,结合生料磨的具体情况,对生料磨系统进行了改造,采取了调整研磨体级配,选用分级衬板和控制入磨石灰石粒度在 15 mm 以下等措施,磨机台时产量提高到 95 t/h 以上,保证了生料满足窑生产的要求。

该公司石灰石矿点多、货源杂,有时石灰石粒度变化较大,若能在石灰石破碎过程中再增加一台细碎机,磨机产量可进一步提高,其效果会更好。球磨机研磨体的装载量越大,其磨机的产量越高,因此,在磨机电机功率及减速机能力等允许的情况下,应使磨机研磨体的装载量尽可能装足,在磨机运行一段时间后,要根据其消耗量及时补充调整,最好做到每年大修倒球一次,重新级配。

思考题

1. 本案例中,磨机研磨体装载量比原来增加了 25%,是否可以得出所有球磨机都可以用增加研磨体装载量的方法来提高磨机产量? 为什么? 增加装载量的前提条件是什么?

2. 试述分级衬板的作用和优点。

3. 挡球圈作用是什么? 可否在粗磨仓使用? 为什么?

4. 如何绘制磨机的筛余曲线?

案例 2-4　提高 ϕ3 m×9 m 生料磨机产量的技术措施

　　甘肃某水泥有限公司在对原 720 t/d 熟料生产线进行改造后,使产量提高到 1 500 t/d 以上,导致生料系统能力明显不足,制约了窑系统正常生产。为此,对两台 ϕ3 m×9 m 生料粉磨系统进行了相应改造,使其台时产量、运转率有了显著提高,保证了整条线的正常运行。

　　1. 基本情况

　　粉磨系统是由 ϕ3 m×9 m 烘干尾卸球磨机与 ϕ5 m 离心式选粉机组成一级闭路粉磨系统,由石灰石、铁粉和黏土与红砂岩微机配料。工艺流程见图 1.2.4,设备技术参数见表 1.2.10。

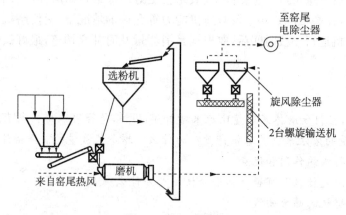

图 1.2.4　工艺流程

表 1.2.10　ϕ3 m×9 m 生料磨系统主要设备工艺技术参数

设备名称	参数
球磨机	ϕ3 m×9 m 台产 45 t/h,有效容积 56 m³,入磨粒度<25 mm,成品细度<12%(80 μm 筛余),入磨水分≤3.5%,入磨气温 350℃、出磨气温 80℃,研磨体装载量≤72 t,磨机转速 17.7 r/min,主电动机功率 1 000 kW
选粉机	ϕ5m 离心式
排风机	Y4-73-11№12D,Q=64 000 m³/h,H=3 675 Pa,风机转速 1 450 r/min,配用电动机 JS114-4,115 kW
除尘器	2-ϕ2.5 m 旋风除尘器
螺旋输送机	1-GX300×4.5 m,1-GX300×12 m
提升机	B800×23.4 m,220 t/h

　　2. 影响磨机产量的主要因素分析

　　(1) 入磨物料粒度过大。入磨物料中,大于 45 mm 的颗粒占 10% 以上,一仓易满磨,造成一仓钢球向烘干仓窜动,砸坏扬料板等,加入较多的大球后产量降低,系统电耗明显上升,磨机平均台时产量 48~50 t/h。

　　(2) 选粉机传动设备故障多。ϕ5 m 离心式选粉机的传动齿轮采用直齿锥齿轮,使用中振动大、齿轮使用寿命短、轮齿易折断等,系统设备故障及设备临停多,影响运转率。

（3）排风机故障。用于生料制备系统的磨内通风,输送气体含尘量 70 g/m³（标态）,密度 1.36 kg/m³（标态）,最高工作温度低于 100℃,该风机叶轮由 12 片后倾机翼斜切的叶片焊接于锥弧形的前盘与平板形的后盘中间。因粉尘浓度大,机翼型叶片很快被磨穿,机翼叶片空腔进灰。因每个叶片积灰量不同,叶轮失去动平衡而产生剧烈震动,使用周期在 40 d 左右,影响磨机正常运转。该公司曾将机翼型叶片改为单板形叶片,其强度较机翼型差、易变形,因没有机翼型叶片流线结构,叶片内表面部位频繁积灰,当积灰达到一定厚度,在叶轮旋转离心力的作用下不均匀地被甩落,造成叶轮动态不平衡,产生震动。因此需要定期停机对叶轮积灰进行清扫处理,每天停机 1～2 次,否则系统无法正常运转。

（4）磨内通风差。ϕ3 m×9 m 磨机原设计为水泥磨,后改为生料磨,中空轴直径仍为 ϕ1.2 m,有效通风内径为 ϕ0.6 m,通风面积小,阻力大,出磨温度始终偏低,喂料量加不上去。再者,排风机压头偏小,无法克服系统阻力,通风不畅,烘干效果差。

（5）其他故障。如 GX300×12 m 和 GX300×4.5 m 螺旋输送机设计输送能力偏小,现场冒灰严重,易发生头尾轴承进灰、吊轴瓦磨损等机械故障,影响磨机能力的发挥。

3. 措施

（1）降低入磨物料粒度。入二级破碎机物料粒度控制小于 350 mm,入磨物料粒度严格控制≤25 mm,提高 10 mm 以下小颗粒物料比例,该措施提高磨机台时产量 10%～15%。

（2）更换选粉机传动齿轮。在保证传动比不变、安装尺寸不变的条件下,在选粉机减速箱内,设计安装了一对斜齿圆锥齿轮,齿轮轮齿采用格林森齿型,取代直齿圆锥齿轮,由于两轮齿啮合时,轮齿是逐渐进入接触,逐渐脱离接触的,而且同时啮合的齿数比直齿圆锥齿轮多,端面重合度有较大增加,因此每个轮齿单位面积受到的压力减小,传动也比较平稳,齿轮的使用寿命大大延长,设备的运行状况大为改观,振动、冲击声明显减小,运行周期较改造前延长了 2～3 倍。

（3）排风机的改造。拆除原 Y4-73-11№12D 风机,安装 Y6-51№12.8D 风机,进出风管道位置在原管道上对接,工艺布置位置不变。安装后风量、压头增加较大,使用中叶轮叶片磨损十分严重,平均每 20 d 左右更换 1 件,消耗及维修费用大大增加。为此,在磨损部位粘贴 1.5 mm 厚的特种耐磨陶瓷片,粘贴后叶轮质量增加很小,不必考虑叶轮设计强度、风机启动过程中惯性矩增加及能耗增加的问题,低的摩擦系数也可以减小摩擦阻力,高的硬度又可以提高耐磨性等。

（4）除尘器改造。将原 2-Φ2.5 m 旋风除尘器直段部分根据现场位置增高 1 m,使其有效容积提高 47.2%,降低了风速,延长了含尘气体在旋风除尘器中的停留时间,加大了颗粒在离心力和惯性力作用下沿其壁面下落与气体分离的速度,经锥体流入灰斗,一则收尘效率提高,二则粉尘气体中的大颗粒捕集效率也得到提高,收尘效率较改造前提高了 30% 以上。

（5）磨内改造。取消长度为 1 m 的烘干仓,调整一、二仓的长度,分别由 3.75 m、3.75 m 调整为 4.25 m、4.7 m,使用单层隔仓板。重新进行研磨体的级配,填充率保持在 28%～30% 条件下,提高磨机总装载量,由 55 t 提高到 68 t,装载量提高 23.6%。一仓为阶梯衬板,二仓为小波纹衬板,在确保磨内通风的条件下,减小磨内篦缝宽度为 10～12 mm,二仓级配为三级,分别为 ϕ50 mm、ϕ40 mm、ϕ30 mm,增加 ϕ30 mm 小规格研磨体装载量占该仓装载量的 60%,二仓平均球径为 ϕ36 mm,从而提高出磨生料细度合格率达 65% 以上,调整后提高磨机台时产量 6% 以上。

（6）更换螺旋输送机。将故障较多的 2 台螺旋输送机改为 1 台 B400×15.1 m 直角空气输送斜槽,减少装机容量 3 kW,每年节约用电 2 万千瓦·时以上。

4. 效果

改造后,临时停磨明显减少,较改造前降低 15.6%,磨机运转率可达 90% 以上;工艺系统操作稳定,磨机产量提高 20% 以上,单台磨机生产能力达到 60 t/h 以上;取消烘干仓,磨内未出现糊球、结圈等不正常现象。风机叶轮正常使用 7 个月以上,没有发现陶瓷片有碎裂和脱落现象,解决了叶轮寿命周期短的问题,叶轮使用周期延长 8 倍以上,维修费用大幅度下降,设备运转率提高,1 台风机每年可减少备件消耗等费用 10 万多元。满足了窑系统正常生产用生料,同时,系统电耗降低 5% 以上,每年减少生产成本费用 50 万元以上。

分析点评

该水泥有限公司在回转窑产量由 720 t/d 提高到 1 500 t/d 的情况下,为了满足生料对回转窑生产的要求,在对生料粉磨系统设备和工艺情况进行详细分析的基础上,从入磨物料粒度、磨机结构、研磨体装载量和级配、磨内通风、除尘系统和附机设备等方面入手,采取了行之有效的技术改造措施,包括降低入磨物料粒度、增大磨机有效容积、减小二仓球径、更换大一号排风机等,从而有效地提高了生料磨机产量,保证了窑的正常生产。

思考题

1. 该公司更换风机的目的是什么?磨内通风对产量有何影响?磨内风速是否越大越好?为什么?

2. 磨尾除尘器收尘效率的提高对磨机产质量有何影响?

3. 该公司在取消 1 m 的烘干仓后,将原来的一仓长度由 3.75 m 调整为 4.25 m、二仓长度由 3.75 m 调整为 4.7 m,你认为是否合理?若将入磨物料最大粒度降到 5 mm 时,其两个仓的长度是否要调整?为什么?

4. 试比较空气输送斜槽和螺旋输送机的优缺点。

案例 2-5　φ4.6 m×(10+4)m 烘干中卸生料磨技改

浙江某水泥有限公司 2 500 t/d 生产线于 2003 年 4 月投产,生料粉磨采用 φ4.6 m×(10+4)m 烘干中卸磨,圈流系统,利用窑尾废气作为烘干热源,可烘干综合水分小于 5% 的物料。

1. 主机设备

主机设备规格参数见表 1.2.11。

表 1.2.11　主机设备规格参数

设备名称	规格参数
烘干中卸生料磨	产量:190 t/h,装球量:191 t,主电动机功率:3 550 kW
组合式选粉机	ZX3000,功率:110 kW
生料磨系统风机	2700DⅠBB24,320 000 m³/h,功率:900 kW
窑尾废气风机	Y4-73-11№28D,480 000 m³/h,功率:400 kW
窑尾高温风机	风量:460 000 m³/h,功率:1 250 kW
SP炉	入口废气量:180 000 m³/h(标态),入口废气温度:330℃,出口废气温度:220℃

2. 存在问题及改造措施

该系统投产后,产量一直在 195 t/h 左右。该厂 2008 年 11 月余热发电并网运行,由于窑尾废气先进入 SP 炉进行换热,致使生料磨系统热风温度降至 200℃ 左右,且因为生料磨系统的阻力远大于增湿塔系统的阻力,出现高温风机热风易从增湿塔这路走,致使磨机烘干能力下降,从而生料磨台时产量降至 185 t/h 左右,且饱磨频繁。

为此,在高温风机出口至增湿塔入口风道间增加阀门一只(图 1.2.5),在生料磨运行时将此阀门关闭或调整到适当开度,使热风顺利进入生料系统进行烘干作业,在生料磨停机时打开阀门不影响废气正常排放。

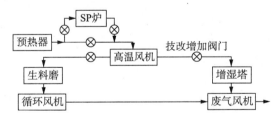

图 1.2.5　生料磨系统改造示意

3. 效果

SP 炉投产前后及增加阀门后生料磨系统运行情况见表 1.2.12。通过对比看出,实施技改后收到了很好的效果。生料磨台时产量提高了 34 t/h,生料工序电耗下降了 2.5 kW·h/t;磨机烘干效果好,避免了因经常饱磨引起的出磨生料质量波动问题;因开磨时废气大部分进磨,减少了增湿塔和电除尘器的回灰量,减少了回灰对生料的质量波动影响,并提高了电除尘器的收尘效果;同时,降低了增湿塔的喷水量,年节水约 6 万吨,节约电费 3 万多元;因废气系统由并联抢风转变为单回路,以及废气余热的充分利用,使生料系统风机和窑尾废气风机均可适当减少负荷,有一定的节电效果。

表 1.2.12 技改前后系统运行参数

项目	设计参数	运行参数		
		SP 炉投产前	SP 炉投产后	技改后
产量/(t/h)	190	195	185	219
筛余/%	12	14	14	14
系统用风量/(m³/h)	220 000~260 000	224 000	224 000	225 000
入磨热风量/(m³/h)		165 000	205 000	245 000
入磨风温/℃	250~300	310	200	210
出磨风温/℃	80~90	85	65	85
入磨物料水分/%	<5.0	3.5	3.5	3.5
出磨物料水分/%	<0.5	0.5	0.5	0.5
生料系统(含破碎)电耗/(kW·h/t)		26.4	27.8	25.3

分析点评

该公司 $\phi 4.6$ m×(10+4) m 烘干中卸磨的提产技改措施很简单,仅在高温风机出口至增湿塔入口风道间增加一只阀门,但它却起到了关键的作用。由于余热发电并网运行,入磨热风温度的降低,若磨机保持原有通风量,显然烘干磨用的输入总热量减少,物料的干燥得不到保证,导致饱磨;若要保证输入热量,一是提高风温,二是增加风量,显然提高风温不可行,因此需增加入磨风量,以保证烘干所需热量的要求。可见,加强磨内通风除了起到减少过粉碎现象、能及时排出磨内的水蒸气、减少黏附现象、降低磨机温度和物料温度等作用外,对于烘干磨还有保证输入热量的作用。这一案例也告诉我们,提高系统产质量的措施不都是很复杂的事,只要熟悉系统工艺和设备,做一个有心人,在某一方面进行一点改进就能起到重要的作用。

思考题

1. 磨机通风的作用是什么? 对磨机产质量有何影响?
2. 开路和闭路磨机的风速有何不同?
3. 烘干磨操作应注意哪些问题?

案例 2-6 ATOX-50 立磨提产措施

湖南某水泥有限公司原料磨为丹麦史密斯公司 ATOX-50 立磨,设计产量 450 t/h,运行 9 个月后,产量只有 390 t/h,电耗也持续增长,到 2009 年 11 月生料电耗 22.27 kW·h/t,大大超出了 18.6 kW·h/t 的指标。公司采取了一系列措施后,产量增长到平均 425 t/h,吨生料电耗也降至 19.56 kW·h/t。

1. 立磨运行状况

立磨主电机电流偏高(电机额定功率 3 800 kW),正常运行平均大于 360 A,喂料量难以提高。料层在停止磨内喷水的情况下为 90 mm 或者更高,入磨风量不足,风温偏低。吐渣偏多,且吐渣中的大块多,刮板磨损严重,辊皮外侧磨损严重,形成明显的凹槽。石灰石调配库离析现象严重,在离析时磨机电流会达到高报状态,定子 C 相温度增长较快,大量吐渣将刮板仓填满,有多次出现刮板仓排料口因大块物料挤压,导致下料口堵塞的危急状况。此外出磨生料石灰石饱和比难受控,出现大幅度波动。

生料电耗增高,均化库位一直偏低,一则导致生料均化效果差,二则增加了立磨故障停机的风险性。立磨例检周期变长,甚至不能保证必要的检修,影响系统的正常维护。出磨生料成分和细度不稳定,影响了大窑的运转质量。

2. 主要原因及分析

(1)磨辊和磨盘衬板磨损。当磨辊和磨盘衬板磨损后,辊与盘之间的接触形式由线接触改为内端点接触,而粉磨作业区主要发生在磨辊与磨盘的外端(靠喷口环侧),因此,此处磨损量也比其他地方大,当磨辊与磨盘衬板外端形成凹槽后,物料在此区域受不到有效挤压,大大降低了粉磨效率,造成大量的物料经过此区时,未能得到很好的粉磨,进而被甩落在喷口环区,导致吐渣料增多。11 月辊皮平均磨损状况为最大处达 64.6 mm、最小处也有 17.4 mm。辊皮有明显的凹槽。

(2)系统风量。ATOX-50 磨机喷口环的设计风速一般在 45~55 m/s,在喷口环面积不变的情况下,当系统风量增大时,喷口环处的风速就会增高,吐渣就会减少,相反增多,这由 v(风速)$=Q$(风量)$/S$(有效通风面积)可知。而立磨的喷口环盖板为 210 mm,喷口环有效通风面积小于 150 mm,这是因为系统风量不足,为了满足喷口风速,将盖板宽度加大。这说明从窑系统过来的热风明显不足,这一点还可以从入磨风压偏低和入磨风温不足看出。

(3)入磨风温。入磨风温对料层的厚度控制有很大影响。由于温度高,物料干燥,料层发散偏薄;温度低,料层就偏厚。ATOX-50 磨机的理想料层为(40±10)mm,而该磨机在磨内喷水停止的情况下料层厚度在 90 mm 以上,因为料层是受压力使颗粒间产生相互挤压摩擦而起到粉磨效果的,过厚的料层会缓冲辊子的压力,平均到每个颗粒力度就会减小,因此降低了粉磨效率,增加了电机负荷。而造成这一结果的原因是石灰石掺有大量水分高的泥土,遇上入磨风量不够,风温偏低,烘干能力不足,所以料层偏厚。

(4)研磨压力。研磨压力设定值过小,磨机做功少,吐渣料必然增多,但研磨压力增加至 99×10^5 Pa 左右,产量并没有明显增加,说明单方面提高研磨压力并不能解决问题。

(5)离析现象严重。石灰石库几乎都存在离析现象,形成机理是石灰石破碎的粒度不一致,或者石灰石内存在泥土,待物料入库时形成一个锥形料堆,而大颗粒较重的石头会滑落到两边,粒度小的轻质物料会在料堆中央集中下料。停止进料后,中间部分物料下空,两边较大的石头会滑落,因此会出现很明显的物料分层现象。石头粒度的大幅度波动使工况紊乱,而石灰石粒度落差越大,离析现象就越明显。因仓内物料的离析作用,磨机内一会儿石头、一会儿泥土,进而导致立磨料层不稳,产生较大的振动,吐渣料必然增多。

3. 措施及效果

(1) 减少窑尾系统内的漏风点,包括余热发电的余热(PH)锅炉系统,尽量提高入磨风温。

(2) 减小进厂石灰石含泥量及降低石灰石粒度,来满足磨机的生产需求。经测试表明:粒度小于 25 mm 的石灰石在正常料中占 61.4%,离析料中占 43.57%;粒度大于 60 mm 的石灰石颗粒在离析料中占 21.8%,在正常料中只占 9.97%,由此可见石灰石粒度大小对磨况的影响。

(3) 通过增加高温风机转数和增大 PH 炉旁路挡板,增加入磨风量和提升风温。

(4) 增加刮板头部的长度及喷口环盖板的修复力度。

经过此次提产方案的实施,立磨运行状况有了很大的改善,具体参数可见表 1.2.13。

表 1.2.13　提产方案实施效果

时间/月	产量/(t/h)	电耗/(kW·h/t)	主机电流/A	入磨负压/kPa	入磨风温/℃	生料细度合格率/%
11	390	22.27	>360	-1.8	160～175	91.3
12	425	19.56	<350	-1.4	>190	97.8

分析点评

立磨是根据料床粉磨原理来粉磨物料的机械,在喂入物料形成的环形料床上,物料被咬入磨辊和磨盘之间,大块料首先受到磨辊的滚压作用,就像在辊式破碎机中被破碎一样。研磨压力先集中在大块物料上,物料受到挤压很快地、大幅度地被粉碎。然后,磨辊施加的压力很快传到次一级的大块料上,如此延续下去。伴随物料粒度减小的挤压过程,在滚压作用下,各物料颗粒在密集空间重新组合。随之所产生的挤压和剪切力,进一步将较小料粒粉磨。磨辊和磨盘间一定的相对运动还有助于防止黏湿物料引起的堵塞。根据立磨的工作原理,物料必须要形成稳定的料床,如果物料中大块物料太多,物料间的空隙不能被小块或细物料填满,磨辊施加的压力就不能很好地传到各级别物料上,粉碎能力必然降低。因此入磨物料粒度要合理,不能太大。

立磨同时具有烘干功能,在粉磨过程中,气、固体通过接触产生热交换,湿物料得到烘干。输入立磨的热风量和风温是磨机正常运行的条件,在喷口环面积不变的情况下,当系统风量大的时候,喷口环处的风速就会增高,吐渣就会减少;反之,吐渣就会增加。风温高时,物料易干燥,物料间摩擦阻力小,料层发散偏薄;反之,料层就偏厚。

思考题

1. 试述立磨的工作原理与球磨机工作原理的区别。

2. 立磨与球磨机相比有哪些优势?

3. 料层的厚度对立磨的产质量有何影响?

4. 立磨吐渣是由哪些原因引起的?

案例 2-7 立式辊磨生料细度的控制

河南某水泥有限责任公司 RMR57/28-555 立式辊磨是利用窑尾热废气对物料进行烘干、粉碎、选粉、输送为一体的全风扫式磨机。

1. 基本情况

(1) 立磨的相关参数见表 1.2.14。

表 1.2.14 立磨的相关参数

名称	参 数
磨盘、磨辊	磨盘直径 φ5 700 mm,磨辊直径 φ2 800 mm,4 个(2 对辊); 磨盘转速 23.7 r/min;主电机 4 200 kW,辅助电机 110 kW;
选粉机	φ5 550 mm,电机 340 kW,控制转速 800~900 r/min;
循环风机	电机 4 000 kW,$Q=930\,000$ m³/h;
旋风筒	φ5 200 mm,共 4 个,$Q=236\,000$ m³/h;
循环提升机	传动电机 75 kW,输送能力 170 t/h;
喂料量	设计喂料量 380~420 t/h,实际喂料量 460~500 t/h;
物料	入磨物料≤80 mm 95%,入磨物料水分≤6%,出磨物料水分≤0.5%;
生料细度	生料细度 0.08 mm 方孔筛筛余 12%~14%,实际控制生料细度 0.08 mm 方孔筛筛余≤16.0%;
出磨气体	温度≤90℃,风量≥800 000 m³/h;
喷水量	15~20 m³/h

(2) 原料水分含量和粒度见表 1.2.15。

表 1.2.15 原料的水分含量和粒度

原料名称	粒度	含量/%	水分/%	易磨性
石灰质原料石灰石	≤30	90	1.5~2.0	较好
黏土质原料砂岩	≤80	80	5.0~6.0	差
校正原料铁矿石	≤40	90	5~10	差
校正原料高铝土	≤30	90	5.0~6.0	较好

2. 生料细度的控制

(1) 角度可调导向叶片的定位。选粉机结构见图 1.2.6。选粉机可调导向叶片的角度位置应根据各地原料的性质、磨机产量、通风量等因素来调节,一般不易调节,该公司定为 65°。

(2) 正常情况的调节是在磨机满负荷运转、工况稳定、压差控制在 8 000 Pa 的情况下,该公司控制生料细度 0.08 mm 方孔筛筛余≤16.0%,选粉机转速 850 r/min 左右。当选粉机转速调节为小于 850 r/min 或大于 850 r/min 时,生料细度 0.08 mm 方孔筛筛余都会相应变化为大于 16.0% 或小于 16.0%。

(3) 磨机压差变化时,磨机工况稳定的情况下,压差≤7 800 Pa,相对偏低,选粉机转速增加 10~20 r/min,相反,压差≥8 000 Pa,选粉机转速减小 10~20 r/min,这时,生料细度都能控制在 0.08 mm 方孔筛筛余≤16.0％。

（4）原料有离析料块集中下料时，磨机工况稳定，即使压差在 8 000 Pa 的情况下，选粉机转速也应增加 10～20 r/min，压差控制在 8 000～8 300 Pa，相反，原料有细、碎料集中下料时，选粉机转速减小 10～20 r/min，压差控制在 7 800～8 000 Pa，这两种情况都能确保生料细度控制在 0.08 mm 方孔筛筛余≤16.0％。

（5）当磨机工况变化，产量在 450 t/h 以下，压差控制在≤7 800 Pa 以下，选粉机转速增加 100～200 r/min，生料细度 0.08 mm 方孔筛筛余仍然≥16.0％。这时说明相对磨机产量、工况，循环风机拉风量偏大，应该将循环风机进口阀门开度 98％关小至80％，循环风机负荷由 200 A 降至 180 A（循环风机进相机进相状态），循环风机进口压力由−9 400 Pa 降至−8 400 Pa。这样，就可以将生料细度控制在 0.08 mm 方孔筛筛余≤16.0％。

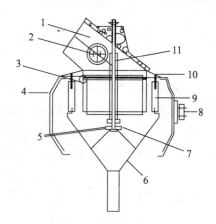

图 1.2.6　选粉机结构示意

1—出磨管道；2—出磨管道人孔门；
3—选粉机转子与磨机壳体密封处；
4—选粉机壳体；5—选粉机轴承干油站；
6—选粉机锥体；7—选粉机轴承；
8—入选粉机人孔门；9—选粉机导向叶片；
10—选粉机导向叶片调节销；11—选粉机立轴

（6）投产初期，磨机工况稳定，原料稳定，选粉机转速增加 100～200 r/min，循环风机拉风量减小，进口压力−8 400 Pa，生料细度 0.08 mm 方孔筛筛余仍然≥16.0％，此时将循环风机拉风量增加至进口压力−9 400 Pa，发现生料细度更大，0.08 mm 方孔筛筛余 18％～20％。怀疑选粉机有风短路情况，检查发现选粉机转子外圈与磨机壳体内圈密封处确有漏风现象，所以，出现了选粉机转速越高生料细度越粗的现象，将漏风消除后，使得磨机在台时、辊压、风量与原来一样的情况下，生料细度 0.08 mm 方孔筛筛余降低了 3.0％左右。

分析点评

立式辊磨是利用磨辊对磨盘上的物料进行挤压，并依靠气流将粉磨的物料带入上部选粉机，经选粉后，粒度较大的颗粒在重力作用下，重新落回磨盘进行粉磨，符合细度要求的颗粒带出磨外，经收尘器收集而成为成品；成品的细度是对立磨操作工的一项主要考核指标，一般情况下，生料细度都是用调节选粉机转速来控制的，选粉机转速越高，生料细度越细。本案例可以说明，单用调节选粉机转速这个方法不能完成细度控制指标，这既有设备方面的问题，也有操作方面的问题，也就是说，要生产出合格的产品，要根据生产线设备和工艺的具体情况进行具体的控制操作。

思考题

1. 立磨控制细度的一般方法是什么？
2. 立磨中导向叶片的径向角度对产品细度有何影响？一般而言，可以用调整导向叶角度的方法控制产品细度吗？
3. 立磨通风量的大小对细度有无影响？为什么？

第三章　水泥烧成

知识要点

硅酸盐水泥的主要组成是水泥熟料,水泥熟料的质量决定了水泥的质量,而熟料的质量取决于熟料煅烧过程,此外熟料煅烧过程还决定水泥的产量、燃料与衬料的消耗以及窑的安全运转。因此,了解并研究熟料的煅烧过程是非常必要的。

窑内煅烧过程虽因窑型不同而有所差别,但基本反应是相同的。现以回转窑为例,燃料与一次风由窑头喷入,和二次风相遇,一起进行燃烧,火焰温度高达 1 650~1 700℃。燃烧烟气在向窑尾运动的过程中,将热量传给物料,温度逐渐降低,最后由窑尾排出。物料由窑尾喂入,在向窑头运动的同时,温度逐渐升高,并进行一系列的物理、化学及物理化学反应,烧成熟料由窑头卸出,进入冷却机。

物料进入回转窑内后,首先发生自由水的蒸发过程,当水分接近于 0 时,温度可达 150℃左右,这一区域称为干燥带。随着物料温度上升,发生黏土矿物脱水与碳酸镁分解过程,这一区域称为预热带。物料温度升高至 750~800℃时,烧失量开始明显减少,氧化钙开始明显增加,表示同时进行碳酸钙分解与固相反应。由于碳酸钙分解反应吸收大量热量,所以物料升温缓慢。当温度升到大约 1 100℃时,碳酸钙分解极为迅速,游离氧化钙数量达到极大值,这一区域称为碳酸盐分解带。碳酸盐分解结束后,固相反应还在继续进行,放出大量的热,再加上火焰的传热,物料温度迅速上升 300℃左右,这一区域称为放热反应带,也称过渡带。大约在 1 250~1 280℃开始出现液相,一直到 1 450℃液相量继续增加,同时游离氧化钙被迅速吸收,水泥熟料化合物形成,这一区域(1 250~1 450℃)称为烧成带。熟料继续向前运动,与温度较低的二次空气相遇,熟料温度下降,这一区域称为冷却带。

图 1.3.1 所示为回转窑内熟料矿物形成过程。

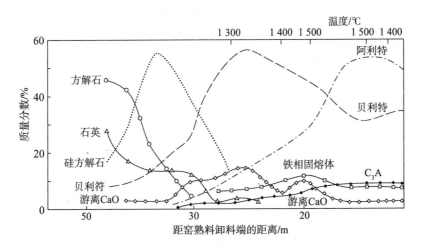

图 1.3.1　回转窑内熟料矿物形成过程

应该指出,这些带的各种反应往往是交叉或同时进行的,生料受热不均匀和传热缓慢将增大这种交叉。

其他类型的回转窑内物料的煅烧过程与回转窑基本类似,只是它们把某种过程移到回转窑外的专门设备内去进行,因而温度范围、物料水分等有所变化而已。例如,悬浮预热器窑生料的预热和少部分碳酸钙的分解在预热器内进行。带分解炉的悬浮预热器窑生料的预热、分解在预热器和分解炉内进行,生料入窑时,已有 85%~95%的碳酸钙分解。

立窑的煅烧过程与回转窑有些不同。含煤湿料球由窑顶喂入,空气由窑下部鼓入,因而其煅烧过程是由窑顶自上而下,从料球表面向内部与燃料燃烧交织在一起进行。但窑内物料同样经历干燥、黏土矿物脱水、碳酸盐分解、固相反应、熟料烧结反应以及熟料的冷却等过程。

案例 3-1　提高窑产量的途径

1. 基本情况

新疆某水泥股份公司大河沿 $\phi 4.0\text{ m} \times 60\text{ m}$ 的 2 300 t/d 熟料生产线于 2002 年 10 月 20 日点火,10 月 31 日一次投料成功。由于地处吐鲁番盆地,原物料碱含量比较高,出磨生料碱含量平均超过 1.1%,要确保较高的熟料产质量困难很大。生产之初,窑系统工况就不稳定,熟料质量波动大,熟料产量最高仅为 93.64 t/h,最低时为 86.31 t/h。

2. 提高窑台产的途径及对策

(1) 三风道煤粉燃烧器的使用

该公司使用的窑头喷煤管为史密斯(青岛)机械制造有限公司生产的 DBC 型多福乐(DUOFLEX)燃烧器,该燃烧器主要是为油煤混烧、高挥发分烟煤而专门设计的三风道燃烧器。煤管安装斜度 2%,煤管中心在窑端面(0 mm,0 mm)位置。生产初期,一次风压控制在 22 000~25 000 Pa,通风截面控制在 0~-5 mm,煤管入窑 300 mm。但在生产过程中发现,煤管火焰位置偏离料层,并伴有分叉现象,出窑熟料明显欠烧,过窑皮现象频繁。截至 2003 年 2 月 26 日,四个月的时间里共计掉砖红窑 5 次。其原因为煤管位置不合适,一次风速不够,火焰形状不稳定,热力强度不够。2003 年 2 月底对煤管位置进行了调整,煤管整体下调 6 cm,煤管中心调整为在窑第四象限(+75 mm,-60 mm),煤管斜度 3.5%,一次风压控制在 28 000~30 000 Pa,通风截面 0~+5 mm。调整后火焰靠近料层,对物料形成了有效灼烧,火焰更加有力,形成了比较稳定的扫帚状。2003 年 5 月底,为弥补一次风机电机选型偏小,购入 90 kW 电机取代原 75 kW 电机。2004 年 2 月,为提升二次风温及三次风温,煤管整体位置调整到出窑 300 mm。通过采取以上措施,该燃烧器已经基本能满足窑生产需要。

(2) 预热器系统的改造

预热器系统采用天津院带 TDF 分解炉低阻五级预热器单系列系统。生产过程中存在三级、四级负压波动大且比较频繁,五级出口与分解炉出口温度差距波动大。采取提高高温风机转速以提高预热器旋风效果,以及调整锁风阀配重来防止漏风短路引起的塌料,但效果不明显。分析原因后发现,物料经撒料板进入换热管道,部分物料不能正常悬浮,直接下到锥部而造成物料走短路,引起预热器系统负压的波动,直至影响窑系统工况的稳定。

2003 年 8 月底,为防止四级塌料直接入窑,将分解炉下缩口由 $\phi 1\ 600$ mm 缩小为 $\phi 1\ 500$ mm 来加强下缩口窑尾入炉风速;为确保各级下料能充分进入换热管道有效进行热交换,从入窑喂料撒料口开始,在原有撒料板基础上,铺设 $\delta = 16$ mm 厚度的耐热钢板并延长入预热器 400 mm,水平角度由 45° 降低为 25°,以减缓物料的下冲速度,并使物料更好地抛撒充分进行热交换。此后系统负压基本稳定,五级出口温度与分解炉温度基本稳定在 20℃ 左右,参数状况趋于合理,窑台产、质量都有很大提高。

(3) 原材料的选择替代

原使用石灰石、烧变岩、硅石、硫酸渣进行四组分配料,由于石灰石及烧变岩成分波动较大,考虑到计量设备及检验环节等因素的影响,决定石灰石单独预均化,烧变岩直接入调配库进行配料。对生料的质量控制仅能依靠每小时的出磨钙和铁来控制,对硅、铝的控制只能通过每班的全分析进行调整。要保证生料的质量稳定,除非石灰石与烧变岩进行预均化,或者每小时生料进行全分析,或者选用一种质量更稳定的黏土质原料替换烧变岩。通过分析后采用成分相对比较稳定且易磨性好的页岩替代烧变岩。

硅石由于其纯度高（SiO_2 含量 94% 以上），易磨性特别差，在生料中筛余特别高，使生料的颗粒级配不合理，熟料化验中发现有游离硅的存在。必须寻找一种易磨性好的硅质校正料进行替换。2004 年 2 月初，用含硅相对较低（SiO_2 含量大于 70%）且易磨性较好的砂岩（硅质板岩）替代硅石。虽然硅石碱含量大大低于砂岩，但其利远远大于弊。替代后窑的台产大幅度提升，熟料的质量及强度也明显好于从前。各原料成分见表 1.3.1。

表 1.3.1　原料化学成分 w　　　　单位：%

原料名称	烧失量	SiO_2	Al_2O_3	Fe_2O_3	CaO	MgO	R_2O	$\sum$
烧变岩	8.71	62.73	19.53	2.37	0.70	0.85		94.89
石灰石	41.17	2.97	0.81	0.54	52.51	1.22	0.47	99.69
砂岩	3.89	73.52	12.66	2.85	1.20	1.33	3.33	98.78
硫酸渣	1.67	21.76	4.51	59.10	0.95	2.98	1.02	91.99
页岩	7.30	59.87	17.60	7.17	0.92	2.30	2.98	98.14
硅石	0.30	94.91	2.30	1.23	0.42	0.37	1.10	100.63

（4）完善中控操作

提高高温风机转速，加强窑内通风。生产之初，预热器一级出口负压控制在 -5 000 Pa 左右，高温风机电流控制在 81 A，但在生产过程中发现，一级出口温度偏低，常出黄心料，判断为窑系统通风不足，窑内还原气氛重。提高高温风机电流到 86 A，一级出口负压达到 -5 300 Pa 左右，加强了窑内通风，黄心料出现的频率明显降低。

增加篦冷机一室及四室篦下压力。原篦冷机一室篦下压力控制在（4 800±200）Pa，四室篦下压力控制在（2 800±200）Pa，在提高高温风机转速后，为提高二次及三次风温，将篦冷机一室篦下压力控制在（5 500±200）Pa，四室篦下压力控制在（3 000±200）Pa，三次风温明显上升 20℃ 左右，窑系统通风受影响程度不大。

预热器五级出口温度的控制。生产之初，根据分解率控制在 90% 以上的目标，确立了预热器五级出口温度控制在（840±20）℃，实践表明窑煅烧比较困难，出窑熟料孔隙多、欠烧明显。后从五级下料管取入窑生料做烧失量，虽然分解率在 90% 以上，但烧失量偏高。后调整预热器五级出口温度为（860±20）℃，分解率基本稳定在 93% 以上。出窑熟料质量好转，比较密实。

煤粉及生料细度的调整。降低煤粉细度可加强煤粉燃烧效果，当煤粉细度控制在 10% 以下时，五级下料管入窑生料伴有火星，窑尾温度偏高。煤粉细度控制在 6% 左右时，以上情况就很少发生了。生料易烧性差，可以通过调整生料细度来改善，生料细度从 12.0%±2.0% 调整为 8.0% 以下，并通过原物料替代来确保合理的颗粒级配，熟料的质量及窑台产都有了很大提高。

（5）减少窑尾收尘灰的影响

使用的原燃物料的碱含量都比较高，生料碱含量超出了工艺生产要求的 1.0%，由于没有设置旁路放风，窑尾收尘灰的碱含量高，对窑煅烧的影响显著。在生料粉磨系统工作时，收尘灰由于与入库生料的混合，对窑煅烧的影响不太明显，但在生料粉磨系统停止工作 3 h 后，窑煅烧开始困难，被迫减料降窑速煅烧这种状况一直会持续到生料粉磨系统生产 3 h 后才开始好转。增设旁路放风系统虽然可以改善这种状况,但会大大增加系统热损失,并且建设成本高。为此在均化库旁增建了一个回灰仓,生料粉磨系统开时收尘灰入库;生料粉磨系统停时收尘灰入回灰仓,待生料粉磨系统开时再将收尘灰与生料搭配入库。通过实际使用,生料粉磨系统停车 8h 内窑系统能保证正常的产质量。

3. 效果

经过以上综合措施,窑熟料产量基本稳定在 98.0 t/h 以上,熟料强度以及 f-CaO 合格率也处在一个比较高的范围。

分析点评

提高窑产量的途径是一个全方位分析及解决问题的过程,这个过程包括对系统的工艺评价、原燃物料的性能评估、系统操作参数的优化及操作员技能水平的提高等。该公司大河沿生产线的经验说明:①原物料硫、氯、碱含量在系统富集而造成预热器结皮堵塞的情况比较少,但对窑系统的煅烧影响比较大,其中碱不仅破坏熟料强度,还影响熟料 f-CaO 的合格率,并且会使窑结后圈,严重时造成停窑打圈。在实际操作中可以通过原料质量的控制、配料的调整,增设窑灰回灰仓,以及煅烧操作的调整来进行控制。②预热器系统优劣往往决定了窑系统的生产潜能,好的预热器系统是窑增产的保障,根据实际生产中反映出来的问题对窑系统进行合理的改造,往往会达到事半功倍的效果。③好的窑头燃烧器固然可以保证良好的煅烧效果,但合理的燃烧器的技术调整同样可以取得很好的效果。④生产初期决定的原物料并不能说明其是最好、最合理的搭配,实际生产中在条件允许的情况下可对原物料进行适当的替换,以改善生料的易烧性,更加有利于窑的煅烧。⑤要保证系统长期安全运转,必须培训一批优秀的中控操作员。高素质的中控操作员是稳定以上成果的关键。

思考题

1. 以本案例为例,简述提高窑外分解窑产量的措施。
2. 窑灰主要存在什么有害成分? 对窑的产质量有何影响?
3. 分解炉下缩口的大小对预热器有何影响?

案例 3-2 5 000 t/d 级水泥熟料烧成系统热工性能分析

1. 回转窑规格及其生产能力

表 1.3.2 为预分解窑系统中回转窑的相关参数,由表 1.3.2 可看出,规格基本相当的回转窑,产量有较大差距,20 世纪 80 年代建设的冀东 NSF 和珠江 SLC 设计产量为 4 000 t/d 熟料,90 年代以后建成的冀东滦县预分解窑(TDF),设计产量在 5 000~5 500 t/d 熟料,标定的实际产量均超过设计产量,在 4 800~5 500 t/d 熟料左右。对回转窑的单位容积产量、单位有效表面积产量和单位截面积产量等各项指标进行比较,可以看出,从 20 世纪 80 年代至今,随着对预分解窑技术研究的深入及设计和操作水平的提高,这些指标不断提高。冀东滦县生产线的生产实践经验表明,通过优化预分解系统和相关系统的匹配设计,该规格回转窑可以适应 5 000~5 500 t/d 熟料生产能力的需要。

表 1.3.2 回转窑生产能力等参数

项目	单位	冀东滦县 TDF	铜陵海螺 1 号线	铜陵海螺 2 号线	冀东 NSF	珠江 SLC
规格	m	$\phi 4.8 \times 72$	$\phi 4.75 \times 74$	$\phi 4.8 \times 74$	$\phi 4.7 \times 74$	$\phi 4.75 \times 75$
有效内径 D_0	m	4.36	4.29	4.36	4.4	4.35
有效长度 L_0	m	72	74	74	74	75
有效内容积 V_0	m³	1 074.32	1 069.60	1 104.83	1 125.20	1 114.63
有效内表面积	m²	986.18	997.31	1 013.60	1 022.90	1 024.95
有效烧成带内截面积	m²	14.92	14.45	14.93	15.21	14.86
标定熟料能力	t/h	222.75	200	234.42	204	200
设计熟料生产能力	t/h	208.33	—	208.33	167	166.67
单位有效容积产量	kg/(m³·h)	207.34	186.99	212.18	181.30	179.43
单位有效内表面积产量	kg/(m²·h)	225.867	200.54	231.27	199.432 5	195.132 5
单位烧成带有效内截面积产量	t/(m²·h)	14.93	13.84	15.70	13.416 37	13.457 41
L/D	—	15	15.57	15.42	15.74	15.79

2. 分解炉容积及生产能力

表 1.3.3 为预分解窑系统中分解炉的相关参数。由表 1.3.3 可知,20 世纪 80 年代建设的 4 000 t/d 级的珠江、冀东和宁国等厂的分解炉容积较小,单位容积生产能力较高,而近年建设的冀东滦县生产线分解炉容积较大,单位容积生产能力较低。由此可见,采用扩大炉容、延长燃料在炉内的滞留时间以保证燃料完全燃烧的优化设计是近年来分解炉发展的趋势。当然,分解炉的生产能力除了跟容积有关,还与炉型结构、炉内三维流场分布及燃料在炉内的起燃状况和燃烧速率有很大关系。20 世纪 90 年代以来,我国水泥科研人员在消化吸收国际先进技术的基础上,自主研制开发出了 TDF、TSD、TWD、TFD、TSF、NC-SST、CDC 型等多种新型分解炉,充分考虑了容积、结构型式及使用低质燃料等多方面的因素,可满足不同需要。

表 1.3.3 分解炉生产能力及有关参数

项目		单位	冀东滦县 TDF	珠江 SLC	冀东 NSF	宁国 MFC
窑实际生产能力		t/h	222.75	200	204	167.042
分解炉尺寸	规格	m	$\phi 7.7 \times 32.85$	$\phi 6.9 \times 15.0$	$\phi 8.2 \times 11.6$	$\phi 6.0 \times 16.5$
	有效内径 Dc	m	7.20	6.442	7.518	6.0
	有效高度 Hc	m	32.60	18.681	11.60	17.280
	Hc/Dc		4.53	2.90	1.54	2.88
炉有效内容积	炉本体	m³	1 155.69	547.22	542	488.6
	管道	m³	—	—	30.4	斜 102.3 上升 283.2 计 385.5
	合计	m³	1 155.69	547.22	572.4	774.1
炉有效截面积		m²	40.71	32.594	44.4	28.3
单位有效 容积生产能力	炉本体	kg/(m³·h)		365.48	376.38	341.9
	合计	kg/(m³·h)	192.74	365.48	356.39	215.8

3. 窑和分解炉热负荷

有关窑和分解炉热负荷指标列于表 1.3.4。由表 1.3.4 可以看出,与 20 世纪 80 年代建成的冀东 NSF、宁国 MFC、珠江 SLC 相比,90 年代以后建设的冀东滦县 TDF、铜陵海螺 2 号线和华新水泥厂等窑单位有效容积、面积及烧成带有效截面积热负荷较高,炉单位有效容积热负荷和单位有效截面积热负荷较低,有利于低质燃料的利用。

表 1.3.4 窑及分解炉热负荷指标

项目		单位	冀东滦县 TDF	珠江 SLC	冀东 NSF	宁国 MFC
窑生产能力		t/h	222.746	200	204	167.042
窑/炉燃料比		%	36.91/63.09	4.0/6.0	4.0/6.0	45.9/54.1
熟料热耗		kJ/(kg·cl)	3 336.48	3 176.8	3 300	3 323.36
		kcal/(kg·cl)	798.20	760	789.47	794.76
热负荷	窑内	$\times 10^6$ kJ/h	274.31	254.14	269.28	254.583
		$\times 10^6$ kcal/h	65.62	60.80	64.42	60.88
	炉内	$\times 10^6$ kJ/h	468.88	381.22	403.92	300.07
		$\times 10^6$ kcal/h	112.17	91.20	96.63	71.76
窑内单位热负荷	有效容积	$\times 10^5$ kJ/(m³·h)	2.55	2.28	2.39	2.34
		$\times 10^5$ kcal/(m³·h)	0.61	0.55	0.57	0.56
	有效面积	$\times 10^5$ kJ/(m²·h)	2.78	2.48	2.63	2.54
		$\times 10^5$ kcal/(m²·h)	0.67	0.59	0.63	0.60
	烧成带有效截面积	$\times 10^6$ kJ/(m²·h)	18.39	17.10	17.71	17.53
		$\times 10^6$ kcal/(m²·h)	4.40	4.09	4.24	4.19

		项目	单位	冀东滦县 TDF	珠江 SLC	冀东 NSF	宁国 MFC
炉内单位热负荷	有效容积	按炉本体计	$\times 10^5$ kJ/(m³·h)	4.06	6.97	7.45	6.14
			$\times 10^5$ kcal/(m³·h)	0.97	1.67	1.78	1.47
		按炉加管道合计	$\times 10^5$ kJ/(m³·h)	4.06	6.97	7.06	3.88
			$\times 10^5$ kcal/(m³·h)	0.97	1.67	1.69	0.93
	有效截面积		$\times 10^6$ kJ/(m²·h)	11.52	11.70	9.10	10.60
			$\times 10^6$ kcal/(m²·h)	2.76	2.80	2.18	2.54

4. 冷却机生产能力

表 1.3.5 为冀东滦县等预分解窑系统篦冷机指标。同时按照日本对 47 台预分解窑与篦冷机匹配状况调查得到篦冷机面积(SG)与窑台时生产能力(M)之间相关性的回归方程：

$$SG = 0.6M + 10.92 \text{ m}^2 (r = 0.912, n = 47)$$　　　　　(1.3.1)

式中，r 为相关系数；n 为样本数。

结合各厂窑设计能力及实际能力，计算求得 SG 与各厂篦冷机篦板实有面积对比列于表 1.3.6。

由表 1.3.5 及表 1.3.6 可以看出，单位篦板面积产量大都在 40 t/(m²·d)左右；从冷却机规格来看，按照日本调查报告回归公式计算，各生产线冷却机规格均偏小。这可能与目前的冷却机比日本调查报告中选用的冷却机技术上有很大改进有关，但结合冀东滦县 TDF 窑系统等生产线篦冷机的实际运行结果来看，发现现有冷却机选型多数偏小，使得进一步提高窑系统产量受到一定限制。

表 1.3.5　篦冷机有关指标

项目	单位	冀东滦县 TDF	珠江 SLC	冀东 NSF	宁国 MFC
生产厂及型号		TC-12102	水平推动式 FOLAX1034S	水平推动篦式(三段) FB3-400	水平推动 FB3-401
规格	m	—	4.0×31.7	1.27×28.50	3.66×28.50
篦板面积	m²	119.30	116	105	105.3
熟料产量	t/h	222.746	200	204	167.042
单位篦板面积产量	t/(m²·d)	44.81	41.38	46.63	38.07

表 1.3.6　篦冷机设计、实际与计算面积

	项目	单位	冀东滦县 TDF	珠江 SLC	冀东 NSF	宁国 MFC
	设计熟料产量	t/h	208.33	166.67	167	166.67
	标定熟料产量	t/h	222.746	200	204	167.042
	篦冷机规格	m	—	4.0×31.7	1.27×28.50	3.66×28.50
	篦板面积	m²	119.30	116	105	105.3
按式(1.3.1) 计算篦板面积	按设计产量	m²	135.92	110.922	111.12	110.922
	按标定产量	m²	144.57	130.92	133.32	111.145 2
实际与设计 面积之比	按设计产量		0.88	1.046	0.945	0.949
	按标定产量		0.83	0.886	0.788	0.947

5. 旋风筒分离效率

在预热器系统中各级旋风筒的分离效率及它们之间的合理匹配,对保证预分解窑经济合理与安全生产十分重要。一般认为 C_1 级筒的分离效率高,可以减少飞回量,从而减少生料的外循环;提高 C_5 级筒的分离效率,减少高温生料的内循环;对 C_2 级至 C_4 级筒的设计,一般要求在保证合理的分离效率下,尽量降低阻力。

表 1.3.7 为各级旋风筒的分离效率。从表 1.3.7 可知,冀东滦县等 20 世纪 90 年代以后建设的水泥厂各级旋风筒的分离效率匹配为 $C_1C_2C_3C_4$ 模式,且 C_4 级旋风筒分离效率保持在 81.00% 以上。从现场标定的各级筒出口气温及下料温度来看,偶见中间级旋风筒下料温度高于出气温度,说明下料锁风不严,有窜风现象,因此应进一步优化各级旋风筒,特别是 C_1 和 C_4 级旋风筒的结构,加强锁风,进一步减少热物料的内循环及预热器出口的飞灰量,提高全窑系统的热效率。

表 1.3.7 窑旋风筒分离效率

级别	冀东滦县 TDF	珠江 SLC	冀东 NSF	宁国 MFC
C_1	92.88	90.28/90.64	94.8	94.5
C_2	86.54	84.59/85.72	84.7	86.7
C_3	86.38	81.96/83.40	86.1	87.2
C_4	81.29	80.67/83.94	86.0	89.1
C_5	—	79.80/79.67	—	—

6. 预热分解系统的换热功能

换热效率是衡量气固两相换热效果的指标。表 1.3.8 所示为各厂预热分解系统各级换热单元的换热量及总换热效率。从窑尾预热分解系统总的换热效率方面考察,20 世纪 90 年代以后建设的冀东滦县等水泥厂预热分解系统总的换热效率为 75.92%,高于 80 年代建设的冀东 NSF、宁国 MFC 和珠江 SLC 窑。

从各级换热单元及分解炉等子系统换热量方面考察,把分解炉和 C_4 级筒作为一个综合换热单元,它们承担着繁重的换热任务,其换热量所占比例很大。同时也可以看到,各级旋风筒及其联接管道换热单元,也承担着生料的预热任务,一般来说 C_1 级换热单元任务较大,其他级换热单元任务稍小,这是所有预分解窑的共同点,区别仅在于换热比例的不同。

由表 1.3.8 可见,90 年代后建设的冀东滦县水泥厂 C_1 级换热单元所占比例为 17.52%,分解炉和 C_4 级筒换热单元所占比例为 63.80%,高于 20 世纪 80 年代所建的厂;其预热分解系统总的换热效率达到了 75.92%,也高于其他各对比厂。

表 1.3.8 预热分解系统换热量

	冀东滦县 TDF		珠江 SLC		冀东 NSF		宁国 MFC	
	换热量/(kJ/kg)	/%	换热量/(kJ/kg)	/%	换热量/(kJ/kg)	/%	换热量/(kJ/kg)	/%
C_1+管道	549.29	17.52	499.81	16.64	433	15.2	388	13.9
C_2+管道	349.63	11.15	466.05	15.51	411	14.5	364	13.0
C_3+管道	235.97	7.53	310.40	10.33	240	8.4	303	10.9
C_4+管道	—	—	340.14	11.32	—	—	—	—

	冀东滦县 TDF		珠江 SLC		冀东 NSF		宁国 MFC	
	换热量/(kJ/kg)	/%	换热量/(kJ/kg)	/%	换热量/(kJ/kg)	/%	换热量/(kJ/kg)	/%
C_{4+}烟道或炉	2 000.03	63.80	1 387.70	46.19	1 762	62.0	1 736	62.2
合计	3 134.92	100	3 004.07	100	2 843	100	2 790	100
换热效率/%	75.92		66.48		72.70		74.80	

7. 预热分解系统的分解功能

生料在窑尾悬浮预热器及分解炉内预热、分解是预分解窑区别于其他窑型的最重要的特性。因此,窑尾有关子系统在分解功能方面发挥得好坏,是衡量预分解窑优劣的重要技术指标。表 1.3.9 为各预分解窑系统的预热分解功能,由表 1.3.9 可知:冀东滦县等 20 世纪 90 年代以后建设的预分解窑系统的分解率在 88%～93%,低于 20 世纪 80 年代所建的宁国 MFC、珠江 SLC、冀东 NSF,但是分解炉本身的分解率却大大高于 20 世纪 80 年代所建的宁国 MFC 等生产线。由此看来,近几年对分解炉容积的增大和结构的优化,大大提高了其分解功能,但整个分解系统的分解率反而有所下降,这就需要对旋风筒等相关单元的有关参数以及与分解炉的匹配进一步优化,以提高入窑物料的分解率。

表 1.3.9 预热分解系统分解功能

部位	冀东滦县 TDF	珠江 SLC		冀东 NSF	宁国 MFC
		炉列	窑列		
C_3 或 C_4 级筒循环累计/%	1	3	1	11.4	8.2
分解炉/%	92	82		84.0	66.5
C_4 或 C_5 级筒/%					17.6
上升烟道				1.0	0.9
预热分解系统合计/%	93	94		96.4	93.2
回转窑/%	7	6.0		3.6	6.8

8. 熟料热耗

表 1.3.10 列出了冀东滦县等预分解窑系统的热平衡主要项目,可以看出,实测的单位熟料热耗为 3 062～3 337 kJ/(kg·cl),与设计熟料热耗基本相当,但与国际先进水平 2 950 kJ/(kg·cl)仍有较大差距。进一步分析热平衡支出项目,可以发现降低热耗的措施,一方面是优化提高预热器系统换热功能,降低出预热器废气温度;另一方面应优化冷却机系统操作,降低出冷却机熟料温度和余风排放温度。

表 1.3.10 热平衡主要项目

项目	单位	冀东滦县 TDF		珠江 SLC		冀东 NSF		宁国 MFC	
		数值	%	数值	%	数值	%	数值	%
熟料产量	t/h	223		200		204		167	
设计热耗	kJ/(kg·cl)	3 260		3 135		3 304		3 429	
	kcal/(kg·cl)	780		750		790		820	

续　表

项目	单位	冀东滦县 TDF		珠江 SLC		冀东 NSF		宁国 MFC	
		数值	%	数值	%	数值	%	数值	%
实际热耗	kJ/(kg·cl)	3 337		3 177		3 300		3 323	
	kcal/(kg·cl)	798		760		789		795	
系统热支出总计	kJ/(kg·cl)	3 537	100	4 109	100	3 589	100	3 561	100
	kcal/(kg·cl)	846		983		858.		851	
三大热支出总计	kJ/(kg·cl)	1 510	42.7	1 721	41.91	710	47.7	1 608	45.2
	kcal/(kg·cl)	361.17		412		408		384	
预热器废气带走热	kJ/(kg·cl)	786	22.2	888	21.6	860	24.0	755	21.2
	kcal/(kg·cl)	188		213		206		180	
冷却机余风带走热	kJ/(kg·cl)	425	12	498	12.1	445	12.4	513	14.4
	kcal/(kg·cl)	102		119		106		123	
设备散热损失	kJ/(kg·cl)	298	8.4	334	8.8	404	11.3	341	9.6
	kcal/(kg·cl)	71		80		97		81	
预热器出口废气量	N·m³/(kg·cl)	1.409 5		1.592 8		1.618 0		1.548 0	
预热器出口废气温度	℃	370		377		350		323	
冷却机余风量	N·m³/(kg·cl)	1.350 1		1.339 9		1.936		1.866	
冷却机余风温度	℃	240		278		176		200	
系统漏风量	N·m³/(kg·cl)	0.121 8		0.270 0		0.380 2		0.290 6	

分析点评

通过对现有 5 000 t/d 级预分解窑系统设计参数和运行状况的分析和比较,可以发现,以冀东滦县为代表的 20 世纪 90 年代以后建设的 5 000 t/d 级水泥预分解窑生产线,按设计能力来说,各单机设备能力完全能够满足生产需要。从实际运行情况看,实际产量基本都超过设计产量,目前实际运行状况证实,回转窑和窑尾分解炉系统均有一定的富余能力,冷却机能力稍显不足,预热器系统运行参数不够理想。这些都需要在新系统的设计中引起重视。

思考题

1. 我国新设计的 5 000 t/d 窑系统与 20 世纪 80 年代窑主要区别有哪些?

2. 为什么窑体的规格基本一样,而 20 世纪 90 年代后的窑产量大大提高?

3. 简述分解窑系统热平衡计算的步骤。

案例 3-3 江苏某水泥有限公司 5 000 t/d 水泥熟料生产线的设计特点

1. 建设背景

江苏某水泥有限公司水泥熟料生产线工程是台湾地区某水泥公司与江苏某公司合资建设的项目。

2. 设计原则、建设内容及主要技术指标

（1）主要设计原则。①充分结合本公司的设计基础条件,优化技术方案,确保设计工程的生产可靠性、经济合理性。②在稳妥可靠的前提下力求先进,在合理配置的前提下力求完善,充分吸取南京院在海螺集团、华新集团等工程项目中的建设经验,结合本工程的条件,确保实现"低投资、低成本、高可靠性、高效益"的目标。③设备选型以生产可靠为先决条件,选用国内先进成熟、稳妥可靠、节能降耗、信誉质量较好的技术与装备,少量必须引进的关键设备采取分交和来图加工的方式;同时通过优化设计,保证本项目顺利达标和达产。④力求总体布置合理,流程顺畅,充分利用现有场地,同时注意处理好系统的衔接。工厂总平面布置及运输尽可能不作重大变动。⑤采用可靠、先进、适用的自动化控制技术,提高劳动生产率,降低人工费用在总成本中的比例,提高经济效益,提高公司的自动化程度和管理水平。⑥严格执行国家颁布的有关环境保护和职业健康安全卫生政策。结合工厂现有条件,在工程建设同时完善粉尘、噪声的处理,提高水的利用率,使整个工厂的环保水平有进一步的提高。

（2）主要设计和建设内容。鉴于上述设计原则,充分考虑国内现有的装备制造水平,控制工程总投资,缩短工程建设工期。确定的主要设计内容为建设一条 5 000 t/d 水泥熟料生产线,并考虑预留一条同规模熟料生产线的位置。项目建设范围为从原、燃材料进厂至熟料出厂的生产线及相关的辅助车间。

（3）主要技术指标。作为工程总承包工程,本项目确定的主要性能保证指标见表 1.3.11。

表 1.3.11 主要性能保证指标

序号	项目	指标值
1	熟料生产能力/(t/d)	≥5 000
2	熟料烧成热耗/(×4.18 kJ/kg)	≤750
3	熟料综合电耗/(kW·h/t)	≤54
4	熟料 28 d 抗压强度/MPa	≥60
5	粉尘排放浓度(标况)/(mg/m³)	≤50

3. 主机设备及主要物料储存的配置

本项目主机设备的配置情况及主要物料储存分别见表 1.3.12、表 1.3.13。

4. 主要设计特点

本项目工程设计充分采用南京院的新技术、新装备,始终贯彻先进、可靠、节能、环保及降低投资等原则,在设备的选用及工艺的总体布置上,力求以最少的投资取得最佳的经济效益。

（1）设备选型中充分体现国产化,作为新型干法水泥生产的核心,熟料烧成系统等关键主机设备均采用了南京院最新开发设计的技术装备(表 1.3.12),如 5 000 t/d NC 型五级旋风预热器+NST 型在线喷旋管道分解炉系统、ϕ5.2 m×61 m 两支墩回转窑、NC-Ⅲ型新型高效控制流篦式冷却机、NC 型四通道煤粉燃烧器等,达到技术先进、性能优良、操作可靠的目的。

(2) 开发设计了国内最大的石灰石长形预均化堆场(表 1.3.13),其取料机的轨距为 46 m,堆料能力为 1 100 t/h,取料能力为 900 t/h。

(3) 开发设计了一个直径为 22.5 m(内套 ϕ8 m)的子母库型式的连续式生料均化库。

表 1.3.12　主机设备配置表

序号	车间名称	主机名称	型号、规格、性能	数量
1	石灰石预均化堆场	侧面悬臂堆料机	DCX1100/28.8,堆料能力 1 100 t/h	1
		桥式刮板取料机	QQB90046,取料能力 900 t/h;轨距 46 m	1
2	原煤预均化堆场	侧面悬臂堆料机	DCX250/16.4,堆料能力 200 t/h	1
		桥式刮板取料机	QQB11025,取料能力 110 t/h	
3	原料粉磨及废气处理	立式磨	UM50.4N,生产能力 390 t/h,功率 3 600 kW,入磨水分≤6%,成品水分≤0.5%,入磨粒度≤75 mm,成品细度(90 mm 筛筛余)为 12%	1
		窑尾高温风机	风量 900 000 m³/h,全压 7 500 Pa,功率 3 000 kW	1
		窑尾电除尘器	处理风量 850 000 m³/h,入口含尘浓度(标况)≤750 g/m³,出口含尘浓度(标况)≤50 mg/m³	1
		收尘器排风机	Y4-2×60-14 No28F,风量 850 000 m³/h,全压 8 400 Pa,功率 2 800 kW	1
4	煤粉制备	立式磨	MPF2116,生产能力 38 t/h,功率 560 kW,入磨水分≤10%,成品水分≤1.0%,入磨粒度≤50 mm,成品细度(90 μm 筛筛余)为 12%	1
5	烧成系统	回转窑	ϕ5.2 m×61 m,斜度 3.5%,支座数 2 档,转速 0.38~3.79 r/min,功率 800 kW,生产能力 5 000 t/d	1
		预热器及分解炉	五级旋风预热器+分解炉,生产能力 5 000 t/d	1
		控制流篦式冷却机	LBT42353,篦床面积 138.2 m²,入料温度 1 400℃,出料温度 65℃+环境温度,出料粒度≤25 mm	1
		窑头电收尘器	处理风量 680 000 m³/h,入口含尘浓度(标况)≤20 g/m³,出口含尘浓度(标况)≤50 mg/m³	1
		收尘器排风机	Y4-73-11No31.5F,风量 680 000 m³/h,全压 2 000 Pa,功率 580 kW	1

表 1.3.13　主要物料储存

序号	物料名称	储库型式	储库规格/m×m	数量	储量/t	储期/d
1	石灰石	预均化堆场	46×198	1	2×33 000	2×4.76
2	黏土粉煤灰、钢渣、砂岩	联合储库	28.5×42	1	9 000	11.3
			28.5×30	1	3 000	10.4
			28.5×24	1	5 000	11.8
			28.5×24	1	5 000	12.5

序号	物料名称	储库型式	储库规格/m×m	数量	储量/t	储期/d
3	生料	圆库	$\phi22.5\times61$	1	14 000	1.9
4	熟料	圆库	$\phi40\times35$	1	43 000	7.8
		次熟料库	$\phi10\times21$	1	750	0.14
5	原煤	露天堆场	36×160	1	15 000	18.9
		预均化堆场	23×170	1	2×5 000	2×6.3

(4) 本项目原料磨和煤磨均采用了适应性强、节能低耗、流程简捷、操作方便的辊式磨系统。单位产品电耗低,综合经济效益的可比性好。

(5) 本项目充分考虑了环保要求,采用了国际先进的高效脉冲袋式除尘器,出口含尘浓度(标况)20 mg/m³;全厂各排放点的出口含尘浓度(标况)全部控制在 50 mg/m³ 以下。

(6) 高自动化水平的生产过程控制。本项目主要工艺流程(从预均化堆场到熟料库系统)采用集散型计算机控制系统进行控制。根据生产工艺流程及生产特点,采用了先进的 DCS 控制系统进行自动控制与监视;熟料生产线 DCS 系统的 5 个现场控制站分别设置在四个电气室及总降室。全厂还设置了生料质量控制系统、喂料计量控制系统、窑诊断系统、电视监控系统、气体成分分析仪等,实现对生产线进行自动控制与监视。

5. 运行情况

该生产线工程于 2004 年 10 月 18 日一次点火成功,2004 年 11 月 29 日第一次投料生产出合格熟料,经过 1 个多月的生产调试就实现 72 h 达标达产。之后,系统熟料产量稳定于 5 300 t/d,正常生产时烧成系统主要操作参数见表 1.3.14。

表 1.3.14　烧成系统主要操作参数

项目	窑喂料量/(t/h)	窑转速/(r/min)	窑头喂煤量/(t/h)	炉喂煤量/(t/h)	C_1 出口压力/Pa	C_1 出口温度/℃	C_5 出口温度/℃	炉出口温度/℃
参数值	350	3.5	9	18	−5 450	315	860	950

分析点评

本案例工程是我国水泥行业第一条利用国内自行开发设计的超短窑(二支墩窑)燃无烟煤的烧成系统,其成功建设和高效益运行体现了南京院在这一领域的技术水平。本项目的成功建成充分体现了以设计单位为主体完成的交钥匙总承包工程的优势和特点,充分发挥了设计源头的主导作用,利用设计院掌握的国内外先进技术、自身核心技术和市场发展状况,对整个工程做出更科学、更系统的规划,并能够有效的控制工程投资、进度和质量。

本项目的成功建设和高效运营,是与业主、工程总包方、各设备供应商、各施工安装单位的共同努力、紧密配合、协同作战密不可分的,并与设计单位的精心优化设计也密不可分。

思考题

1. 本工程的完成对我国水泥生产线的设计建设有何意义?

2. 本工程的设计特点有哪些?

3. 无烟煤作为燃料在回转窑上使用有何现实意义?

案例 3－4 新型干法水泥窑认识误区及操作控制

1. 新型干法水泥窑操的认识误区

(1) 饱和比与熟料强度

一般认为饱和比越高,熟料强度越高,事实上熟料饱和比超过 0.93 时熟料强度并不能提高。因为新型干法窑不同于华新窑、立波尔窑和中空窑等其他窑型,长径比较小,一般为 14～16,甚至有长径比为 12 左右的两支撑短窑,物料的预热、分解在预热预分解系统内完成,回转窑仅是熟料煅烧过程。如果熟料饱和比高,必然要提高窑内热力强度,增加窑的热负荷,加大窑头喷煤量并适当降低窑速。这样就会造成预热器、分解炉、篦冷机和回转窑能力不匹配,容易产生塌料、结皮现象,窑内热工制度难以稳定,从而无法保证稳定和较高的熟料强度。实践证明,1 000～5 000 t/d 不同窑型的 KH 值控制在 0.90±0.02 较为合理,系统稳定,易于控制,能保证回转窑长期安全稳定运行。

(2) 窑前温度低

当窑前温度低(严重时伴有游离钙高)时,一般窑操的习惯做法是顶头煤和降窑速。若窑内填充率不大,适当加点头煤或稍降点窑速还是可以的,也能提高前温。但新型干法窑前温低往往是窑内通风不良造成的。如三次风总阀开度过大,缩口、烟室结皮,预热器系统负压整体上升,可以肯定窑内通风不良。严重时,加头煤会导致尾温下降、分解炉入口温度升高。此时头煤加得越多,窑速降得越快,游离钙将越高;同时,降窑速还会导致窑尾密封圈倒料。正确的操作方法应该是适当减少喂料量,降低窑内填充率。之后检查三次风总阀是否断裂,如果窑尾负压升高或降低,预热系统负压整体上升应立即组织清堵,消除窑内通风不良的产生因素,使窑况恢复正常。当然,还有二次风温低、分解率低、物料预烧不好等也会导致窑前温度低。

(3) 窑皮

过去有专门的挂窑皮操作,比如专门配液相量偏高的低料,慢窑速,并规定窑头喷煤管一个班前后移动 3 到 4 次等。现在虽不采用该操作方法,但很多操作员担心窑头火焰强,易伤窑皮,习惯调长窑头火焰,用软火焰挂窑皮。尤其是当窑皮不太好、筒体温度较高的时候,操作员很自然地降低一次风压力,调长窑头火焰。新型干法水泥的窑操既不需专门进行挂窑皮操作,也不用担心窑头火焰会损伤窑皮。只要保证窑内稳定的热工制度,保持良好的窑况,窑皮会自然生长完好。但当耐火砖较薄、筒体温度高时,可以根据筒体温度高的部位适当调长火焰并移动喷煤管,暂时避开高温点进行虚挂窑皮,当筒体温度下降后,应重新调节火焰,使火焰活泼有力,高温点集中,喷煤管慢慢地逐步恢复到原先位置,换挂高温窑皮。只要火焰不发散、活泼有力就不会损伤窑皮。只有火焰形状好、高温点集中、火焰强度高的状态下挂的窑皮才结实、长久,不容易脱落。

(4) 窑头火焰

对喷煤管的调节,很多操作员只简单地增减喷煤管内风或增减外风,以期使火焰缩短或延长。喷煤管的调节,必须保证火焰活泼有力,短而不散,长而不细。如果单纯调节内风或外风,火焰形状无法达到理想状态。无论是二通道还是三通道、四通道喷煤管,其火焰的长短取决于煤粉的燃烧速率。燃烧速率越大,火焰越短;燃烧速率越小,火焰越长。而煤粉的燃烧速率 v 是氧含量 O_2 和温度 T 的函数:$v=f(O_2,T)$。旋流风(也称内风)越强,煤粉与空气混合越好,火焰内的氧含量越大,燃烧速率越大,火焰缩短;同时,正因为旋流风强,旋转速率大,火焰易于发散。射流风(也称外风)越强,喷射速率越大,喷煤管出口负压区负压越大,吸收的高温二次风越多,煤粉燃烧空气的温度越高,燃烧速率越大,火焰也会缩短;也正因为喷流速率大,包裹火焰的力量强,火焰细长。所以调节喷煤管的火焰应同时调节内外风,既能保证煤粉与燃烧空气的有效混合,又能充分吸收高温二次风,使火焰活泼有力,短而不散,长而不细。

(5)喷煤管的位置

很多企业新窑点火前都会确定喷煤管的位置,一般为第三象限,坐标是(-30,-50),这种做法不完全正确。喷煤管的位置应根据不同窑型、不同原燃材料成分,以稳定窑内热工制度为目的进行定位。小窑因窑径小、产量低,燃煤量也小,火焰相对细小,因而喷煤管冷态定位以中心或第一象限为宜;大窑因窑径大、产量高,燃煤量也大,火焰相对粗大,因而喷煤管冷态定位以中心或第三象限为宜。喷煤管热态位置应综合考虑原燃材料成分、窑内温度梯度、熟料结粒和窑皮长短、厚度进行热态调节。如原燃材料中钾、钠、氯、硫、镁等有害成分偏高,熟料结粒粗大,容易产生包心料,喷煤管适当偏较好;反之,喷煤管以中心位置较好。喷煤管热态定位最终以窑皮长度 L 为回转窑直径 D 的 4.5~5.2 倍,即 $L=(4.5～5.2)/D$,窑皮厚薄均匀,熟料结粒均齐为最佳。

2. 操作控制

(1)根据气体分析来调整风、煤、料的合理匹配

新型干法窑系统气体参数如 O_2、CO 含量和 NO_x 浓度等,是操作调整的重要依据。在实际操作中,喂煤量取决于喂料量,也就是说在保证熟料质量的前提下来调节喂煤量,系统风量取决于喂煤量,也就是说在保证煤粉充分燃烧的情况下来调节风量,反应在操作参数上,就是要控制系统 O_2 含量,不能出现 CO,根据气体分析结果来调节系统风量,控制合适的过剩空气系数,可以避免盲目大风操作带来的热损失,降低高温风机功耗,同时 NO_x 浓度能直接反映窑内烧成温度和入窑空气量,NO_x 浓度偏大,反映出窑内烧成温度较高,入窑空气量富足,操作上可适当减煤压风;反之,则进行提高烧成温度,增加系统风量的操作调整,保证操作稳定性。

(2)根据二次风温的变化来判断窑内煅烧状况和熟料结粒情况

新型干法窑冷却机熟料冷却效果好,热回收效率高,二次风温一般能保持在 1 100~1 200℃,如果二次风温偏高,超过 1 200℃,反映出烧成温度高,出窑熟料结粒好,有过烧迹象,操作中要减少窑头用煤,并适当降低窑后温度;如果二次风温偏低,反映出烧成温度偏低,熟料烧结不好,需要加强窑内煅烧;如果二次风温下降较多,且一段篦压较低,冷却机头部有"堆雪人"或大块的可能,要及时通知现场检查、清理。二次风温是判断熟料质量和系统工况的重要依据。

(3)关注原料、煤磨操作参数变化来判断生料成分和煤粉质量可能出现的变化

要及时了解和关注原料、煤磨的操作参数,如入磨废气温度控制较低时,说明石灰石较好、含土量少,配料上要提高黏土质原料的配比;入磨废气温度控制较高时,反映出石灰石较差、含土量大,配料上要提高石灰石配比,在石灰石换堆或石灰石取料机故障、石灰石库位低时,将出现石灰石离析,会引起生料成分较大波动,窑操作员在做出预测后要及时联系质量调度,做相应配料调整,从而保证出磨生料成分的相对稳定。同一品种原煤不同场地堆放,受预均化效果影响,煤质常有一定波动,即使同一堆场原煤不同层面质量也不相同。了解煤粉质量变化对窑操作也十分重要,如上层面原煤粒度小,杂质多,灰分偏高,煤粉质量相对较差;底层原煤大块多,杂质少,灰分相对较低,煤粉质量好,不同品质原煤入磨后磨机工况和操作参数也会发生不同变化,窑操作员及时了解煤磨取煤情况和参数变化,判断煤质发生的变化,窑操作上作出相

应调整,同时与质控部门联系,调整配料方案,减小煤料接口矛盾。通过关注原料、煤磨操作,提高原燃材料变化的预见性,能让窑操作员更好地掌握操作主动性,进一步优化操作参数与经济指标。

(4)重视升温中的预投料

新建生产线或生产线计划大修后,升温时间较长,一般在尾温达到700℃左右时要进行一次预投料,预投料操作很简单,以5 000 t/d生产线为例,设定喂料量20~30 t/h,连续喂料10~20 min。升温中预投料的作用:一是检查喂料设备是否正常,预热器系统是否畅通;二是由于升温期间火焰温度较低,煤粉不能充分燃烧,部分未燃尽煤粉在预热器管道中附积,留下较大操作隐患,预投料可对预热器管道进行一次较好"清洗",将附积的未燃尽煤粉"清洗"入窑,消除了今后操作中的安全隐患。

(5)"烧流"的中控判断和操作处理

烧流是新型干法窑操作中较为严重的工艺事故,通常是由于烧成温度过高,或者是生料成分发生变化导致硅酸盐矿物最低共熔点温度降低造成的。烧流对冷却机的危害相当严重,液态的熟料流入冷却机,会造成箅孔堵塞,导致冷却空气不能通过,以致烧损箅板,更为甚者,高温液相流入空气室,有烧坏大梁的可能。烧流时,窑前几乎看不到飞砂,火焰呈耀眼的白色,NO_x异常高,窑电流很低,烧流容易在投料或停窑操作中发生,因为喂料少,操作上把握不好,对窑电流下降判断错误,就可能造成烧流,因此,窑操作员在投料或停窑操作中发现窑电流偏低时,一定要根据操作参数和工业电视来综合判断是窑内欠烧还是过烧,当发现烧流时要大幅度减煤,尽可能降低窑内温度,严重时窑头止煤,如果物料已流入冷却机,要密切关注冷却机箅下压力、箅板温度,加大冷却风量,严重时作停窑处理,保证冷却机安全操作。

(6)分解炉用煤调节控制

预分解窑中,物料的预烧主要由分解炉完成,熟料的烧结主要由回转窑来决定,因此在操作中必须做到以炉为基础,前后兼顾,炉窑协调,确保预分解窑系统的热工制度的合理与稳定。调节分解炉的喂煤量,控制分解炉出口温度在870~890℃,确保炉内料气的温度范围,保证入窑生料的分解率在90%~92%。分解率偏低,增加窑内热负荷;分解率偏高,则容易产生窑尾结皮。影响煤粉充分燃烧的因素有几个方面:一是炉内的气体温度;二是炉内氧气量;三是煤粉细度。因此,一要提高燃烧的温度;二要保证炉内的风量;三要控制煤粉的细度。在燃烧完全的条件下,通过分解炉加减煤的操作,控制分解炉出口气体温度。如果加煤过量,分解炉内燃烧不完全,煤粉就会带入C_5燃烧,形成局部高温,使物料发黏,积在锥部,到一定程度会造成下料管堵塞。相反,如果加煤过少,分解炉温度偏低,入窑物料分解率下降,就不利于窑产能发挥和熟料质量控制。

(7)窑内"结蛋"的操作处理

在回转窑操作中,若风、煤调配不当,窑内通风不良时,就会造成煤粉不完全燃烧,煤粉跑到窑后去烧,煤灰不均匀地掺入生料,火焰过长,窑后温度过高,液相提前出现,在窑内结蛋,当窑尾温度过高时,窑后物料出现不均匀的局部熔融,成为形成结蛋的核心,然后在窑内越滚越大形成大蛋。窑内结大蛋时,首先表现为窑电流的不规则波动,电流曲线波幅明显增加且有上升趋势。其次,直径较大的"蛋"会严重影响到窑内通风,表现为窑尾负压升高、火焰变短,严重时有回逼现象,由于窑内有效通风量减少,窑头煤粉会出现不完全燃烧,当大蛋进入烧成带,NO_x浓度下降很多,窑头变混浊。当判断出窑内结大蛋时,操作上可根据实际情况适当加快高温风机转速,加强窑内通风,减少窑头煤量,保证煤粉完全燃烧,避免CO出现,同时适当减产,提高窑速,尽快将蛋滚出窑内,防止其在窑内停留更长时间而结成更大的蛋。总之,调整要适当,确保窑系统热工制度的稳定。值得注意的是,在大蛋滚出之前,应保持篦冷机前端一定的料层厚度,使大蛋在滚入篦冷机时有一定缓冲,防止砸坏篦板。

(8) 计划停窑的"三空"操作

计划停窑检修,在操作上要做到"三空",即"煤粉仓内煤粉烧空"、"标准仓内生料送空"、"窑内熟料倒空","三空"便于检查和检修,关系到检修的安全和进度。接到停窑通知后,操作员要提前根据具体停窑时间进行反推,估计所需两煤粉仓煤粉量,确定煤磨停磨时间,当分解炉煤粉仓料位在 8%~10%,窑开始减产,分解炉秤一旦断煤,转空喂煤秤,调整系统用风,按 SP 窑控制喂料量,同时,根据窑头煤粉仓煤粉量,计算喂料缓冲仓生料量,保证停窑后空仓,当窑头煤粉仓仅剩少量煤粉时,停出库卸料组,拉空喂料缓冲仓,止料后窑头喂煤设定为 2~3 t/h,要能保证继续煅烧 20~30 min,防止窑内存在生料,窑头煤粉送空后,按倒空窑操作。减产、止料过程中,要相应降低窑速,一些操作员在止料后便控制最低窑速,采取慢转窑倒空窑内熟料,这是不可取的,窑速太慢,倒空窑时间长,增加电耗也影响检修计划,更重要的是连续慢转窑,窑内窑皮长长、长厚,不利于停窑后窑内检查和检修。

分析点评

我国新型干法水泥技术从引进国外技术到自主研发、设计、制造、安装,经过 20 多年的摸索、总结和不断创新,如今已经走出国门。无论是工艺设计、装配水平还是安装能力均达到国际先进水平。但就新型干法水泥生产管理而言,因国内新型干法水泥发展太快,企业整合步伐相对较慢,人力资源相对缺乏,很多企业对新型干法水泥生产的理解深度还不够,对新型干法水泥的生产管理、设备管理和质量控制没有科学合理的规范。国内对新型干法水泥窑的控制与操作还需要进行大量的理论研究和总结提高。本案例结合国内不同窑型,根据不同原燃材料成分对回转窑操作、预热器分解炉的控制、篦冷机操作和喷煤管的调节进行系统的论述。

新型干法水泥生产线窑的控制与操作是最终实现设计意图、挖掘设备能力、提高企业效益最为重要的环节。窑操水平的高低在于其对新型干法水泥工艺的认知程度;在于其是否熟悉现场,能否准确判断稳定窑况的状态;在于其根据不同的原燃材料,采取相应有效措施,并是否能熟练进行喷煤管的调节,窑尾温度的控制,篦冷机的控制,风、煤、料及窑速的均衡匹配及系统各操作参数的优化等。

思考题

1. 为什么通常情况下新型干法窑生产过程中不是饱和比越高越好? 要实现高饱和比配料可采取什么措施?

2. 新建线窑投产时,预投料的目的是什么?

3. 新型干法窑窑操应注意哪些问题?

案例 3-5　稻谷壳在水泥窑中的处理试验

广东某水泥有限公司在 5 000 t/d 生产线上进行了稻谷壳燃烧试验,取得较好效果。

1. 试烧工艺设备及流程

窑尾双系列五级旋风预热器带 SLC 分解炉,炉规格为 ϕ6.9 m×15 m。稻谷壳灰化学成分见表 1.3.15,其输送系统由螺旋输送机、高压风机(风量为 3 113 m³/h)和 ϕ113 mm 的管道组成。稻谷壳从分解炉底部锥体位置通过螺旋给料机喂入,稻谷壳喂入量控制在 1.0 t/h(实际喂入量平均为 1.3 t/h)。

表 1.3.15　稻谷壳灰化学成分　　　　　单位:%

SiO_2	Al_2O_3	Fe_2O_3	CaO	MgO	SO_3	烧失量
72.34	1.95	0.54	4.67	1.52	0.06	18.92

2. 试验条件

试烧期间,为了便于比较,要求中控室稳定控制主要参数。产量 5 000 t/d、窑速 2.80 r/min、分解炉设定温度 888℃、窑列尾排风机为最高转速的 82%、炉列尾排风机为最高转速的 89%。

试烧前和试烧期间入窑生料成分见表 1.3.16,煤的工业分析见表 1.3.17,三次风平均温度(每 15 min 记录 1 次)试烧前为 794.3℃,试烧期间为 796.1℃。

表 1.3.16　试烧前和试烧期间入窑生料比较

时间 率值	试烧前		试烧期间	
	6:00	8:00	10:00	12:00
LSF	103.21	105.73	106.49	103.87
n	1.96	1.92	1.88	1.90
p	1.01	1.04	1.01	1.02

表 1.3.17　试烧前和试烧期间煤质比较

项目 时间	M_{ad}/%	V_{ad}/%	A_{ad}/%	FC_{ad}/%	$Q_{net,ad}$/(kJ/kg)
试烧前	0.88	26.96	25.04	47.40	23 430
试烧期间	0.54	28.19	25.72	45.55	23 040

3. 试烧结果及分析

(1) 试烧前和试烧期间分解炉总喂煤量分别为 68.6 t 和 65.8 t,其平均煤耗分别为 22.87 t/h 和 21.93 t/h。试烧期间,分解炉的平均耗煤量较试烧前减少 0.94 t/h。但由于分解炉喂煤计量系统存在误差(显示偏高 13%),故试烧期间比试烧前实际平均减少量应为 0.82 t/h。

(2) 试烧前和试烧期间分解炉系列出口 O_2、CO 的浓度比较见表 1.3.18。由表 1.3.18 可见,试烧前和试烧期间分解炉系列出口 O_2、CO 的浓度并没有明显的变化,说明烧稻谷壳对分解炉内燃料的燃烧没有不良影响,稻谷壳在分解炉内能完全燃烧。

表 1.3.18　试烧前和试烧期间 O_2、CO 浓度比较　　　　单位:%

时间 成分	试烧前				试烧期间		
	6:00	7:00	8:00	9:00	10:00	11:00	12:00
O_2	4.2	4.2	4.2	4.3	4.5	4.4	4.3
CO	0.06	0.06	0.05	0.05	0.05	0.05	0.05

(3) 试烧前和试烧期间生、熟料成分比较见表 1.3.19。由表 1.3.19 可见,由于稻谷壳用量比较少,并没有对熟料成分产生较大的影响,熟料成分的波动在允许范围内,可以通过微调生料成分消除这一影响。此外,熟料中 SO_3 和碱性氧化物等有害成分并没有明显变化,这说明烧稻谷壳对熟料质量、生产过程(如上升管结皮)不会带来明显的影响。

表 1.3.19　试烧前和试烧期间生、熟料成分比较

项目 时间	物料	化学成分/%									率值		
		烧失量	SiO_2	Al_2O_3	Fe_2O_3	CaO	MgO	K_2O	Na_2O	SO_3	KH	n	p
试烧前	生料	35.11	13.15	3.43	3.22	43.57	0.60	0.46	0.10	0.47			
	熟料	0.18	20.93	5.45	5.10	65.27	1.20	0.66	0.10	1.01	0.929	1.984	1.069
试烧期间	生料	35.09	13.01	3.43	3.11	43.27	0.87	0.48	0.09	0.39			
	熟料	0.50	21.03	5.52	5.26	64.52	1.41	0.69	0.10	0.92	0.910	1.951	1.049

(4) 试烧前和试烧期间熟料 f-CaO 及抗压强度比较见表 1.3.20。由表 1.3.20 可见,烧稻谷壳对熟料的 f-CaO 及抗压强度的影响不明显。

表 1.3.20　试烧前和试烧期间熟料 f-CaO 及抗压强度比较

项目 时间		试烧前				试烧期间		
		6:00	7:00	8:00	9:00	10:00	11:00	12:00
f-CaO/%		0.80	0.70	0.50	0.54	0.59	0.59	0.54
抗压强度 /MPa	3 d	31.6				31.5		
	28 d	59.8				60.1		

4. 结果

从该公司 3.5 h 的试验过程及结果来看,稻谷壳在分解炉内能够完全燃烧,并且对熟料生产的产质量没有产生明显的影响。

分析点评

我国三分之二以上的人口以稻米为主食,是世界上最大的稻谷生产国,稻谷年产量达 1.7 亿~1.9 亿吨,占我国粮食总产量的 37% 以上。我国产生的稻谷壳通常的处理方式是就地焚烧或施于农田,没有实现资源利用最大化。稻谷壳是一种很好的燃料(低位热值约 12 970 kJ/kg),燃烧值约为标准煤的 50%,每 2 吨稻谷壳的热值就相当于 1 吨煤,而且其平均含硫量只有 3‰左右,而煤的平均含硫量约达 1%。在水泥窑中用稻谷壳代替煤作燃料,不但可以解决资源浪费、焚烧污染环境等问题,而且具有显著的社会效益、经济效益和环境效益。

思考题

1. 在水泥窑中采用稻谷壳代替煤作燃料有何现实意义?

2. 该公司的试验结果有无推广价值?

案例 3-6　全氧燃烧技术在水泥窑上的应用分析

全氧燃烧就是把燃料与 85%～100% 的纯氧按预定燃料比混合,以更精确的方式来进行燃烧的技术。

1. 全氧燃烧技术目前的应用现状

全氧燃烧技术最早主要被应用于熔块行业及窑龄较长的玻璃窑上,以维持产量或延长窑的寿命。到了 20 世纪 80 年代,末纯氧燃烧技术在玻璃熔窑中作为更好的选择方案已逐渐取代常规空气燃烧技术,这是因为纯氧燃烧不仅能大大降低 NO_x、CO、粉尘等污染物的排放,而且在节能、提高产量和质量、减少设备投资和节省厂房场地等诸多方面都有良好的表现。近年来在玻璃窑上应用纯氧燃烧在欧美已成为一种趋势,应用范围覆盖各种玻璃产品和窑型。2011 年 1 月 23 日,华光玻璃集团全国首条全氧燃烧超白玻璃生产线正式投入运行。那么,全氧燃烧技术是否可以在水泥窑上应用?

2. 全氧燃烧技术在水泥窑上的应用分析

(1) 热效率提高

因空气中氧气只占约 21%,空气助燃时 79% 的无用气体要被加热然后又被排放,因此热效率很低。而全氧燃烧时烟气量大大减少,其带走的热量相应减少。假设出预热器废气温度为 300℃,此温度下氮气的平均比热容是 1.313 kJ/(m³·℃),每 1 m³ 氮气带走的热量是 393.9 kJ/(300×1.313)。采用全氧燃烧时,每引入 1 m³ 氧气,相当于节省热量 1 481.8 kJ (393.9×79/21)。

(2) 传热效率提高

在高温状态下,传热主要以辐射传热为主。对分子结构对称的双原子气体如氮气,在工业上常见的温度范围内发射和吸收辐射能的能力很小,可以看作是热辐射的透明体,几乎无辐射能力。而对于多原子(三原子以上)的气体如二氧化碳和水蒸气或不对称的双原子气体如一氧化碳等,一般都具有相当大的辐射能力。在我国,水泥窑基本以煤为燃料,若采用空气助燃,由化学反应方程式 $C(s)+O_2(g)\!=\!\!=\!CO_2(g)$ 知,1 体积的氧气大约转变为 1 体积的二氧化碳气体,因此,烟气中无辐射能力的氮气还是占绝大部分。而全氧燃烧的烟气产物中主要是二氧化碳和水蒸气,很显然,全氧燃烧的传热效率要高于空气助燃的传热效率。

(3) 窑内气体流速大大降低

由于全氧燃烧时烟气量大大减少,而且烟气内 NO_x 含量比空气助燃时降低 85%～90%,燃烧空间气氛中挥发分浓度大大增加,抑制了配合料中挥发分的挥发速度(如碱),对一座确定尺寸的窑,窑内气体流速与烟气量是成正比的。因此,烟气量减少多少,则流速降低多少。流速降低则可降低窑内扬尘,即粉尘排放量减少,相当于提高了窑的产量,降低了最后一级旋风筒的负荷。

(4) 有利于环保

空气中含有大量的氮气,燃烧时产生有毒的 NO_x 等污染物。全氧燃烧由于几乎没有氮气参与,因此也几乎不会产生 NO_x 等污染物。而且全氧燃烧时烟气量大大减少,窑内气体流速降低,从而降低了窑内扬尘,也必然降低了粉尘的排放。

(5) 降低漏风量

前面已提到,以煤为燃料的水泥窑,消耗 1 体积的氧气大约转变为 1 体积的二氧化碳气体,因此,烟气中的氮气含量几乎不变,即与空气中的含量相近,约79%,也就是说,采用全氧燃烧时窑尾风机的排风量将减少79%,则预热器系统各级负压值均会降低,漏风量也随之降低。

(6) 可减少窑尾结圈和预热器内结皮

当窑尾或预热器内温度偏高时,可使生料液相提前出现,从而容易产生结皮。而燃料(煤粉)燃烧不充分,有些燃料随气体流入窑尾或预热器中继续燃烧,常造成窑尾或预热器内温度偏高。若采用全氧燃烧则可避免,一是窑内气体流速大大降低,燃料颗粒难以进入窑尾或预热器;二是由于氧气浓度极高,煤粉燃烧速度快且充分,在800℃以下,碳的燃烧速度 v 只与空气中氧的浓度成正比,其反应速度方程式一般认为是 $v=k\,[O_2]$。若空气中氧气的浓度是21%,假设全氧中氧的浓度为85%,显然采用全氧燃烧时碳的燃烧速度比空气助燃要快约4(85/21)倍。

(7) 可减小预热器的尺寸

《水泥预分解技术与热工系统工程》一书中提到预热器的尺寸的确定,其旋风筒直径为

$$D = 2 \times \sqrt{\frac{Q}{\pi v_A}} \tag{1.3.1}$$

式中,D 为旋风筒直径;Q 为筒内气体流量,m^3/s;v_A 为假想截面风速,m/s。

从式(1.3.1)可以看出,旋风筒直径 D 与旋风筒内气体流量的平方根成正比,若流量减少79%,即 $Q=0.21Q_原$,则 $D=0.46D_原$,旋风筒直径 D 可减小约一半。

分解炉内截面平均风速一般在一定的范围内,变化不大,显然,流量减少79%,分解炉内径可缩减为原来的0.46倍。若采用原有的分解炉,由空气助燃改为全氧燃烧,因炉内截面平均风速不变,必大大增加氧气含量,就可大大增加燃料喷入量,也就可大大提高分解炉的产量。

3. 需考虑和解决的问题

(1) 氧气的成本。目前制备 $1\ m^3$ 氧气消耗的电能约0.5 kW·h,相当于1 800 kJ。不过大部分可由节省氮气带走的热量1 481.8 kJ所抵消,而窑尾废气中1 800 kJ的余热转变成电能显然是远远达不到0.5 kW·h的,再考虑到其他有利因素(如环保、降低漏风量、减小预热器的尺寸等),从经济上讲是可行的。

(2) 熟料的冷却。目前熟料的冷却主要是采用篦式冷却机,冷却熟料后的热风除一部分二次风满足回转窑用,一部分三次风满足分解炉用外,必须有一部分冷却后的热空气也即是余风需要放走。显然,燃烧系统所需的纯氧量是远远不能满足熟料冷却要求的。纯氧可不用去作为冷却熟料的气体,完全由空气去完成就行了,多出的余热空气用作余热发电即可。

4. 结束语

全氧燃烧技术在水泥窑上的应用在经济上、技术上是可行的、有利的。如果说窑外预分解技术由于把碳酸钙的分解移到分解炉进行而大大减少回转窑内燃料的用量,从而大大降低了有害的 NO_x 等污染物的生成量,在环保上是一大进步的话,采用全氧燃烧技术则从根本上降低了 NO_x 等污染物的生成,在环保上将更进一步。当然,全氧燃烧技术在水泥窑上要真正实现全面应用还有很多问题,还有待在开发、研究过程中不断地去解决。

分析点评

水泥窑传统的空气助燃只有21%的氧气参与助燃,约79%的氮气不仅不参与燃烧,还携带大量的热量和废气排入大气。全氧燃烧与传统的空气助燃方式相比,各类污染物排放也将

大幅度下降,其中废气排放量减少 60% 以上,废气中氮氧化合物可下降 80%~90%,烟尘和粉尘也大大降低,具有低能耗、低烟尘排放等显著优点,符合水泥技术发展新趋势,若全氧技术在水泥窑上得到应用,将是水泥技术发展历史上的"一次革命"。

思考题

1. 全氧燃烧技术在水泥窑上应用有哪些优势?
2. 全氧燃烧技术在水泥窑上应用需要解决哪些问题?

案例 3-7　延长耐火材料在新型干法水泥窑上的使用寿命

安徽某水泥有限责任公司针对 2 500 t/d 生产线窑头燃烧器、窑口浇注料、窑内耐火砖和塔架内三次风管相关部位浇注料等使用周期较短的情况,对相关部位进行了耐火材料工艺改进,取得了良好的使用效果。

1. 窑头燃烧器

窑头燃烧器耐火材料原设计采用普通刚玉质浇注料,使用周期不足 2 个月。对此采取了以下措施:①改用钢纤维刚玉质浇注料,其耐磨及耐高温性能优于普通刚玉质浇注料;②制定煅烧过程中燃烧器轴向位移调节范围在窑口外 0～100 mm 的操作规程,最大限度减小燃烧器头部浇注料烧蚀;③生料配料采用"两高一中"的配料方案,即高 KH、高 SM、中 IM,根据火焰情况、煤粉质量和熟料质量来调整燃烧器的位置,以保证良好的窑况。该设备生产能力达到 2 800 t/d 以上,熟料质量较好。

措施实施后,窑头燃烧器浇注料使用周期明显改善,可达半年以上,减少了因燃烧器头部浇注料损坏而造成非计划性停窑次数,提高了系统运转率。

2. 窑口

窑口部位耐火材料原设计方案为刚玉质浇注料,使用寿命仅半年。采取的措施:①由普通刚玉质浇注料改为钢纤维刚玉质浇注料;②严把施工过程控制关,确保窑口扒钉焊接质量及浇注料施工质量;③控制工艺操作方法,窑头燃烧器严禁进入窑内,既保护了燃烧器浇注料,同时又确保窑口浇注料表面挂上窑皮,避免了高温熟料直接接触和磨损浇注料。

通过采取以上措施,窑口浇注料使用寿命由半年提高到一年以上。

3. 窑内

在生产过程中,窑内 21～27 m 处原设计耐火砖使用周期仅 9 个月左右,窑筒体 27～32 m 处温度始终偏高,长期处于 350℃左右。停窑检查发现:窑内 21～27 m 处挂窑皮情况不佳,导致了镁铬砖使用寿命不长;窑内 27～36 m 处尖晶石砖厚度比较完好,但由于尖晶石砖导热系数较高,导致了窑体温度偏高。经分析研究决定,对窑内耐火砖原设计方案进行变更(见表 1.3.21)。

表 1.3.21　窑内耐火砖配置方案

原方案	部位/m	0.68～2.66	2.66～26.66	26.66～36.66	36.66～59.3
	耐火砖	10 环尖晶石砖	120 环直接结合镁铬砖	50 环尖晶石砖	113 环抗剥落高铝砖
新方案	部位/m	0.68～1.26	1.26～21.26	21.26～36.66	36.66～59.3
	耐火砖	3 环尖晶石砖	100 环直接结合镁铬砖	77 环硅莫石砖	113 环抗剥落高铝砖

由于硅莫石砖耐磨性能好、导热系数低,窑筒体 21～36 m 处温度一般在 230～320℃波动,窑内耐火砖使用周期达 11 个月以上。窑口浇注料与窑内耐火砖基本上做到了与系统大修同步。

4. 塔架内三次风管

塔架内三次风管顶盖、弯段、调节阀和控制阀使用高强耐碱浇注料 GT-13NL,投入使用 2 个月后,风管弯段多处出现烧红现象。为避免非标管道烧穿后出现漏风,造成热工系统不稳定,在烧红处加焊钢槽,对 GT-13NL 浇注料进行临时处理。检修期间,进风管内检查发现弯段烧红处侧墙浇注料普遍冲刷变薄,但未出现脱落现象;调节阀及控制阀部位浇注料多处脱落,损坏严重。经分析,主要是弯段、阀板处受热风正面冲刷侵蚀,而浇注料耐风蚀、耐高温性能差;同时浇注料施工用水量控制不严格,导致出现振捣不密实或过振出现离析现象,影响了施工质量。为此采取的措施是:①用切割机加工硅莫石砖砌筑弯段侧墙;②因三次风管人孔门较小及所需配件不足等原因,决定暂不修复调节阀和控制阀阀板,而是在风管内控制阀处用窑内剩砖砌挡墙,宽为风管净宽,厚度为 400 mm(两排抗剥落高铝砖),砖与砖之间用钢板楔紧,防止耐火砖被三次风吸入分解炉;③优化中控操作方式,控制阀门开度为 42%~45%,根据这一参数,挡墙高度定为风管净高的 52%,用挡墙替代阀门。

改进后窑系统运行 2 个月,利用计划性检修期间进入风管内检查,实测弯段耐火砖厚度,基本未发生变化;对控制阀处的挡墙进行加固、调整,采用挡墙与阀板相结合的方式,效果更好。

5. 其他部位

烟室的早强防爆浇注料改成了碳化硅抗结皮浇注料(牌号 HN-50S);窑头罩、篦冷机、C_4、C_5 及其下料管和分解炉都由高铝质浇注料改为早强防爆浇注料(牌号 HN-DFB1);C_3 及以上的高强耐碱浇注料在检修中逐步改成早强防爆浇注料。这些部位的改进,大大延长了窑的运转周期。

6. 效果

改进后,窑的运转周期延长,停窑次数减少,熟料的产量增加;同时减少了大量人力和物力的成本投入,基本实现工艺检修与机电检修同步,每年为公司创造的经济效益在 200 万元以上。

分析点评

耐火材料作为在水泥窑上的消耗品,不仅保护着生产设备在高温下的正常运转,还有效地降低了热损耗。随着水泥生产技术的提高和发展,系统装备不断大型化,水泥熟料的生产能力日趋扩大,水泥设备工作状况和窑内环境的变化,对耐火材料提出了新的要求。新型干法水泥窑耐火材料使用部位较多,其中静止设备的材料约占总量的 70%~80%。不同规格的水泥窑及系统的不同使用部位对耐火材料都有不同的要求,设计配套时必须选用与其相适应的品种;同时各生产厂家所用的原燃材料品质、设备状况、操作控制习惯等方面的差异,客观上对耐火材料的要求也略有不同。

20 世纪 70 年代预分解水泥窑问世以后,一开始这种新型窑炉并未在实际生产中表现出明显的技术优越性,主要原因是运转率低,造成预分解窑运转率低的原因除了设备故障因素外,主要是各部位的耐火材料不能满足使用要求,经常由于耐火材料需要更换维修被迫停窑。预分解水泥窑与传统水泥窑比较有如下特点:①碱及硫、氯等挥发性组分侵蚀严重,由于预分解窑充分利用余热预热入预热器的生料,碱、硫酸盐和氯化物挥发、凝聚,反复循环,使得这些组分在窑中富集,耐火材料表面温度为 800~1 200℃ 的部位,包括预热器、分解炉、上升烟道、下料斜坡、窑筒后部甚至窑门罩和冷却机热端所用的黏土砖和普通高铝砖受到来自窑料和窑气碱化合物的侵蚀,形成膨胀性矿物使耐火材料开裂剥落,发生"碱裂"破坏。②窑的温度提高对耐火材料的破坏加剧,大型预分解窑多采用篦式冷却机和多风道喷煤嘴,篦式冷却机热回收率高,二次温可达 1 150℃,多风道喷煤嘴一次风量较大,因此火焰温度提高很多,出窑熟料温度可达 1 400℃,使得窑口、冷却带、烧成带、过渡带、分解带甚至窑门罩、冷却机的温度水平远高于传统窑的相应部位。③窑的单位产量提高,窑筒转速加快,加剧了耐火材料的应力破坏。预分解窑产量较之相同直径的传统窑提高 3 倍以上,窑的转速达到 3～4 r/min。窑筒高速运转不但使机构应力大大增加,而且窑衬受到的周期性温差的频率增加造成热冲击的热应力破坏也同时加剧。④窑直径加大,保护性窑皮的稳定性差,大型预分解窑的直径增大,2 000 t/d 的窑直径为 4 m,4 000 t/d 窑直径为 4.7 m,又加之窑速加快,机械振动也加剧。⑤窑系统结构复杂,要求高的节能效果。预分解窑由预热系统、回转窑和冷却机系统组成,结构远较传统窑复杂。预热器及冷却机系统表面积很大,是预分解窑表面散热损失的主体。为了降低能耗,必须采用多种隔热材料与耐火材料组成复合衬里,达到降低装备表面温度的目的。

该公司根据自身新型干法窑的特点,对不同部位耐火材料采取了不同的措施,取得了较好的效果。

思考题

1. 试述耐火材料在水泥窑上的作用。
2. 水泥窑系统不同部位为什么要砌筑不同的耐火材料?
3. 水泥窑的烧成带对耐火材料有什么要求?
4. 喷煤管对耐火材料有什么要求?

第四章　水泥制成

知识要点

水泥制成是水泥生产的最后一道工序,以水泥熟料和适量的石膏及规定的混合材共同粉磨制成水泥。要做到进入水泥库的水泥全部达到国家规定的标准,必须把好最后一关。

1. 水泥磨质量控制

水泥制成控制项目有入磨物料的配合比、水泥的细度氧化硫(SO₃)、烧失量、凝结时间、安定性、强度等。

(1)入磨物料的配合比。入磨物料的配合比是根据生产厂计划生产的水泥品种、强度等级和水泥的其他特种物理性能而定的;根据本厂生产的熟料质量情况、混合材的品种及质量、石膏的性质和成分,通过实验方法确定其经济合理的配合比。

(2)出磨水泥细度。确定合理的水泥细度指标是保证水泥质量并取得良好的经济效益的基础。在生产中应力求减少细度的波动,以达到稳定磨机产量和水泥质量的目的。

(3)出磨水泥中三氧化硫的控制。水泥中三氧化硫的含量实质上是磨制水泥时石膏掺量的反映,其次在用石膏作矿化剂或采用劣质煤时,熟料中也含有一定量的三氧化硫。

(4)烧失量的控制。为保证水泥中石灰石的掺量在标准规定的限度之内,对水泥的烧失量要加以限制。为控制水泥的烧失量,除在水泥磨头定期抽查石灰石的流量外,至少每两个小时测定一次水泥的烧失量。

(5)出磨水泥的物理性能。出磨水泥的凝结时间、安定性、强度等级等必须达到国家标准中规定的指标,这样出厂水泥质量才有保证。

2. 水泥细度

水泥磨得越细,表面积增加得越多,水化作用也越快,只有磨细的水泥粉才能在混凝土中把砂、石子胶结在一起。粗颗粒水泥只能在颗粒表面水化,未水化部分只起填料作用。

水泥颗粒的大小与水化的关系是:细度反映了水泥颗粒的大小程度,水泥颗粒的大小直接关系到水泥的水化速率和水化完全程度;颗粒愈小,水化速率愈快、水化愈完全,并加快水泥的硬化过程。一些试验和资料表明:$3\sim30~\mu m$ 的水泥颗粒具有良好的水化活性,对强度起主要作用;小于 $3~\mu m$ 的细颗粒对凝结时间和早期强度有利,$10\sim30~\mu m$ 的颗粒对 $7\sim28~d$ 的强度增长有重要作用;大于 $40~\mu m$ 的颗粒基本上是起微集料的,而大于 $100~\mu m$ 的水泥颗粒几年时间也不能完全水化。但并不是水泥颗粒越小越好,这是因为一方面极细的颗粒水化速度太快,要求的用水量增加,导致水泥后期强度倒缩、体积收缩较大等不良现象;另一方面,磨得过细,导致粉磨能耗增大,故水泥细度应适当。因此,水泥粉磨细度应与所生产水泥品种和标号相配合,根据熟料的质量和粉磨设备等具体条件而定。在满足水泥品种和等级的前提下,水泥粉磨得不要太细,以降低电耗。

3. 混合材

为了增加水泥产量、降低成本,改善和调节水泥的某些性质,综合利用工业废渣,减少环境污染,在磨制水泥时,可以掺加数量不超过国标规定的混合材料。混合材料按其性质可分为两大类:活性混合材料和非活性混合材料。凡是天然的或人工制成的矿物质材料,磨成细粉,加水后其本身不硬化,但与石灰加水调和成胶泥状态,不仅能在空气中硬化,并能继续在水中硬化,这类材料,称为活性混合材料或水硬性混合材料。

4. 石膏

石膏在水泥中主要起调节凝结时间的作用,一般掺量控制在 3%～5%。对于 C_3S 含量高的熟料,应多加一些石膏。对于矿渣硅酸盐水泥来说,石膏又是促进水泥强度增长的激发剂。但石膏过多会影响水泥长期安定性,这是因为石膏同水化铝酸钙作用而形成硫铝酸钙,会使体积显著增加,从而引起建造物的崩裂。

5. 水泥熟料

水泥熟料出窑后,不能直接运送到粉磨车间粉磨,而需要经过储存处理。熟料储存的目的主要有:①降低熟料温度,以保证磨机的正常操作。一般从窑的冷却机出来的熟料温度多在 100～300℃。过热的熟料加入磨中会降低磨机产量,使磨机筒体因热膨胀而伸长,对轴承产生压力;过热还会影响磨机的润滑,对磨机的安全运转不利,磨内温度过高,使石膏脱水过多,引起水泥凝结时间不正常。②改善熟料质量,提高易磨性。出窑熟料中含有一定数量的 f-CaO,储存时能吸收空气中部分水汽,使部分 f-CaO 消解为 $Ca(OH)_2$,在熟料内部产生膨胀应力,因而提高了熟料的易磨性,改善水泥安定性。③保证窑磨生产的平衡,有利于控制水泥质量。出窑的熟料可根据质量的好坏分堆存放,以便搭配使用,保持水泥质量的稳定。

6. 提高水泥粉磨效率的方法

提高水泥粉磨效率除可以采取同生料粉磨类似的措施(如减小入磨物料粒度、降低入磨物料温度、加强磨内通风改善粉磨环境、降低磨内温度等方面)外,以下两个措施也是行之有效的方法。

(1) 加入助磨剂。水泥助磨剂是一种提高水泥粉磨效率的外加剂,它能消除研磨体和衬板表面上的细粉物料的黏附和颗粒聚集成块的现象,强化研磨作用,减少过粉碎现象,从而可提高磨机粉磨效率。尤其是粉磨很细的高标号水泥,助磨剂的效果更为显著。助磨剂的加入量一般为磨机喂料量的 0.05%～0.1%,经验证明,在水泥比表面积相同的情况下,加入助磨剂对水泥的物理性能没有不利影响,而且有利于提高混凝土早期强度和改善流动性。

(2) 分别粉磨。生产水泥的原料是熟料、混合材和石膏等,它们按一定的比例混合后入磨粉磨成水泥。由于熟料、混合材及石膏的易磨性不同(入磨物料粒度也不同),在一起混合粉磨时,细度变化不一致,易磨性好(即入磨物料粒度小)的物料磨得细些,易磨性差(即入磨物料粒度大)的物料磨得就粗些,而它们又必须同时进、出磨,因而粉磨效率较低。若将这些物料分别进行粉磨,然后再混合均匀则粉磨效率就比较高。分别粉磨具有以下优点:①便于根据不同的物料选择不同的粉磨条件;②消除由于各种物料易磨性(入磨物料粒度)不同而引起的相互影响;③各种物料可以根据要求磨至不同的细度。采用分别粉磨与混合粉磨矿渣水泥时,在产品混合细度相同的情况下,分别粉磨的产量提高 10% 左右。采用分别粉磨工艺要特别注意几种细粉成品的混合要均匀,否则会影响水泥质量。

案例 4-1 水泥磨系统工艺技术管理

陕西某建材集团有限公司结合自身水泥磨系统的生产实际情况,积极探索水泥粉磨系统的工艺管理,总结了如下经验。

1. 水泥磨工艺系统技术性能与产质量关系

在同等物料和质量指标下,系统各环节增产能力分配见表 1.4.1(以传统开流水泥磨产量为基准);质量指标变化对技术管理水平的要求,以细度 0.08 mm 方孔筛筛余和比表面积(m²/kg)为基准见表 1.4.2。

表 1.4.1 系统增产能力分配(生产统计分析)

名称		比例/%
辊压机、打散分级机或 V 型选粉机		60～70
磨机		15～20
其中	研磨体级配与装填	5～8
	箅板型式,箅缝尺寸,通料率,活化环	6～10
	衬板型式,仓位	2～4
	高效选粉机	15～20

表 1.4.2 质量指标对技术水平的要求(生产统计分析)

工艺流程	质量要求等级细度(0.08 mm)/%			某水泥厂出磨水泥质量指标			
	低	中	高	0.08 mm/%	0.045 mm/%	S/(m²/kg)	品种
传统开流磨	<5	<4	<3.0(2.8)				
传统闭路磨	<3.5	<2.5	<2.0(1.8)				
预粉磨	<2.0	<1.5	<1.0(0.8)	<0.2 <1.5 <0.8	<0.2 <10 <8.0	>400 340 >360	P·O52.5R 低碱 42.5 P·O42.5R
联合粉磨	<3.0	<2.0	<1.5(1.2)	<1.5	<12	340～360	P·O42.5
联合预粉磨	<1.5	<1.0	<0.8(0.6)	<0.8(0.6)	<8.0 <6.0	340～360 >360	低碱 42.5 P·O42.5R

2. 管好物料和优化辊压机压分

(1) 物料品质性能对水泥产质量影响

熟料质量和混合材品种与配比及石膏的品质对挤压和粉磨的影响较大,尽可能做好三降(降物料粒径、温度和水分)工作,特别要重视入磨熟料温度,如陕西泾阳厂库内热熟料直接入磨与用堆场凉熟料入磨,前者产量要降低 5.81%。另外,不同水泥品种要制定不同质量控制指标。各种不同工艺入磨物料筛余值控制见表 1.4.3。

表 1.4.3　不同工艺入磨物料粒径占比(生产统计分析)

入磨物料粒径 工艺名称	>1.0 mm	>0.2 mm	>0.08 mm	>0.045 mm
预粉磨/%	<50	<65	<75	<80
联合粉磨/%	<10	<30～35	<50～60	<65～70
联合预粉磨/%	<1.0	<3.0	<25	<35

(2) 粉磨系统各工序管理,完成其工序目标值,确定辊压机、打散分级机或选粉机的最佳操作和控制参数,便于该系统设备平稳连续高效运行,以达到入磨物料粒径合理分布,并尽最大可能的降低入磨物料粒径。

辊压机的操作控制:从稳压仓料位控制回料量等方面入手调节辊压机和打散机的运行。①在确保系统安全的条件下尽可能适当地提高辊压机的压力,合理调节系统运行保护的延时程序,既有利于提高辊压机做功能力,又有利于系统正常纠偏。②一般规律是辊压机两主辊电流越高,说明辊压机做功越多,系统产量越高,要求达到电机功率的60%以上。③根据挤压物料特性和磨机生产不同品种水泥时,确定辊压机垫片厚度和辊缝尺寸大小。④重视辊压机下料点的位置,喂料要注意料仓物料离析导致偏辊、偏载。因细料难以施压和形成"粒间破碎",所以细粉越多,辊缝越小,功率越低。⑤导料板插入深度越深,辊缝越小,功率越低,最终导致产量下降。辊压机进料口到稳压仓下料点之间柱壁面上黏结细粉后,也影响辊压机产量。⑥加强辊压机侧挡板的维护,间隙控制在2～5 mm较为合适,经常检查侧挡板磨损状况,防止磨损严重漏料。⑦定期检查辊压机辊面,若出现剥落与较大磨损要及时补焊处理。⑧防止辊压机因振动而跳停的故障。

打散机的操作控制:①加大对打散机锤头及分级筛网的日常检查维护,若入磨物料大颗粒变大,需检查锤头和筛网。②改变筛网孔尺寸,可改变入磨物料粒径和产量。③调节内筒与内锥的高度,稳定细粉产量。④稳料小仓料量要控制在设计值的80%为宜。⑤根据不同水泥品种的质量要求,确定打散机的合理转速。防止打散机转速过低,回粉量过多,这样稳压仓内细料过多,严重影响辊压机做功效果,反而使磨机产量下降,质量更难控制,造成恶性循环。

V型选粉机的操作控制:①调节入磨物料细度是调节选粉机的进风量,进风量越小,半成品细度越细;进风越大,则半成品细度越粗。改变选粉机出风管一侧的导流板数量和角度,可调节半成品细度,导流板数量越多,则半成品细度越细;反之亦然。②选粉机喂料要注意在选粉区的宽度方向形成均匀料幕,避免料流集中在选粉区的中间区域内,从而导致选粉区两侧气流短路影响选粉效果及半成品产量。③选粉机以料气比为4.0(kg/m³)来确定控制风量。

3. 抓好计量与操作

(1) 对操作人员进行全面培训:①了解工艺流程、设备规格性能,懂得工作原理,学会正常操作方法和一般故障判断处理能力及事故的防范等方面的知识与技能。②了解各种规章制度、规程、细则办法等,明确岗位记录报表、报告制度与责任,掌握其精神实质,抓住要点严格执行。③掌握系统操作控制参数,懂得各参数的相互关系及各参数与质量、产量、安全、环保的关系。同时要知道各种物料配比数量与计量器具电流变化的关系等作为岗位看板操作调整依据。

(2) 对系统计量器具进行全方位标定、校正:①首先要求是可调的稳定性,然后是绝对值准确性或相对值准确性。②必须做到使系统各计量器具都能用相对值反求可比准确性,然后进行绝对值配比核算。③记录各设备空载运行时电流和不同载荷下的电流,找出载荷量变化与电流值的关系,电流值与各种物料配比的关系(即也是与某些质量指标变化的关系),作为技术人员看板管理的判断依据。

4. 整好篦板焊好篦缝

对磨机而言隔仓板结构、型式、篦缝分布与宽度及篦板缝的通料率对磨机产质量影响十分明显。如合肥院研制国产高细、高产磨就是采用小篦缝大流速的磨内筛分技术隔仓板作为技术突破口,为采用小直径研磨体创造条件,细磨仓采用活化环技术进一步提高细磨能力。随后,旧水泥磨技术改造采用双层筛分技术的隔仓板提高磨机产量和质量,取得了较好效果。

(1)隔仓板结构与型式。隔仓板结构与型式由老式带全盲板的普通双层隔板,发展到粗、细筛板组合隔仓板,无盲板中间夹筛网的双层隔仓板,中、高料位无盲板的双层隔仓板,带筛分装置的双层隔仓板。总之,磨机制造厂为配套不同生产工艺的磨机而设计不同型式与结构的隔仓板,同时为不同工艺磨机配套使用对出口筛板也做了许多改进。

(2)整好篦板,安装篦板时一定要整平,篦板之间间隙要均匀,螺栓要多次坚固后并焊住,同时认真焊好篦板间隙缝,防止篦板在运行中位移,若篦板开孔率过大时,要对篦缝进行焊补,减少篦缝通料量,其目的是防止研磨体和物料颗粒窜仓及控制物料流速。

(3)篦缝尺寸、篦板开孔率、隔仓板前后筛余降(篦板前点与后点筛余值之差)见表1.4.4。双层篦板缝宽为6~8 mm,粗筛板缝宽可到10 mm,出口篦板缝宽4~6 mm。若发现隔仓板前后筛余降很小,说明篦板通料率和研磨体级配不合适,可能是由球径偏小和篦板开孔率偏低造成,需调整级配和处理篦板缝隙。隔仓板筛余降合理或偏大,说明磨机研磨体级配合适,开孔率合适,磨机系统产量也相对较高。若筛余降出现倒挂现象,可能球径偏大或偏小,篦板开孔率偏大或偏小,这需要根据具体情况进行处理。

表1.4.4 P·O42.5R磨内取样分析

工艺名称	Ⅰ仓		Ⅱ仓		Ⅲ仓
	开孔率/%	篦板前后点筛余降(0.08 mm方孔筛筛余)/%	开孔率/%	篦板前后点筛余降(0.08 mm方孔筛筛余)/%	开孔率/%
传统开流磨	5~7	7	5~6	6	3.5~5.0
传统闭流磨	8~12	5~6	6~8		
预粉磨	6~9	5~6	12		
联合粉磨	4~5	7~8	3~4	4~6	4.0
联合预粉磨	7~10	3~4	8~10		

5. 配好球段

(1)基本原则:①在已定的工艺技术条件下,以入磨物料粒径分布和生产品种的质量指标要求为主线,作为配球的依据。②坚持大球不能缺、小球不可少的原则。③一仓必须具有足够能力并留有余地,这是提高磨机产量的基础,是稳定磨况便于正常生产控制的必备条件。一仓能力是球径、球量、级配和仓长的组合体。④若碰到熟料强度低、易磨性差、物料粒径差异大,而质量指标要求高时,一仓配球可采用"两头大、中间小"的方案,也可采用其中主要两级球径的球量为主,其余球径球量作辅助。⑤在解决磨机细碎与细磨结合难点时,适当增长一仓长度(约0.25m),来解决物料充分细碎,因在同样条件下,可适当降低球径或适当减少篦板通料率,有利于细碎。在相同填充率系数条件下,增加该仓球量,增加钢球对物料冲击次数,有利于加强对物料的细碎。一仓细碎效果比后仓要强得多。⑥物料经辊压机挤压,经过打散机或V型选粉机分散分选后入磨物料颗粒很细。研磨体直径也较小,在这样的条件下,一仓研磨体仍然要有足够动能冲击力,从而将物料在无序粉碎过程中产生小颗粒、微粉及颗粒裂纹,为后仓进行细磨创造条件,将小颗粒磨得更细,裂纹被解体继续进行粉磨,微粉对提高成品比表面积特别有利。另外,水泥产品中的颗粒组成和颗粒形貌对水泥强度影响较大,利用一仓研磨体的动能冲击力,对改善上述参数创造条件,有利于提高水泥产品颗粒的圆形度,从而提高水泥强度。

(2)拉朱莫夫计算球径公式中 i 系数在不同工艺中的应用

K·A拉朱莫夫公式:
$$D_m = i \sqrt[3]{d_m}$$

式中,D_m 为钢球直径,mm;d_m 为物料粒径,mm;i 为系数,取28。

根据国内不同工艺中较好的配球方案进行反求计算,从而推出拉朱莫夫公式中 i 系数的经验值,见表1.4.5,供参考。

表1.4.5 i 系数值列表(生产统计分析)

	仓位	一仓						二仓						
预粉磨	球径/mm	φ100	φ90	φ80	φ70	φ60	φ50	φ60	φ50	φ40	φ30	φ25	φ20	φ17
	i 值	40±5	40±5	40±5	55±5	160±10	143±5	80±10						
联合预粉磨	仓位	一仓						二仓						
	球径/mm	φ50	φ40	φ30	φ25	φ20	φ17	φ20	φ17	φ15	φ18×20	φ16×18	φ14×16	φ12×14 φ2×10
	i 值	85±10						42±4(球或段)		42±4				
联合粉磨	仓位	一仓					二仓			三仓				
	球径/mm	φ60	φ50	φ40	φ30	φ25	φ18×20	φ16×18	φ14×16	φ12×14	φ10×12			
	i 值	55±10	55±10	90±10	95±10	95±10	45±5	55±5	55±5	35±5				

(3)各仓筛余降的实践数据

根据磨机产质量最好和最差时,取样了解磨内筛余内曲线的分布状况,并找出各工艺水泥磨生产不同品种时各仓首点、末点的筛余值,然后得出该仓筛余降和每米筛余降。水泥磨分析结果整理的数据见表1.4.6,供参考(各仓首点、末点筛余值因磨机规格、分仓和不同品种而异)。

表1.4.6 磨机筛余降(%/m)生产 P·O42.5R 和 PC32.5R 统计分析

工艺名称	Ⅰ仓	Ⅱ仓	Ⅲ仓	质量指标	
				0.08 mm/%	S/(m²/kg)
传统开流磨	8.5~10.0	9.6	3.67	<5.0	290
高细高产开流磨	7.0~9.0		2.0~2.5	<4.0	350
挤压联合粉磨	3.5~4.0(掺大量粉煤灰时)			<2.0	330
	7.0~8.0	2.1~2.5(4.0)	0.45~1.4		
传统闭路磨	3.5~5.0	3.0~4.0		<2.0	320
预粉磨	1.45~2.0	1.15~1.71		<0.5	330
联合预粉磨	1.2~1.6	0.6~1.3		<0.5	330

6. 高效选粉机与系统的通风管理

目前水泥磨用高效选粉机以 O-sepa 为主,从 O-sepa 选粉机的基本原理出发研制多种型式高效选粉机,各水泥生产企业按设计制造厂的技术要求进行调试与管理,基本上取得了良好的效果。

(1) O-sepa 选粉机使用时注意点

操作时主要注意点是比表面积与细度的调节关系,它是一种选粉效率高,循环负荷较低(100%~250%),使用风量一定要满足其要求,一、二、三次风配合要合理的高效选粉机。一般来说,细度细、比表面积相应较高,细度细、比表面积在一定值时水泥 28d 强度也相应较高,这对粉磨原理而言是对的,但对 O-sepa 选粉机而言不一定符合这一现象,然而在生产中仍要强调将物料磨细作为技术管理的重点。这是因为:①部分人认为细度细,比表面积一定高,这样就提高了转速,降低了风量,结果回料量大,导致投料量递减,同时投料量少,风速慢,物料在磨内停留时间长,出磨颗粒相对均匀,因而不能有效提高比表面积。②在一定转速的情况下,加大系统风量,较多粗颗粒进入成品,成品变粗,n 值越小,比表面积反而提高。③在风量不变情况下,加快转子速度,n 值增大,比表面积反而降低或没有提高。④在实际操作中,当细度细时,比表面积并不高;细度粗时,比表面积反而高。因从比表面积计算公式中知,值越大,比表面积越低,n 值是颗粒特征直线的斜率,也就是均匀性系数。物料颗粒分布范围越窄,直线越陡,颗粒越均匀,n 值越大,则比表面积越小。

(2) 加强系统密封管理,确保系统用风量

系统风量,首先满足 O-sepa 选粉机的工况需求,同时也确保磨内通风量,一般讲入磨物料越细,磨内通风量越大,尽快将磨内符合产品要求的微粉拉出磨机进入选粉机。同时也加快磨内物料流速,从而提高磨产量。①磨尾负压随入磨物料变细而增大,一般在 250~2 200 Pa。②磨尾气体温度显示,开流磨低于 120℃,若出磨气体显示温度达 135℃ 以上或产品细度变粗与比表面积变高时,磨内物料流动不畅,篦板缝已堵,需停磨清理(这一现象符合预粉磨、联合预粉磨)。③磨物料综合水分小于 1.0%,最大不能超 1.5%。

分析点评

水泥磨系统的工艺技术管理对于提高磨机的产质量起着重要的作用,磨系统的工艺技术管理可概括为:管好物料,抓好计操,整好篦板,焊好篦缝;优化压分,配好球段,重视通风,关注磨温。

思考题

1. 作为一名技术人员,应如何做好水泥磨系统工艺技术管理工作?
2. 试述 O-sepa 选粉机的工作原理。
3. 入磨物料水分对磨机产质量有何影响?

案例 4-2 水泥磨六级和五级配球方案

四级或三级(或二级)配球对于规格较大的磨机获得了较好的粉磨效果,但对于规格较小的磨机,在熟料进行破碎处理入磨粒度减小后,在第一仓采用六级或五级配球,可获得更好的粉磨效果。表1.4.7是几家水泥厂在其他条件不变的情况下,研磨体级配调整前后的磨机产质量变化情况。

表 1.4.7 研磨体级配调整前后的对比参数

厂名	磨机系统及规格	第一仓级配调整前	第一仓级配调整后	水泥品种
唐山市第三水泥厂	闭路粉磨(高效选粉机) $\phi2.2\ m\times7.5\ m$	四级配球,产量14~15 t/h,0.08 mm筛筛余4%~5%,比面积330~340 m²/kg	五级配球,产量15.5~16 t/h,0.08 mm筛筛余3.5%~4%,比面积345~350 m²/kg	普通水泥
丰润县杨管林乡水泥厂	开流高细磨 $\phi2.2\ m\times7.5\ m$	四级配球,产量11~12 t/h,0.08 mm筛筛余3.8%~4%,比面积340~350 m²/kg	五级配球,产量12.5~13 t/h,0.08 mm筛筛余<3.5%,比面积350~360 m²/kg	矿渣水泥
丰润县沙流河镇水泥厂	闭路粉磨 $\phi1.83\ m\times6.1\ m$	四级配球,产量7~8.5 t/h,0.08 mm筛筛余5%~7%,比面积310~330 m²/kg	六级配球,产量8~9 t/h,0.08 mm筛筛余4%~5%,比面积320~330 m²/kg	普通水泥

1. 六级配球方案设计

(1)确定配球方案中的平均球径和最大球径。计算可用案例4-1中的拉朱莫夫公式,也可用式(1.4.1)和式(1.4.2)确定。

$$D_{平均} = 28\sqrt[3]{d_{平均}} \times \frac{f}{\sqrt{k_m}} \tag{1.4.1}$$

式中 $D_{平均}$——磨内钢球的平均球径,mm;

$d_{平均}$——入磨物料平均粒度(以物料通过80%筛孔孔径表示),mm;

k_m——入磨物料易磨性系数;

f——单位容积物料通过量影响系数,见表1.4.8。

$$D_{最大} = 28\sqrt[3]{d_{最大}} \times \frac{f}{\sqrt{k_m}} \tag{1.4.2}$$

式中 $D_{最大}$——磨内钢球的最大级球径,mm;

$d_{最大}$——入磨物料平均最大粒度(以物料通过95%筛孔孔径表示),mm;

k_m、f同式(1.4.1)。

表 1.4.8 单位容积物料通过量 K 与 f 的关系

$K/[t/(m^3 \cdot h)]$	1	2	3	4	5	6	7	8	9	10	11	12	13	14	15
f	1.01	1.02	1.03	1.04	1.05	1.06	1.07	1.08	1.09	1.10	1.11	1.12	1.13	1.14	1.15

① 作各种入磨物料粒度筛析,求出平均粒径 d_{80} 和最大粒径 D_{95}。一般用孔径分别为 30 mm、19 mm、13 mm、10 mm 和 5 mm 的套筛作熟料或石灰石筛析;用孔径分别为 5.5 mm、4 mm、2 mm、1 mm 和 0.5 mm 的套筛作矿渣筛析。每个编号的筛析结果用粒度特性坐标作出筛孔直径与被测物料通过量的关系图,图 1.4.1 是某一入水泥磨的熟料、矿渣试样的筛析曲线图,从图中查取通过 80% 物料量的筛孔孔径定为生产中使用的入磨物料的平均粒径 $d_{平均}$,通过 95% 物料量的筛孔孔径定为入磨物料的最大平均粒径 $d_{最大}$。其他试样也是这样做出,最后取平均值。

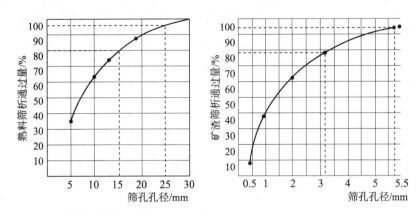

图 1.4.1　熟料、矿渣筛析样品的 $d_{平均}$ 和 $d_{最大}$

② 作各种物料易磨性实验,求出 k_m。用实验小磨将标准砂磨至比表面积 $S_1 = (300 \pm 10)$ m²/kg,并记录粉磨时间 t,之后以相同的时间 t 将被测物料(粒度≤7 mm)进行粉磨,并测定出比表面积值 S_2,两比表面积值之比即为相对易磨性系数 k_m:

$$k_m = S_2 / S_1 \tag{1.4.3}$$

③ 计算磨机待配球仓的单位容积物料通过量 K

$$K = A / V_m \tag{1.4.4}$$

式中　A——磨内物料每小时通过量,t/h;

　　　V_m——磨(仓)内有效容积,m³。

④ 根据 K 查表 1.4.8 求得 f 值。

⑤ 将以上数据代入式(1.4.1)、式(1.4.2)中,即可求得钢球的平均球径 $D_{平均}$ 和最大球径 $D_{最大}$。

(2) 六级配球选用图(图 1.4.2)

(3) 磨机配球举例

计算一台 $\phi 1.83$ m×6.1 m 闭路水泥磨第一仓钢球的级配。已知:有效内径 1.73 m,第一仓有效长度 3.1 m,台时产量 8.5 t/h,循环负荷 150%,钢球填充率 29.9%,磨制普通水泥,入磨物料配比为:熟料 82%,矿渣 15%,石膏 3%,平均易磨性系数 $k_m = 0.93$,入磨物料粒度筛析和试验结果见表 1.4.9。

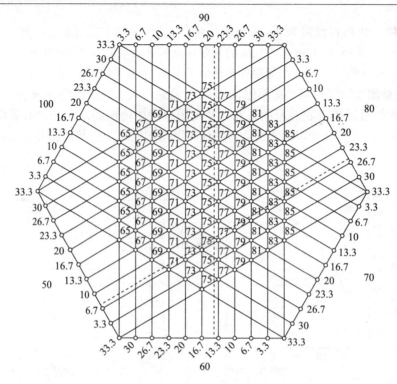

图 1.4.2 六级配球选用表

格子内的数字为钢球的平均球径；六边形各边上的数字为各种钢球直径的百分数

表 1.4.9 入磨物料粒度筛析结果

	试样编号	1	2	3	4
熟料筛析	30 mm 筛余/%	3.7	9.1	14.4	7.30
	19 mm 筛余/%	14.3	24.2	29.1	21.8
	13 mm 筛余/%	30.4	35.6	45.8	39.2
	10 mm 筛余/%	37.1	46.8	58.3	50.6
	5 mm 筛余/%	67.2	68.4	75.2	66.0
	通过80%的筛孔孔径 A	15	20	25.0	18.0
	通过95%的筛孔孔径 B	25	36	45.0	34.0
矿渣筛析	5.5 mm 筛余/%	13.7	9.4	9.30	9.40
	4 mm 筛余/%	21.4	15.5	17.8	18.6
	2 mm 筛余/%	35.5	35.0	34.1	36.7
	1 mm 筛余/%	62.4	57.0	55.2	59.0
	0.5 mm 筛余/%	91.0	87.4	86.1	89.1
	通过80%的筛孔孔径 a	3.3	2.80	2.70	2.80
	通过95%的筛孔孔径 b	5.5	5.30	5.20	5.30
平均入磨物料粒度	$A \times 0.85 + a \times 0.15$	13.25	17.42	21.65	15.72
最大级入磨物料粒度	$B \times 0.85 + b \times 0.15$	22.0	31.4	39.0	29.7

① 计算入磨物料平均粒径 $d_{平均}$ 和最大粒径 $d_{最大}$：

$$d_{平均}=(13.25+17.42+21.65+15.72)/4=17.0(mm)$$

$$d_{最大}=(22.0+31.4+39.0+29.7)/4=30.5(mm)$$

② 计算一仓单位容积通过量。

一仓有效容积：$V_1=0.785D_1^2L_1=0.785\times1.732^2\times3.1=7.30(m^3)$

单位容积通过量：$K_1=A/V_1=(8.5+8.5\times150\%)/7.28=2.92[t/(h\cdot m^3)]$

由配球表可查得：$f=1.029$

③ 由式(1.4.1)、式(1.4.2)计算待配球仓中钢球的平均球径 $D_{平均}=76.84$ mm 和最大球径 $D_{最大}=93.36$ mm；取平均球径 76.5 mm，最大球径 100 mm。

查级配球选用表(图 1.4.2)，求得钢球级配的百分数。按照"两头小、中间大"的配球原则，一般最大粒数级的物料约占 5%，相应最大钢球占总量的 10% 左右，现取 $\phi100$ mm 钢球 10%，与级配表中 76.5 相交于 A 点，由 A 点向六个方向延伸，即可得到六种钢球的百分比；再由一仓装球总量 $G=V_1\varphi\gamma=7.28\times29.9\%\times4.6=10.0$ 吨($\gamma=4.6$ 为钢球容重)，求得六种钢球中每一种钢球装载量(表 1.4.10)。

表 1.4.10　配球结果

钢球规格/mm	所占比例/%	装球量/t
$\phi100$	10.0	1.00
$\phi90$	19.0	1.90
$\phi80$	25.9	2.59
$\phi70$	23.3	2.33
$\phi60$	14.5	1.45
$\phi50$	7.3	0.73
合计	100.0	10.0

2. 五级球配方案设计

目前五级配球还无法编制类似于三级、四级或六级那样的配球图表用于配球，但可以在四级配球的基础上运用微调公式作适当的调整，即实现五级配球。

微调公式：

$$\Delta G=\frac{D_{平均}\times\sum}{D_{大}-D_{小}} \tag{1.4.5}$$

式中　$D_{平均}$——平均球径的微调值，mm；

$\quad\quad D_{大}$——用以调整级配量的大球直径，mm；

$\quad\quad D_{小}$——用以调整级配量的小球直径，mm；

$\quad\quad \sum$——该仓钢球的总装载量，t；

$\quad\quad \Delta G$——对应的微调量，t。

举例：$\phi2.2$ m$\times7$ m 闭路水泥磨，第一仓装球 15.6 t，五级配球，规格分别为 $\phi90$ m、$\phi80$ m、$\phi70$ m、$\phi60$ m，根据入磨物料粒度和易磨性系数，算出的平均球径 $D_{平均}=78.48$ mm，利用微调公式对一仓用四级配球表进行五级配球。

① 确定前四种钢球比例：可根据配球表选取 $\phi78.48$ mm 最为靠近的平均球径

$\phi 78.5$ mm,按照"两头小、中间大"的配球原则,确定四种球径的百分比数如下:$\phi 100$ mm 7.5%,$\phi 90$ mm 12.5%,$\phi 80$ mm 42.5%,$\phi 70$ mm 37.5%。

② 增设 $\phi 60$ mm 10%。

③ 将五种钢球的比例相加得 110%:

④ 计算五种钢球的级配量(t):

$\phi 100$ mm 5%:$(7.5/110) \times 15.6 = 1.06$(t)

$\phi 90$ mm 10%:$(12.5/110) \times 15.6 = 1.77$(t)

$\phi 80$ mm 45%:$(42.5/110) \times 15.6 = 6.03$(t)

$\phi 70$ mm 40%:$(37.5/110) \times 15.6 = 5.32$(t)

$\phi 60$ mm 10%:$(10/110) \times 15.6 = 1.42$(t)

(5) 计算平均直径的初值:

$D_{平均} = (100 \times 1.06 + 90 \times 1.77 + 80 \times 6.03 + 70 \times 5.32 + 60 \times 1.42)/15.6 = 77.26$(mm)

以上所得的平均球径值小于我们计算所得到的平均值,因此必须对其进行调整:增加大球($\phi 100$ mm)的重量,减小小球($\phi 60$ mm)的重量。

将各数值代入微调公式(1.4.5),计算出调整量:

$\Delta G = [(78.48 - 77.26) \times 15.6]/(100 - 60) = 0.475\ 8$(t)

大球最终级配量:

$G_{大球} + \Delta G = 1.06 + 0.475\ 8 = 1.535\ 8$(t)

小球最终级配量:将以上五种钢球级配量圆整为两位小数,具体见表 1.4.11。

表 1.4.11　五级配球结果

钢球规格/mm	$\phi 100$	$\phi 90$	$\phi 80$	$\phi 70$	$\phi 60$
级配量/t	1.54	1.77	6.03	5.32	0.94
	$D_{平均} = 78.5$(mm)		$\sum = 15.6$(t)		

分析点评

水泥磨的钢球级配大多采用四级或三级,各厂可以自行编制四级或三级配球图表用于配球。当级配数已定,根据入磨物料粒度计算出平均球径、最大球径后,可以利用图表较快地求得各种大小钢球的百分比。再考虑被磨物料的粒度、易磨性等影响因素的变化,平均球径会有一定的波动范围,因此需在这个波动范围之内,拟定出几种不同的级配方案,对其进行必要的技术测试,统计出该时段的磨机产量和电耗曲线图,加以分析比较,得出在一定条件下的最佳配球方案。

三级、四级或六级配球,工厂可根据本厂情况自行编制级配选用表,五级配球可在四级配球的基础上,利用微调公式加以整理,得到很好的配球效果。

思考题

1. 试述判断研磨体级配合理的方法。

2. 钢球球径的大小依据是什么?写出计算公式。

3. 配球的基本原则是什么?

4. 何谓球磨机研磨体的填充率?补球的依据是什么?

案例 4-3　用辊压机预粉磨技术改造 φ3 m×11 m 水泥磨

2007 年初,宁夏某实业股份有限公司对 2 台 φ3m×11m 水泥磨(闭路)进行了增设预粉磨的技术改造。

1. 原系统基本情况

原系统设备配置及运行情况见表 1.4.12。

表 1.4.12　1、2 号水泥磨系统原配置情况

设备名称	1 号水泥磨系统	2 号水泥磨系统
水泥磨	φ3.0 m×11 m,筒体转速:17.89 r/min,旋转方向:顺时针,装球量:93.5 t,功率:1 250 kW 产量:P·O42.5 30~33 t/h; P·O32.5 40 t/h; P·C32.5 45 t/h; P·O52.5 或特种 20 t/h	φ3.0 m×11 m,筒体转速:18.6 r/min,旋转方向:逆时针,装球量:93.5 t,功率:1 250 kW 产量:P·O42.5 28~30 t/h; P·O32.5 40 t/h; P·C32.5 45 t/h; P·O52.5 或特种 20 t/h
出磨提升机	1-B600×30.6 m,功率:55 kW,能力:240 t/h	1-B600×30.6 m,功率:55 kW,能力:240 t/h
选粉机	1-φ3.0 m 旋风式,产量:48 t/h,主轴转速:165 r/min,功率:18.5 kW	1-φ3.0 m 旋风式,产量:48 t/h,主轴转速:165 r/min,功率:18.5 kW
磨头除尘器	1-CCZC300-N340,处理风量:16 224~24 336 m³/h	1-FD348-140,处理风量:16 224~24 336 m³/h
磨尾除尘器	1-144ZC400,处理风量:27 000~40 500 m³/h	1-PPCS96-5,处理风量:33 400 m³/h
输送斜槽	1-B500,斜度:6%,能力:60 t/h	2-B500,斜度:6%,能力:60 t/h
入库提升机	1-B400×29.16 m,能力:130 t/h	1-B400×29.16 m,能力:130 t/h

2. 改造方案的选择

针对水泥粉磨的特点和要求,对于筛余要求严格、小于 3 μm 微粉含量低的水泥,应选择带第三代高效选粉机的挤压闭路粉磨系统;对于筛余要求不是很严格、水泥成品颗粒级配分布宽的,则可以采用挤压开路粉磨系统。

现有的粉磨系统采用挤压粉磨技术改造时,系统产量将大幅度增加,此时不仅要考虑主机的能力匹配,更要注意输送设备的能力,尤其是闭路粉磨系统改造,主要是由于原有的磨尾提升机、选粉机及输送设备的能力无法满足要求,且土建的限制又很难更换。为此,该公司决定采用开路粉磨的方案,同时对磨机内部按照高细高产磨技术进行改造,使辊压机的破碎、粉磨功能与球磨机特有的研磨功能有机结合,粉磨系统更加简捷、可靠、高效。

3. 改造措施

(1) 新增主机配置

改造后的新增主机配置见表 1.4.13。

表 1.4.13　新增主机配置

设备名称	设备规格	技术性能	数量
辊压机	HFCG120-40	100～150 t/h,220 kW×2	1×2
打散分级机	SF500/100	90～150 t/h,45/30 kW	1×2
料饼提升机	NSE200×37.45m	输送能力 220 t/h	1×2
斗式提升机	NE100×21.48m	输送能力 100 t/h	1×2
粉煤灰提升机	TGD315		1×2
气箱脉冲除尘器	PPW96-7	40 000 m³/h,1 500～1 700 Pa	1×2
离心通风机	Y4-57No.11.2D	42 000 m³/h,3 400 Pa	1×2
电子皮带秤			6×2
粉煤灰螺旋秤	ϕ200		1×2
入磨拉链机	FU350×15m		1×2
永磁除铁器	YCD-65/50	交叉带式	2×2
稳流称重仓		2 500×2 500,20 m³	1×2

（2）工艺流程

物料经电子皮带秤计量后由胶带输送机经斗式提升机送入稳流仓,为防止铁器进入辊压机,在 2 条配料皮带机上安装 2 台除铁器;稳流称重仓内物料在经过进一步混合后经仓下棒状阀门喂入辊压机,经挤压后的料饼入斗式提升机输送到打散机内,再经打散和分级;细粉经除尘器收集后,通过溜管、拉链机入磨,粗粉进入辊压机进行进一步的挤压。

打散机和辊压机等构成独立的挤压粉磨闭路系统,将经挤压后粒度达不到分级要求的粗粉返回辊压机重新挤压,这样可以将更多的粉磨功移至磨外由高效率的挤压打散回路承担,入磨物料的粒度和易磨性得到明显改善;大部分细粉经系统除尘器收集后入磨,小部分细粉连同被分级的粗粉进入稳流仓。

工艺流程见图 1.4.3。

（3）改造情况

截短原入磨皮带机,在配料站与磨房间的空地上进行土建施工和设备安装,来自配料站的物料由配料皮带进提升机后入稳流仓,新增一台袋式除尘器收集细粉,同时使系统处于微负压状态,保证了环境;出磨成品入出磨提升机经溜管入成品斜槽,进入水泥库。

磨机内部按照高细磨工艺要求进行改造,磨机内仓数不变。由于入磨物料平均粒径减小,对各仓及研磨体进行了调整;同时在二、三仓间安装带筛分装置的双层隔仓板,增设活化衬板和挡料环,出磨篦缝由原来的 12 mm 改为 5 mm,一仓研磨体使用高铬钢球,二、三仓研磨体采用低铬钢段。改造后磨内级配及仓长见表 1.4.14。

表 1.4.14　改造后磨内级配及仓长参数

名称	级配/t									Σ	仓长/m	填充率/%
	ϕ60	ϕ50	ϕ40	ϕ30	ϕ18×18	ϕ16×16	ϕ14×14	ϕ12×12	ϕ10×10			
一仓	2.5	7.5	11.0	8.0						29.0	3.00	32.5
二仓					7.0	8.0	8.0			23.0	2.50	30.5
三仓								36.0	12.0	48.0	5.00	31.0

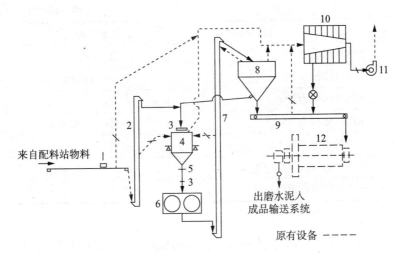

图 1.4.3 改造后挤压预粉磨系统工艺流程

1—永磁除铁器;2,7—斗式提升机;3—自制软连接;4—稳流称重仓;5—棒阀;
6—辊压机;8—打散机;9—FU 拉链机;10—除尘器;11—排风机;12—水泥磨

4. 生产调试及运行

(1) 辊压机运行主要参数的选择。调整料饼厚度主要是确定合理的工作辊缝,当工作辊缝过小时,料饼太薄,缺乏弹性,设备振动加大;辊缝过大时,料饼太厚,会导致辊压机电流过高,辊压机辊压过大,并经常出现偏辊状态。正常生产中辊压机运行参数为:液压系统压力 $0.57 \sim 0.62$ MPa,挤压料饼厚度 $22 \sim 28$ mm,控制偏辊范围小于 6 mm。

(2) 挤压打散系统的运行平衡。挤压打散系统的最佳运行状态,仅靠选择恰当的辊压机运行参数是不够的,必须控制挤压打散系统的运行平衡。①物料水分的控制。当由于混合材中湿矿渣水分含量高,造成混合料水分超过 2% 以上时,打散分级机入料口会被物料黏实贴牢,口径缩小为不足原设备的 $\frac{1}{2}$,入打散分级机物料受阻,导致大量返流,系统产量无法提高。②对辊压机回料量控制。进料粒度大,颗粒分布不均齐时,适当加大回料量,填充大颗粒间的间隙,实行料层粉碎,以增强挤压效果,保证辊压机平稳运行。当进料粒度较小,颗粒分布较均齐时,适当减少回料量,这样,可以在辊压机通过量不变的情况下增加新料量,提高系统产量。一般控制系统中辊压机回料量为 25% 左右;③稳定稳流称重仓料位,可稳定辊压机物料通过量,保证辊压机运行平稳。料位保持在 $60\% \sim 80\%$,挤压打散系统的运行即处于平衡状态。

正常运行工艺操作参数见表 1.4.15。

表 1.4.15 正常运行时工艺操作参数

项目	控制参数
辊压机辊压/MPa	$5.7 \sim 6.2$
辊压机辊缝/mm	$22 \sim 30$
打散分级机转速/(r/min)	$450 \sim 650$
磨机磨音/dB	$120 \sim 125$
磨机电流/A	$102 \sim 106$

续 表

项目	控制参数
入磨物料温度/℃	50~80
出磨气体温度/℃	90~110
入磨气体压力/Pa	-120~-90
出磨气体压力/Pa	-450~-350
气箱脉冲除尘器入口压力/Pa	-560~-550
磨机主排风机入口压力/Pa	-2 500~-2 100
磨机主排风机风门开度/%	55~75

5. 效果

经过改造,2 台水泥磨的台时产量得到了较大的提高,生产 P·O42.5R 水泥台时产量达到 50 t/h 左右,比表面积 360 m²/kg 以上,混合材掺量提高了 5%,系统综合电耗由 46 kW·h/t 下降为 33 kW·h/t,各项指标均达到设计技术参数要求;同时水泥性能得到了改善,适应了商品混凝土的泵送要求,赢得了更多的客户。

6. 尚存在的问题

(1) 入辊压机物料的稳定性难以控制。由于采用人工抽棒条来控制下料量,受人为因素干扰较大,同时入辊压机的物料为混合料,块状料占有较大比例,造成下料的不稳定,忽大忽小,这不但增加了维护人员的调节频次和劳动强度,而且不利于辊压机的稳定运行。在下一步的整改中考虑将棒阀换为电液闸板阀,同时要严格控制物料粒度。

(2) 配料中使用湿矿渣作混合材,由于水分含量较大,系统溜槽(管)等容易堵塞,在试生产阶段经常造成堵料,影响了水泥磨系统的稳定、连续生产,这在后期还需综合考虑解决。

(3) 入磨输送设备选用了 FU 拉链机,由于入磨细粉中含有大量颗粒料,而且水分较高,一方面在拉链机底层形成一定厚度的料层,使得下轨道失去了导向作用,造成链条链钩大量变形、弯曲,降低了拉链机的输送能力;另一方面,颗粒料的存在加剧了拉链机壳体的磨损,增加了维修量。所以对入磨输送设备的选择应该多从运行的可靠性和日常的维护量上考虑。

分析点评

辊压机无论其装备技术、工艺技术还是操作控制技术,目前都日臻成熟,并得到了广泛的应用。实践证明,通过辊压机装备技术的优化,新型耐磨材质及其堆焊技术的应用,使磨辊使用寿命大大提高,已显示出较大的技术优势;工艺技术的优化,将高细高产筛分磨、高效选粉机等先进技术融于一体,大幅度降低了工程投资和运行成本,半终粉磨、预粉磨等工艺的高效节能优势得以充分发挥,成为替代传统的球磨机技术的主要工艺,具有广阔的应用前景。本案例说明采用辊压机预粉磨技术对水泥磨系统的改造具有明显的优势,综合电耗低,运转率高,水泥性能好,适应性强,混合材掺量大,台时产量提高幅度大,生产成本明显下降。

对于辊压机选择最佳运行参数,当辊压机选定之后,磨辊转速就随之确定;主要就是选择恰当的挤压粉碎力和料饼厚度,以获得最佳的挤压效果。选择挤压力的原则是在满足挤压物料的工艺、性能的前提下,尽可能降低操作压力。如何判断操作压力是否合适,可以从取出的料饼中找出外形完整的物料颗粒,以用手是否能够碾碎来判断,若绝大多数颗粒可碾碎,即认为压力选取基本合适。

思考题

1. 简述辊压机的工作原理。
2. 辊压机的辊压对粉碎效率有何影响？
3. 辊压机与球磨机相比其特点是什么？
4. 如何保证辊压机的平稳运行？

案例 4－4　用 Sepax 替代 O－Sepa 选粉机改造 φ4.2 m×13 m 水泥磨

2010 年 4 月,江苏某机械制造有限公司用 Sepax 吉达选粉机对江苏扬子水泥有限公司一台 φ4.2 m×13 m 水泥磨进行改造,取得了良好的效果。

1. 基本情况

水泥磨规格为 φ4.2 m×13 m,闭路流程,磨前配套 φ1 500 mm×900 mm 挤压机,配套 O－Sepa3000 选粉机,42.5 级水泥产量 160 t/h 左右,成品比表面积≥350 m²/kg。

2. 改造措施

(1) 采用 Sepax-3000 型吉达涡流选粉机替代原 O－Sepa3000 选粉机。Sepax 吉达涡流选粉机系统工艺配置为:磨机独立配套一台小型 JQM96－8 气箱脉冲袋式除尘器用于磨机内通风除尘,风量 53 000 m³/h 左右,选粉机选粉空气机内循环,自带高效低阻旋风筒收集成品,无需配置大功率、大处理风量的气箱脉冲布袋除尘器,便可方便的实现无尘作业(指选粉机系统)。改造的设备性能参数见表 1.4.16。改造后的工艺布置见图 1.4.4。

表 1.4.16　改造的设备性能参数

名称	规格型号
选粉机	Sepax-3000 台时产量:150～200 t/h;最大处理能力:600 t/h;主轴电机功率:90 kW;型号:Y280S－4;主轴转速:130～210 r/min
选粉机风机	型号:SCF－12№18C;风量:184 910 m³/h;全压:6 384 Pa;电机功率:315 kW;电机型号:Y355M－4
除尘器	风量:56 000 m³/h;阻力:1 470～1 770 Pa

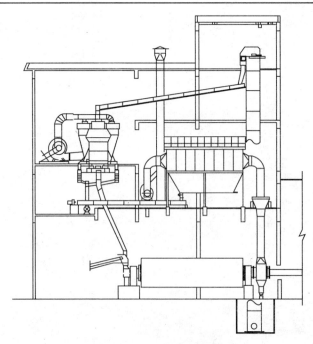

图 1.4.4　改造后的工艺布置

改造前后整机功率配置比较见表 1.4.17(不含磨机功率)。由表 1.4.17 可知,使用 O-Sepa 选粉机比 Sepax 高效涡流选粉机高出 350 kW 左右,高功率配置必然会带来较高的能耗,无论是从初期的一次设备投资或后期的设备运行费用看都是不经济的。

表 1.4.17　改造前后整机功率配置表(不含磨机和输送设备功率)

分项	名称	性能参数	单位	数量	备注
Sepax-3000 涡流选粉机 (总功率: 90+315+75=480 kW)	主轴电机	Y280S-4 90 kW	台	1	
	风机电机	Y355M-4 315 kW	台	1	磨机除尘器风机 电机:75 kW
	风机	选粉机风量: 184 910 m³/h+56 000 m³/h	台	2	磨机除尘风量: 56 000 m³/h
	减速箱	B2SV06B	台	1	
	油站	XYZ-30G	台	1	
O-Sepa 选粉机(总功率: 132+630+75=837 kW)	主轴电机	Y315M₂-4,132 kW	台	1	
	风机电机	630 kW	台	1	
	风机	风量:201 900 m³/h	台	1	
	减速箱	B2SV06B	台	1	
	油站	XYZ-30G	台	1	

(2) 磨机除尘器及风机。采用 Sepax-3000 型吉达涡流选粉机后,磨尾原气箱脉冲除尘器继续使用,但所需的磨尾风机风量大大减小,根据闭路磨通风量,宜选择 1.0~1.2 m/s 的磨内风速,减少磨内过粉磨现象并及时排出热量及水汽,系统漏风系数取 1.5,通风量为:

$$Q = \pi r^2 \times v \times (1-\psi) \times 1.2 \times 3\,600$$
$$= 3.14 \times (4.0 \div 2 - 0.05)^2 \times 1.2 \times (1-0.3) \times 1.5 \times 3\,600$$
$$= 54\,160 \text{ m}^3/\text{h}$$

则磨尾风机风量由 201 900 m³/h 减小为 54 160 m³/h。

(3) 磨内技术改造。①研磨研体:一仓研磨体采用 ϕ90 mm~ϕ50 mm 钢球,尾仓以微球为主,规格为 ϕ14 mm、ϕ18 mm 和 ϕ20 mm。②隔仓板:一、二仓隔仓板采用双层筛分隔仓板,弧形筛板,筛缝 2.5 mm,一仓端面篦板篦缝 8 mm,二仓端采用带通风孔的护板;出料篦板篦缝 6 mm,或采用高细磨专用出料装置,见图 1.4.5;调节磨尾扬料板尺寸,控制尾仓内出磨物料流速,使出磨物料中含有一定量的成品颗粒,通常出磨物料筛余控制在 20%~25% 左右 (80 μm 筛余)。

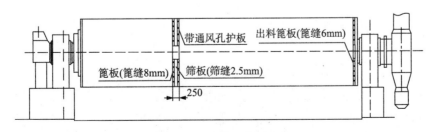

图 1.4.5　磨内隔仓板示意

3. 效果

(1) 粉磨 42.5 级水泥,比表面积 340 m²/kg 左右。系统台时产量由 150 t/h 左右增加到约 165 t/h,增产 10% 左右。

(2) 系统电耗同比下降 30%,水泥粉磨电耗 30 kW·h/t 以下,同时钢球、衬板消耗下降 8%。

分析点评

Sepax 高效涡流选粉机与 O-Sepa 选粉机相比,其主机部分与 O-Sepa 选粉机投资价格相当,但 O-Sepa 选粉机需配套一台大型脉冲除尘器收集成品,而 Sepax 吉达涡流选粉机仅需一台处理量小得多的除尘器用于磨机通风除尘,其一次投资要少得多。Sepax 吉达涡流选粉可在正压下工作,细粉收集采用高效旋风筒即可,无需再配置庞大的气箱脉冲袋式除尘器,这样不但降低了粉磨电耗,而且也降低了投资费用(省去了气箱脉冲袋式除尘器)和维护保养费用。

该公司对江苏扬子水泥有限公司一台 φ4.2 m×13 m 水泥磨系统进行改造,经济效益分析如下:①系统节电效益,系统电耗同比下降 30% 以上(10 kW·h/t 左右),水泥粉磨电耗 30 kW·h/t 以下,以台时产量 165 t/h 年运行 300 天计算,平均综合电费按 0.50 元/千瓦·时计算,则每年节电可节约的费用为 165×24×300×10×0.50=5 940 000 元。②增产效益,以平均增产 15 t/h 计算,每吨效益按 15 元计算,15×24×300×15=1 620 000 元。两者综合年增效益为 756 万元;该改造总投资以 132 万元计算,则回收期为 132×365/(594+162)=63 天,即配套形成闭路高细粉磨工艺后,投资回收期仅 2~3 个月。

思考题

1. Sepax 涡流选粉机与 O-Sepa 选粉机比较有哪些优势?
2. 试述 Sepax 涡流选粉机的工作原理。

案例 4-5　Sepax 三分离选粉机改造开路水泥粉磨

辽宁某水泥有限公司有一台 $\phi 3.2\ \mathrm{m} \times 13\ \mathrm{m}$ 水泥磨机开路粉磨系统,采用 Sepax 选粉机改造为闭路高细磨粉磨系统,达到了系统优质高产高效的目的。

1. 基本情况

(1) 配比:采用旋窑熟料,粉磨 32.5 级水泥时其配比为熟料 50%,矿渣 30%,粉煤灰 15%,石膏 5%,平均入磨粒度 20 mm,在不加助磨剂的情况下台时产量 51~52 t/h,细度 0.08 mm 方孔筛筛余 2%,比表面积 330 m^2/kg。

(2) Sepax 高效三分离选粉机技术特点:①三分离选粉机选粉效率达 85% 以上,回粉中 45 $\mu\mathrm{m}$ 以下颗粒含量仅 5% 以下,特别对 30 $\mu\mathrm{m}$ 以下颗粒的选净率高达 98% 以上。②工艺结构紧凑,布置简单,自带成品收集系统,减少了设备投资,设备总装备功率比 O-Sepa 选粉机及组合式选粉机低几十千瓦。③无需配置大功率、大处理风量的气箱脉冲布袋除尘器,便可方便地实现无尘作业(指选粉机系统)。④适合与高细磨相配套使用,使得系统既有高产量又有高质量,即合理的颗粒级配。

2. 技改情况

采用 Sepax 高效三分离选粉机技改后,其设备配套情况见表 1.4.18。

表 1.4.18　设备配套情况

名称	规格型号
选粉机	T-Sepax-Ⅶ,产量:75~110 t/h,选粉效率:80%~90%,最大处理量:330 t/h,处理风量:95 000 m^3/h,主轴电机:(变频调速)型号 Y225M-6,功率:45 kW,主轴转速:120~240 r/min,配套风机:型号 SCF-12№16B,电机功率:200 kW,转速:1 050 r/min(带弹性减震垫)
磨尾提升机	最大输送量 240 t/h,可以选用 NE200 板链式提升机
粗粉回料空气输送斜槽	XZ500 输送量 170 t/h
磨尾的主风机	风压:2 800~3 200 Pa,流量:42 000~45 000 m^3/h
气箱脉冲袋式除尘器	JQM96-8

(1) 为减轻过粉磨现象与破碎研磨功能不明确等现象,改善磨内工况,同时消除研磨体反分级现象,将原有的四仓磨机改成三仓磨,细分破碎、中碎、研磨功能到三个仓,一、二仓与二、三仓之间均采用双层筛分隔仓板装置,一、二仓之间的筛缝为 4 mm,二、三仓之间的筛缝为 2.5 mm,隔仓篦板篦缝为 6 mm,隔仓盲板开有 6 mm 的通风孔,以保证磨机内的通风。磨尾出料篦板采用小篦缝(<6 mm)专用卸料装置,调整扬料板的尺寸,控制物料在三仓的停留时间,保证出磨物料中成品的含量。

(2) 根据入磨粒度及易磨性,调整一、二仓长度及钢球级配与平均球径。

(3) 调整三仓研磨体表面积,即调整研磨体规格提高研磨能力,控制出磨细度 30%~35% (0.045 mm 方孔筛筛余),循环负荷率在 80%~100% 左右,可充分发挥选粉机的高效选粉能力,从而提高磨机系统产量。

3. 使用效果

系统综合技术配套以后,水泥细度 0.08 mm 方孔筛筛余≤2%,比表面积 330 m^2/kg。磨机系统产量在原基础上提高 40% 以上，由 52 t/h 增加到 78 t/h 以上。电耗比开流磨机低 25% 左右，水泥电耗不超过 26 kW·h/t，钢球、衬板消耗比开流磨机低 8%～10%。

分析点评

T-Sepax 高效三分离选粉机突破常规闭路粉磨系统"粗、细粉"二分离理论，将物料"一分为三"，即粗粉、中粗粉和细粉。在工作状态下，高速电机通过传动装置带动立式传动轴转动，物料通过设在选粉机室上部的进料口进入选粉室内，再通过设置在中粗粉收集锥的上下两锥体之间和通粉管道落在撒料盘上，撒料盘随立式传动轴转动，物料在惯性离心力的作用下，向四周均匀撒出，分散的物料在外接风机通过进风口进入选粉室的高速气流作用下，物料中的粗重颗粒受到惯性离心力的作用被甩向选粉室的内壁面。碰撞后失去动能沿壁面滑下，落到粗粉收集锥中，其余的颗粒被旋转上升的气流卷起，经过大风叶的作用区时，在大风叶的撞击下，又有一部分粗粉颗粒被抛到选粉室的内壁面，碰撞后失去动能沿壁面滑下，落到粗粉收集锥中。中粗粉和细粉通过大风叶后，在上升气流的作用下，继续上升穿过立式导向叶片进入二级选粉区。含尘气流在旋转的笼型转子形成的强烈而稳定的平面涡流作用下，使中粗粉在离心力的作用下被抛向立式导向叶片后失去动能，落到中粗粉收集锥中，通过中粗粉管排出。符合要求的细粉穿过笼型转子进入其内部，随循环风进入高效低阻型旋风分离器中，随后滑落到细粉收集锥内成为成品。

T-Sepax 高效三分离选粉机系统配置简单、成本低廉，能大幅度提高磨机产量。其内部结构合理，选粉效果显著。

思考题

1. 选粉机改造后为什么要对磨机结构进行调整？
2. 三分离选粉机与二分离选粉机相比有什么优点？

案例 4-6　助磨剂在水泥粉磨中的作用及应用

目前,水泥粉磨作业主要采用球磨机进行。球磨机主要依靠冲击和研磨作用来实现粉碎,粉碎作用通过研磨体的表面传递给物料的某一颗粒,单颗粒粉碎的偶然性使大量能量消耗在研磨体之间以及研磨体与磨机衬板之间的碰撞和磨损上,因而粉磨效率很低。在粉磨过程中所消耗的能量大约有97%变成热能而白白浪费,只有很少的一部分能量(0.6%～1%)用于增加物料的比表面积。

水泥助磨剂是在水泥粉磨过程中向系统内添加的化学药剂的总称,主要是由一些表面活性剂、分散剂、激发剂等组成。在粉磨过程中加入助磨剂能显著降低粉体表面自由能、防止粉体再聚集,从而起到提高粉磨效率的作用,同时具有改善和优化水泥颗粒的分布,提高水泥强度、改善水泥性能等作用。在发达国家,98%以上的水泥生产使用助磨剂,近年随着美国GRACE 等产品进入中国市场,我国助磨剂的使用得到扩大,研究得到重视,但目前在我国使用还不到30%。我国在 2008 年 6 月实施的通用硅酸盐水泥国家标准中明确规定:"水泥粉磨时允许加入助磨剂,其加入量应不大于水泥质量的 0.5%,助磨剂应符合 JC/T 667 的规定。"这个规定强调了两个方面:一是水泥粉磨时允许加入助磨剂,二是加助磨剂不能以牺牲水泥性能和混凝土耐久性为代价。

1. 助磨剂的主要作用

(1) 提高磨机产量。助磨剂的加入防止颗粒的黏附,物料粘球、粘磨、团聚,从而促进粉碎的进行,使粉碎效率提高。在磨机状况不改变的条件下,可提高磨机产量幅度 10%～30%,同时可有效减少过粉磨现象,优化水泥颗粒级配。

(2) 提高选粉机效率。因为助磨剂对水泥颗粒的分散作用,细小的颗粒不会形成大颗粒被带回到回粉中。更多细粉作为成品排出,选粉效率提高 10%～20%,循环负荷降低50%～100%。

(3) 降低出磨水泥温度。水泥粉磨过程中因研磨体撞击、摩擦产生大量热。使用助磨剂后出磨水泥温度可以下降 5～10℃。

(4) 改善水泥颗粒级配,进而改善水泥及混凝土性能。颗粒表面吸附的助磨剂可使粉体的流动性提高。流动性的提高避免了颗粒的过粉磨,从而提高了粉磨效率,这时水泥中(3～32 μm)颗粒级的数量增加使颗粒粒径分布变窄,助磨剂主要使 3～32 μm 颗粒的含量增加 10%～20%,有利于改善水泥及混凝土性能。

(5) 使用助磨剂可以促进水泥颗粒球形化,提高水泥颗粒圆度系数,同时有利于散装水泥的气力运输。

2. 助磨剂使用要点

(1) 助磨剂添加方法的控制

助磨剂添加方法包括两方面的内容:一是添加点的选择;二是添加量的控制。如果以每吨水泥使用 300 g 的量来考虑,假定水泥的勃氏比表面积为 300 m²/kg,一吨水泥颗粒的表面积总量约 300 000 m²。为了使助磨剂发挥作用,必须使它们均匀扩散到这些颗粒表面的所有反应部位,即在粉磨过程中其表面的电价键被分开的地点。如果假定这些反应部位是整个颗粒表面积的 10%,那么,仅一酒杯的助磨剂应分布在 30 000 m² 面积上。因此,助磨剂在水泥表面的适当分布是必要的,尽量选用液体助磨剂,并进行适当的稀释。添加助磨剂溶液时要尽可能的接近磨机,如有可能,直接加入磨内,最理想的情况是把助磨剂添加到磨机细磨仓的细物料上。同时,要避免助磨剂的损失。

助磨剂添加量的控制主要是指要保证助磨剂添加量的均匀性和合理性。助磨剂应根据磨内物料量的变化均匀地增加或减少,并保持合理的掺量。不均匀添加或助磨剂添加过量容易导致磨机操作的不稳定,不但不能提产反而影响了正常生产。这一问题往往是使用助磨剂中最重要的方面,直接关系到企业的经济效益。有条件应尽量选用计量泵来进行控制。

(2) 磨内物料停留时间的控制

磨内物料停留时间的控制,主要是针对开流磨生产中助磨剂的使用。在开流磨中,由于一次性就要完成粉磨作业,因此控制物料流速非常重要。在一般情况下,添加助磨剂使物料的流速加快,物料细度相对流速的变化更加敏感。添加助磨剂后一定要同步测量物料细度的变化情况以判断磨内物料的流速,以保证磨内停留时间在合理的范围内,不要使停留时间缩短过多。必要的情况下可采取一定的措施来适当延长停留时间,如封闭一部分卸料篦板的篦缝,或加入少量可允许添加的最小尺寸的研磨体来增加装球量。

一般在磨机产量不变的情况下,添加助磨剂的水泥早期及后期强度与空白水泥相比,有 $2 \sim 5$ MPa 的提高幅度。在水泥质量不变的情况下,水泥磨机产量提高 15% 左右,或者使混合材的掺加量增加 4%~10%。

(3) 循环负荷的合理控制

在闭路磨机系统中,添加助磨剂后首要明显反应是循环负荷量的减少,因为助磨剂的助磨作用使粉磨过程中产生更多的细颗粒;当喂入磨机的物料量恒定时,较多细颗粒作为成品的卸出就使得循环负荷量减少。这时,就可适当增加喂料量以使磨机的循环负荷量逐渐恢复到原来水平,实际上就是增加了磨机的产量。

闭路磨是由选粉机来控制成品细度,在机械调整保持不变的条件下,细度往往由喂料粒度和喂料量来决定。喂入选粉机的物料量减少过多会使空气速度加快,从而减小产品的比表面积。因此,也要求适当增加喂料量。当然,喂料量不能增加太多,否则,由于喂料量的增加以及添加助磨剂后物料流速的加快,使得磨内物料流速过快,选粉机超负荷运转,产品的比表面积也会大大降低。另外,还需要特别指出,如果磨机本身运行在相对较高的循环负荷下,磨内物料流速太快,这时再添加助磨剂,即使不增加喂料量,循环负荷也会明显增加,致使产品细度跑粗,或不能提产。这种情况在我国一些小水泥企业生产低标号水泥时常常出现,建议进行适当的改进后再使用助磨剂,改进的原则就是要将磨内停留时间控制在合理的范围内,否则将事与愿违。

因此,要使添加助磨剂前后整个粉磨系统运行平衡,必须保持相同的循环负荷,以使选粉机的喂料量相同,从而保证助磨剂在闭路粉磨中的最佳使用效果。在一般情况下,只要磨机运行状况良好,循环负荷合理,助磨剂就可以达到预期的助磨效果。在闭路磨机中使用助磨剂主要可以实现以下几方面的效果:①在保持磨机产量不变的情况下,可以通过提高选粉机转速,使磨机循环负荷恢复或者稍高于原来水平,从而使磨机总的喂料量逐渐稳定,这时水泥的筛余细度下降,比表面积增加,水泥的质量提高;②在此基础上,保持水泥质量不变就可以适当增加水泥混合材掺量;③不改变选粉机运行参数,保持水泥细度不变,就可以增加喂料量,提高磨机台时产量。

3. 助磨剂的应用

盐城工学院材料工程学院开发的无氯增强型助磨剂在 $\phi 3$ m×11 m 水泥开路磨上的应用情况如下。

（1）水泥配比及助磨剂掺加量

水泥配比：未掺助磨剂时为熟料：粉煤灰：矿渣：石灰石：石膏＝50：29：11：5：5（质量比）；掺助磨剂时为熟料：粉煤灰：矿渣：石灰石：石膏＝45：31：10：9：5（质量比）。

助磨剂掺加量为水泥总质量的 0.1%。

（2）使用效果

助磨剂使用前后水泥性能比较见表 1.4.19。

表 1.4.19　助磨剂使用前后水泥性能比较

项目	80μm 筛余/%	45μm 筛余/%	比表面积 /(m²/kg)	初凝 /min	终凝 /min	稠度 /%	安定性	抗折强度/MPa		抗压强度/MPa	
								3 d	28 d	3 d	28 d
未掺助磨剂	2.64	10.3	392	230	295	27.6	合格	2.5	7.9	14.8	35.4
掺助磨剂后	1.12	9.6	410	224	282	28.0	合格	3.8	8.3	15.6	36.6

采用助磨剂后每吨水泥增加的费用：增强型助磨剂的原材料成本在 2 800 元/吨左右（随市场化工原料的波动而波动），增强型助磨剂的最佳掺量为水泥总质量的 0.1%，水泥生产的助磨剂费用为 2.8 元/吨左右。也就是说每吨水泥增加成本 2.8 元/吨左右。每吨水泥采用增强型助磨剂后可使水泥熟料用量减少 5% 左右，以少用水泥熟料 5%、水泥熟料价格 180 元/吨计，每吨水泥可节约成本 9 元左右。则采用助磨剂后每吨水泥可节约成本 6 元。

以上分析还不计与未加助磨剂时的水泥达到同等细度时，节省电费、机器折旧费、工资等费用。因此增强型助磨剂的经济效益是相当可观的。

分析点评

提高粉磨效率的途径，一方面，可通过改进粉磨系统的设置及内部装置，如采用节能衬板、可调隔仓板、高效选粉机等都可以有效地降低磨机能耗，提高粉磨效率。另一方面，就是通过对被粉磨物料的表面改性，改善物料自身的易磨性及与研磨介质的作用模式。在粉碎过程中，当水泥颗粒的粒度减小至微米级后，颗粒的质量趋于均匀，缺陷减少，强度和硬度增大，粉磨难度大大增加。同时，因比表面积及比表面能显著增大，微细颗粒相互团聚（形成二次颗粒或三次颗粒）的趋势明显增强。这时粉磨效率将下降，单位产品能耗将明显提高。助磨剂的掺入既可减少颗粒的团聚，又可有利于破碎过程中颗粒裂纹的扩展，这是因为助磨剂中的表面活性物质能铺展、吸附于颗粒表面，颗粒在研磨介质的冲击下会产生裂纹，在裂纹扩展的过程中，吸附于其表面的助磨剂可通过表面张力向裂纹内渗透，进入新生裂纹内部的助磨剂分子引起了劈裂的作用，使裂纹逐渐扩展，直到最后颗粒裂为几个更小的颗粒。另一方面助磨剂的加入降低了颗粒的表面能，即减小了颗粒间黏附力并有效地阻止了颗粒间的团聚，使颗粒易于滑动，增大了物料间的流动性；另外，复合助磨剂中无机盐的使用可以迅速提供外来电子或分子，平衡因粉碎而产生的不饱和价键，防止颗粒再度聚结，从而抑制粉碎逆过程的进行；改善了磨内工作状况，最终有效地提高了粉磨效率。

思考题

1. 简述水泥助磨剂的助磨机理。
2. 试述水泥助磨剂的主要作用。
3. 水泥助磨剂中应控制哪些成分？为什么？
4. 颗粒粉磨到一定细度为什么会团聚？

第五章　特种水泥

知识要点

　　特种水泥品种繁多,分类复杂,可概括分为有快硬高强要求的、有更好耐久性要求的和有其他特殊要求的水泥等三大类。目前,常用的分类方法有三种。第一种是以水泥所具有的特性进行分类,如快硬高强水泥、膨胀和自应力水泥、耐高温水泥、低水化热水泥等。这种方法对某些特殊工程用途的水泥并不适用,比如道路水泥、油井水泥等,性能上有较多特色,难以用单一的特性来命名。第二种是按水泥用途分类,如油井水泥、装饰水泥、道路水泥等。这种方法对某些特性水泥,如快硬高强水泥等用途广泛的水泥品种很难用单独的用途分类。因此,这两种方法都不能包括所有的特种水泥。第三种分类方法是按水泥主要矿物所属体系进行分类,可分为硅酸盐、铝酸盐、硫铝酸盐、铁铝酸盐、氟铝酸盐和其他等六个体系。这种分类方法能够包括迄今为止所有的特种水泥,但是,它不能表现出特种水泥区别于通用水泥的特点。因此,我国一般将上述分类方法结合起来,把特种水泥按其特性或用途主要分为快硬高强水泥、低水化热水泥、膨胀水泥、油井水泥、耐高温水泥、装饰水泥和其他水泥等七大类,见表1.5.1。

表 1.5.1　我国特种水泥分类

分类	硅酸盐	铝酸盐	氟铝酸盐	硫铝酸盐	铁铝酸盐	其他
快硬高强水泥	快硬硅酸盐水泥,无收缩快硬硅酸盐水泥	高铝水泥,快硬高强铝酸盐水泥,特快硬调凝铝酸盐水泥	型砂水泥,抢修水泥,快凝快硬氟铝酸盐水泥	快硬硫铝酸盐水泥	快硬铁铝酸盐水泥	超高强水泥
膨胀和自应力水泥	膨胀硅酸盐水泥,无收缩快硬硅酸盐水泥,明矾石膨胀硅酸盐水泥,自应力硅酸盐水泥	膨胀铝酸盐水泥,自应力铝酸盐水泥		膨胀硫铝酸盐水泥,自应力硫铝酸盐水泥	膨胀铁铝酸盐水泥,自应力铁铝酸盐水泥	含 CaO 膨胀水泥,含铁膨胀剂膨胀水泥
低水化热水泥	中热硅酸盐水泥,低热矿渣硅酸盐水泥,低热粉煤灰硅酸盐水泥,抗硫酸盐硅酸盐水泥					
油井水泥	A、B、C、D、E、F、G、H 八个级别和普通(O)型、中抗硫酸盐(MSR)和高抗硫酸盐(HSR)三种类型					无熟料油井水泥

各类	硅酸盐	铝酸盐	氟铝酸盐	硫铝酸盐	铁铝酸盐	其他
装饰水泥	白色硅酸盐水泥，彩色硅酸盐水泥			彩色硫铝酸盐水泥		无熟料装饰水泥
耐高温水泥		高铝水泥，高强高铝水泥-65，纯铝酸钙水泥，N型超早强铝酸盐水泥				磷酸盐水泥，水玻璃胶凝材料
其他	道路水泥，砌筑水泥，钡水泥，锶水泥	含硼铝酸盐水泥，钡利特铝酸盐水泥	锚固水泥	低碱水泥，钡利特硫铝酸盐水泥，含钡硫铝酸盐水泥		耐碱水泥，氯氧镁水泥，波色尔水泥，土壤稳定水泥

特种水泥以其优异的性能直接满足工程需要。日益发展的高层、超高层建筑和大跨度结构要求在建设中使用快硬高强水泥；为了延长在海水、地下及其他侵蚀环境中工程的服务年限，使用具有相应耐腐蚀性能的水泥是关键；由于膨胀水泥克服了通用水泥干缩开裂的缺点，故适用于水电工程及其他防渗堵漏工程；装饰水泥与其他天然或人造的装饰材料相比，具有许多技术和经济上的优越性，其制品色泽丰满、色调鲜艳、价廉耐久，广泛用于建筑装饰工程；还有其他各种专用工程水泥如油井水泥、道路水泥等具有多种性能优势，直接服务于油井、道路等专项工程。特种水泥的应用，使许多特殊工程的建设成为可能，使建筑工业呈现蓬勃发展的生机。

特种水泥的应用不仅直接满足工程需要，还带来了多方面的间接效益。例如，应用快硬高强水泥配置高强混凝土，不仅直接满足工程强度需要，而且可以减小建筑物截面尺寸，这对于结构物来说，意味着降低结构自重，减轻地基基础的负担；对房屋建筑来说，意味着增加使用面积和有效空间；对桥梁建筑来说，意味着增加桥下净空或降低两岸路堤标高；对地下建筑来说，意味着减少岩土开挖量。另外，在工程中使用不同强度的水泥混凝土，可以尽量统一构件尺寸，为统一施工模板提供了条件。所有这些间接的优越性或效益，往往比提高结构强度显得更为重要。可持续发展战略是目前中国的基本发展战略之一，保护生态环境和节约资源是实现这一战略的基础和重要内容。在特种水泥(如低热矿渣硅酸盐水泥、低热粉煤灰硅酸盐水泥、节能水泥等多个品种)的生产中，利用了大量的工业废渣或弃矿，这对于节约资源和保护生态环境具有重大的意义。随着经济的发展、基建规模的扩大，特种水泥在工程建设中越来越显示出其他建筑材料(包括通用水泥)不可替代的优越性；随着水泥工业理论研究的进展，以及其他领域的理论、技术向水泥工业的渗透，特种水泥的品种构成将会不断演变和创新，生产工艺将会不断变革和完善，这些都将使特种水泥的应用领域有新的拓展，从而使其在国民经济中起到更为重要的作用。

1. 快硬高强水泥

(1) 快硬硅酸盐水泥。该水泥早期强度高，一般3d即可达到普通水泥28d的强度，后期强度继续增长,水化放热比较集中。主要用于混凝土预制构件,快速施工及工程抢修,还有高强混凝土工程结构。

(2) 无收缩快硬硅酸盐水泥。无收缩快硬硅酸盐水泥是采用优质硅酸盐水泥熟料、膨胀剂和适量混合材等组分,按一定比例磨细制得的一种水硬性水泥。早期强度增长快,后期强度较高,体积微膨胀或无收缩,同钢筋和老混凝土有良好的黏结力。这种水泥主要适用于配制装配式框架节点的后浇混凝土和钢筋浆锚联接砂浆或混凝土;各种现浇混凝土工程的接缝工程;大型机械底座和地脚螺栓的固定。还适用于要求快硬、高强无收缩的工程。

(3) 快凝快硬硅酸盐水泥。该水泥具有快凝、快硬、小时强度高、低温性能好、微膨胀性、抗侵蚀性良好、长期强度高、稳定性好,可应用缓凝剂调整凝结等特点。该水泥适用于机场路面的抢修,民用抢修工程,公路路面、桥梁、隧道和涵洞等紧急抢修工程,以及冬季施工、堵漏等工程。

(4) 超快硬调凝硅酸盐水泥。该水泥是一种具有较高早期强度,凝结时间可以调节的水硬性水泥。采用该水泥配制的混凝土,具有较高的早期强度,后期强度能稳定增长。低温条件下,该水泥能正常凝结硬化。抗冻性能达到 $M_{100} \sim M_{150}$。钢筋黏结力良好。对钢筋无侵蚀作用,抗渗性、耐磨性、抗硫酸盐侵蚀性优于普通水泥。该水泥适用于机场跑道、公路路面、桥梁、隧道和涵洞等紧急抢修工程,以及冬季施工、堵漏等工程。

(5) 双快氟铝酸钙水泥。该水泥快凝快硬性能较双快型砂、双快硅酸盐水泥更为突出,具有凝结硬化快、小时强度高、低温性能好、长期强度高、稳定性好、微膨胀等特性。该水泥适用于抢修、抢建、截水、堵漏和低温施工。

(6) 高铝水泥。高铝水泥又称矾土水泥,该水泥水化快、早期强度高,低温硬化比硅酸盐类水泥快得多,耐热,抗硫酸盐侵蚀性强。该水泥主要用于紧急抢修、抢建工程;制作设备基础和二次灌浆;制备耐热混凝土与耐热砂浆,普遍适用于冶金、化工、石油、电力、机械、建筑等工业的各种窑炉。

(7) 快硬高强铝酸盐水泥。快硬高强铝酸盐水泥是以适当成分的高铝水泥熟料、硬石膏按一定比例共同粉磨而制得。具有早强、快硬性能,后期强度稳定增长,抗冻性好,耐蚀性好等特性。它主要用于抢建、抢修、抗硫酸盐侵蚀和冬季施工等特殊需要的工程,用于水泥制品和一般建筑工程。

(8) 特快硬调凝铝酸盐水泥。特快硬调凝铝酸盐水泥是一种铝酸盐系统派生的,凝结时间可以调节的,强度增长很快的水硬性水泥。该水泥配制混凝土的钢筋黏结强度和抗冻性良好,长期强度稳定,并具有微膨胀性能。它适用于抢修、抢建的混凝土,钢筋混凝工程,以及低温或负温条件下施工。

(9) 快硬硫铝酸盐水泥。该水泥早期强度高,6 h 可达 14 MPa 以上。微膨胀,干缩小,28 d 自由膨胀率约为 0.05%,干缩率约为硅酸盐水泥的 $\frac{1}{2}$。负温性能优越,即使早期受冻,温度正常后,后期强度仍能发挥,几乎无损失。抗渗性好,30 kgf[①]/cm² 水压检验不渗漏。抗硫酸盐侵蚀性能强,用于海水工程效果良好。该水泥用于配制早强、快硬、抗冻、抗渗和抗硫酸盐侵蚀等混凝土,负温施工,浆锚、拼装、地质固井,抢修、堵漏、制作玻璃纤维增强低碱水泥制品、水泥构件及一般建筑工程。

---

① 1 kgf(千克力)=9.8N(牛顿)。

2. 膨胀和自应力水泥

(1) 硅酸盐膨胀(自应力)水泥。硅酸盐膨胀(自应力)水泥是具有膨胀性能的水硬性胶凝材料,按膨胀率和自应力值的大小可分为硅酸盐膨胀水泥和硅酸盐自应力水泥。该水泥具有抗裂性能,能有效的防止裂缝的产生;膨胀稳定;抗硫酸盐和氯化物的性能良好;其配制的砂浆与钢筋的黏结力较高,膨胀水泥的强度较高,尤其是后期强度增长较快。它主要用于:①压力管、轨枕、矿井支架钢丝网水泥砂浆等制品,并可代替预应力混凝土;②薄壳、梁板、油罐、水塔、船坞等工程结构;③防渗工程,如隧道、地铁、地下室、水池等防水面层;④堵漏、填缝工程,如修补漏水的裂缝或孔;⑤水、气、油等管道的承插式或套管式接头的填缝。

(2) 明矾石膨胀水泥。在约束膨胀(如内部配钢筋或外部限制)下,能产生一定的化学预应力和化学压力,从而提高混凝土和砂浆的抗裂能力。水泥强度高,后期强度持续增长且较快,稳定性良好。该水泥混凝土不裂,密实性高,抗渗性好,抗硫酸盐和氯化物性能良好。浸泡在汽油介质中强度继续提高,膨胀性能稳定。对钢筋无侵蚀作用。其主要用途:①作补偿收缩钢筋混凝土结构工程;②作防渗混凝土工程或防渗抹面,例如地铁、储水槽等;③作现浇混凝土工程的后浇缝混凝土和预制构件的接缝、梁柱接头,浆锚砂浆和管道接头;④作机器底座和地脚螺丝的二次灌浆材料。

(3) 石膏矾土膨胀水泥。石膏矾土膨胀水泥是由高铝水泥(或熟料)、天然二水石膏以适当比例配合,并加入少量助磨剂制成的一种膨胀性胶凝材料。该水泥快硬、早强,1 d强度可达 28 d 强度的 50%左右,28 d 达 53.5~625 MPa。膨胀性好,28 d 膨胀值小于 1.0%。它主要用于配制防渗或需要膨胀的砂浆或混凝土,用于地下室、隧道、涵洞、油罐、储水池等防渗层、管道接头、锚固地脚螺栓等。

(4) 铝酸盐自应力水泥。该水泥具有自应力值高,抗渗性好,气密性好,对制管生产条件变化的适应性强,产品合格率高等特性。它主要适用于制造大口径自应力水泥输水管、高压力的小口径自应力水泥输水管。

(5) 膨胀硫铝酸盐水泥。该水泥早期强度高,膨胀进展较稳定。它用于配制膨胀水泥砂浆和混凝土,适用于补偿收缩混凝土结构工程,油罐水池等防渗抹面工程,抗渗、堵漏工程,接缝、浆锚工程和抗硫酸盐侵蚀工程。

(6) 自应力硫铝酸盐水泥。该水泥自应力值高,28 d 自应力值最高级别为 60 kgf/cm²;膨胀稳定期早;不产生后期膨胀。泌水性好,利于离心法制管。它适用于制造输水、输油、输气用自应力钢筋混凝土管,配制高膨胀率的膨胀水泥砂浆和混凝土,及防渗堵漏工程。

(7) 膨胀铁铝酸盐水泥。该水泥既有早强性能,又有膨胀性能,膨胀还分微膨胀和膨胀两种,且膨胀稳定;耐磨蚀性能优于其他水泥,抗冻性能好。它可用于管道接头的填料;用于防漏、堵漏和配制补偿收缩混凝土;还可用于煤矿井下的喷锚支护工程。该水泥由于抗冻性能好,可用于冬季施工。

(8) 自应力铁铝酸盐水泥。该水泥自应力值高,自由膨胀小,有较高的强度,其稳定期比较短,一般在 14 d 即能稳定。其耐腐蚀性能、抗渗性能同快硬铁铝酸盐水泥。它可用于各种口径的输油、输水压力管的制作,可代替预应力混凝土管;用于自应力油罐、水池以及防腐蚀化工用地;也可用于防渗工程,如隧道、地铁、地下室等地下工程。

3. 中热硅酸盐水泥、低热矿渣硅酸盐水泥

中热硅酸盐水泥的特点是水化热低、抗冻、耐磨。低热矿渣硅酸盐水泥水化热低,后期强度增长高。它们的早期强度一般比同标号的相应品种的"通用水泥"的稍低,凝结时间稍慢。

中热硅酸盐水泥主要用于大坝溢流面的面层和水位变动区等。低热矿渣硅酸盐水泥用于大坝或大体积建筑物内部及地下工程。

4. 油井水泥

油井水泥又称堵塞水泥。油井水泥是以水硬性硅酸钙为主要成分的硅酸盐水泥熟料,加入适量的石膏经磨细制成的产品。掺入外加剂或调凝剂不能影响油井水泥的预期性能。它是适用于油、气井固井工程的水硬性胶凝材料。

A 级:在生产 A 级水泥时,允许掺入助磨剂。该产品适合于无特殊性能要求时使用,只有普通(O)型。

B 级:在生产 B 级水泥时,允许掺入助磨剂。该产品适合于井下条件要求中抗或高抗硫酸盐时使用,有中抗硫酸盐(MSR)和高抗硫酸盐(HSR)两种类型。

C 级:在生产 C 级水泥时,允许掺入助磨剂。该产品适合于井下条件要求高的早期强度时使用,有普通(O)、中抗硫酸盐(MSR)和高抗硫酸盐(HSR)三种类型。

D 级:在生产 D 级水泥时,允许掺入助磨剂。此外,在生产时还可选用合适的调凝剂进行共同粉磨或混合。该产品适合于中温中压的条件下使用,有中抗硫酸盐(MSR)和高抗硫酸盐(HSR)两种类型。

E 级:在生产 E 级水泥时,允许掺入助磨剂。此外,在生产时还可选用合适的调凝剂进行共同粉磨或混合。该产品适合于高温高压条件下使用,有中抗硫酸盐(MSR)和高抗硫酸盐(HSR)两种类型。

F 级:在生产 F 级水泥时,允许掺入助磨剂。此外,在生产时还可选用合适的调凝剂进行共同粉磨或混合。该产品适合于高温高压条件下使用,有中抗硫酸盐(MSR)和高抗硫酸盐(HSR)两种类型。

G 级:在生产 G 级水泥时,除了加石膏或水或两者一起与熟料相互粉磨或混合外,不得掺加其他外加剂。该产品是一种基本油井水泥,有中抗硫酸盐(MSR)和高抗硫酸盐(HSR)两种类型。

H 级:在生产 H 级水泥时,除了加石膏或水或两者一起与熟料相互粉磨或混合外,不得掺加其他外加剂。该产品是一种基本油井水泥,有中抗硫酸盐(MSR)和高抗硫酸盐(HSR)两种类型。

5. 装饰水泥

(1) 白水泥。①作装饰材料。该水泥可制作彩色水磨石、地砖、干黏石、水刷石、水泥面砖、饰面砌块、饰面墙板,配制白色、彩色砂浆、净浆或混凝土现场饰面喷涂与浇筑。②作结构材料,配制白色或彩色混凝土。③可创作纪念碑、雕像、艺术雕塑等。

(2) 装饰彩色水泥。该产品系采用白水泥或普通水泥与"种子颜料"均匀混合制得,生产工艺属国内首创。该产品具有早强、快硬、防潮、防水、不褪色、耐老化、不易泛白、颜色鲜艳均匀、可塑性好等特点。色调有红、黄、蓝、绿、棕五大系列 40 余种,可根据用户要求制造。主要用于:①石灰、混凝土、水泥石棉瓦、水刷石、干黏石等各种墙面及木质表面内外墙装饰,并采用顷涂、弹涂、滚涂、抹面、镶嵌等工艺。②制作水磨石、人造大理石、人造花岗岩、彩色水泥地固砖、彩色水泥瓦等多种彩色水泥。③可用作各种城市雕塑、工艺品等。

6. 其他水泥

(1) 抗硫酸盐水泥。该水泥具有抗硫酸盐侵蚀,低水化热等特性,能抵抗的硫酸浓度一般不超过 2 500 mg/L。该水泥广泛应用于有硫酸盐侵蚀的工程,如隧涵、盐湖筑路、海港、水利、地下、引水和桥梁基础等工程。

（2）道路水泥。该水泥耐磨性好,收缩性较小,抗冲击性能好,抗折强度高,抗冻性能好。广泛适用于各种道路工程,如公路路面、机场跑道、公共广场等闲余房屋地坪及一般工业与民用建筑。

（3）含硼水泥。含硼水泥是在高铝水泥中加入硼镁石(硼镁铁矿石)和石膏制成。含硼水泥早期强度高,由于含有三氧化二硼相和较多的化学结合水,能吸收热中子,减小屏蔽层的发热,结合水小的氢元素有慢化快中子的作用。含硼水泥可以和含硼集料、重质集料配制成密度高的混凝土,具有防 γ 射线和中子的性能,适用于快中子和热中子防护的屏蔽工程,如核反应堆、粒子加速器及其他核试验屏蔽和国防工程。

（4）钡水泥。钡水泥是以重晶石为主要原料制得的含有较多硅酸二钡矿物的水泥,由于钡含量高,所以水泥密度大,可达 $4.7\sim5.2$ t/m³,水泥强度达 42.5 MPa。钡水泥可与重质集料,如重晶石、铁矿石等,制成密度达 3.5 t/m³ 左右的重混凝土,用于防 γ 射线和 X 射线。

（5）磷酸锌水泥。又称磷酸锌胶结料,具有良好的黏结性,凝结硬化快,24 h 抗压强度可达 90 MPa。用于机械电子精密零部件的胶结、接缝和作补牙材料。

案例 5-1　快硬硫铝酸盐水泥配制商品混凝土在大体积工程中的应用

山东某水泥公司(简称 AT 公司),在 100 万吨水泥粉磨站改造过程中,对 $\phi 3.2\ m \times 13\ m$ 水泥磨、辊压机基础、水泥磨房、辊压机房、原料仓、水泥仓等用硫铝酸盐水泥在大型搅拌站进行配制 C25 混凝土进行浇筑,利用泵车进行泵送,共用混凝土 1 000 m^3,其中磨机基础 380 m^3,2 d 浇灌完毕,大大缩短了混凝土的浇灌周期,较普通水泥混凝土提前 30 d 安装设备。

1. 硫铝酸盐水泥混凝土的配制

(1) 混凝土外加剂的配比。配制硫铝酸盐水泥混凝土,为达到施工的早期强度和施工要求,满足搅拌、运输、施工等过程所需时间,需加入表 1.5.1 所列的几种外加剂。

表 1.5.1　外加剂配比

项目	亚硝酸钠	硼酸	FDN 高效减水剂	十二烷基苯磺酸钠
配比/%	0.5	0.45	0.8	0.03

(2) 不同标号混凝土各组分的用量。不同标号的混凝土各组分的比例不同,各组分的配比见表 1.5.2。

表 1.5.2　不同标号混凝土各组分的用量　　　单位:kg/m³

标号	亚硝酸钠	硼酸	FDN 高效减水剂	十二烷基苯硫酸钠	水泥	砂子	石子	水
C15	1.4	1.26	2.38	0.084	280	800	1 105	175
C25	1.9	1.53	2.89	0.140	340	767	1 103	170
C30	1.954	1.71	3.23	0.102	380	800	1 105	175

(3) 试配 C30 混凝土,结果见表 1.5.3。比较可知,调整了缓凝剂及减水剂的用量,混凝土的凝结时间由原来的 6.5 h 延长到 24.5 h。强度有了提高,坍落度也增加 26 mm,但凝结时间过长,对加快工期建设不利,因此参考第一种进行配制。水泥库柱基础、水泥磨基础、辊压机基础、磨房柱基础用混凝土的强度达到设计混凝土的强度,实际强度为设计强度的 150%,混凝土强度合格率达到 100%,有的富裕强度较高,初凝时间为 6.5 h,终凝时间在 8 h 左右,完全满足工程施工时间要求。各强度见表 1.5.4。

表 1.5.3　混凝土实验配比及性能

方案	水泥/kg	砂子/kg	石子/kg	水/kg	硼酸/%	FDN 高效减水剂/%	凝结时间/h:min		坍落度/mm	抗压强度/MPa		
							初凝	终凝		1 d	2 d	3 d
1	380	800	1 105	175	0.4	0.7	5:00	6:30	96	40.9	43.5	47.2
2	380	740	1 113	170	0.6	0.9	23:00	24:30	120	39.3	48.4	56.32

表 1.5.4　设备及磨房基础混凝土的强度

编号	施工日期	标号	龄期	强度/MPa	占设计强度比/%
2010-LCH-01	2 月 2 日 15 时	C30	1 d	27.9	113
			3 d	34.0	

编号	施工日期	标号	龄期	强度/MPa	占设计强度比/%
2010-LCH-02	2月3日14时	C15	1 d	26.1	174
			3 d	29.3	195
2010-LCH-03	2月4日15时	C15	1 d	21.1	141
			5 d	27.4	183
2010-LCH-04	2月6日10:50	C30	1 d	33.8	113
			3 d	44.5	149
2010-LCH-05	2月7日3:10	C25	1 d	27.2	109
			3 d	33.5	134
2010-LCH-06	2月26日9:0	C25	1 d	38.3	153
			3 d	36.6	146
			5 d	41.0	160

2. 存在的问题

（1）混凝土浇灌后有微裂纹

2月6日浇灌水泥库截面为1 300 mm×1 300 mm和1 000 mm×1 000 mm，高为10 m的柱子，一次浇灌5 m，用硫铝酸盐水泥配制商品混凝土，凝结时间为5～7 h，12 h可脱模，脱模后强度发挥正常，无裂纹现象；用水进行养护，表面温度高，约有15℃，用水浇后不足3 min表面即干，表面水分全部蒸发完毕，应及时进行洒水养护，待表面温度降下来，水化热散失基本完毕后再停止洒水；及时养护不会产生龟裂现象。水泥磨头及磨尾基础浇注－1.5～0.0平面，厚度为1.5 m，宽度为4 m，长为7 m，混凝土顶部有裂纹，特别在中间部位最为严重，在钢筋附近较为严重。开裂缝宽约3 mm，混凝土开裂处一直有水养护，中间仍有热气冒出。

用42.5级快硬硫铝酸盐水泥配制C15混凝土，2010年2月4日早上8时开始打磨基础垫层，于晚23时凝固，凝结时间长达15 h，且凝结后出现裂纹，当时用水进行养护，并用草苦子进行苦盖，有专人定时洒水，但仍出现较多的微裂纹，有的裂纹达1 m多长，且向各个方向不规则分布，有的表面胀开有3 mm的缝隙，用钢钉试其深度达到3 cm。主要是硫铝酸盐水泥凝结时间短，水化热大，且放热快，用于较大体积混凝土浇注，混凝土内部水化热不能及时散发出来，造成混凝土表面与其内部温差大，产生内胀外缩，内外应力不同，使表面胀开，出现不同程度的开裂现象。

同样的商品混凝土其凝结时间不一样，有的5～6 h凝固，如5日11:30分打完的基础底板最东南角的混凝土，下午14时凝固，只有4 h左右，同时也出现裂纹现象，混凝土温度明显高，手感比原来早凝固几天的混凝土温度明显高。两种混凝土的凝结时间差别大，此混凝土虽然是在商品混凝土搅拌站进行配制，但外加剂用量小、种类多（4种），是在皮带上人工加入的，掺入搅拌很难均匀。混凝土体积大，相对散热表面积小，相对小体积混凝土散热慢，水化热积聚混凝土内部，使其内外温差大，内外体积收缩与膨胀不一致，越是厚的地方，混凝土开裂越是严重，证明水化热散发不出来是混凝土开裂的主要原因。

硫铝酸盐水泥混凝土发生开裂的另一个主要原因是养护不及时，混凝土缺水所致。大部分用户对硫铝酸盐水泥的性能缺乏了解，对硫铝酸盐水泥混凝土洒水太晚，用普通水泥混凝土养护的方法进行养护。但因其散热快，放热集中，所以要适时进行养护，不能等表面干燥、颜色发白后再养护,要在刚有硬度,但表面还未干燥时即开始洒水,否则就会造成混凝土开裂。

(2) 卡死输送皮带机

硫铝酸盐水泥一般用于小体积的混凝土中,由于其凝结时间短,一般采用现场搅拌,有的人工搅拌,有的机械搅拌。机械搅拌较均匀,配料较准确,人工搅拌速度慢,还没有搅拌好水泥已开始凝固,造成施工困难,有时搅拌不均,特别是加几种外加剂,大部分都是粉体,计量后搅拌均匀较困难,甚至根本没有时间搅拌便产生凝固,因此较大体积的混凝土,比如在 200 m³ 以上,用人工或机械现场搅拌根本不能满足施工要求。用大型混凝土搅拌站配制硫铝酸盐水泥混凝土,曾出现皮带卡死现象,其主要原因是在配制混凝土时,各种原材料经计量后用皮带机输送到料仓,由于粉尘较大,飞出的硫铝酸盐水泥粉粒落在皮带机头部,遇水便凝固,因飞落的水泥没有添加缓凝剂,凝结快,有的 25 min 便凝固,致使皮带头部积料越来越多,达到一定阻力时,会卡住皮带机,造成停机,影响混凝土的施工。为此,配制站要做好收尘,既不污染环境,又节约了材料,对整个配制设备无影响,并且加强设备操作维护,若有积料必须及时清理,防止积料过多,遇水凝固,造成堵料。

(3) 粘堵搅拌机及其设备

用硫铝酸盐水泥配制混凝土因其凝结时间短,在搅拌过程中搅拌机机体黏附混凝土,时间长会凝结,特别是不动的死区部位,更易黏附混凝土块,因此操作设备要更加精心,随时进行清理,防止时间长后硬化不易清理。搅拌机每次搅拌的量为 2 m³,随着时间的延长,机内黏附的量增多,而每次进入搅拌机的物料还按 2 m³ 混凝土的物料量喂入搅拌机,如此下去,机内每次搅拌的量会超过 2 m³ 的物料量,造成搅拌机超负荷,时间长了会使电机带不动,严重者烧坏电机。在应用中曾因初次实验,没有意识到这方面的问题,造成搅拌机被卡,将传动三角带磨坏,烧损皮带,停机 3 h 进行清理,影响到混凝土的连续浇灌。之后每次用完后,及时对搅拌设备用水清洗,将积存的混凝土及时处理掉,防止时间长后凝结在机内,避免下次再启动设备会受卡,造成烧坏电机的后果。同时对配料设备等现场进行彻底清理,将飞扬的粉尘及时清除,否则,会受潮凝结。混凝土搅拌站加强管理,精心操作机械设备,并将搅拌机的搅拌量从每次 2 m³ 改为 1.5 m³,相当于减少了搅拌机的负荷,不会因机内积存物料没有及时清理而造成搅拌机超负荷,烧损电机。此后连续浇灌大于 700 m³ 混凝土没有出现搅拌机负荷重影响生产等问题。

(4) 粘糊搅拌车

由于在施工后搅拌车内积存的硫铝酸盐水泥混凝土很快便凝固,粘糊搅拌车,会影响下次使用,因此应及时清理。搅拌车用前、用后都要清理,若不清理,用装了通用水泥的混凝土搅拌车,再运输硫铝酸盐水泥配制的混凝土,会造成两种混凝土混杂,造成硫铝酸盐水泥混凝土不纯,两种不同系列的水泥配制的混凝土性能截然不同,强度发挥差别大,1 d 强度相差 25 MPa 以上,水泥水化热放热时间与热值相差均较大,会使混凝土开裂。

(5) 水化热散发不均匀,出现混凝土龟裂

硫铝酸盐水泥配制混凝土,在浇灌后表面出现微裂纹,长度不大,一般只有 30~50 cm,深度较浅,只在表层,不到 2 mm,弯曲无规则。龟裂主要发生在混凝土的顶面上,侧立面一般没有。主要是水泥水化热散发较集中,混凝土体内毛细孔内水分蒸发、干缩所致,但不影响整体强度。硫铝酸盐水泥水化热较大,放热较为集中,一般在浇灌后 0.5 h 到 3 h 内较为剧烈,混凝土四周有木模板支护,相当于一层保温保水层,靠近木模板的面,水分不蒸发,温度不变化,混凝土内外温差小,不产生开裂,而混凝土顶部没有保温设施,表面散热,水分蒸发快,这是龟裂的主要原因。混凝土浇灌后 3 h,便产生大量的水蒸气。

(6) 基础垫层混凝土出现开裂

水泥磨基础垫层用 C15 硫铝酸盐水泥混凝土,长为 17.6 m,宽为 4 m,厚度为 100 mm,局部因地形地质情况厚度达到 800 mm,用商砼站配制的硫铝酸盐水泥配制的混凝土,垫层出现开裂。一是体积大,散热集中,二是底层为片麻岩,具有一定的吸水性,商品混凝土中的水分会被地基土层吸附,造成混凝土内缺水,当没有经验时,对其养护不及时,没有足够的水,混凝土失水量大而开裂。从现场观看,越是混凝土厚的地方越易开裂,主要是体积大,水泥水化热内外散热不一,上部蒸发快,下部水分渗得快,使内部与表面温度不同,有一定的温差,热胀冷缩,造成表面开裂。

(7) 较大体积的混凝土分几次浇灌,易使交界面分层

较大体积或高度超过 5 m 的柱,因支模、竖钢筋等方面的困难,不能进行一次浇灌而需分开浇灌的混凝土,若两次浇灌间隔时间过长,超过 1 d 以上,会出现交界面结构整体性能不好。硫铝酸盐水泥凝结快、强度发挥早,分次浇注的混凝土因硫铝酸盐水泥强度 3 d 即发挥 90% 以上,而浇灌完后,拆模板,再支模,扎钢筋笼子,需要 1~2 d,此时已浇灌的水泥强度应当接近全部发挥出来,再在其上浇灌新的混凝土,两者的强度发挥不一致,会造成两次浇灌的混凝土成为两层,整体性能差。

而普通硅酸盐水泥的强度需 28 d 后才基本发挥出来,同样的施工方法,前后两次浇灌的混凝土不会因交界面而出现强度不同、整体性能差等问题。因此硫铝酸盐水泥适合一次性支模立筋的混凝土,或分次浇灌,但支模立筋简单,两次浇灌间隔不超过 1.5 d,这样性能才有保证。

(8) 混凝土在裸露钢筋处易产生开裂

混凝土分两次浇注,第一次浇灌完,在有钢筋裸露的部位,开裂明显增多,且沿钢筋的中心线连成一条线,在没有钢筋外露的部位无裂纹出现。其主要原因是,钢筋外露在混凝土外部,金属的导热性能好于空气,在外界环境温度较低的情况下,钢筋的传热速度更快,使钢筋周围的混凝土水化热传出外部,越是靠近钢筋的部位传热越快,温度下降越快,造成内部与外部混凝土温差越大,在内部热胀应力及外部冷缩应力的作用下,使钢筋周围的混凝土开裂加剧。因此在钢筋混凝土浇灌过程中,凡有钢筋的部位,尽可能一次性浇灌,减少外露钢筋传热造成的开裂。混凝土的开裂与外界环境温度有较大关系,硫铝酸盐水泥具有抗冻性能,但是环境温度过低,此时会加剧混凝土的开裂,因此,虽然硫铝酸盐水泥有抗冻性能,能在低温条件下施工,但混凝土内外温差不能超过 20℃,内部温度最高不超过 90℃。为避免上述情况的发生,要注意施工环境温度的影响,在低温条件下施工,要做好保温措施,如在表面及时盖一层塑料薄膜,或加盖草苫子等,防止外界冷空气影响,造成表面温度低,内外温差大,在没有其他补救措施的情况下,尽量在温度较高的情况下施工。如在同样的条件下施工,2 月 16 日(环境温度 -6℃)浇灌的磨机基础下部混凝土与 2 月 26 日(环境温度 4~16℃)浇灌的上部混凝土开裂程度不同,主要是在低温条件下施工,保温措施没有到位,是内外温差大所致。

(9) 预留孔对混凝土有散热和缓冲膨胀的作用

浇灌磨机基础的顶层中,有磨机轴瓦座、电机、减速机地脚预留孔,浇灌后 4 h 可抽出预留孔内芯,由于其深达 2 m,一是内部水化热可通过预留孔向外及时排出,使混凝土内外温差减小,热胀应力减小,混凝土开裂减小,同时预留孔也起到缓冲作用,消解内部应力,减轻膨胀。这说明预留孔能减轻其热胀作用。

3. 应用经验

(1) 运输快硬硫铝酸盐水泥商品混凝土应由专用车辆进行运输,不能混用,运输前应先清

洗干净搅拌运输车辆,不得混有通用水泥商品混凝土。

(2)不同强度等级、不同品种的混凝土应该分别运输,不得混杂,混凝土使用完毕后应立即清空清洗干净搅拌运输车,不得留有混凝土。

(3)运输、使用快硬硫铝酸盐水泥商品混凝土的时间不得超过该混凝土的初凝时间,否则混凝土将凝结,将黏结搅拌车辆,影响混凝土施工的进度及质量,损害搅拌及运输车辆。

(4)在大型商砼搅拌站拌合快硬硫铝酸盐水泥前,应彻底检查维修拌合设备,确保设备100%完好;严格禁止与其他混凝土混拌或交替拌合,使用该水泥前应对储存、配料、拌合设备系统清洗干净,否则将造成该混凝土报废;拌合时间大于 2 min,其投料顺序是先投粗、细骨料然后加水拌合,最后投入该水泥拌合;拌合的混凝土应该及时浇注,振捣应均匀、密实,要在初凝前用完,严禁将初凝的混凝土重新拌合二次加水使用,否则该混凝土将无强度;大体积混凝土分层浇注,两层浇注时间超过混凝土的初凝时间时,应做施工缝处理,处理方法按施工规范进行;配制好的水泥混凝土运至现场用泵车浇筑时,不能再加水,否则混凝土强度将下降。

有钢筋的部位,由于钢筋传热速度快,尽可能一次将钢筋浇灌在混凝土内,防止裸露在外使钢筋周围的混凝土内外温差大,造成在钢筋周围混凝土开裂;同时有预留孔的混凝土,在浇灌完混凝土后,要及时抽出内部木芯子,一是早抽出容易取出,二是预留孔的混凝土能直接与空气接触,使其内部混凝土的热量及时散发出来,不至于热胀开裂。

(5)混凝土浇注完毕后应立即采取覆盖草帘、塑料薄膜、棉毡、岩棉等措施;混凝土浇注完毕后,由专人负责适时养护,开始洒水不能用水管急浇,否则会使表面水泥冲掉,应喷成细滴或雾化状,不能等表面干燥后再加水养护,每隔 10～20 min 洒水一次,保持混凝土表面不见干,若看到干面,颜色发白,浇水后有蒸气蒸发,或有少量气泡产生,证明缺水,此时浇水会使混凝土发生开裂;要始终保持混凝土及其覆盖物表面湿润,严防失水,其养护时间大于三天,夏季应特别防止阳光暴晒、缺水,否则将造成该混凝土开裂。

(6)使用外加剂。使用外加剂与快硬硫铝酸盐水泥之间存在相互适应性,故外加剂的品种、掺量应通过现场试验加以确定,否则将影响该混凝土的质量;掺加外加剂计量应该准确无误,并确保外加剂在混凝土拌合物中分布均匀。

分析点评

快硬硫铝酸盐水泥具有快硬、快凝、早强、高强、凝结时间短、抗冻、抗渗等性能,多用于现场搅拌、人工浇灌,适于小体积混凝土工程,由于搅拌和施工手段的落后,过去很少在大体积、重载荷工程应用。而今通过掺加外加剂,调节凝结时间,可大批量的在商品混凝土搅拌站进行配制不同标号的混凝土,采用混凝土泵车进行泵送,实现机械化浇灌大体积混凝土。

该工程实现了硫铝酸盐水泥在大型混凝土搅拌站进行配制,打破了硫铝酸盐水泥不在混凝土搅拌站上推广使用的禁区,同时用泵车进行泵送硫铝酸盐水泥混凝土,提高了混凝土的施工速度,为硫铝酸盐水泥在大型商品混凝土搅拌站上使用提供了先例。

思考题

1. 快硬硫铝酸盐水泥的特点是什么?一般用于什么工程?

2. 该案例给予我们什么启示?

3. 大体积混凝土浇注应主要解决什么问题?

案例 5-2 抗硫酸盐水泥在滨海建筑中的应用

1. 项目概况

本援建项目位于毛里塔尼亚伊斯兰共和国首都努瓦克肖特,濒临大西洋,由地块一、地块二组成,地块一为总理府办公楼及其附属项目,总建筑面积 4 569.8 m^2;地块二由外交事务及合作部中心、某阿拉伯组织直属秘书处组成,总建筑面积 9 066 m^2。由中国中元国际工程公司设计。努瓦克肖特濒临大西洋,在混凝土砌块使用中有一个普遍现象,如图 1.5.1 所示。可以看到,这些墙体的上部砌块完好无损,甚至是新建的,而下部砌块砂浆已经严重剥落,甚至整个砌块已经腐蚀完毕。

图 1.5.1 混凝土砌块使用中的问题

2. 地下水的成分

由于努瓦克肖特濒临大西洋,地下水成分含有较多的盐分,主要成分有钠离子、硫酸根离子、氯离子等。

3. 水泥的组成及水化反应

通用硅酸盐水泥均由硅酸盐水泥熟料、掺合料、石膏组成,加水水化时发生如下反应。

$$2(2CaO \cdot SiO_2) + 6H_2O = 3CaO \cdot 2SiO_2 \cdot 3H_2O + Ca(OH)_2 \qquad (1.5.1)$$

$$2(2CaO \cdot SiO_2) + 4H_2O = 3CaO \cdot 2SiO_2 \cdot 3H_2O + Ca(OH)_2 \qquad (1.5.2)$$

$$3CaO \cdot Al_2O_3 + 6H_2O = 3CaO \cdot Al_2O_3 \cdot 6H_2O \qquad (1.5.3)$$

$$4CaO \cdot Al_2O_3 \cdot Fe_2O_3 + 7H_2O = 3CaO \cdot Al_2O_3 + 6H_2O + CaO \cdot FeO_3 \cdot H_2O$$
$$(1.5.4)$$

当硅酸盐水泥发生水化反应在液相中的氢氧化钙浓度达到饱和时,铝酸三钙依下式水化:

$$3CaO \cdot Al_2O_3 + Ca(OH)_2 + 12H_2O = 4CaO \cdot Al_2O_3 \cdot H_2O \qquad (1.5.5)$$

当石膏存在时,会立即与石膏反应:

$$4CaO \cdot Al_2O_3 \cdot 13H_2O + 3(CaSO_4 \cdot 2H_2O) + 14H_2O =$$
$$3CaO \cdot Al_2O_3 \cdot 3CaSO_4 \cdot 32H_2O + Ca(OH)_2 \qquad (1.5.6)$$

$3CaO \cdot Al_2O_3 \cdot 3CaSO_4 \cdot 32H_2O$ 为三硫型水化硫铝酸钙,又称钙矾石。

当铝酸三钙盐未完全水化而石膏已耗尽时,则铝酸三钙水化所成的 $4CaO \cdot Al_2O_3 \cdot 12H_2O$ 还会与钙矾石反应生成单硫型水化铝酸钙($3CaO \cdot Al_2O_3 \cdot CaSO_4 \cdot 12H_2O$)。

4. 地下水中硫酸盐对水泥石的腐蚀

硫酸盐与水泥石中的氢氧化钙起置换反应,生成硫酸钙:

$$Na_2SO_4 + Ca(OH)_2 \rightleftharpoons CaSO_4 + 2NaOH$$

硫酸钙与水泥石里的固态水化铝酸钙作用生成水化硫铝酸钙。水化硫铝酸钙其体积均较原化合物体积大很多,由于是在已经固化的水泥石中产生上述反应,因此会对水泥石起极大的破坏作用,引起混凝土的膨胀与破裂。

另外,当水中硫酸盐浓度较高时,硫酸钙将在孔隙中直接结晶成二水石膏,使体积膨胀,从而导致水泥石破坏。由此可知,铝酸三钙($3CaO \cdot Al_2O_3$)含量较低时可有效地减少硫酸盐的腐蚀。

我国 GB 748—2005《抗硫酸盐硅酸盐水泥》中规定,高抗硫酸盐水泥中 $3CaO \cdot Al_2O_3$ 的含量不大于 3%,从而有效地防止了硫酸盐对水泥石的腐蚀。

本工程的地下部分混凝土采用了抗硫酸盐水泥,施工后效果良好。

分析点评

抗硫酸盐水泥是硅酸盐水泥的一个品种,属于硅酸盐水泥的体系,由于限制了水泥中某些矿物组成的含量,从而提高了对硫酸根离子的耐腐蚀性,适合于在硫酸盐含量较高而其他盐分含量较低的环境中使用。

思考题

1. 简述硫酸盐侵蚀的机理。
2. 如何防止硫酸盐侵蚀?
3. 抗硫酸盐硅酸盐水泥中主要是控制什么成分?

案例 5-3　特种水泥配料法——矿物组成配料法

1. 配料方法概述

水泥配料方法,概括起来大致分为下列三种。

(1) 数学解题法:这种方法有严格的数学程序,按运算方法的不同,又可分为代数法(也称联立方程法或行列式法)、率值法、最小二乘法和迭代法(即逐步逼近法)。

(2) 试凑法:可分为拼凑法、误差尝试法和递减试凑法。

(3) 图解法:该方法是利用相的杠杆原理进行解题的方法,所以比较直观,但正确度较低。

2. 矿物组成配料法简介

以上各种配料方法适用于一般水泥熟料的配料计算,即对只要求熟料的三个率值(KH、p、n),而对熟料的矿物组成无特定要求的生料配料较适用,而对于某些有特定矿物组成要求的特种水泥,以上方法就不太适用了。

如某厂抗硫酸盐水泥,其熟料要求矿物组成中 C_3S 为 $(40\pm2)\%$、C_3A 为 $(4\pm1)\%$;又如某厂生产的道路水泥,要求熟料的矿物组成中 C_3S 为 $(50\pm2)\%$、C_3A 为 $(4\pm1)\%$。

矿物组成配料法,是唯一适用于具有特定矿物组成要求的特种水泥的生料配料的方法,现举例介绍该法的计算过程。

已知条件:煤工业分析见表 1.5.5,石灰石、黏土、铁粉、煤灰的化学组成见表 1.5.6;熟料单位热耗为 4 800 千焦/吨(熟料);熟料矿物组成要求 C_3S 为 50%、C_3A 为 4.0%、$C_4AF>16\%$(煤灰沉降率 100%)。

表 1.5.5　煤工业分析

W	V	C	A	Q_{DW}
3.48%	26.44%	53.41%	16.67%	27 082 kJ

表 1.5.6　原料的化学组成　　　　　　单位:%

名称	SiO_2	Al_2O_3	Fe_2O_3	CaO	MgO	烧失量	其他	Σ
石灰石	2.42	0.31	0.19	53.13	0.57	42.66	0.72	100
黏土	70.25	14.72	5.48	1.41	0.92	5.27	1.95	100
铁粉	34.42	11.53	48.27	3.53	0.09	—	2.16	100
煤灰	53.52	35.34	4.46	4.79	1.19	—	0.70	100

求:原料配合比。

解:(1)计算煤灰掺入量

$$q=\frac{熟料单位热耗\times100\%}{煤发热量}$$

$$=\frac{4\ 800\times16.67\%\times100\%}{27\ 082}=2.95\%\tag{1.5.7}$$

(2) 将原料的化学成分换算成灼烧基(表 1.5.7)

表 1.5.7　原料灼烧基的化学成分　　　　　　　　　单位:%

名称	SiO_2	Al_2O_3	Fe_2O_3	CaO	MgO	其他	总和
石灰石	4.22	0.54	0.33	92.66	0.99	1.26	100
黏土	74.16	15.54	5.78	1.49	0.97	2.06	100
铁粉	34.42	11.53	48.27	3.53	0.09	2.16	100
煤灰	53.52	35.34	4.46	4.79	1.19	0.70	100

(3) 计算各物料的矿物组成

用下列公式计算各物料的矿物组成,所得矿物组成仅用于配料运算的假设矿物组成,并非各物料的真实矿物组成。计算出的矿物组成可以是正值,也可以是负值,并可以超过100%。

$$C_3S=4.07C-7.605-6.72A-1.43F \qquad (1.5.8)$$
$$C_2S=8.60S+5.07A+1.08F-3.07C \qquad (1.5.9)$$
$$C_3A=2.65A-1.69F \qquad (1.5.10)$$
$$C_4AF=3.04F \qquad (1.5.11)$$

式(1.5.8)中4.07是灼烧基CaO全部生成C_3S的系数,即C_3S(原子量)/CaO(原子量)= 228/56=4.07。

式(1.5.8)、式(1.5.10)中C_3S、C_2S、C_3A和C_4AF为计算矿物的百分含量,C、S、A、F为各物料中CaO、SiO_2、Al_2O_3和Fe_2O_3的灼烧基百分含量。

根据式(1.5.8)~式(1.5.11),石灰石的C_3S和C_3A的计算含量计算如下:

$(C_3S)_石=4.07\times92.66-7.60\times4.22-6.72\times0.54-1.43\times0.33=340.95$

$(C_3A)_石=2.65\times0.54-1.69\times0.33=0.873$

同理:计算出黏土、铁粉、煤灰的C_3S和C_3A的含量,计算所得结果列于表1.5.8。

表 1.5.8　各物料的计算矿物含量

矿物名称	石灰石	黏土	铁粉	煤灰
C_3S/%	340.95	-670.25	-393.73	-631.72
C_3A/%	0.873	31.41	-51.02	86.11

注:因计算过程中暂不涉及C_2S和C_4AF,故暂不必计算。

(4) 计算灼烧生料的C_3S和C_3A的含量

因水泥熟料是由97.05%的灼烧生料和2.95%的煤灰组成,所以灼烧生料的C_3S和C_3A的含量计算如下。

2.95%煤灰带入的矿物含量为

$$C_3S=-631.72\times2.95\%=-18.62\% \qquad (1.5.12)$$
$$C_3A=86.11\times2.95\%=2.54\% \qquad (1.5.13)$$

则97.5%灼烧生料的矿物含量为

$$C_3S=50.00\%-(-18.62)\%=68.62\% \qquad (1.5.14)$$

式(1.5.14)中50.00为熟料矿物组成要求

$$C_3A=4.0\%-2.54\%=1.46\% \qquad (1.5.15)$$

100%灼烧生料的矿物含量为

$$C_3S=68.62\%/97.05\%=70.71\% \qquad (1.5.16)$$

$$C_3A=1.46\%/97.05\%=1.50\% \tag{1.5.17}$$

（5）计算原料的配合比

首先由石灰石和黏土配成混合物Ⅰ，由石灰石和铁粉配成混合物Ⅱ，使混合物Ⅰ和混合物Ⅱ中的计算C_3S含量均为70.71%；然后再由混合物Ⅰ和混合物Ⅱ配成灼烧生料，使C_3A的计算含量为1.5%，由此可以算出原料的配合比，其计算过程如下。

设：x为混合物Ⅰ中石灰石的百分含量（%），则（$1-x$）为混合物Ⅰ中黏土的百分含量（%），有以下恒等式：

$$x(C_3S)_石+(1-x)(C_3S)_黏=(C_3S)_Ⅰ \tag{1.5.18}$$

式中$(C_3S)_Ⅰ$、$(C_3S)_石$、$(C_3S)_黏$分别代表混合物Ⅰ、石灰石组分和黏土组分的C_3S含量。

$$x=\frac{(C_3S)_Ⅰ-(C_3S)_黏}{(C_3S)_石-(C_3S)_黏}\times100\%=\frac{70.71-(-670.25)}{340.95-(-670.25)}\times100\%=73.275\% \tag{1.5.19}$$

所以，混合物Ⅰ由73.275%的石灰石和26.725%的黏土组成。

用同样的方法计算出混合物Ⅱ由63.217%的石灰石和36.783%的铁粉组成。

（6）计算混合物Ⅰ和混合物Ⅱ中C_3S和C_3A的含量：

$$(C_3S)_Ⅰ=0.732\,75\times340.95+0.267\,25\times(-670.25)=70.71 \tag{1.5.20}$$
$$(C_3S)_Ⅱ=0.632\,117\times340.95+0.367\,83\times(-393.73)=70.71 \tag{1.5.21}$$
$$(C_3A)_Ⅰ=0.732\,75\times0.873+0.267\,25\times31.41=9.034 \tag{1.5.22}$$
$$(C_3A)_Ⅱ=0.632\,17\times0.873+0.367\,83\times(-51.02)=-18.215 \tag{1.5.23}$$

根据生料的C_3A含量为1.5%，则混合物Ⅰ和混合物Ⅱ的配合比按如下方法求得。

设：$X_{MⅠ}$为混合物Ⅰ的配合比，则混合物Ⅱ的配合比为$X_{MⅡ}=1-X_{MⅠ}$，则可得式（1.5.24）。

$$X_{MⅠ}\times9.034+(1-X_{MⅠ})(-18.215)=1.50 \tag{1.5.24}$$

化简式（1.5.24）得

$$X_{MⅠ}=(1.50+18.215)/(9.034+18.215)=0.7235 \tag{1.5.25}$$
$$X_{MⅡ}=1-X_{MⅠ}=1-0.723\,5=0.2765 \tag{1.5.26}$$

所以灼烧生料是由72.35%的混合物Ⅰ和27.65%的混合物Ⅱ组成。

原料的灼烧基配合比计算如下：

$$石灰石=0.723\,5\times73.275\%+0.276\,5\times63.217\%=70.49\% \tag{1.5.27}$$
$$黏土=0.723\,5\times26.725\%=19.34\% \tag{1.5.28}$$
$$铁粉=0.276\,5\times36.783\%=10.17\% \tag{1.5.29}$$

由灼烧基配比换算成干燥基配比：

$$石灰石=70.49/(1-0.4266)=122.93 \tag{1.5.30}$$
$$黏土=19.43/(1-0.0527)=20.42 \tag{1.5.31}$$
$$铁粉=10.17 \tag{1.5.32}$$

则　石灰石：黏土：铁粉=122.93：20.42：10.17；换算成百分比，即石灰石为80.70%，黏土为13.30%，铁粉为6.62%。

（7）校验计算结果

为了确保计算结果正确无误,对以上计算结果进行校验见表1.5.9。

表 1.5.9　校验计算结果　　　　　　单位:%

项目	SiO_2	Al_2O_3	Fe_2O_3	CaO	MgO	烧失量	其他	$\sum$
80.70%石灰石	1.94	0.25	0.15	42.54	0.46	34.16	0.58	80.07
13.50%黏土	9.34	1.96	0.73	0.19	0.12	0.70	0.26	13.30
6.62%铁粉	2.28	0.76	3.20	0.23	0.01	—	0.14	6.62
100%生料	13.56	2.97	4.08	42.96	0.59	34.86	0.98	100
换算成灼烧生料	20.82	4.56	6.26	65.95	0.91		1.50	100
97.05%灼烧生料	20.21	4.43	6.08	64.00	0.88		1.46	97.05
2.95%煤灰	1.58	1.04	0.13	0.14	0.04		0.02	2.05
熟料	21.79	5.47	6.21	64.14	0.92		1.48	100

熟料中的 C_3S 和 C_3A 含量计算如下:

$$C_3S = 4.07 \times 64.14\% - 7.60 \times 21.79\% - 6.72 \times 5.47\% - 1.43 \times 6.21\% = 49.81\%$$

(1.5.33)

$$C_3A = 2.65 \times 5.47\% - 1.69 \times 6.21\% = 4.00\%$$

(1.5.34)

以上计算结果基本符合设计要求,微小误差是由于计算过程中四舍五入引起的,其他矿物及率值计算如下:

$$C_2S = 8.60S + 5.07A + 1.08F - 3.07C$$
$$= 8.60 \times 21.79\% + 5.07 \times 5.47\% + 1.08 \times 6.21\% - 3.07 \times 64.14\%$$
$$= 24.92\%$$

(1.5.35)

$$C_4AF = 3.04F = 3.04 \times 6.21\% = 18.88\%$$

(1.5.36)

$$KH = (64.14 - 1.65 \times 5.47 - 0.35 \times 6.21)/(2.8 \times 21.79) = 0.868$$

(1.5.37)

$$n = 21.79/(5.47 + 6.21) = 1.87$$

(1.5.38)

$$p = 5.47/6.21 = 0.88$$

(1.5.39)

矿物组成法亦属于数学解题法,只要运算过程不出错,配料总是一次成功的,即使计算过程中出现差错,检查亦较方便,是特种水泥配料的有效方法。

分析点评

水泥熟料的性能主要取决于熟料的矿物组成,而熟料的矿物组成又是由熟料的配料方案决定的。因此,熟料的配料方案是保证水泥质量的基础。

配料计算的依据是物料平衡,任何化学反应的物料平衡是:反应物的量应等于生成物的量。随着温度的升高,生料煅烧成熟料经历着生料干燥蒸发物理水、黏土矿物分解放出结晶水、有机物质的分解、挥发;碳酸盐分解放出二氧化碳,液相出现使熟料烧成。因为有水分、二氧化碳以及某些物质逸出,所以,计算时必须采用统一基准。蒸发物理水以后,生料处于干燥状态,以干燥状态质量所表示的计算单位称为干燥基准。干燥基准用于计算干燥原料的配合比和干燥原料的化学成分。如果不考虑生产损失,则干燥原料的质量等于生料的质量,即:干石灰石+干黏土+干铁粉=干生料。去掉烧失量(结晶水、二氧化碳与挥发物质等)以后,生料处于灼烧状态。以灼烧状质量所表示的计算单位称为灼烧基准。灼烧基准用于计算灼烧原料的配合比和熟料的化学成分。如果不考虑生产损失,在采用基本上无灰分掺入的气体或液体燃料时,则灼烧原料、灼烧生料与熟料三者的质量相等,即:灼烧石灰石＋灼烧黏土＋灼烧铁粉＝灼烧生料＝熟料。如果不考虑生产损失,在采用有灰分掺入的燃煤时,则灼烧生料与掺入熟料的煤灰之和应等于熟料的质量,即:灼烧生料＋煤灰(掺入熟料的)＝熟料。在实际生产中,由于总有生产损失,且飞灰的化学成分不可能等于生料成分,煤灰的掺入量也并不相同。因此,在生产中应以生熟料成分的差别进行统计分析,对配料方案进行校正。对特种水泥配料计算采用矿物组成配料法是一种较好的方法。

思考题

1. 水泥配料计算常用的方法有哪几种?
2. 干燥生料与灼烧生料有什么区别?
3. 为什么在水泥配料计算时要考虑煤灰?
4. 矿物组成配料法与误差尝试法相比有何优势?

案例 5-4 硅石用于中热及抗硫酸盐特种水泥的生产

新疆某公司用硅石代替部分煤矸石配料,在 $\phi2.5\ m\times42\ m$ 五级旋风预热器窑上试产中热硅酸盐水泥和中、高抗硫酸盐硅酸盐水泥并获成功。

1. 原材料的确定

水泥中的碱主要来自各种原料和燃料。表 1.5.10 是部分原料碱含量和原石灰石、页岩、铜渣三组分配料煅烧的熟料碱含量以及磨制的水泥中的碱含量。

表 1.5.10 原料、熟料及水泥碱含量

物料名称	石灰石	页岩	铜渣	熟料	煤矸石	粉煤灰	矿渣	石膏	P.O(普通硅酸盐水泥)	P.C(复合硅酸盐水泥)
碱含量/%	0.26	4.26	0.82	0.8	2.28	3.28	1.36	0.81	1.0	1.3

从表 1.5.10 中可以看出,页岩及粉煤灰的碱含量最高,煤矸石中的碱含量也很高,显然其碱含量过高导致熟料及水泥中碱含量偏高。而 GB 200—2003 和 GB 748—2005 中规定,中热硅酸盐水泥及中、高抗硫酸盐硅酸盐水泥中碱含量的安全含量均为≤0.6%。因此,要生产低碱水泥必须改变生产用原料。新疆大部分地区土壤盐碱化严重,而生产水泥的大部分原材料是地表材料碱含量很高。为此,采用了硅石(其化学组成见表 1.5.11)代替部分煤矸石同时取消页岩的方法进行配料,来降低熟料和水泥中的碱含量。

硅石是由沉积石英砂经区域变质作用转化而成,外观呈乳白色、红褐色,具有较好的工艺性能,且硅石含碱量仅为 0.17%,远小于煤矸石的含碱量。但考虑到硅石价格高,且其 Al_2O_3 含量低,硅石配比过大将引起物料液相量低,不利于窑内的熟料煅烧并影响熟料产质量,因此,实际配料中仅用硅石代替部分煤矸石,采用石灰石、硅石、煤矸石和铜渣四组分配料。生产用原料化学成分见表 1.5.12。生产用煤的工业分析为:水分 8.62%,挥发分 31.35%,灰分 15.24%,热值 24 584.71 kJ/kg。

表 1.5.11 硅石的化学成分

组成	烧失量	SiO_2	Al_2O_3	Fe_2O_3	MgO	R_2O	$\sum$
质量分数/%	0.42	96.85	1.03	0.57	0.42	0.17	99.46

表 1.5.12 原材料化学成分   单位:%

原料名称	烧失量	SiO_2	Al_2O_3	Fe_2O_3	CaO	MgO	R_2O	$\sum$
石灰石	42.62	1.75	1.12	0.03	53.05	0.97	0.26	99.80
硅石	0.42	96.85	1.03	0.57	—	0.42	0.17	99.49
铜渣	-3.76	38.51	3.32	53.44	4.63	3.68	0.8	100.7
煤矸石	6.61	62.26	16.57	8.32	1.32	3.36	2.28	98.44

2. 生产控制过程

将石灰石、硅石、煤矸石分别破碎后,石灰石分入两个原料库,以便搭配使用,硅石和煤矸石分别入磨头仓,铜渣也直接喂入磨头仓。由于硅石较难破碎,磨制硅石料时,要严格控制入

磨硅石粒度及喂料量,以免影响磨机产量。生料细度控制为小于10%(0.08 mm 筛余),入窑生料合格率大于85%,熟料三个率值控制值见表1.5.13。

表 1.5.13 熟料率值控制值

熟料品种	KH	SM	IM
中热	0.895±0.02	2.1±0.1	0.85~0.92
中、高抗	0.875±0.02	2.0±0.1	0.80~0.92

3. 生、熟料化学成分

生、熟料化学成分见表1.5.14,从表1.5.14 中可以看出,熟料中碱含量均很低(0.17%~0.21%),熟料三个率值中 KH 和 IM 也较低,KH 较低是为了控制矿物组成中 C_3S 含量小于50%,而 IM 较低是为了控制 C_3A 含量小于5%,熟料中的 f-CaO 小于1.0%,完全符合国标中规定的中热硅酸盐熟料和中、高抗硫酸盐硅酸盐水泥熟料的要求。

表 1.5.14 生、熟料化学成分 单位:%

名称	烧失量	SiO_2	Al_2O_3	Fe_2O_3	CaO	MgO	SO_3	碱含量	$\sum$
生料 1	34.15	14.25	3.06	3.44	43.76	0.81			99.47
生料 2	34.07	14.78	2.92	3.57	43.45	0.92			99.71
熟料 1	0.21	21.23	5.07	5.63	64.20	2.11	0.39	0.21	99.05
熟料 2	0.12	21.80	4.86	6.12	63.92	2.00	0.43	0.17	99.42

根据烧制出熟料的矿物组成、混合材中的碱含量及 GB 200—2003 和 GB 748—2005 中对中热硅酸盐和中、高抗硫酸盐硅酸盐水泥的特殊要求,选用石灰石、矿渣作为混合材生产中、高抗硫酸盐硅酸盐水泥,其物理性能见表1.5.15。

表 1.5.15 水泥的物理性能

名称	细度/%	安定性	初凝/h:min	终凝/h:min	水化热/(kJ/kg)		抗折强度/MPa		抗压强度/MPa	
					3 d	7 d	3 d	28 d	3 d	28 d
中热 42.5	4.1	合格	2:51	4:02	160	203	4.2	7.3	18.0	50.5
中抗 32.5	4.4	合格	3:00	4:31			5.1	8.5	27.8	60.1
高抗 42.5	5.0	合格	3:09	4:40			4.8	7.6	21.6	55.0

4. 效果

采用石灰石、硅石、煤矸石和铜渣四组分配制的生料,易烧性好,煅烧易掌握,熟料碱含量低,矿物组成完全符合中热、中抗和高抗硫酸盐硅酸盐水泥熟料要求。用石灰石和矿渣双掺生产中热水泥,水化热低;生产的中热、中抗和高抗硫酸盐硅酸盐水泥碱含量低,经测试仅为0.2%~0.3%。

分析点评

该公司紧紧抓住西部大开发给建材行业带来的发展机遇,为适应市场变化以满足特殊工程需求,用硅石代替部分煤矸石配料,在 $\phi2.5\ m \times 42\ m$ 五级旋风预热器窑上试产中热硅酸盐水泥和中、高抗硫酸盐硅酸盐水泥,增加了企业生产水泥的品种。用硅石代替部分煤矸石配料还有效解决了新疆黏土质原料中碱含量过高的问题。

思考题

1. 中热硅酸盐水泥和中、高抗硫酸盐硅酸盐水泥在化学成分和物理性能上有什么要求?
2. 中、高抗硫酸盐硅酸盐水泥可用于有什么特殊要求的工程?

案例 5-5 两种特种水泥熟料的开发生产

湖北某水泥公司于 2005 年 5 月先后按照用户要求(表 1.5.16)进行中热硅酸盐水泥熟料和美国标准Ⅴ型水泥熟料的开发与生产。

表 1.5.16 用户要求的中热硅酸盐水泥熟料和美国标准Ⅴ型水泥熟料的性能指标要求

特种熟料名称	C₃S	C₃A	C₄AF	R₂O	MgO	28 d 抗折强度 /MPa	28 d 抗压强度 /MPa
	质量分数/%						
中热熟料	55.0	5.0	—	0.6	5.0	6.5	42.5
Ⅴ型标准熟料	60.0	5.0	12~15	0.6	3.0	6.5	42.5

1. 生产工艺方案

(1) 配料方案的确定

"高硅酸率、高铝氧率、中饱和比"是当前国内外水泥厂较普遍采用的适合预分解窑特点的硅酸盐水泥熟料配料方案,但生产特种水泥熟料就得改变这一配料方案。综合考虑公司干法窑的工艺特点,中热水泥硅酸盐熟料配料采用了"高硅酸率、低铝氧率、低饱和比"的原则;美国Ⅴ型标准水泥熟料配料采用了"高硅酸率、低铝氧率、高饱和比"的原则,见表 1.5.17。

表 1.5.17 两种特种水泥熟料的配料方案

特种水泥名称	率值			R₂O	f-CaO	MgO
	KH	SM	IM	质量分数/%		
中热水泥熟料	0.86~0.90	2.5~2.7	0.8~1.0	≤0.60	≤1.20	≤5.0
Ⅴ型标准熟料	0.93~0.97	2.5~2.7	0.8~1.0	≤0.60	≤1.50	≤3.0

(2) 试生产用原料和生熟料组成

根据两种特种水泥熟料的特殊要求,石灰石原料采用我公司的低镁高钙石灰石,硅质原料外购纯砂岩,铁质原料选择了成分稳定且碱含量低的钢渣。燃料使用河南平顶山煤与陕西铜川煤按 1:1 的比例搭配使用。燃煤的工业分析见表 1.5.18,试生产用原燃料化学组成见表 1.5.19,理论设计这两种特种水泥的生、熟料化学成分见表 1.5.20。

表 1.5.18 煤的工业分析

项目	Mar	Mad	Aad	Vad	F·Cad	Qnet. ad
	质量分数/%					/(kJ/kg)
铜川煤	8.0	0.65	16.24	29.71	53.40	24 361
平顶山煤	6.0	0.46	38.12	21.89	39.53	18 348

表 1.5.19 试生产用原燃料化学组成 单位:%

原料名称	烧失量	SiO₂	Al₂O₃	Fe₂O₃	CaO	MgO	SO₃	K₂O	Na₂O	Σ
石灰石 1	43.16	1.85	0.51	0.02	51.05	1.34	0.22	0.11	0.05	98.3
工贸砂页岩	3.65	82.62	7.60	1.89	0.32	0.47	0.19	1.25	0.35	98.34

续　表

原料名称	烧失量	SiO$_2$	Al$_2$O$_3$	Fe$_2$O$_3$	CaO	MgO	SO$_3$	K$_2$O	Na$_2$O	$\sum$
钢渣	−3.66	13.52	5.07	42.59	29.96	5.24	0.05	0.12	0.12	93.01
铜川煤煤灰		51.97	27.30	4.05	9.87	0.88	2.54	1.03	1.00	98.64
平顶山煤煤灰		57.56	29.58	5.21	1.99	1.61	1.54	1.76	0.36	99.61

表 1.5.20　两种特种水泥的生、熟料化学成分(设计值)

水泥品种		化学组成(质量分数)/%								率值			
		SiO$_2$	Al$_2$O$_3$	Fe$_2$O$_3$	CaO	MgO	SO$_3$	K$_2$O	Na$_2$O	LSF	KH	SM	IM
中热水泥	生料	13.57	1.76	2.96	42.82	1.47	0.21	0.27	0.10	1.02		2.88	0.60
	熟料	22.97	3.93	4.68	65.06	2.28	0.40	0.46	0.17		0.88	2.7	0.8
V 型标准水泥	生料	12.68	1.66	2.64	43.48	1.45	0.21	0.25	0.09	1.11		2.95	0.63
	熟料	21.84	3.81	4.24	66.77	2.27	0.41	0.45	0.17		0.96	2.7	0.9

2. 试生产过程中的相关现象及对应措施

(1) 与普通硅酸盐水泥熟料相比,这两种特种水泥熟料的铝氧率较低,烧结范围窄,液相黏度低,试生产中极易形成飞砂料,冷却机易堆雪人。由于飞砂料较多,含飞砂较多的三次风入炉后,影响了分解炉内煤粉的燃烧性能。美国 V 型标准水泥熟料由于饱和比大幅度提高,煅烧难度极大,在操作过程中要严格控制飞砂料,才能使窑系统步入良性循环之中。

(2) 窑煅烧操作时,要确保通风顺畅,强调长焰顺烧,缩短过渡带,窑电流采用偏高控制,以尽量减少飞砂料。

(3) 分解炉、预热器易堵料,上升烟道结皮加剧。该方案铝氧率较低,硅酸率较高,熟料煅烧较困难,尤其是 V 型标准水泥熟料(因其饱和比很高)。另外该方案中铁含量较高,液相量出现得较早,液相黏度低,烧结范围较窄,并易产生硫酸盐与铁酸盐的混合熔体,极易形成"硬块结皮"引起堵塞。为控制结皮堵塞问题的发生,采取的措施是:严格控制分解炉出口温度在830℃左右(原生产硅酸盐熟料时的分解炉出口温度一般控制在 850℃左右),以抑制物料在煅烧进程中液相过早出现,避免料粉牢固黏结在器壁上,以减少结皮堵塞情况的发生。另外分解炉和五级筒上部温度必须严格在窄范围内稳定控制,同时要加强人工清理,使整个系统通风良好。

(4) 中热水泥熟料,由于饱和比较低,硅酸率较高,生料易烧性较好,熟料游离氧化钙含量(质量分数)≤1.0%较容易达到要求。美国 V 型标准水泥熟料高饱和比、低铝氧率配料方案,生料易烧性较差,因此尽可能 KH 取低限值 0.94~0.96,IM 取高限值 0.9~1.0(因铝氧率在0.8~0.9 与在 0.9~1.0 时的生料易烧性差异非常之大)。通过这些微调措施能够改善生料的易烧性,另考虑生产特种水泥熟料,可适当降低产量以保证熟料 f-CaO≤1.5%。

(5) 采用品质稳定的优质煤,能够提高烧成带温度;如能换用强化燃烧性能更好的煤粉燃烧器效果更好。另外要求操作员精心操作,四班统一,稳定运行。经过以上调整,熟料成品率可达95%以上。

3. 实际生产出的两种特种水泥熟料

经试烧过程中不断调整配料方案和优化操作参数,最终生产出达到用户要求的两种特种水泥熟料,其相关性能测试见表 1.5.21 和表 1.5.22。由表 1.5.21 和表 1.5.22 可知:①生产的中热水泥熟料矿物组成满足表 1.5.16 中的用户要求,并且在控制过程中适当提高熟料中的氧化镁含量,因为水泥中氧化镁在水化过程中微膨胀可抵消水泥在水化过程中部分收缩,以此提高混凝土的性能,尽可能降低 C_3A 含量来降低水泥的水化热。物理性能均能满足用户要求。②生产出的美国标准 V 型水泥熟料也满足表 1.5.16 中的用户要求;物理性能也均能满足用户要求。

4. 结语

中热水泥熟料具有水化热低、强度较高和各项性能稳定等优点,该公司生产的中热水泥供三峡大坝、澎水电站等大型水电工程使用,其质量得到用户的嘉奖;美国标准 V 型水泥熟料具有早期强度高、抗硫酸盐、各项指标均较稳定等优点,该公司生产的美国标准 V 型水泥质量得到美国某公司的好评,为该公司打开国际市场奠定了基石。

表 1.5.21　中热水泥熟料和 V 型标准水泥熟料的化学成分、矿物组成和率值

品种	化学成分(质量分数)/%									率值				矿物组成(质量分数)/%			
	SiO_2	Al_2O_3	Fe_2O_3	CaO	MgO	SO_3	K_2O	Na_2O	SM	IM	KH^-	KH	LSF	C_3S	C_2S	C_3A	C_4AF
中热水泥熟料	22.21	3.87	4.64	62.95	2.62	0.50	0.44	0.41	2.6	0.8	0.87	0.88	90.25	51.73	23.71	2.40	14.10
V型标准水泥熟料	21.31	4.07	4.20	65.00	2.55	0.69	1.36	0.49	2.6	1.0	0.92	0.94	96.74	61.89	13.66	3.65	12.77

表 1.5.22　中热水泥熟料和 V 型标准水泥熟料的物理性能

品种	安定性	初凝/h:min	终凝/h:min	细度/%	比表面积/(m²/kg)	抗折强度/MPa			抗压强度/MPa		
						3 d	7 d	28 d	3 d	7 d	28 d
中热水泥熟料	合格	2:20	3:10	3.3	354.1	5.0	6.3	8.5	23.3	32.0	53.4
V型标准水泥熟料	合格	1:47	2:36	3.1	356.6	6.0	7.4	8.8	32.6	41.9	54.0

分析点评

随着社会的不断发展,用户对水泥的特殊要求也愈来愈多,普通硅酸盐水泥已不能满足工程和市场的要求,因此开发生产特种水泥势在必行。该公司先后按照用户要求进行中热硅酸盐水泥熟料和美国标准 V 型水泥熟料的开发与生产,取得了成功的经验。

思考题

1. 比较美国标准 V 型熟料与我国硅酸盐水泥的异同点。
2. 生产美国标准 V 型熟料工艺上应采取什么措施?
3. 生产中热水泥熟料工艺上应采取什么措施?

参考文献

[1] 何耀海,郭新杰,康小珍. 用湿排粉煤灰代替黏土生产低碱水泥. 水泥工程,2009(2):25-26,78.

[2] 吴振清,周进军,等. 利用铅锌尾矿代替黏土和铁粉配料生产水泥熟料的研究. 新世纪水泥导报,2006(3):31-32.

[3] 孙永泰. 立窑采用劣质煤和石灰石生产高标号水泥. 粉煤灰,2009(4):30-31.

[4] 王汝岗. 5 000 t/d窑煤矸石配料注意的问题. 水泥工程,2007(1):46-48.

[5] 尹自波,李卫东,吴阶平. 高硅石灰石在水泥生产中的应用. 2007(3):29-32.

[6] 吕新锋,刘振利. 干粉煤灰配料生产及其应对措施. 水泥工程,2008(2):34-35.

[7] 张长森,等. 粉煤灰分选、脱炭及生产工艺研究. 粉煤灰综合利用,2008(1):56-60.

[8] 丁奇生,唐根华,陆树标. 电石渣替代石灰石生产水泥熟料的新工艺. 新世纪水泥导报,2007(1):10-14.

[9] 李成锋. 生料成分与喂料量波动的分析处理体会. 水泥,2008(6):39-40.

[10] 张强. ϕ3.5 m×10 m中卸烘干生料磨提产措施. 水泥,2010(3):30-31.

[11] 黄赟,林宗寿. 生料粉磨过程中质量控制的问题与对策. 水泥,2010(2):51-53.

[12] 尚再国,刘成喜. 提高ϕ3 m×9 m生料磨机产量的技术措施. 水泥,2006(11):40-41.

[13] 刘志龙. ϕ4.6 m×(10+4)m烘干中卸生料磨的提产技改. 水泥,2009(12):35.

[14] 王少华. ATOX-50立磨提产方法. 中国水泥,2010(6):55-56.

[15] 琚瑞喜. 立式辊磨对生料细度的控制. 四川水泥,2009(2):14-15.

[16] 徐汉龙,刘春杰,彭宏. 水泥磨系统工艺技术管理的探讨. 中国水泥,2010(3):75-78.

[17] 李靖荣,王艳秋,彭宝利. 水泥磨六级和五级配球方案的确定. 四川水泥,2009(1):17-20.

[18] 赵亮. 用辊压机预粉磨技术改造ϕ3 m×11 m水泥磨. 水泥,2007(9):45-47.

[19] 于玉苑. 新型干法水泥生产新工艺、新技术与新标准. 北京:当代中国音像出版社,2003.

[20] GB 175—2007,通用硅酸盐水泥.

[21] 吴粟俊. 提高窑产量的几点经验. 水泥技术,2008(5):32-33.

[22] 崔素萍,兰明章,王晨光. 5 000 t/d级水泥熟料烧成系统热工性能分析. 中国水泥,2009(7):61-64.

[23] 张三红. 江苏联合水泥有限公司5 000 t/d水泥熟料生产线的设计特点. 新世纪水泥导报,2009(2):21-24.

[24] 朱永礼. 新型干法水泥窑中控操作体会. 中国水泥,2010(5):53-54.

[25] 聂文喜. 新型干法水泥窑操之认识误区. 新世纪水泥导报,2008(4):25-26.

[26] 杨赞标. 稻谷壳在水泥窑中的处理试验. 水泥,2009(2):13-14.

[27] 梅朝鲜. 全氧燃烧技术在水泥窑的应用分析. 四川建材,2010(2):8,12.

[28] 刘媛媛. 延长耐火材料在新型干法水泥窑上使用寿命的经验. 水泥,2010(1):37-38.

[29] 胡曙光,等. 特种水泥. 武汉:武汉理工大学出版社,1999.

[30] 张传行. 快硬硫铝酸盐水泥配制商品混凝土在大体积工程中的应用. 新世纪水泥导报,2010(5):64-68.

[31] 魏黎明. 抗硫酸盐水泥在滨海建筑中的应用. 建设科技,2010(9):118.

[32] 芮君渭. 特种水泥配料法——矿物组成配料法. 常州工程职业技术学院学报,2004(2):20-22.

[33] 彭炫铭. 硅石用于中热及抗硫酸盐特种水泥的生产. 新疆化工,2010(2):35-37,43.

[34] 徐莉,曹中海. 两种特种水泥熟料的开发生产. 水泥工程,2007(3):33-35.

第二篇　混凝土

基础知识

一、混凝土的定义与分类

混凝土是以水、胶凝材料与骨料按适当比例配合,经搅拌、成型、硬化而成的一种人造石材。

混凝土按所用胶凝材料可分为水泥混凝土、沥青混凝土、聚合物水泥混凝土、树脂混凝土、石膏混凝土、水玻璃混凝土、硅酸盐混凝土等;按表观密度可分为普通混凝土(1 950~2 500 kg/m³)、轻混凝土(<1 950 kg/m³)、重混凝土(>2 600 kg/m³);按用途可分为结构混凝土(普通混凝土)、防水混凝土、耐热混凝土、耐酸混凝土、装饰混凝土、大体积混凝土、膨胀混凝土、防辐射混凝土、道路混凝土等;按生产和施工工艺可分为预拌混凝土(商品混凝土)、泵送混凝土、喷射混凝土、压力灌浆混凝土(预填骨料混凝土)、挤压混凝土、离心混凝土、真空吸水混凝土、碾压混凝土、热拌混凝土等;按每立方米中的水泥用量可分为贫混凝土(≤170 kg)、富混凝土(≥230 kg);按抗压强度可分为普通混凝土(<60 MPa)、高强混凝土(≥60 MPa)、超高强混凝土(≥100 MPa)。

二、混凝土的特点

混凝土的优点是原材料来源丰富,造价低廉;混凝土拌合物具有良好的可塑性;配制灵活、适应性好;抗压强度高;与钢筋有牢固的黏结力;耐久性较好;耐火性好;生产能耗较低。其缺点有自重大,比强度小;抗拉强度低;硬化较慢,生产周期长。

混凝土的发展趋势是快硬、高强、轻质、高耐久性、多功能、节能。

三、普通混凝土的组成材料

(1)混凝土中各组成材料的作用

在混凝土的组成中,骨料一般占总体积的70%~80%;水泥石约占20%~30%,其余是少量的孔隙和水。砂、石是骨料,对混凝土起骨架作用。水泥和水组成水泥浆,在混凝土硬化前,水泥浆起润滑作用,赋予混凝土拌合物流动性,便于施工;在混凝土硬化后起胶结作用,把砂、石骨料胶结成为整体,使混凝土产生强度,成为坚硬的人造石材。

(2)混凝土组成材料的技术要求

① 水泥

根据混凝土工程性质与特点、工程所处环境及施工条件,按所掌握的各种水泥的特性进行合理选择。水泥强度等级的选择,应与混凝土的设计强度等级相适应,一般原则是:配制高强度等级的混凝土,选用高强度等级的水泥;配制低强度等级的混凝土,选用低强度等级的水泥。

② 细骨料

混凝土细骨料指粒径在 0.15～4.75 mm 的岩石颗粒,又称为砂。砂粒径越小,总表面积越大。在混凝土中,砂的表面由水泥浆包裹,砂的总表面积越大,需要的水泥浆越多。当混凝土拌合物的流动性要求一定时,显然用粗砂比用细砂所需水泥浆更省,且硬化后水泥石含量少,可提高混凝土的密实性,但砂粒过粗,又使混凝土拌合物容易产生离析、泌水现象,影响混凝土的均匀性,所以,拌制混凝土的砂,不宜过细,也不宜过粗。

评定砂的粗细,通常用筛分析法。该法是用一套孔径为 4.75 mm、2.36 mm、1.18 mm、0.60 mm、0.30 mm、0.15 mm 的标准筛,将预先通过孔径为 9.5 mm 筛的干砂试样 500 g 由粗到细依次过筛,然后称量各筛上余留砂样的质量,计算出各筛上的"分计筛余百分率"和"累计筛余百分率"。分计筛余百分率和累计筛余百分率的关系见表 2.0.1。

表 2.0.1 分计筛余百分率和累计筛余百分率的关系

筛孔尺寸/mm	分计筛余/g	分计筛余百分率 /%	累计筛余百分率/%
4.75	m_1	$a_1 = m_1/m$	$A_1 = a_1$
2.36	m_2	$a_2 = m_2/m$	$A_2 = a_1 + a_2$
1.18	m_3	$a_3 = m_3/m$	$A_3 = a_1 + a_2 + a_3$
0.60	m_4	$a_4 = m_4/m$	$A_4 = a_1 + a_2 + a_3 + a_4$
0.30	m_5	$a_5 = m_5/m$	$A_5 = a_1 + a_2 + a_3 + a_4 + a_5$
0.15	m_6	$a_6 = m_6/m$	$A_6 = a_1 + a_2 + a_3 + a_4 + a_5 + a_6$

砂的粗细程度,工程上常用细度模数 Mx 表示,其定义为:

$$Mx = [(A_2 + A_3 + A_4 + A_5 + A_6) - 5A_1]/(100 - A_1)$$

细度模数越大,表示砂越粗。细度模数在 3.7～3.1 为粗砂;在 3.0～2.3 为中砂;在 2.2～1.6 为细砂。普通混凝土用砂的细度模数范围在 3.7～1.6,以中砂为宜。在配制混凝土时,除了考虑砂的粗细程度外,还要考虑它的颗粒级配。

砂的颗粒级配是指粒径大小不同的砂相互搭配的情况。级配好的砂应该是粗砂空隙被细砂所填充,使砂的空隙达到尽可能小。这样不仅可以减少水泥浆量,即节约水泥,而且水泥石含量少,混凝土密实度提高,强度和耐久性增强。可见,要想减少砂粒间的孔隙,就必须有良好的级配。

此外,混凝土用砂还需要对其以下方面有要求:含泥量、石粉及泥块含量;有害杂质含量、碱活性大小、坚固性、表观密度、堆积密度、孔隙率、含水状态等。

③ 粗骨料

工程上常用粗骨料有碎石和卵石两种。粗骨料的颗粒级配有连续粒级和单粒级两种。连续粒级是从最大粒径开始,由大到小各粒级相连,每一粒级均占有适当的比例。配制的混凝土拌合物和易性较好,不容易产生离析现象。单粒级是将颗粒限定在某一范围内,单独配制的混凝土拌合物可能会产生离析现象,所以单粒级宜组合成具有所要求级配的连续粒级,也可与连续粒级复合使用,工程中不宜利用单一的单粒级配制混凝土。如必须使用,应作经济分析,并通过试验证明不会产生离析和影响混凝土质量的问题。

混凝土用粗骨料的质量要求除了最大粒径与颗粒级配外,还有颗粒形状及表面特征,含泥量和泥块含量,有害杂质含量、强度、坚固性、表观密度、堆积密度、孔隙率等。若粗骨料被判定为具有碱-骨料反应潜在危害时,则不宜直接用作混凝土骨料。

④ 混凝土拌合及养护用水

凡能饮用的自来水及清洁的天然水都能用来养护和拌制混凝土。污水、酸性水、含硫酸盐超过1％的水均不得使用。海水一般不用来拌制混凝土。混凝土用水中的物质含量限值应符合有关标准规定。

⑤ 混凝土外加剂

混凝土外加剂是在拌制混凝土过程中掺入用以改善混凝土性能的物质。外加剂的掺入量一般不大于水泥质量的5％（特殊情况除外）。外加剂的掺量虽小，但其技术经济效果却很显著，因此，外加剂已成为混凝土的重要组成部分，被称为混凝土的第五组分，越来越广泛的应用于混凝土中。

混凝土外加剂的主要功能有改善混凝土拌合物的和易性、提高混凝土的强度和耐久性、节约水泥用量、调节混凝土的凝结硬化速度、调节混凝土的含气量、降低水泥的初期水化热或延缓水泥水化放热速度、改善混凝土的孔结构、提高骨料与水泥石界面的黏结力、提高混凝土与钢筋的握裹力、阻止钢筋锈蚀等。

混凝土外加剂按其主要功能有以下分类：改善混凝土拌合物流变性能的外加剂，包括各种减水剂、引气剂和泵送剂；调节混凝土凝结时间、硬化性能的外加剂，包括缓凝剂、早强剂和速凝剂；改善混凝土耐久性的外加剂，包括引气剂、防水剂和阻锈剂等；改善混凝土其他性能的外加剂，如加气剂、膨胀剂、防冻剂、着色剂、减蒸剂等。建筑工程上常用的外加剂有减水剂、早强剂、缓凝剂、引气剂和复合型外加剂。

混凝土外加剂除普遍用于一般工业与民用建筑外，更主要用于配制高强混凝土、低温早强混凝土、防冻混凝土、大体积混凝土、流态混凝土、喷射混凝土、膨胀混凝土、防裂密实混凝土及耐腐蚀混凝土等，广泛用于高层建筑、水利水电工程、桥梁、道路、港口、机场、井架、隧道等重要工程。

四、工程对混凝土的基本要求

土木建筑工程中使用的混凝土，一般必须满足以下基本要求：

（1）混凝土拌合物应具有与施工条件相适应的施工和易性；

（2）混凝土在规定龄期达到设计要求的强度；

（3）硬化后的混凝土具有与工程环境条件相适应的耐久性；

（4）经济合理，在保证质量的前提下，节约造价；

（5）大体积混凝土（结构物实体最小尺寸≥1m的混凝土），尚需满足低热性要求。

第六章 混凝土材料与工程质量

知识要点

1. 普通混凝土的组成材料及其作用

普通混凝土(即四组分混凝土)的组成材料如表2.6.1所示。

表2.6.1 普通混凝土组成及其各组分材料

组成成分	水泥净浆胶凝材料					矿物填充材料	
	水泥胶体	未水化的水泥颗粒	毛细管孔	胶体细孔	空隙	细集料(砂)	粗集料(石)
	水泥		水		空气		
占混凝土总体积的百分数/%	10~15		15~20		1~3	20~33	35~48
	22~35				1~3	66~78	

普通混凝土中各组成材料的作用如下。水泥净浆的作用有:①包裹集料表面并填充集料孔隙;②使混凝土拌合物具有适于施工的工作性能,作为干涩集料之间的润滑材料;③使硬化混凝土具有所需的强度、耐久性等重要性能。硬化水泥浆的性能主要取决于水泥的性能、水灰比、水泥水化程度等。集料的作用主要有:①在经济上,它比水泥便宜,作为廉价的填充材料,降低混凝土的成本;②在技术上,集料的存在使混凝土比单纯的水泥净浆具有更好的体积稳定性和更好的耐久性;③集料可以部分吸收水泥的水化热,减少干缩等不良作用。集料的粒径、级配、强度、有害杂质的含量等因素都会影响混凝土的性能。

2. 水泥的品种与性能

水泥的品种很多,按熟料矿物成分分类可分为硅酸盐水泥、铝酸盐水泥、硫铝酸盐水泥、氟铝酸盐水泥、铁铝酸盐水泥以及少熟料或无熟料水泥等;按用途和性能分类可分为通用水泥、专用水泥和特种水泥三大类(表2.6.2)。我国土建工程常用的为通用水泥,是以硅酸钙为主要成分的熟料制得的硅酸盐系列水泥,按《通用硅酸盐水泥》(GB 175—2007)的规定,通用硅酸盐水泥按混合材料的品种和掺量分为硅酸盐水泥、普通硅酸盐水泥、矿渣硅酸盐水泥、火山灰质硅酸盐水泥、粉煤灰硅酸盐水泥和复合硅酸盐水泥。各品种的组分和代号见表2.6.3。这几种水泥是土木工程中应用最广的水泥品种,常称为六大通用水泥,表2.6.4汇总了六大水泥的特性与应用。

表2.6.2 水泥按用途及性能分类

类别	主要品种举例	用途
通用水泥	硅酸盐水泥、普通硅酸盐水泥、矿渣硅酸盐水泥、火山灰质硅酸盐水泥、粉煤灰硅酸盐水泥、复合硅酸盐水泥	用于一般土木建筑工程
专用水泥	油井水泥、砌筑水泥、耐酸水泥、道路硅酸盐水泥等	用于某种专业工程
特种水泥	快硬硅酸盐水泥、膨胀水泥、自应力水泥、抗硫酸盐水泥等	用于某些性能有特殊要求的混凝土

表2.6.3 通用硅酸盐水泥品种、代号及组分

品种	代号	组　分				
		熟料＋石膏	粒化高炉矿渣	火山灰质混合材料	粉煤灰	石灰石
硅酸盐水泥	P·Ⅰ	100	—	—	—	—
	P·Ⅱ	≥95	≤5	—	—	—
		≥95	—	—	—	≤5
普通硅酸盐水泥	P·O	≥80且<95	>5且≤20①			
矿渣硅酸盐水泥	P·S·A	≥50且<80	>20且≤50②	—	—	—
	P·S·B	≥30且<50	>50且≤70②	—	—	—
火山灰质硅酸盐水泥	P·P	≥60且<80	—	>20且≤40③	—	—
粉煤灰硅酸盐水泥	P·F	≥60且<80	—	—	>20且≤40④	—
复合硅酸盐水泥	P·C	≥50且<80	>20且≤50⑤			

① 本组分材料为符合标准要求的活性混合材料,其中允许用不超过水泥质量8%的非活性混合材料或不超过水泥质量5%的窑灰代替。

② 本组分材料为符合标准要求的活性混合材料,其中允许用不超过水泥质量8%的其他活性混合材料或非活性混合材料或窑灰中的任一种材料代替。

③ 本组分材料为符合标准要求的活性火山灰材料。

④ 本组分材料为符合标准要求的活性粉煤灰材料。

⑤ 本组分材料是由两种(含)以上符合标准的活性混合材料或/和符合标准的非活性混合材料组成,其中允许用不超过水泥质量8%且符合标准的窑灰代替。掺入矿渣时混合材料掺入量不得与矿渣硅酸盐水泥重复。

表2.6.4 六大水泥的特性及应用

名称	硅酸盐水泥	普通水泥	矿渣水泥	火山灰水泥	粉煤灰水泥	复合水泥
主要特性	1.早期强度高 2.水化热高 3.抗冻性好 4.耐热性差 5.耐腐蚀性差 6.干缩小 7.抗碳化性好	1.早期强度较高 2.水化热较高 3.抗冻性较好 4.耐热性较差 5.耐腐蚀性较差 6.干缩性较小 7.抗碳化性较好	1.早期强度低,后期强度高 2.水化热较低 3.抗冻性较差 4.耐热性较好 5.耐腐蚀性好 6.干缩性较大 7.抗碳化性较差 8.抗渗性差	1.早期强度低,后期强度高 2.水化热较低 3.抗冻性较差 4.耐热性较差 5.耐腐蚀性好 6.干缩性大 7.抗碳化性较差 8.抗渗性好	1.早期强度低,后期强度高 2.水化热较低 3.抗冻性较差 4.耐热性较差 5.耐腐蚀性好 6.干缩性小 7.抗碳化性较差 8.抗裂性好	1.早期强度稍低 2.其他性能同矿渣水泥

名称	硅酸盐水泥	普通水泥	矿渣水泥	火山灰水泥	粉煤灰水泥	复合水泥
适用范围	1. 高强混凝土及预应力混凝土工程 2. 早期强度要求高的工程及冬季施工的工程 3. 严寒地区遭受反复冻融作用的混凝土工程	与硅酸盐水泥基本相同	1. 大体积混凝土工程 2. 高温车间和有耐热要求的混凝土结构 3. 蒸气养护的构件 4. 耐腐蚀要求高的工程	1. 地下、水中大体积混凝土结构 2. 有抗渗要求的工程 3. 蒸气养护的构件 4. 耐腐蚀要求高的工程	1. 地上、地下及水中大体积混凝土结构 2. 蒸气养护的构件 3. 抗裂性要求较高的构件 4. 耐腐蚀要求高的工程	可参照矿渣水泥、火山灰水泥、粉煤灰水泥,但其性能受所用混合材料性能的影响,所以使用时应针对工程的性质加以选用
不适用范围	1. 大体积混凝土工程 2. 受化学及海水侵蚀的工程 3. 耐热混凝土工程	与硅酸盐水泥基本相同	1. 早期强度要求较高的混凝土工程 2. 有抗冻要求的混凝土工程	1. 早期强度要求较高的混凝土工程 2. 有抗冻要求的混凝土工程 3. 干燥环境中的混凝土工程 4. 耐磨性要求高的工程	1. 早期强度要求较高的混凝土工程 2. 有抗冻要求的混凝土工程 3. 干燥环境中的混凝土工程 4. 耐磨性要求高的工程	

3. 集料品质与混凝土性能

集料约占混凝土体积的 70%,其质量对混凝土的性能有很大影响。关于粗、细集料的质量标准及检验方法,可参照 GB/T 14685—2001 和 GB/T 14684—2001。集料的主要技术性质如下。

(1) 集料的表观密度

集料的表观密度是指包括非贯通毛细孔在内的集料的质量与同体积水的质量之比。集料的表观密度与含水状态(图 2.6.1)有关,有全干表观密度和饱和面干表观密度两种表达方式。饱和面干是新拌混凝土中集料的一种假想的含水状态,即集料内部充分吸水而没有表面自由水分时的状态。由于集料毛细孔中所含的水并不参与水泥的水化,不影响新拌混凝土的流动性,饱和面干表观密度更适用于混凝土配料计算。全干(绝干)状态的集料在混凝土中要吸收水分,影响实际水灰比。

(2) 集料的吸水率和含水率

(3) 集料的粒形与强度

(4) 集料的粒度与级配

(5) 集料所含有害物质

(4) 集料的耐久性

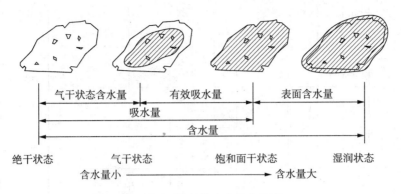

图 2.6.1　集料的含水状态示意

4. 混凝土外加剂的分类及主要技术要求

按照化学结构式的不同,混凝土外加剂可分为无机电解质类、有机表面活性物质类、聚合物电解质类三类。它们的基本特性如表 2.6.5 所示。按照主要功能的不同,混凝土外加剂又可分为四类:①改善混凝土拌合物流变性能的外加剂,包括各种减水剂、引气剂和泵送剂等;②调节混凝土凝结时间、硬化性能的外加剂,包括缓凝剂、早强剂等;③改善混凝土耐久性的外加剂,包括防冻剂、防水剂和阻锈剂等;④改善混凝土其他性能的外加剂,包括加气剂、膨胀剂、着色剂等。

表 2.6.5　按化学结构式分类的外加剂的基本特性

项目	无机电解质	有机表面活性物质	聚合物电解质
相对分子质量	几十～几百	几百～几千	1 000～20 000
减水作用	无或 5%	5%～18%	>20%
引气作用	无	有	无或极小
掺量	1%～5%	<1%	0.5%～2%

混凝土外加剂的主要技术要求(即掺外加剂混凝土的性能指标)如表 2.6.6 所示。在生产过程中控制的项目有:含固量或含水量、密度、氯离子含量、细度、pH 值、表面张力、还原糖、总碱量($Na_2O + 0.658K_2O$)、硫酸钠、泡沫性能、水泥净浆流动度或砂浆减水率,其匀质性应符合 GB 8076—1997 的要求。

5. 矿物掺合料

矿物掺合料是指在配制混凝土时加入的能改变新拌混凝土和硬化混凝土性能的无机矿物细粉。其掺量通常大于水泥用量的 5%,细度与水泥细度相同或比水泥更细。掺合料与外加剂主要不同之处在于其参与了水泥的水化过程,对水化产物有所影响。在配制混凝土时加入较大量的矿物掺合料,可降低温升,改善工作性能,增进后期强度,并可改善混凝土的内部结构,提高混凝土耐久性和抗腐蚀能力。尤其是矿物掺合料对碱集料反应的抑制作用。因此,又将这种材料称为辅助胶凝材料,它已成为高性能混凝土不可缺少的第六组分。

根据其化学活性,矿物掺合料基本可分为三类:①有胶凝性(或称潜在水硬活性)的,如粒化高炉矿渣、高钙粉煤灰或增钙液态渣、沸腾炉(流化床)燃煤脱硫排放的废渣(固硫渣)等。②有火山灰活性的,火山灰活性是指本身没有或极少有胶凝性,但在有水存在时,能与 $Ca(OH)_2$ 在常温下发生化学反应,生成具有胶凝性的组分。如粉煤灰、原状的或煅烧的酸性火

表 2.6.6　掺外加剂混凝土的性能指标

试验项目		普通减水剂	高效减水剂	早强减水剂	缓凝高效减水剂	缓凝减水剂	引气减水剂	早强剂	缓凝剂	引气剂
减水率/%		≥8	≥12	≥8	≥12	≥8	≥10	—	—	≥6
泌水率比/%		≤95	≤90	≤95	≤100	≤100	≤70	≤100	≤110	≤70
含气量/%		≤3.0	≤3.0	≤3.0	<4.5	<5.5	>3.0	—	—	>3.0
凝结时间之差 /min	初凝	-90~+120	-90~+120	-90~+90	>+90	>+90	-90~+120	-90~+90	>+90	-90~+120
	终凝									
抗压强度比 /%	1 d	—	≥140	≥140	—	—	—	≥135	—	—
	3 d	≥115	≥130	≥130	≥125	≥100	≥115	≥130	≥100	≥95
	7 d	≥115	≥125	≥115	≥125	≥110	≥110	≥110	≥100	≥95
	28 d	≥110	≥120	≥105	≥120	≥105	≥100	≥100	≥100	≥90
收缩率比/% 28d		≤135	≤135	≤135	≤135	≤135	≤135	≤135	≤135	≤135
相对耐久性指标（200次）/%		—	—	—	—	—	≥80	—	—	≥60
对钢筋锈蚀作用		应说明对钢筋有无锈蚀危害								

注：1. 除含气量外，表中所列数据为掺外加剂混凝土与基准混凝土的差值或比值。

2. 凝结时间指标："—"号表示提前，"+"号表示延缓。

3. 相对耐久性指标一栏中，"200次≥80或≥60"表示将掺外加剂混凝土试件冻融循环200次后，动弹性模量保留值≥80%或≥60%。

4. 对于以上可以用高频振捣排除由外加剂所引入的气泡的产品，允许用高频振捣，达到某类型性能指标要求的外加剂，可按本表进行命名和分类，但须在产品说明书和包装上注明"用于高频振捣的××剂"。

山玻璃和硅藻土、某些烧页岩和黏土,以及某些工业废渣(如硅灰)。③惰性掺合料,如细磨的石灰岩、石英砂、白云岩以及各种硅质岩石的产物。

矿物掺合料在混凝土中的作用主要体现在以下三个方面。①形态效应:利用矿物掺合料的颗粒形态在混凝土中起减水作用,有学者称之为"矿物减水剂"。如优质的粉煤灰,其玻璃微珠对混凝土和砂浆的流动起"滚珠轴承"作用,因而有减水作用。②微细集料效应:利用矿物掺合料中的微细颗粒填充到水泥颗粒填充不到的孔隙中,使混凝土中浆体与集料的界面缺陷减少,致密性提高,大幅度提高混凝土的强度和抗渗性能。③化学活性效应:利用矿物掺合料的胶凝性或火山灰特性,将混凝土中尤其是浆体与集料界面处大量的 $Ca(OH)_2$ 晶体转化成对强度及致密性更有利的C—S—H凝胶,改善界面缺陷,提高混凝土的强度。不同种类矿物掺合料因其自身性质不同,在混凝土中所体现的三个效应各有侧重。

案例 6-1 合理使用水泥确保混凝土工程质量

目前,在我国基础设施建设和工业与民用建筑中,混凝土已成为应用面最广、应用量最大的建筑材料。但相当多的混凝土工程存在的质量问题必须"标"、"本"兼治。中铁十八局集团第五工程有限公司李昊从事结构设计和建设监理工作多年,经常深入施工现场,在工程实践中体会到水泥的确堪称混凝土工程质量之"本",提出以下几点意见。

1. 改变"回转窑水泥不足立窑补"的现状,确保工程质量

立窑水泥与回转窑水泥配制的混凝土在质量稳定性、耐久性、施工适应性及力学性能方面是有差别的,立窑水泥的各项性能明显不如回转窑水泥。

从结构设计的角度看,设计人员除特殊情况外,一般仅对混凝土的强度(等级)提出明确要求,至于采用何种水泥配制混凝土则由施工单位决定。由于我国建筑材料准用制度尚不完善,建设监理无法根据法规来限定出自不同厂家水泥的使用范围。用于检查结构质量的混凝土试件(现场浇筑时取样)需养护28 d才能测试,而施工进度又不能耽搁,因此监理人员实际上是"事后"检查混凝土工程的质量,很难做到"事前"控制。因此,水泥品质直接影响混凝土的耐久性能,混凝土工程质量首先要抓水泥质量。

2. 选用水泥必须考虑混凝土结构的耐久性

由于混凝土建筑物要求有足够长的使用寿命,因此,混凝土的耐久性逐渐引起人们的重视。水泥品质直接影响混凝土的耐久性能。用52.5号优质立窑水泥配制的混凝土,其抗渗、抗碳化、抗海水腐蚀性能均不如同标号回转窑水泥,抗冻、干燥收缩、钢筋锈蚀等与回转窑水泥相近。而采用烧黏土作混合材的42.5号立窑水泥则对混凝土的耐久性能非常不利。在实际工程中对混凝土的耐久性必须进行"事前"控制。等到建筑物在使用阶段出了问题再去弥补,将造成不可估量的损失。在目前条件下,为保证混凝土结构的耐久性,应从以下几点做起。

(1)混凝土结构设计及施工在选用水泥方面应有明确规定。原建设部已把"混凝土结构的耐久性研究及耐久性设计"列为国家重点科技攻关项目,并由清华大学、中国建筑科学研究院等单位共同承担此项任务,并已作出相应的规定。在制定这类规范时,建议增加有关水泥选用的章节,明确规定某类工程或某结构部位等"须"、"应"、"宜"选用某种类(或标号)水泥。

(2)要尽快健全、完善我国水泥准用制度。建议国家建设主管部门会同国家建材主管单位出台一些法规,规定水泥出厂必须附有"准用证"。"准用证"应明确交代哪些水泥"可"、"不可"用于某类工程或某结构部位等。在水泥包装袋上也应标明出厂日期、使用期限、存放条件、使用要求、应用范围及其他注意事项等,以利建设监理现场检查。

(3)科研单位要加快各类水泥对混凝土耐久性影响的科学研究。科研不能仅停留在实验室里,要在各类实际工程中跟踪调查(因为每个工程的外部环境、施工条件及使用条件均有差异),收集资料,为制定(或修订)有关规范提供科学依据。

3. 重视碱集料反应(AAR)的研究并制定相应对策

碱集料反应严重损害混凝土结构的耐久性能。对预应力混凝土结构来说,一旦出现AAR,将可能引起混凝土的开裂,直接危及结构安全,必须及时进行加固处理。混凝土构件如在使用阶段出现问题将付出极高的代价,对混凝土结构进行加固处理的费用往往比原构件的造价还高。与发达国家相比,我国AAR的研究较晚,对由AAR引起的混凝土破坏重视不够。这主要是因为一般国内制作混凝土所用集料的碱活性较小,加之AAR破坏又不易鉴别,使人们常常忽视了这一问题。在实际工程中一旦发现混凝土裂缝，技术人员首先从外部环境（如温度应力、不均沉降、超载等）或设计、施工上找原因，很少会想到 AAR（相当多的质检、监理人员缺乏有关 AAR 的知识）。因此，很多由 AAR 引起的混凝土破坏被误认为是其他原因造成的破坏（混凝土破坏的原因很复杂，往往是多种因素共同作用）。

我国混凝土工程中的碱集料反应不容乐观。我国生产的水泥大多为高碱水泥，特别是北方地区生产的水泥，其碱含量多在 0.8%～1.0% 以上。但施工单位并不排斥（有时甚至欢迎），因为高碱纯硅酸盐水泥配制的混凝土快硬、早强，有利于提高施工速度。施工单位有时为抢工期或便于冬季施工，常在配制混凝土时掺入一定量的早强剂及防冻剂等，此时如果采用的是高碱水泥，则混凝土中的含碱总量将高达 $15\sim20$ kg/m^3，远远超出安全碱含量的限值。为此李杲提出以下几点建议。

（1）加大关于 AAR 的科研力度，编制（或修订）相应规范，科研、设计部门应在实际工程中进行广泛的调查研究，针对混凝土中不同的集料和外加剂、不同品质的水泥、不同的环境（如温度、湿度），以及不同的施工条件等做大量实验，为编制（或修订）有关规范提供科学依据。

（2）增加低碱水泥的市场供应，确保混凝土工程质量。国家应从产业政策方面鼓励低碱水泥的生产。同时，通过"准用证"制度来限制高碱水泥的使用范围。例如：严格规定水利工程、预应力构件以及重要工程的结构关键部位等，所用水泥的碱含量不得超过某一限值。

（3）重视关于碱集料反应的知识普及和预防措施的宣传工作。为使广大工程技术人员深刻认识碱集料反应对混凝土工程的危害，应加大宣传教育的力度，出版一些普及 AAR 知识的教材和预防 AAR 破坏的技术措施（手册）等。

分析点评

水泥生产要适应高性能混凝土（HPC）的发展趋势。高性能混凝土所采用的水泥标号一般不应低于 42.5 级，并且必须是质量稳定的优质水泥，使其在较高的可靠度保证下实现高强度。故应大力发展回转窑水泥技术。选用水泥时必须考虑混凝土结构的耐久性要求，水泥熟料中任何不利于混凝土耐久性的化学物质（如碱含量等）都应该严加控制。HPC 所用水泥应保证混凝土有很好的工作性质，如高流动性、力学性能稳定、低水化热、体积稳定、早强并有一定韧性（满足抗震要求）等特点。

思考题

1. 为什么要大力发展新型干法水泥生产技术并尽快淘汰立窑？

2. 为什么说混凝土结构设计及施工在选用水泥时应有明确的规定？

3. 何谓碱集料反应？如何预防和抑制碱集料反应？

案例 6-2　多组分矿物掺合料的应用

随着建筑材料"绿色化"进程的加快,已大量应用工业废渣研制矿物掺合料,其可以减少环境负荷,节约能源,并促进绿色高性能水泥与混凝土的发展。矿物掺合料复合化是新一代矿物掺合料的发展趋势,通过多种磨细工业废渣及天然矿物材料复合而制得多元胶凝粉体,利用多元粉体之间的"梯度水化"效应,调控其各组分胶凝反应的进程,充分发挥各组分性能达到超叠加作用。

华南理工大学卢迪芬等以大掺量粉煤灰为基础,选择多组合配比和粉磨方式,以优化多组分矿物掺合料的活性组分和合理的颗粒级配,研制成粉煤灰基多组分矿物掺合料,通过多种微粉的优势互补而获得性能叠加的效果。广州某水泥厂提供的水泥及粉煤灰、矿渣粉、石灰石,具体化学成分见表 2.6.7,复合粉为两种矿物经细磨而成,起提高早期强度的作用。

表 2.6.7　试验材料的化学成分　　　　　　　单位:%(质量分数)

试验材料	化学成分							烧失量	总量
	SiO_2	Al_2O_3	Fe_2O_3	CaO	MgO	SO_3	Mn_2O_3		
水泥	20.91	5.88	4.29	64.96	1.42	0.79	—	0.15	98.40
粉煤灰	43.63	26.39	10.43	12.14	1.53	1.30	—	1.95	97.37
矿渣粉	32.69	15.96	1.38	37.59	9.51	0.09	0.47	0.28	97.97
石灰石	4.00	0.78	0.37	51.85	1.24	—		40.70	98.94

以粉煤灰为主,辅以矿渣、石灰石和复合粉(两种矿物经细磨而成)等组成多元粉体。以矿渣、石灰石、复合粉掺量和石灰石细度为四因素,每个因素采用三个不同的水平进行正交设计,得到结论。

(1) 在矿物掺合料相同的情况下,掺入多组分矿物掺合料的混凝土强度高于单掺矿物掺合料的混凝土。

(2) 采用石灰石:矿渣:复合粉:粉煤灰＝6:40:5:49 的比例进行多组分矿物掺合料,其掺量为 50% 时,采用 ISO 法测定其 7d 活性指数达 56.26%,28 d 活性指数为 76.6%,达到了矿渣微粉 S75 级国家标准,而价格远远低于矿渣微粉。

(3) 粉磨方式对于多组分矿物掺合料的制备有较大的影响,通过多组分混合粉磨可以改善物料的易磨性,形成较为连续的颗粒级配,从而降低多元胶凝粉体的标准稠度需水量,提高混凝土的坍落度和强度。

分析点评

多组分矿物掺合料中,由于各组分本身固有活性和粉料物理化学性质的差异,在水泥水化过程中还会发生"梯度水化效应",即在不同龄期,不同性质的掺合料会发生水化的差异性。在水化早期,水泥组分会起水化主导作用,适当掺量的石灰石中的 $CaCO_3$ 与水泥中的 C_3A 反应生成碳酸铝钙,其结构与钙矾石大致相同,这些组分的水化又会激发另一种组分的活性,促进粉煤灰、矿渣等主掺合料的水化,经一定龄期后,矿渣粉和粉煤灰的水化会逐渐加深,最后成为这一水化龄期的"主导掺合料",每个龄期的不同掺合料的水化都起到了强度弥补的作用,同时激发另一种掺合料,从而加速了水化反应过程。而且,不同的矿物掺合料对混凝土有不同的作用,其复合掺用,可以起到性能互补的优势。如粉煤灰混凝土具有较低收缩性,但抗碳化能力差;而磨细矿渣抗碳化性好,但自收缩性较大;石灰石对流动度有较大帮助,而且对提高混凝土抗渗、收缩性能也优于粉煤灰。各组分复合配比适当时,可以取长补短,优化混凝土性能。

粉磨方式影响着多组分矿物掺合料的性能,这是由于各组分材料易磨性不同,共同粉磨时会相互影响,这种影响有时有助于粉磨,有时也阻碍粉磨,同时会影响各组分不同粒级的相对含量,从而影响粉磨产品的颗粒分布。混合粉磨时易磨性差的矿渣以较粗颗粒部分累积,易磨性相对好的熟料倾向以中等和较细颗粒部分累积,易磨性最好的石灰石则以最细颗粒累积,形成了较为连续的颗粒级配,因而较之分别粉磨后按比例混拌的其他样品需水量小,使混凝土和易性得以提高。这是因为颗粒间的间隙不但被水而且被石灰石细颗粒填充,形成了较为连续的颗粒级配,恰当比例的组分混合粉磨提高了多组分胶凝粉体的工作性能。

思考题

1. 混凝土常用的矿物掺合料有哪些?
2. 配比合适的多组分复合掺合料可以优化混凝土的性能吗? 为什么?
3. 为什么说多组分掺合料混合粉磨效果比单独粉磨后再混合的效果好?

案例 6-3 大掺量矿物掺合料高性能混凝土在京沪高铁中的应用

京沪高速铁路是我国第一条具有自主知识产权的高速铁路,设计时速 350 km/h。中铁十二局集团有限公司承建的土建工程四标段位于江苏省及安徽省境内,正线长度 285.740 km,全段以桥梁施工为主,共计有高性能混凝土约 $560×10^4$ m^3。该工程主要结构使用年限按不低于 100 年设计,对混凝土结构的耐久性提出了很高的要求。

中铁十二局集团有限公司高治双等结合混凝土结构所处的环境作用等级,从混凝土原材料选择、配合比设计,以及混凝土的拌合、运输、浇筑、养护等方面入手,加强施工工艺控制,通过多种手段来保证混凝土的耐久性,取得了良好的效果。例如他们将矿粉与粉煤灰配合使用,而且考虑到粉煤灰和矿粉品质对结构的耐久性有重要影响,在进场检验中必须严格把关。这样,在混凝土中掺入大量的矿物掺合料,在保证强度的同时能够降低成本,提高混凝土的抗侵蚀能力。他们在施工中加强控制,从原材料和配合比优选入手,严格控制原材料品质、计量偏差以及混凝土的施工和养护等工艺过程,充分发挥矿物掺合料的"三大效应"功能,提高混凝土结构的耐久性,以实现主体结构使用寿命 100 年的目标。

分析点评

矿粉与粉煤灰配合使用可以使两种材料的火山灰效应、形态效应和微集料效应相互叠加。粉煤灰等量取代水泥时,28 d 强度会降低,而矿粉在合适的掺量下会使混凝土的 28 d 强度稍有提高,两者有较好的"强度互补效应",复合使用可以兼顾混凝土早期强度与后期强度。早期发挥矿粉的火山灰效应,改善浆体和集料的界面结构,弥补由于粉煤灰的火山灰效应滞后于水泥熟料水化引起的早期强度损失;后期发挥粉煤灰的火山灰效应所带来的孔径细化作用以及未反应的粉煤灰颗粒的"内核作用",使混凝土后期强度持续得到提高,结构的耐久性也会进一步得到增强。

掺入大量的粉煤灰和矿粉时,必须严格控制粉煤灰和矿粉的质量。劣质粉煤灰由于含有较多不规则的多孔颗粒和未燃尽的炭,会导致需水量增加,保水性变差,对混凝土带来负面效应。矿粉的细度若不能满足要求,则会给混凝土带来很多问题,如黏聚性下降,出现离析和泌水,凝结时间延长,早期强度降低等,甚至 28 d 强度也会不同程度的降低。

思考题

1. 为什么说矿粉与粉煤灰配合使用可以发挥"强度互补效应"?
2. 劣质粉煤灰可能会给混凝土带来哪些危害?
3. 矿粉的细度若不能满足要求,则会给混凝土带来哪些问题?

案例 6-4　外加剂超量引起的混凝土质量事故

1. 工程概况

某商业办公大楼为五层框架结构,建筑面积为 3 461 m²,抗震等级为三级,基础采用直径 800 mm 的人工挖孔桩,持力层为中风化岩层,基础及主体均采用强度等级为 C30 商品混凝土,由当地一家商品混凝土厂提供,运距约为 5.5 km。外墙采用 MU7.5 多孔砖,内墙采用 MU2.5 空心砖。依据甲乙双方合同要求,基础以上总工期为 100 d,若工程提前竣工验收合格,甲方将按合同支付相应的赶工费用,若延误工期,乙方将按规定赔偿损失。

2. 质量事故背景

大楼二层建筑面积为 796 m²,梁板混凝土方量约为 122 m³,自当日早上 8:30 开始浇筑,至第二天凌晨 2:30 左右结束。当日最高温度为 33℃,最低气温为 21℃,风力 2～3 级。质量事故背景如下:

7 月 26 日 08:30　开工鉴定,工作性符合要求,开始浇筑混凝土;

7 月 26 日 14:00　监理人员见证取样,制作混凝土试块;

7 月 26 日 18:30　监理人员对坍落度抽检实测,符合要求;

7 月 27 日 02:30　混凝土浇筑完毕;

7 月 27 日 09:40　监理人员发现局部梁板混凝土存在质量问题;

7 月 27 日 15:30　业主、施工单位、监理单位及商品混凝土厂四方共同诊断确定为一起外加剂超量质量事故;

7 月 28 日 08:00　业主、施工单位、监理单位、设计单位及商品混凝土厂五方召开紧急会议,并邀请专家参与制定处理方案;

7 月 28 日 14:30　质量事故处理开始;

7 月 29 日 19:50　质量事故处理完毕。

3. 事故原因调查分析

本次质量事故系局部混凝土强度发展异常,具体表现为:①混凝土浇筑完毕 7 小时后尚未终凝,手按有凹痕;②混凝土浇筑完毕 30 h 后强度才开始逐渐发展。质量事故发生后引起各方高度重视,经调查分析如下。

(1)混凝土浇筑过程中气候无异常,属正常天气,故排除气候因素的影响。

(2)混凝土的原材料为同一批量,且均送检合格,故排除原材料变化的因素。

(3)事故混凝土的颜色与正常混凝土无差别,故排除粉煤灰完全替代水泥的可能性。

(4)混凝土浇筑 7 h 后尚未终凝,且养护积水中不断有棕色液体析出,其颜色和气味与商品混凝土厂使用的外加剂相同,故初步推断为外加剂严重超量。

(5)调查中有操作工人反映最后两趟车的混凝土流动性特别大,因有利于操作,故未向技术人员报告。通过钢钎击打混凝土楼面判别事故混凝土的界线范围,发现其界线清晰明确,且计算混凝土数量约为 12.8 m³,其位置、数量正好与最后两趟车的混凝土相符,证实了最后两趟车的混凝土质量异常,并与减水剂超量的现象一致。

(6)混凝土浇筑 30 h 后强度才开始逐渐发展,这一特征与缓凝剂超量的后果相同。据相关文献资料报道,有些缓凝剂超过允许掺量太多,有可能导致混凝土浇注数日后仍不能正常凝结。

　　商品混凝土厂采用的外加剂为缓凝减水剂,具有缓凝和减水两大效应。

　　综合上述分析结果,经专家讨论确认,质量事故原因为混凝土外加剂严重超量。由于该工程工期短,赶工费高,故在制定处理方案时充分考虑了工期因素,并按照结构安全、施工可行、费用经济的原则,对事故混凝土采用局部重点处理和结构上复核验算相结合的处理方案。

分析点评

　　混凝土中掺加适量外加剂可以改善其工作性能,提高其耐久性。若上例中按设计的配合比掺入外加剂,则混凝土的强度是能够满足要求的;但当外加剂超量时,则会造成混凝土凝固速度减慢、强度降低,甚至出现裂缝,严重影响整个工程质量。大力推广和普及商品混凝土已是大势所趋,但在实际运作中也出现了一些问题。除了材料本身的原因外,外加剂的使用不当也是一个不容忽视的方面,对此应引起高度重视。

思考题

　　1. 常用的混凝土外加剂有哪些?

　　2. 试述减水剂的机理及作用。

　　3. 缓凝剂的适用范围有哪些?

案例 6-5　水泥安定性不合格产生的质量问题

　　江苏盐城市某工程为三层砖混结构的建筑,使用的是 32.5 号复合硅酸盐水泥筑 C25 混凝土,施工温度为 28℃。一层圈梁和柱子浇筑拆模后,发现混凝土强度很低。14 d 现场检查发现:圈梁强度很低,回弹仪测定强度约为 3~5 MPa;柱子上有少量大孔,其密实处强度稍高,为 8~10 MPa。据施工队介绍,圈梁与柱子浇筑的水泥批号为同一批号,水泥运回后即浇筑圈梁,在施工期间发现水泥发烫,温度较高。柱子浇筑时间比圈梁迟一天。

　　事故发生后调查了解,该水泥生产厂家为水泥粉磨站,32.5 号复合硅酸盐水泥所掺的混合材料为火山灰和粉煤灰,其掺量在 30%;由于是水泥销售旺季,该厂水泥粉磨袋装后即出厂。调查人员对封样水泥进行送检,结果为水泥安定性不合格。

分析点评

　　水泥粉磨袋装后即出厂,所以水泥温度高。水泥安定性不良是造成混凝土强度低的主要原因,柱子处混凝土强度比圈梁稍高,这是由于柱子浇筑时间比圈梁迟一天,水泥中部分游离氧化钙吸收了空气中的水分得到部分消解,使水泥的安定性有了一定的改善,强度相应得到提高。火山灰和粉煤灰为混合材的复合硅酸盐水泥,早期强度较低,但施工温度为 28℃,混凝土强度增加快,不会对混凝土强度产生负面影响。柱子上有少量大孔,说明施工有一定的问题,但这是次要因素,也不是混凝土质量低劣的主要原因。

思考题

1. 水泥安定性的定义是什么?何谓水泥安定性不良?
2. 简述水泥安定性的试验方法与步骤。
3. 水泥国家标准中并未规定标准稠度,水泥安定性检测时为什么要测定其标准稠度?

案例 6-6 北河大桥钻孔灌注桩混凝土离析问题

广东揭阳环市北河大桥桥型布置为 12×16 m $+3\times30$ m $+$ 20×16 m $+$ 3×30 m $+$ 12×16 m 钢筋砼 T 梁及预应力砼 T 梁组合体系,桩基钻孔深度超过 50 m。桩基施工采用正循环回转法成孔,钻进过程正常,钻孔桩灌注由搅拌站生产砼并用输送泵输送,采用水下浇注砼工艺。部分桩在灌浆过程中接近桩顶 3~4 m 时,出现涌水冒气形如"沸腾"现象,造成灌注砼离析。经无损检测结果表明,部分桩身砼在不同深度位置出现局部离析断面,均匀性较差。该工程的详细情况如下。

该桥桥址地处亚热带,位于广东东部沿海,气候温和,雨量充沛,年降雨量为 1 300~2 200 mm,年平均气温 21~22℃。北河为榕江支流,于揭阳市榕城区汇入榕江,流域面积 1 600 多平方千米。每年 4~5 月、11~12 月为平水期,6~9 月为丰水期,12 月至次年 3 月为枯水期,水位流量变幅较大。南海潮对其有顶托作用,水位受潮汐作用明显。地貌单元划分上属榕江三角洲平原,地形较平坦开阔。桥址地处榕江北西向构造带,位于潮安-普宁断裂与榕江断裂交错带。地质由全新统河流相沉积土、全新统海相沉积土、晚更新统海陆交互相沉积土、第四系残积土、燕山期岩浆岩组成。

勘探结果表明:桥址地下水类型为孔隙承压水,桥址共有 4 个主要含水层,即第 3 层(含泥质砂性土)、第 7 层(中粗砂、砾砂)、第 9 层(砾砂)、第 11 层(砾砂、粗砂)砂性土层,其中第 1 含水层(亚黏土)受潮汐作用明显,其水位变幅达 0.6 m。大桥桩基持力层选用第 11~13 层(分别为砾砂粗砂、亚黏土、花岗岩),桩型为摩擦桩。

水泥混凝土离析原因分析如下。

(1)测试结果表明,各含水层的水头标高均低于地面标高,不存在自流的承压水,水头压力不可能产生水下混凝土的离析。

(2)地下水的腐蚀性和水土的酸碱性(呈弱酸性,pH 值为 6.4~6.7)对水泥混凝土有破坏作用,但在施工过程的短时间内不可能有明显作用。由于水土的弱酸性,当桩孔护壁材料选择不当时,较难护住孔壁,从而影响护壁效果。

(3)由于各含水层均充满于上下两个隔水层间,虽然地面高程(孔口地面标高 1.55~2.29 m)高于承压水位,但地下水位也将上升到地面以下(即一定孔深处)的高度;虽然各含水层的渗透系数、水力梯度、地下水流等均属正常,而且从流速上看,反映场地地下水流动缓慢,迳流条件较差,可以排除因地下水流动所产生的水泥离析。但在潮汐作用下,水头变幅大(达 0.6 m),由于含水层含水性、透水性较好,这种地下水在有较高水头补给的情况下,具有明显的承压特性,地下水的水头压力、流速、水力坡度必然相应变化,水便会沿钻孔显著上升,发生涌水现象,从而往上带走未凝固混凝土的细小水泥颗粒,产生离析现象。

(4)由于灌注桩混凝土加入缓凝剂,如个别桩基施工时未能保持足够的水头高度,当水头压力变化大于孔内未及时凝结的混凝土压力时,地下承压水便可能突破孔壁,渗入混凝土中,使水泥颗粒产生淋滤,造成混凝土离析。

(5)勘探结果显示,各水层地下水中游离性气体(CO_2)含量高,是一般水中 CO_2 含量的 100 多倍,说明地下有大量的 CO_2 气体来源。据查,桥址所在区域一带第四系部分地层中含大量腐植质,桥址下游约 3 km 处打井时也曾发现有碳酸矿水(刚被揭露时水冲出地面近 4 m 高),而桥址与该井一同处于榕江断裂带与潮安-普宁断裂的交汇部位。从灌注混凝土时出现涌水冒气现象以及游离性 CO_2 含水量的异常综合分析,混凝土离析与此有关,即由于局部地层中(指含水及透水性较好的地层)的水和气体钻透护壁进入桩孔中未凝固的混凝土,带走细小的水泥颗粒,从而产生离析现象。

(6) 由于上述原因,孔隙水和气体(CO_2)的逸出,各含水土层的结构将发生变化,增大透水性,加剧各含水层地下水的渗流及气体(CO_2)的逸出,并沿桩身混凝土中的"薄弱"位置处(如局部水灰比较大或粗骨料较少处)上升逸出,形成不规则通道,进一步出现涌水、冒气现象,导致水泥混凝土的离析呈线状和不均匀性。

采取的处理措施如下。

(1) 将直径 120 mm 桩基改为直径 130 mm 桩基,钢筋直径、尺寸不变,以增加保护层厚度。

(2) 将所有动测的桩基改为声测,确保桩基质量检测的准确性。

(3) 混凝土初凝时间控制在 8 h 左右。

(4) 泥浆的相对密度控制在 1.20 以内。

(5) 适当增加桩位填土高度,使泥浆溢出口高出地下水位 2.0 m 左右。

(6) 浇注桩基顶层混凝土时采取"超灌混凝土方式",即针对部分桩顶混凝土由于涌水、冒气造成严重离析,通过浇灌桩顶混凝土时在桩顶设计标高以上加灌一定高度,以便灌注结束后,将已离析的混合物及水泥浮浆清除干净并将此段混凝土清除。通过这一方式和扩大桩径避免桩顶混凝土强度不足,从而确保桩顶混凝土质量。增加的高度略大于桥涵施工规范要求的高度。

通过采取这些措施,使桩基质量有明显改善。

分析点评

在重大复杂桥梁下部构造工程的施工中,往往会发生意外事故或出现意想不到的难题,而且涉及的因素很多,不能简单的从某个方面判别问题;对于桥梁下部的工程技术,不能仅用复杂、精细的计算、绘图来表达,还要用清晰的概念、必要的试验、观测以及较全面的基础学科知识与经验来指导、分析,这样才能及时的发现问题,作出准确的判断,尽早采取措施,从而保证结构设计的质量。

思考题

1. 什么叫混凝土的离析? 引起混凝土离析的因素有哪些?

2. 使用离析混凝土会造成哪些后果?

3. 现场发生混凝土离析应如何处理?

案例 6-7　混合砂配制高性能混凝土在铁路工程中的应用

淮河特大桥地处安徽省蚌埠市境内,全长 80 多公里,高性能混凝土用量 300 多万立方米,工程设计使用寿命 100 年。当地石灰岩丰富,质量满足要求的河砂资源比较匮乏,附近只有明光女山湖出产河砂,但质量不稳定,山东沂河及河南信阳砂质量稳定,但运距非常远,价格高。为保证工程质量,降低工程成本,充分利用当地丰富的石灰岩,考虑将混合砂在高速铁路水下高性能混凝土中进行应用。

混合砂由灵璧县虞姬二山机制砂和明光女山湖天然砂组成。高性能混凝土用机制砂的具体技术指标一般应满足如下要求:细度模数应控制在 2.6~3.2;压碎值指标应小于 25%,有条件的最好控制在 20% 以内;机制砂母材强度应大于 70 MPa;机制砂的含粉量应控制在 4%~8%。

按 JGJ/T 55—2000《普通混凝土配合比设计规程》的方法和步骤,进行机制砂混凝土配合比设计,得到的结果与普通河砂得到的混凝土强度增长规律基本相同,保米罗公式在机制砂配合比设计中依然能够起到很强的指导作用。

采用混合砂后需要改进的问题有以下几方面。

(1) 混合砂的颗粒形状为尖锐、棱角形,有别于浑圆状的天然砂,其黏结力大,机械咬合作用强,故机制砂高强混凝土比河砂高强混凝土的强度高。在配制机制砂超高强混凝土的实践中发现:同水灰比的机制砂高强混凝土比河砂高强混凝土的强度一般高 5~10 MPa,可对混凝土配合比的系数进行部分修正。

(2) 采用水下混凝土灌注工艺时,混凝土配制强度应提高 10%。

(3) 由于机制砂混凝土的抗渗性差,所以必须从多孔材料渗透理论出发充分体现混凝土抗渗性的特殊要求,这是保证机制砂混凝土结构耐久性的前提条件。

为改善机制砂混凝土流动性差、拌合物干涩的状况,一方面要控制机制砂石粉含量和级配外,还可以掺用适量的矿物掺合料来改善其级配状态。结合工程实际情况,最终确定混合砂中机制砂:河砂= 62:38 (质量比),混凝土和易性、保水性均较好,其他指标如设计强度、坍落度、含气量等性能也均满足要求。由实验数据可知,该配合比完全满足淮河特大桥水下 C30 混凝土施工要求。

根据试验得出的机制砂混凝土配合比,最后在淮河特大桥桩基施工中进行了使用。

分析点评

随着建设工程的不断增多,资源性材料消耗很大,其中生产混凝土所需的细骨料(砂子)每年约需 20 多亿吨。目前混凝土用细骨料主要采用天然河砂或山砂,随着需求量的不断扩大,满足要求的天然砂数量越来越少,砂资源短缺,价格上涨。另一方面天然砂的开采对河床、农田自然生态及环境破坏严重。案例证明,只要严格加强人工砂质量控制、施工协调和管理,以人工砂替代天然河砂生产混凝土是完全可行的。今后,人工砂将作为建筑用砂的重要来源进入建材市场。

思考题

1. 为什么在拌制混凝土时,砂的用量常常按质量计量,而不以体积计量?
2. 何谓砂率?何谓合理砂率?影响合理砂率的主要因素是什么?
3. 什么叫砂的细度模数?砂按细度模数可分为哪些规格?

第七章　混凝土施工

知识要点

混凝土施工技术由模板工程、钢筋工程和混凝土工程三部分组成,其工艺流程如图 2.7.1 所示。

1. 模板工程

模板系统由模板和支架两部分组成。模板是混凝土成型用的模型,其作用是保证混凝土硬化后具有设计所要求的形状、尺寸及偏差。支架则用来保持模板处于设计位置并承受新浇混凝土的重量、模板的重量以及施工所产生的荷载。

模板工程一般是临时性工程,但模板工程工作量大,材料和劳动力消耗较多,因此必须合理选择模板

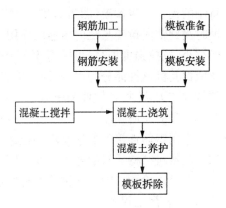

图 2.7.1　混凝土结构施工一般工艺流程

用材和形式,精心组织施工,以利于加速混凝土工程施工和降低造价。模板结构按施工方法可分为整体式模板、定型模板、翻转模板、滑升模、爬升模板和台模。按模板用材可分为木模板、钢模板、钢丝网水泥模板和塑料模板等。按模板用于结构部位的不同可分为柱模板、梁模板、墙模板、楼梯模板和基础模板等。按模板拆除与否,将模板分为永久性模板和临时性模板。

一般而言,模板工程需要经过模板设计、模板安装以及模板拆除三个过程。模板设计可分为模板结构设计和模板施工设计。进行模板施工设计时,就应考虑模板拆除的时间和顺序。缩短拆模时间有利于模板周转和减少模板用量,提高经济效益,但对结构和拆模人员的安全有可能造成不利的影响。延长模板拆除时间,提高了工程成本,同时给混凝土养护带来不便。模板拆除顺序和时间与构件混凝土强度以及模板所处位置密切相关。

2. 钢筋工程

土木工程中常用的钢材品种有钢筋、钢丝和钢绞线三大类。

钢筋种类很多,按生产工艺可分为热轧钢筋、热处理钢筋、冷拉钢筋等。按化学成分可分为碳素钢和普通低合金钢,碳素钢按含碳量的多少,又可分为低碳钢、中碳钢和高碳钢三种。随着含碳量的提高,钢筋的强度上升,韧性下降。按外形可分为光圆钢筋和螺纹钢筋等。按力学性能可分为 Ⅰ 级钢筋(235/370 级)、Ⅱ 级钢筋(335/510 级)、Ⅲ 级钢筋(370/570 级)和 Ⅳ 级钢筋(540/835 级)。按直径大小,可分为钢丝(直径 3~6 mm)、细钢筋(直径 6~10 mm)、中钢筋(直径 10~20 mm)和粗钢筋(直径大于 20 mm)。按供应形式可分为盘圆钢筋和直条钢筋。

常用钢丝有刻痕钢丝、碳素钢丝和冷拔低碳钢丝三类,而冷拔低碳钢丝又分为甲级和乙级。

钢绞线由不同数量的钢丝组成,所用钢丝为高强钢丝。钢绞线常用于预应力结构。

钢筋加工可分为冷加工和热处理两大类。冷加工过程常用有冷拉和冷拔;钢筋冷拉是指

在常温下拉伸钢筋,控制拉伸应力超过钢筋屈服强度,使钢筋产生塑性变形,从而达到调直钢筋、提高强度、节约钢材的目的。冷拉工艺适用于Ⅰ～Ⅲ级钢筋。冷拉后的钢筋主要用于受拉场合,不宜用于受压和承受冲击荷载作用的场合。Ⅱ、Ⅲ、Ⅳ级钢筋多用于预应力结构中的预应力钢筋。钢筋冷拔是将直径6～8 mm的Ⅰ级钢筋在强力作用下通过特制的钨合金拔丝模(图2.7.2)。钢筋在通过拔丝

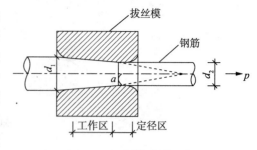

图 2.7.2 钢筋冷拔示意

模时受到轴向拉伸与径向压缩的作用,使钢筋内部晶格变形而产生塑性变形。钢筋冷拔后,截面缩小,抗拉强度提高(可提高50%～90%),塑性降低,硬度提高,呈硬钢性质。冷拔低碳钢丝依据其机械性能分为甲、乙级。甲级主要用于预应力结构,乙级用于非预应力钢筋。冷拉是纯拉伸应力,冷拔是拉伸和压缩复合应力,冷拉后的钢筋还具有明显的屈服强度,而冷拔钢筋则无明显的屈服强度。冷加工除了冷拉和冷拔外,还有调直、剪切、弯曲等。

常用钢筋连接的方法有焊接连接、机械连接和绑扎连接等,在土木工程中,钢筋以及钢筋加工质量对结构质量起着决定性作用。同时钢筋工程属于隐蔽性工程,一旦混凝土浇筑后,钢筋质量难以检测。因而从钢筋原材料进场到加工、绑扎、安装等一系列工序,都必须加强质量控制,以确保工程质量。

3. 混凝土的浇注与密实成型

高质量的混凝土工程除了依靠它的生产技术外,还取决于它的浇注技术。混凝土浇注工艺和混凝土拌合物的和易性、浇注部位以及工程类型有着很大的关系。混凝土在浇注时有两个非常值得注意的问题:一是正确留置施工缝;二是防止离析。

混凝土浇注入模后呈松散状态,其中含有占混凝土体积5%～20%的空洞和气泡,只有通过合适的密实成型工艺,才能使混凝土填充到模板的各个角落和钢筋的周围,并排除混凝土内部的空隙或残留的空气,使混凝土密实平整。目前,混凝土及其制品的密实成型工艺主要有振动密实成型、压制密实成型、离心脱水密实成型、真空脱水密实成型等。其中以振动密实成型应用最为广泛。

4. 混凝土的养护

混凝土拌合物经浇注振捣密实后,逐步硬化并形成内部结构,为使已密实成型的混凝土能正常完成水泥的水化反应,获得所需的力学性能及耐久性指标的工艺措施称为混凝土的养护工艺。足够的湿度和适宜的温度是混凝土硬化所必需的条件,也是保证工程质量的基本要素。在夏季,如果不采取适当的养护措施,混凝土表面的水分就会不断蒸发,出现塑性裂缝;在冬季,如果不采取适当的措施,当温度低于一定温度时,水泥水化速度就会延缓甚至停止。因此,混凝土浇注密实后的养护十分重要,养护过程中主要应建立水化或水热合成反应所需要的介质温度及湿度条件,并力求降低能耗。混凝土养护一般可分为标准养护、自然养护和快速养护。在温度为$20\pm2℃$、相对湿度为95%以上的潮湿环境或水中进行的养护称为标准养护,这是目前实验室常用的方法。

案例 7-1 住宅楼基础裂缝问题

某住宅小区共设计 8 栋住宅楼,均为地上 6 层(高度 17.40 m),地下 1 层(层高 2.90 m),砖混结构,钢筋混凝土条形基础,基础下面设计 100 mm 厚 C10 混凝土垫层,基底标高 -3.25 m,以层②粉砂作为天然地基持力层,其承载力特征值 fak=130 kPa。其中 5# 和 6# 楼位于小区的西北部,5# 楼东西长 56.90 m,南北宽 11.00 m(4 个单元);6# 楼东西长 42.80 m,南北宽 11.00 m(3 个单元)。

该场地地貌单元属华北平原地带的黄河冲积平原,地貌简单,地形平坦。但场地地势较低,比小区南侧的环城路路面低 1.50 m 左右,为一新建场地,场地内及其周围无建筑物,场地环境条件简单。该区第四系土层厚度达百余米,无全新活动断层通过,拟建场地及附近未发现不良地质作用,所揭露的砂土可不考虑液化的影响。该场地划分为对建筑抗震的一般地段,场地稳定。根据勘察报告,在 15.50 m 深度内,场地地层主要由第四系冲积物组成,可划分为 5 个工程地质单元层,从上到下依次为:1 层①素填土、2 层②粉砂、3 层③细砂、4 层④细砂、5 层⑤中砂。

根据勘察报告,在钻孔揭露深度范围内未见地下水。根据调查,该场地附近地下水水位埋深在 25 m 左右,地下水位年变幅在 1.00~3.00 m。场地地下水水位埋藏较深,由于拟建物基础埋置较浅,该场地在地基与基础施工时可不考虑地下水的影响。该场区环境类别为Ⅲ类,该场地地基土对混凝土和混凝土中钢筋具微腐蚀性。拟建场地地基均匀。8 栋住宅楼均以层②粉砂作为天然地基持力层,天然地基的承载力特征值为 130 kPa,采用钢筋混凝土条形基础。

在施工过程中,发现该小区 5# 和 6# 楼单元楼梯间区域的基础和 C10 混凝土垫层同时出现不同程度南北向裂缝,裂缝长度基本横向贯穿纵墙下基础,裂缝宽度 0.5~2.0 mm,同时在 5# 楼 2 单元楼梯间南纵墙上出现从下到上长约 1 m、宽 1.0 mm 的裂缝。

出现上述情况后,相关工程技术人员到现场进行勘察,根据现场勘察情况进行认真仔细的分析,首先排除了由于地基不均匀沉降引起混凝土垫层和基础裂缝,认为造成裂缝的主要原因有:一是地下室墙体施工后未及时浇注墙体顶部圈梁和墙体中局部构造柱混凝土,且停滞时间较长,使建筑物整体性刚度降低,减弱了抗变形能力;二是基础混凝土浇注后,对混凝土养护不到位,混凝土中的水分很快被下面的砂土吸收,使混凝土失水收缩出现裂纹;同时也没有及时对基础进行回填夯实填埋,使基础长时间裸露。

处理方法和采取措施为:由建设单位委托有相应资质的专业队伍对基础和墙体上的裂缝进行加固处理;及时浇注圈梁和构造柱混凝土,同时及时施工地下室顶板,提高建筑物整体性刚度增强其抗变形能力;裂缝处理完经检测满足设计要求后,采用素土分层回填夯实填埋基础,使基础埋置深度达到设计要求。由专业施工队采用高强度化学试剂对裂缝进行加固处理,经检测整体强度满足设计要求。该住宅小区现早已正常交付使用,地基稳定,基础和墙体完好,未发现有裂纹等异常现象。

分析点评

该工程基础裂缝问题提醒我们:一定要按施工程序组织施工,及时养护好混凝土结构,基础埋深要满足设计要求(当场地地势较低时,基础完工后要及时回填基坑填埋基础),主体结构施工中停工点要选择合理。只有把施工过程中各个环节都处理好，才能取得理想的效果。

思考题

1. 混凝土裂缝产生的原因有哪些？
2. 混凝土裂缝的预防与补救措施有哪些？
3. 大体积混凝土质量策划时如何优选原材料及配合比来避免裂缝的产生？

案例 7-2 机场机坪水泥混凝土道面加铺层裂缝问题

通辽机场现有停机坪 19 200 m²,道面厚度为 30 cm 混凝土面层。因原道面年久失修,板块出现部分损坏情况,大部分道面已严重影响使用。施工单位的设计为:在原有混凝土道面上再加铺 20 cm 水泥混凝土,俗称"盖被子",这种方法比新建一个机坪速度快、节省资金。在原道面上"盖被子"分为结合式和隔离式两种。这次"盖被子"形式为部分结合式,即新加铺的混凝土与旧水泥混凝土道面黏结为一个整体,上下两层板共同发挥整体强度的一种加厚形式。

根据当地的气候条件、施工条件采用如下养护方法:(1)养护材料宜选用保湿、保温以及对混凝土无腐蚀的材料,该工程选用 300~400 g/m² 无纺布。当混凝土表面有一定硬度(用手指轻压道面不显痕迹)时,应立即将养护材料覆盖于混凝土表面上,并及时均匀洒水以保持养护材料经常处于潮湿状态。养护期间应防止混凝土表面露白。(2)养护时间应根据混凝土强度增长情况而定,但不得少于 14 d。养护期满后方可清除覆盖物。(3)混凝土在养护期间,禁止车辆在其上通行。

根据加铺施工前 1~3 d 的结果来看,混凝土板块产生的干缩裂缝较为严重,且不易控制。因此得到结论:此法应进行改进。采取何种方法进行养护,需从裂缝的形成原因入手进行分析。

裂缝形成的原因通常有:水泥水化热、外界气温变化、混凝土的收缩等。此外,该工程中"盖被子"施工工艺也是导致这次混凝土干缩裂缝产生的主要原因之一。因为在温度变化的情况下,新加盖的混凝土面层和被覆盖的原道面板的收缩程度不一致,加盖层混凝土在强度没有形成之前被动的参与原道面板的伸缩运动,导致开裂情况的发生。

针对这些裂缝成因提出了改进方案:混凝土拉毛完成后立即在表面喷洒一遍养护剂,这道工序完成后立刻覆盖塑料薄膜,待混凝土终凝后再覆盖一层土工布,7~10 h 后即可将塑料薄膜撤掉进行洒水养生。实践证明,这一方案基本杜绝了裂缝的产生,提高了机场道面施工质量。

分析点评

裂缝的形成原因非常复杂,要具体问题具体分析。本案例中"盖被子"施工工艺也是导致干缩裂缝的重要因素。新浇筑混凝土喷洒养护剂后,在表面很快形成一层保护膜,能很快提高混凝土的早期强度,使混凝土在短时间内完成终凝。这样可以很好的抵抗旧道面板的拉伸变形。同时,覆盖塑料薄膜起到防止风吹到混凝土表面作用,避免了水分散失过快而导致表面产生裂缝。

思考题

1. "盖被子"施工方法有什么优缺点?
2. 本案例中覆盖塑料薄膜的作用是什么?
3. 为什么说外界气温变化是产生混凝土裂缝的原因之一?

案例 7－3　模板工程造成混凝土浇注期质量问题及防治措施

　　模板、支架和拱架在制造、安装中存在的一些问题，常在混凝土浇注时暴露出来，产生诸如跑模、胀模、漏浆、层隙及夹渣等质量问题。产生上述质量问题的内因是模板、支架制造、安装时留下的薄弱因素，外因是混凝土拌合物的侧压力、竖向荷载和流动对模板、支架的作用。不涉及水泥混凝土的原材料质量、拌合质量、混凝土振捣和浇注质量等方面的影响。

　　例如对于跑模分析如下。

　　(1) 现象：水泥混凝土拌合物的侧向压力使某部的模板整体移位，造成结构物侧面整体倾斜，底面下垂或下挠。严重时会出现侧模、端模崩坍。

　　(2) 危害：轻者大大改变结构物尺寸、规格、形状，重者使浇注失败。

　　(3) 原因分析。

　　① 固定柱模板的柱箍不牢，或固定侧模、底模的螺栓规格小，被混凝土的侧压力或竖压力拔出，造成模板移位；

　　② 为调整模板间距或高程，所加的楔块未固定好，振捣时松脱产生侧模、底模移位；

　　③ 固定梁侧模的带木未钉牢或带木断面尺寸过小，不足以抵抗混凝土侧压力，而使钉子被拔出；

　　④ 未采用对拉螺栓来承受混凝土对模板的侧压力，或因对拉螺栓直径太小，被混凝土侧压力拉断；

　　⑤ 斜撑、水平撑底脚支撑不牢，使支撑失效或移动。

　　(4) 预防措施。

　　① 根据柱断面大小及高度，在柱模外面每间隔 $30\sim60$ cm 加设牢固柱箍，并以脚手架和木楔找正固定，必要时可设对拉螺栓加固；

　　② 梁侧模下口必须有条带木，钉紧在横担木或支柱上，离梁底板 $30\sim40$ cm 处加 $\phi16$ mm 对拉螺栓(用双根带木，螺栓放在两根横档带木之间，由垫板传递应力)，并根据梁的高度，适当加设横档带木；

　　③ 对拉螺栓直径一般采用 $\phi12\sim16$ mm，墙身中间应用穿墙螺栓拉紧，以承担混凝土侧压力，确保不跑模，其间距根据侧压力大小宜设为 $60\sim150$ cm；

　　④ 浇注混凝土时，派专人随时检查模板支撑情况，发现问题要及时加固。

　　总之，在施工中应注意模板、支架和拱架在制作、安装中的质量，减少因此造成的混凝土浇注过程中的质量问题。

分析点评

　　模板系统由模板和支架两部分组成。模板的作用是保证混凝土硬化后具有设计所要求的形状、尺寸及偏差。支架则用来保持模板处于设计位置并承受新浇混凝土的重量、模板的重量以及施工时所产生的荷载。模板工程需要经过模板设计、模板安装以及模板拆除三个过程。重要结构的模板、特殊形式的模板或超出适用范围的定型模板及支撑系统，应进行设计或验算，以确保安全，保证质量，防止浪费。

思考题

1. 模板结构应满足哪些要求？

2. 模板工程如何分类？

3. 什么叫跑模？其原因是什么？如何预防？

案例 7-4 南大洋大桥钢筋混凝土施工质量控制技术

53省道浙江龙泉至八都公路改建工程第一合同段起点为 53 省道塔石改建段终点 K125+000 处,路线走新线,新建南大洋大桥,跨龙泉溪,通过凤凰山隧道至龙泉县城过境段终点上凉亭 K127+770,路线全长 2.77 km。主要工程:南大洋大桥为全长 304 m,上部为 10×30 m 小箱梁预应力先简支后连续结构的工程。

为确保工程施工质量,优质、高效完成本项目,从工程一开始工程指挥部就确定了高起点、高目标、高要求的方向,2009 年 2 月 25 日本项目被列入全省两个二级公路标准化工地试点项目之一;2009 年 9 月被龙泉市质监站列为钢筋混凝土质量通病防治典型示范点。

为确保箱梁施工质量,项目部首先从场地布置、钢筋的加工、制作成型,混凝土施工和养护方面入手,建立质量管理网络,制定质量目标,分层落实质量责任,对容易出现的混凝土工程质量通病及质量问题提出预防和改进措施。在质量、进度与成本发生冲突时,始终把质量放在首位。

按照《53 省道龙泉至八都公路改建工程标准化工地建设管理暂行规定》和龙泉市质监站"混凝土质量通病防治"宣传贯彻要求,本着"科学管理、精益求精"的企业理念,建立了科学的组织机构,制定了有效的管理制度,坚持"以人为本",注重"标准化"工地建设,人性化工地管理。以质量控制为中心,以安全生产为目标,大力开展 QC(质量控制)活动,不断积累经验,改良工艺,加强管理,粗中做细,细中争精,精益求精。确保工程质量。

分析点评

影响工程施工质量的因素有很多,包括:预制场地,钢筋加工、安装质量,模板施工及接缝处理,预埋件施工及混凝土施工等。在混凝土施工时,还要注意混凝土材料选择、配合比设计、拌合与运输、浇筑、振捣及养护等各个细节,才能保证良好的工程质量。

思考题

1. 影响工程施工质量的因素有哪些?
2. 什么是混凝土的和易性? 它包括哪几方面含义?
3. 影响混凝土拌合料和易性的因素有哪些?

第八章　预应力混凝土知识要点

预应力(Prestressing)是为了改善结构构件在正常使用条件下的工作性能和提高强度而在使用前预先施加的应力。预应力混凝土是在混凝土中预加压应力或拉应力。最常用的是在混凝土中预加压应力,不仅可以抵消外荷载(静载或动载)引起的拉应力或拉应变,还可以抵消温度应力、收缩、直接受拉及受剪引起的拉应力或拉应变。预加压应力的方法通常是张拉位于结构内的预应力筋并锚固之。预应力筋的材料目前普遍用高强度钢。预应力混凝土的分类是指根据正常使用极限状态对裂缝控制的不同要求,将预应力混凝土划分为不同的类型,通常分为三类:全预应力混凝土、有限预应力混凝土和部分预应力混凝土。

预应力的施加方法按开始张拉预应力筋的时间可分为先张法、后张法。在混凝土硬化之前张拉钢筋的称为先张法;在混凝土已硬化至一定强度之后再张拉钢筋的称为后张法。按建立预应力的手段则可分为机械张拉法、电热张拉法和化学张拉法。前两种方法既可用于先张法,也可用于后张法。

1. 预应力混凝土对材料的要求

预应力混凝土结构要求采用高强混凝土,因为高强混凝土的弹性模量高,在同样的应力情况下,弹性变形和徐变变形小。高强混凝土的收缩值也较小,在$(300 \sim 600) \times 10^{-6}$范围内变化。因此,高强混凝土不仅强度高,与钢筋的黏结力强,而且预应力损失也小。

预应力混凝土中,碎石和卵石均可以使用。用于预应力混凝土的集料必须进行碱活性检验,以防碱集料反应引起膨胀开裂。预应力混凝土通常选用早期强度高、收缩小、耐久性好的水泥。普遍采用的是硅酸盐水泥。预应力混凝土工程中应用的水在含盐量、含泥量及有机物含量方面均应有明确限制。

近年来,高效减水剂或称超塑化剂已成为配制高强混凝土不可缺少的组分之一。由于高效减水剂的应用,配制高强混凝土时可采用低水胶比,同时保证新拌混凝土良好的工作性,混凝土易于浇注密实。为减少坍落度损失,通常采用缓凝型高效减水剂。

为了尽早对混凝土施加预应力,缩短工期,可采用早强型外加剂。在寒冷冬季施工时,通常要考虑使用早强外加剂。预应力混凝土中禁止使用含氯盐的外加剂,因为在氯离子作用下预应力筋表面的钝化膜遭到破坏,易引起预应力筋的锈蚀。预应力混凝土水池、压力管道和饮水管通等工程均曾因拌合混凝土时加入了氯化钙而发生灾难性的破坏。硝酸盐通常也是禁用的。另一类外加剂是用来防止钢筋锈蚀的亚硝酸盐,如亚硝酸钠或亚硝酸钙,采用这类外加剂时,要求混凝土不透水。当混凝土结构处于经常经受反复冻融的环境中时,必须采用引气剂,以提高混凝土的抗冻性。

在后张预应力结构构件中,一般在钢筋张拉完毕之后,即需向预留孔道内压注水泥浆。灌浆是后张预应力生产工艺中重要的环节之一。对灌浆用的水泥浆质量的要求是:密实、均质;有较高的抗压强度和黏结强度(70 mm立方体试块在标准养护条件下28 d的强度不应低于构件混凝土强度等级的80%,且不低于30 MPa);较好的流动性、抗冻性。最好张拉之后24 h内进行灌浆。选择的材料、配合比和灌注方法都应该以尽量减少灌注后水泥浆泌水的现象为原则。

根据预应力混凝土自身的要求,预应力钢材需满足下列要求:强度高、具有一定的延性、与混凝土之间有较好的黏结力。现代预应力混凝土结构所用的预应力钢材主要有:碳素钢丝(又称高强钢丝)、钢绞线和钢筋(包括热处理钢筋和精轧螺纹钢筋)三类。在中、小型构件中,也可采用冷拉钢筋和冷轧带肋钢筋。

2. 先张法

多数制品在浇灌混凝土前将钢筋张拉到设计控制应力,并临时锚固在台座或钢模两端,待混凝土达到一定强度(不低于设计强度的 70%)后,再放松预应力筋。钢筋回缩时,借助混凝土和钢筋间的黏结,使混凝土获得预压应力。

先张法施工简单,钢筋靠黏结力自锚,不必耗费特制的锚具,而工具式锚具或夹具可以重复使用。所以,先张法是一种非常经济的方法,适用于在长线台座上生产大批中小型预应力混凝土构件。用先张法制作的典型产品有:屋面板、楼板、桩、电杆、桥梁大梁、墙板和铁路轨枕。也有少量现场浇注的混凝土结构采用先张法施工,如路面和楼板。

3. 后张法

在浇注混凝土之前,在构件的模板内按所要求的形状预留孔道,待混凝土达到一定强度后,将预应力筋穿入预留孔道内,以混凝土本身作为支承件,张拉钢筋,张拉的同时混凝土构件也被压缩。待张拉到设计应力后,用特制的锚具将钢筋锚固于混凝土构件上,使混凝土获得并保持其预压应力。最后,在预留孔道内注入水泥浆,以保证预应力筋不致锈蚀,并使它与混凝土黏结为整体。

后张预应力工艺适用于大吨位曲线束、多跨连续曲线与空间曲线束,广泛用于大跨度预应力房屋结构、桥梁与特种结构。后张法施工灵活多变,在构件大小、长短、预加应力程度等方面均无多大限制。

4. 电热张拉法

电热张拉法利用电阻生热和热胀冷缩的原理,以低电压的强电流通过钢筋,钢筋因自身电阻率 $0.11 \sim 0.15$ ($\mu\Omega \cdot m$)而发热伸长。待伸长至规定值时,即断电锚固,冷却后使钢筋获得预应力。

电热法适用于冷拉钢筋作预应力筋的先张法及后张法的一般构件,不宜用于抗裂度要求严、用金属管作预留孔道及长线台座法的构件。

电热张拉法具有设备简单、张拉速度快、生产率高、操作方便、无摩擦损失和断筋现象、便于曲线张拉和高空作业等优点;但也存在耗电量大,受钢材材质均匀性、环境气温及风速影响,用伸长值难以准确控制张拉应力等弊端。成批生产前,需用千斤顶抽样校核,确定钢筋伸长值与张拉应力的关系,作为伸长控制的依据。

5. 预应力损失

由于张拉工艺和材料特性等原因,预应力钢筋的张拉应力在构件施工及使用过程中是不断降低的,这种应力降低称为预应力损失(Prestress Loss)。预应力损失与预应力构件的使用性能,如抗裂度、裂缝和挠度有着密切关系,对无黏结预应力梁的受弯承载力和超静定结构的内力分布也很有影响。因此,正确估算和尽可能减少预应力损失是设计预应力结构构件的重要内容。

预应力损失可分为瞬时损失和长期损失两部分。瞬时损失是指施加预应力时短时间内完成的损失,包括锚具变形和钢筋滑移、混凝土的弹性压缩、先张法蒸气养护及折点摩阻、后张法孔道摩擦及分批张拉等损失。长期损失是指考虑了材料的时间特性所引起的损失,包括混凝土的收缩、徐变和预应力钢筋应力松弛损失。

案例 8-1　超长预应力混凝土大直径管桩在深淤泥港口工程中的应用

珠海恒基达鑫国际化工码头延伸改造工程向外延伸 200 m,延伸段的码头与原 50000DWT 码头相结合形成完整的码头体系。新建码头结构共由 3 个工作平台、4 个靠船墩、1 个系缆墩和 1 座人行钢桥组成。工作平台的桩基采用 ϕ800 mm,先张法预应力高强混凝土管桩,码头面采用预制梁板结构,靠船墩、系缆墩的桩基采用 ϕ1000 mm 先张法预应力高强混凝土管桩,墩台采用现浇大板结构,其中 ϕ1000 mm 管桩 140 根,ϕ800 mm 管桩 76 根。

施工中加强质量控制。为保证管桩质量符合规范及设计要求,管桩施工中,分别对管桩进行了抽水检测、混凝土质量检测及采用动力法检测。得出结论如下。

(1)管桩一次成型 50 m 长,在施工过程中不需要接桩或少接桩,因此,直接提高了施工效率,节省了施工费用,同时减少了管桩施工时出现纵向裂缝的机会,提高了桩基工程质量。

(2)离心成型使混凝土获得较低的水灰比,从而提高了混凝土管桩的强度和密实度,因此,提高了管桩的耐久性结构使用年限。

(3)超长先张法预应力混凝土大直径管桩,通过工程实践,证明是一种行之有效的施工方法,与传统预制混凝土方桩比较,不仅直径较大,强度较高,桩承载力设计值最高可达 9 400 kN,并提供较高的抗裂抗弯强度,而且满足了码头向深水、大型化发展和港口快速施工的需要。

分析点评

该码头延伸改造工程施工中,采用了超长预应力混凝土大直径管桩,管桩一次成型 50 m 长,接桩少,提高了施工效率,节省了施工费用,提高了桩基工程质量,桩直径大,强度高,实践证明是一种行之有效的施工方法。

思考题

1. 什么叫预应力混凝土?
2. 预应力混凝土与一般结构混凝土有何异同?
3. 如何减少预应力结构中预应力的损失?

案例 8-2　河南金版大厦工程有黏结后张法预应力施工

河南金版大厦采用了有黏结后张法预应力混凝土结构,预应力混凝土采用C40,普通钢筋HPB235级、HRB335级、HRB400级,预应力筋采用1×7-15.2-1860有黏结高强低松弛钢绞线,锚具采用QM15系列锚具。预应力钢绞线:质量应符合GB/T 5224—2003有关规定的要求。锚具系统:锚具均采用QM系列锚具,张拉端为QM15型夹片式锚具,固定端采用QM15-P型挤压锚,锚具质量应符合GB/T 14370—2000有关规定的要求,并按设计及施工规范要求制备垫板、锚具、螺旋筋及定位支架。波纹管:预应力波纹管采用双波金属波纹管。

有黏结预应力梁施工工艺流程如下:

预应力材料进场→预应力主材复验→预应力筋下料→安装底模、绑扎钢筋→安装钢筋支架→支一侧模板→预埋波纹管、垫板→预埋管线→预应力筋穿束→支另一侧模板→隐蔽验收→隐蔽验收、浇筑混凝土、制混凝土试块、养护→清理张拉孔→试压同条件养护试块→校验张拉设备→张拉预应力筋→灌浆机具、材料准备→孔道灌浆→切割预应力筋→封锚。

混凝土浇筑时,由质量检查员对预应力部位进行监护,安排专门人员值班,发现问题及时解决。混凝土浇筑时,严禁踏压撞碰预应力筋、支承架以及端部预埋构件,同时混凝土浇筑时的下落高度不能太大,用振捣棒振捣时,振捣棒不得正对波纹管进行振捣。在梁与柱、墙节点处,应采取措施振捣,不得出现蜂窝或孔洞。张拉端、锚固端混凝土必须振捣密实。预应力梁混凝土浇筑时,应增加制作两组混凝土试块,两组试块和预应力梁混凝土同条件养护,以供张拉使用。在混凝土浇筑过程中,应检查波纹管是否漏浆。

预应力筋的张拉程序,每根梁内预应力筋的张拉应遵循"对称"的原则。张拉采用"应力控制,伸长值校核"法进行。预应力专项施工是该工程结构施工的关键工序,应保证精心施工,确保质量。

分析点评

必须按照拟定的有黏结预应力梁施工工艺流程,对预应力材料进场入口从严把关,加强各环节施工质量,才能获得良好的施工效果。

思考题

1. 什么叫后张法预应力混凝土?
2. 阐述先张法预应力混凝土与后张法预应力混凝土的优缺点以及适用场合。
3. 有黏结预应力梁施工时要注意些什么?

案例 8-3　某高层住宅工程静压预应力管桩的施工

"西城上筑花园"是由深圳市鸿荣源房地产开发有限公司投资开发,汕头市建筑工程总公司深圳分公司承建的高层住宅工程。该工程位于深圳市宝安新中心区,整个项目占地面积 38 090.56 m²,总建筑面积 203 329 m²。该工程采用 φ500 mm 静压预应力管桩基础,由小区内商业内街分为 1 区和 2 区,其中 1 区建筑为高层塔式商住楼,由 1 层地下车库、2 层商业裙房、第 3 层架空屋顶花园和 3 栋 31 层塔式高层住宅楼组成,地下 1 层,地上 31 层;2 区建筑亦为高层塔式商住楼,由 1 层地下车库、1 层地上车库、第 2 层架空层屋顶花园和 6 栋 33 层塔式高层住宅楼组成,地下 1 层,地上 33 层。

静压预应力管桩施工的工艺流程为:

场地准备→测量定位→桩机就位→复核桩位→吊桩插桩→桩身对中调直→静压沉桩→接桩→再静压沉桩→送桩→终止压桩→桩质量检验→切割桩头→填充管桩内的细石混凝土。

此静压预应力管桩基础进行施工时要密切注意两个方面:一是施工过程的质量措施,包括确定合理压桩路线,自觉把好材料关,正确调校桩身垂直度,认真做好接头处理等几方面;二是施工过程的安全措施。这样才能保证安全生产和文明施工。

分析点评

预应力管桩是采用预应力技术,通过离心成型和蒸气养护制成的一种空心圆柱形的钢筋混凝土预制桩,是应用混凝土预制技术和工艺的又一新成果。由于其具有质量保证、施工方便、施工工期短、单位承载力造价相对较低、抗震性能好等优点而被广泛应用。预应力管桩基础的施工质量关系到建筑物的质量和正常使用寿命,只有同时注意施工质量措施和施工过程的安全措施,才能保证安全生产和文明施工。

思考题

1. 什么叫静压预应力管桩? 它有什么特点?
2. 静压预应力管桩施工的一般工艺流程是什么?
3. 静压预应力管桩施工时要注意些什么?

案例 8-4　预应力混凝土空心板梁在鹏城桥工程中的应用

预应力混凝土空心板梁因其节省材料、自重轻、减小混凝土梁的竖向剪切应力和主拉应力、结构简单、安全可靠、便于安装等优点,在国内中小型桥梁建设中得到了广泛应用。但预应力施工工艺相对较复杂,要求预应力结构施工的专业性强。在实际施工中,有的施工队伍水平不高,经验不够丰富,引发预应力混凝土空心板梁预制质量不高,甚至出现预应力损失过大、张拉后梁端顶底板中间部位出现纵向裂缝和梁端底部混凝土破碎等质量缺陷。

深圳市鹏城桥位于龙岗区大鹏,原址有 1 座新桥和 1 座旧桥,均为浆砌片石基础的简支板桥。由于过往车辆数量多且载重吨位大、使用时间长,且桥墩受海水侵蚀,桥体内部钢筋锈蚀严重,致使该桥结构严重受损,存在着严重的安全隐患,因而决定拆除重建新桥。拟建新桥设计为装配式预应力钢筋混凝土空心板桥,标准跨径 2×13 m,$\phi 120$ cm 钻孔灌注桩,薄壁桥台,桩柱式桥墩。桥面宽度:全桥总宽 25 m;断面组成:4.2 m(人行道)+ 8 m(车行道)+ 0.6 m(防撞墙)+ 8 m(车行道)+ 4.2 m(人行道)。上部结构预制板和桥面采用 C50 现浇混凝土;钢绞线用预应力钢束符合 ASTM A416—06《预应力混凝土用无涂层七丝钢绞线标准技术条件》中 270 级高强度低松弛钢绞线的要求,公称直径 $\phi_s 15.2$ mm,标准强度 $R_{by} = 1 860$ MPa,松弛率为 3.5 %,弹性模量 $E_y = 1.95 \times 10^5$ MPa;受力筋均为 HRB335 热轧带肋钢筋,构造钢筋为 R 235 热轧光圆钢筋。采用板式橡胶支座。

该桥在建设施工时,从预应力混凝土空心板梁的预制、架设施工技术着手,采取防止纵向裂缝及预应力损失过大的质量控制措施,注意预应力混凝土空心板梁施工注意事项,才取得了良好的建设效果。

分析点评

预应力混凝土空心板梁预制及安装施工的质量直接影响到桥梁质量、营运安全和使用寿命,务必引起各从业单位及人员的高度重视,切实抓好每道工序、每个环节的质量控制,确保板梁预制及安装工程的施工质量。在深圳市鹏城桥预应力混凝土空心板梁施工过程中,由于采取了科学合理的施工工艺和质量保证措施,所生产的空心板梁桥实体质量及外观质量均达到了理想的效果,受到业主和监理的好评,为企业赢得了良好的信誉。

思考题

1. 预应力混凝土空心板梁的预制施工工艺流程是什么?
2. 预应力混凝土空心板梁施工时防止纵向裂缝的措施有哪些?
3. 预应力混凝土空心板梁施工时防止预应力损失过大的措施有哪些?

案例 8-5　市政桥梁工程预应力施工的安全措施

随着改革开放的不断深入,科学技术飞速发展,我国的建筑行业也得到了前所未有的发展。在市政桥梁工程广泛开展的今天,人们也逐渐重视起市政桥梁工程的施工技术以及施工材料的质量。做好预应力施工工作是确保市政桥梁工程质量安全的关键所在。现如今,还有很多不利因素一直影响市政桥梁工程的质量,如施工材料堆放不规范、供应无计划、管理欠佳等,这些都将会给市政工程造成十分严重的质量事故。因此,做好市政桥梁工程预应力施工的安全措施工作,还要对施工材料进行严格的控制管理与检测,这是提升市政桥梁工程质量的重要途径。

例如,在市政桥梁工程预应力施工之前,要对设备进行标定检查。把压力表和千斤顶配套校验,进行此项工作的实验室必须有一定资质。压力表与千斤顶的配套使用必须进行标定,若互换需另作标定。然后开始检查构件,仔细检查锚端砼密实与否,如有疏散或空洞比规范要求大,应进行适当处理,处理部位的砼强度达 90% 才能进行张拉。另外也要注意对孔口锚下垫板的垂直度进行仔细检查。最后对人员进行培训,工作人员必须仔细认真地听技术人员的技术交底,进而对施工组织设计所要求的张拉顺序做到熟练掌握,为了保证张拉能够同步进行,可以用对讲机联络。

市政桥梁工程预应力施加时,根据伸长量的不同可分为二次张拉与一次张拉。当单端伸长量超过 20 cm 时采用二次张拉,小于 20 cm 采用一次张拉。张拉是砼强度必须有达到设计强度的 90% 与砼浇筑 5 d 的资料。不合格的认定:由锚具所引起的滑移量大于 3 mm;实测伸长值的两端之和超过计算伸长量的 ±6%;断丝量大于钢绞线总根数的 1%,在一束内的断丝量超过 1 丝;锚具内夹片错牙在 10 mm 以上;锚具内夹片断裂在两片或两片以上;锚环裂纹损坏,在压浆或切割钢绞线时又发生滑丝。

分析点评

市政桥梁工程质量的优劣对市政桥梁工程的经济效益与适应性有着直接影响,因此在对市政桥梁工程进行预应力施工时,一定要做好安全措施,对施工材料进行认真检测与管理。对预应力施工材料进行质量监控,应采取目测与检测相结合,抽检与检验共同进行的方法。施工单位必须加强合同治理,提高检测人员与施工人员的综合素质,严格按照国家的试验标准与相应的规程进行校验,最终使施工材料符合市政桥梁工程建设的全部要求。

思考题

1. 市政桥梁工程施工材料应如何进行检测?
2. 市政桥梁工程预应力施工的准备工作有哪些?
3. 市政桥梁工程预应力施工的安全措施有哪些?

第九章 混凝土制品

知识要点

1. 混凝土制品的主要类型

混凝土制品由于具有原材料来源广,制作工艺较简单,能按设计要求制成任意形状,耐腐蚀,使用寿命长,维修费用少,节钢代木等独特优点,在建工、水电、铁道、交通、通信、冶金等各部门得到极为广泛的应用。混凝土材料及制品的生产是建筑材料工业的一个重要领域,混凝土制品已成为国民经济建设中不可缺少的重要建材产品。

随着社会进步和工程建设的发展,混凝土制品的种类日益增多,性能和应用也各不相同,现将混凝土制品按胶凝材料、集料、制品形状、配筋方式及生产工艺等分类归纳于表2.9.1。

表2.9.1 混凝土制品的分类

分类方法			名称	特点
按胶凝材料分类	无机胶凝材料	水泥类	水泥混凝土制品	以硅酸盐水泥及各种混合水泥为胶凝材料,可用于各种混凝土结构
		石灰-硅质胶结材类	硅酸盐混凝土制品	以石灰及各种含硅材料(砂及工业废渣等)通过水热合成胶凝材料
		石膏类	石膏混凝土制品	以天然或工业废渣石膏为胶凝材料,可作内隔墙、天花板或装饰制品
		碱-矿渣类	碱-矿渣混凝土制品	以磨细矿渣及碱溶液为胶凝材料,可作各种结构
	有机胶凝材料	天然有机胶凝材料类		如以天然淀粉胶及矿棉制成半硬质矿棉吸声板,以稻草挤压热聚而成的稻草板等
		合成树脂与水泥	聚合物水泥混凝土制品	以水泥为主要胶凝材料,掺入少量乳胶或水溶性树脂,多用于装饰用制品
		以聚合物单体浸渍	聚合物浸渍混凝土	以低黏度聚合物单体浸渍水泥混凝土制品,再使之聚合,如用于制作高压输油管
按集料分类		普通密实集料	普通混凝土制品	以普通砂、石作集料,混凝土体积密度为2 100~2 400 kg/m³,可用于各种结构
		轻集料	轻集料混凝土制品	采用天然或人造轻集料,混凝土体积密度小于1 900 kg/m³,可作结构、结构保温及保温用制品
		无细集料	无砂大孔混凝土制品	混凝土体积密度为800~1 850 kg/m³,可作墙板或渗水性步道砖
		无粗集料	细颗粒混凝土制品	以胶结材或砂配制而成,可作钢丝网水泥制品、灰砂砖或砌块等
		无集料	多孔混凝土制品	混凝土体积密度为400~800 kg/m³,按体积密度及抗压强度之不同可作结构用或非承重用制品

续　表

分类方法		名称	特点
按制品形状分类	板状	板材	承受弯拉或受压荷载,有实心板、空心板、平板、壳板、槽型板、楼板、墙板、叠合板之分,此外还有钢筋混凝土板、石膏装饰板、TK 板、石棉板等多种类型
	块状	砌块、砖等	主要承受压载荷,且尺寸较小,有实心和空心砌块,大、中、小砌块;墙体砌块和各种功能砌块;有密实混凝土砌块和加气混凝土砌块;此外还有步道砖、路沿石等
	环管状	管、杆、桩、柱、涵管、隧道等	依种类之不同承载特征各异,管类有无压管和压力管,电杆有等径和梢径杆;此外还有管桩、管柱、涵管、隧道构件等
	长直形	梁、柱、轨枕、屋架	细长比较大,主要受弯或弯压荷载,如吊车梁、屋面梁、各种柱(除管桩)、铁路轨枕及屋架
	箱、罐形	盒子结构、槽、罐、池、船等	如居室或卫生间结构,渡槽、贮罐、种植盒、船等
	船形	船	有囤船、驳船、游览船、运输船、各种工程船等
按配筋方式分类	无筋类	素混凝土制品	多用于砌块、砖等受压小型制品
	配筋类	钢筋混凝土制品	以普通钢筋增强的混凝土制品
		钢丝网混凝土制品	以钢丝网及细钢丝增强细颗粒混凝土制品,如薄壳薄壁管、船等
		纤维混凝土制品	增强纤维有金属、无机非金属及有机纤维,可提高基材抗拉强度,延续裂缝出现,改善韧性及抗冲击性,可制作瓦、板、管及各种异型制品
		预应力混凝土制品	以机械、电热或化学张拉法,在构件制作前(中)或后施加预压应力以提高抗拉、抗弯强度,广泛用于各种工程结构的制品
按生产工艺分类		振实及振压混凝土制品	适用于多种制品的生产,振压法可用于生产板材、空心砌块及一阶段压力管等
		振动真空混凝土制品	适用于板材、肋形板、大口径管制品及地坪、道路、机场现浇工程
		离心混凝土制品	适用于环形截面制品的生产,还可辅以振动、辊压等工艺措施
		压制混凝土制品	适用于砖瓦小砌块成型
		浇注混凝土制品	适用于加气混凝土制品和石膏混凝土以及采用大流动性自密实混合料的场合
		浸渍混凝土制品	适用于聚合物浸渍混凝土制品
		灌浆混凝土制品	先将集料密实填充模型,再压入胶结材浆体,适用于大体积混凝土制品
		抄取混凝土制品	适用于石棉水泥制品、TK 板等

2. 混凝土制品的生产工艺过程

在混凝土制品的制作过程中,从原料的选择、储运、加工和配制,到制成给定技术要求的成品的全过程,称为生产过程。生产过程的基本组成单元是工序,如原料的粉磨(工艺工序),原料或成品的运输(运输工序),原料、半成品和成品的储存(储存工序),质量检查(辅助工序)等。因而,生产过程也可认为是按顺序将原料加工为成品的全部工序的总和。

各种工序,按其功能可分为工艺工序和非工艺工序。凡使原料发生形状、大小、结构及性能变化的工序均称为工艺工序(或基本工序),其余的工序则属非工艺工序。工艺工序是生产过程的主体或基本环节。各工艺工序总称为工艺过程或基本工艺过程。混凝土制品生产中的基本工艺过程包括:原料的加工与处理、混合料的制备、制品的密实和成型、制品的养护、制品的装修和装饰。

在原料的加工与处理过程中,主要对物料进行破碎、筛分、磨细、洗选、预热或预反应,以达到改善颗粒级配、减少粒状物料孔隙率、提高温度及洁净度、增大比表面积以及提高活性等目的。在混凝土混合料的制备工艺过程中,将合格的各组分按规定的配合比称量并拌和成具有一定均匀性及给定和易性指标的混凝土混合料,应该将之视为混凝土内部结构形成的正式开端。密实成型工艺利用水泥浆凝聚结构的触变性,对浇灌入模的混合料施加外力干扰(振动、离心力、压力等)使之流动,以便充满模型。使制品具有所需的形状,更重要的是使尺寸各异的集料颗粒紧密排列,水泥浆则填充孔隙并将之黏结成一坚强整体。养护工序在混凝土制品生产过程中历时最长、能耗最大,又在很大程度上影响到制品的物理力学性能,所以养护是一个重要环节。对已密实成型的制品进行养护时,应创造使混凝土结构进一步完善和继续硬化的必需条件。在加速混凝土硬化的过程中,必须注意兼收技术及经济效益,在力求制约或消除导致内部结构破坏的因素并发挥水泥潜在能量的条件下,最大限度地缩短养护周期和降低能耗。

3. 混凝土制品的生产组织方法

根据制品成型与养护过程中主要工艺设备、模型及制品在时间和空间上组织形式的不同,混凝土制品的生产组织方法可分为台座法、机组流水法和流水传送法。在生产中采用哪种方法,取决于产品类型、配筋形式、产量、设备类型、机械化与自动化程度、基建期限及投资等因素。实践证明,在生产中必须根据具体条件,选择适宜的生产组织方法,才能取得良好的经济效益。

案例 9-1　采用加气混凝土制品建造新农村住宅

加气混凝土制品是一种保温型的围护结构材料，是目前较为切实可行的规模化生产的工业化产品，其特点如下。

（1）与复合型保温体系相比，构造设计比较简单，各地区只要根据本地区节能要求选择不同厚度、密度的产品，就能解决本地区围护结构的节能要求。

（2）由于采用轻质单一材料，大大减轻了结构自重，有利于建筑抗震，降低基础和其他构件的造价。

（3）因为是单一材料，又是工业化产品，与复合体系相比，除内外抹灰外，受其他各种辅助材料和施工的影响较小，能确保工程质量。

（4）充分利废（全国大部分厂家均以粉煤灰或废渣为原材料），有利于保护环境。

（5）该产品在国内已有四十多年的科研、生产和应用实践，基本已形成系列化，且有章可循，已有产品标准、应用技术规程和图集、标准、检测和试验方法等，能确保工程质量。

（6）在围护结构中应用范围广泛，如非承重外墙、中低层承重墙、屋面、地面和墙体的保温层，品种分为砌块和板材两种。

（7）在相同热工性能的前提下，比复合墙体（或屋面）造价低。

（8）与外保温相比，建筑立面设计的自由度更大，如装饰线条、附墙柱式、浮雕图案等，在不影响墙体保温性的前提下可自由发挥。

（9）耐久性好，产品基本能与建筑同寿命。

（10）耐火性能良好，200 mm 厚砌块耐火极限可达 510 min 以上，100 mm 厚砌块可达 225 min 以上。

综上，该体系在农村建筑中应用较为合适。

北京市建筑设计研究院夏祖宏等经过对怀柔、密云和大兴等地的考察，为满足不同类型建筑及结构构造节点的试验等要求，确定在大兴北京金隅加气厂建造加气混凝土自承重体系试点工程。2009 年 6 月，北京市建筑设计研究院与北京金隅加气厂共同就材料性能、建筑构造、结构做法、施工工艺等进行研究，并在试点工程中实施。

2009 年 8 月底，课题组与怀柔京北新型建材厂通过协商，在该厂准备建造的办公用房中采用加气混凝土自承重结构体系，作为本项目的另一个试点工程。课题组提供基本的做法要求（包括材料、结构抗震、保温节能、建筑构造、造价控制等），怀柔京北新型建材厂根据课题组提出的技术和经济要求自主建造试点工程。该厂加气砌块原材料采用工业废料铁矿渣。

以上两个试点工程均已建成，并在 2010 年初北京多年不见的寒冷季节进行了围护结构的热工性能测试，构造柱、圈梁等部位的温度场测试，围护结构的热工缺陷测试，太阳能辐射量测试。

通过研究和工程试点，基本上达到如下目的。

（1）采用单一材料保温节能体系，结构抗震的安全性和居住的舒适性均能满足农村建筑的功能要求。

（2）对围护结构各部位如外墙、屋面、地面、构件等应用技术进行研究，采取相应构造措施，不仅提高了建筑质量和热工性能，而且施工方便，为农村建筑提供了一种新的、可操作性强的、具有较高实用性的体系。

（3）经初步估算，在经济上较为合理，能被一般农户接受。

分析点评

加气混凝土制品是一种节能利废型的工业化产品。可以认为，在今后农村建筑中，为保证工程质量应优先使用这种节能利废型的工业化产品，采用加气混凝土制品的节能体系是较好的选择。在今后的农村建筑中，从选材、设计到施工都应着眼于工业化、标准化、规模化和商品化，不仅做到建材下乡，更应该做到农房下乡，这对保证工程质量、降低建筑造价、节能减排都有较为深远的意义。

思考题

1. 什么叫加气混凝土制品？
2. 加气混凝土制品具有哪些特点？
3. 加气混凝土制品的主要技术要求有哪些？

案例 9-2 碳纤维板材加固混凝土梁正截面承载力的工程应用

山东某造纸厂厂房为框架结构,因生产设备更新,第 2 层楼面荷载大幅增加,需进行加固。加固层的纵横柱距均为 6 m,面积约为 1 100 m²,主次梁的数目很多。原设计的混凝土强度等级为 C25,受力筋为Ⅱ级。加固前对钢筋混凝土梁的混凝土强度等级进行了全面的现场检测,实际强度低于 C25,加固设计中采用 C20 进行计算。利用原设计图纸所提供的配筋量,对平面内所有的梁的承载能力全部进行了复核,需要加固的梁为 45 根,其中需要进行正截面加固的梁为 29 根。

加固用碳纤维增强复合材料(CFRP)采用上海加固行提供的 Sika Carbo Dur S 板材及 Sika Wrap-230C 织物,配套用胶黏剂为 Sikadur-30 及 Sikadur-330。对原材料进行随机取样的材性检测,板材和胶黏剂均达到了厂家所提供的力学性能指标(表 2.9.2 和表 2.9.3),碳纤维织物测定的是浸渍胶黏剂 7d 后的硬化布的抗拉强度,低于厂家提供的碳纤维单丝的抗拉强度,但满足设计要求 $\sigma_{u实测} \geqslant [cf]E_{cf}$。

表 2.9.2 CFRP 的性能指标

种类	设计厚度/mm	抗拉强度/(N/mm²)	弹性模量/(N/mm²)	延伸率/%
Sika Carbo Dur S	1.2	>2 800	>165 000	>1.7
Sika Wrap-230C	0.13	>3 450	>234 500	>1.5

表 2.9.3 胶黏剂的性能指标

种类	7 d 抗拉强度/(N/mm²)	抗剪切强度/(N/mm²)	适用温度/℃	适用期/min
Sikadur-30	33	15	10~35	40~100
Sikadur-330	30	—	5~35	30~90

在实际施工中特别强调注意两点:①界面一定要处理好,否则会直接影响黏结强度,对于混凝土表面要求用专用工具细心打磨,用丙酮擦洗干净,对于粘贴用的梁转角处要严格打磨成圆弧状,并用找平材料处理光滑;②贴碳纤维板时板材一定要擦洗干净,黏结剂要涂刷均匀,粘贴时用专用辊子来回滚压,确保没有空鼓。另外,该工程为工业建筑,使用温度最高可达 60℃,根据工程经验对碳纤维加固表面涂刷了厚 215 mm 的 M5 砂浆掺胶防护层进行隔离。施工结束后(未设防护层时)的加固效果见图 2.9.1。

项目验收时,在每级荷载作用下测定梁跨中截面沿高度的应变及其荷载-挠度关系,并专人观察梁体的变化形态及裂缝发展情况。加荷至 180 kN 时,用裂缝观测仪观察到极其细微的裂缝,肉眼不可见,加荷至 201 kN 时,未见明显变化。加载全过程中荷载-挠度关系呈线性关系(图 2.9.2),加载到 201 kN 时测得的挠度值远小于梁的允许挠度,沿梁高度粘贴的 6 个应变片一直完好,在每级荷载下绘出的应变图基本符合平截面应变规律,说明碳纤维板与混凝土共同工作,两者的界面黏结良好。

图 2.9.1　加固效果

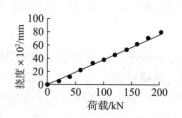

图 2.9.2　检测梁的荷载-挠度关系

分析点评

碳纤维在 20 世纪 70 年代开始开发,其具有较高的弹性模量,而且抗拉强度高,与水泥基结合得较好,能够大幅度提高混凝土的抗拉强度,而且碳纤维抗老化性强。但是价格昂贵,很难大范围应用,碳纤维板一般用于建筑加固和补强工程。本案例中将碳纤维板材加固某工业建筑中混凝土梁,结果证明碳纤维板与混凝土两者的界面黏结得非常好。

思考题

1. 碳纤维材料具有哪些性能特点?
2. 碳纤维材料在碳纤维混凝土板中有什么作用?
3. 碳纤维板材料施工时需注意些什么?

案例 9-3　市政工程中小型混凝土制品耐久性调查分析

北京许多工程中混凝土材料的低耐久性破坏现象很突出,已引起国内外同行的关注,但以前对混凝土破坏的调查分析集中在城市立交桥重要的结构受力部位,对路缘石、防撞墩、步道砖等小型混凝土制品的低耐久性破坏很少涉及。目前,北京一些建成 3～5 年的市政工程中小型混凝土制品的低耐久性破坏已经到了非常严重的地步,表现在严重开裂、剥落,有的甚至呈"酥裂"状态。从表面看,这些破坏早、破坏严重的混凝土制品均采用浇注振动成型工艺制造。相反,20 世纪 90 年代初期采用干硬性混凝土挤压工艺制造的一些制品,应用于同样部位但破坏却要轻得多。

北京地处寒冷地区,冻融和盐冻是城市立交混凝土破坏的主要病害之一。混凝土冻融破坏是指硬化混凝土中渗入的水因结冰产生体积膨胀导致的破坏,当存在化冰盐加剧混凝土的冻融破坏时,称为盐冻破坏。通过调查发现,冻融和盐冻破坏同样是市政工程中小型混凝土制品破坏的最主要因素。

混凝土冻融破坏实例之一:北京西北三环苏州桥混凝土防撞墩。苏州桥建成于 1994 年,防撞墩混凝土设计强度为 C20,单方水泥用量 350 kg,水灰比 0.45,采用蒸养工艺制造。建桥时安装的防撞墩表面光滑漂亮,但 1998 年即发现该桥防撞墩表面有"起皮"和轻微剥落现象。1999 年冬北京地区下雪较多,使用化冰盐次数相对也多,因此防撞墩混凝土发生急剧破坏。

混凝土冻融破坏实例之二:蓟门桥浇注成型混凝土路缘石。蓟门桥建成于 1985 年,1994年改建加宽了桥面,改建时,蓟门桥以西采用的是浇注成型混凝土路缘石,到目前为止已经发生严重破坏。该路缘石设计强度为 C20,单方水泥用量 320 kg,水灰比 0.48。

市政工程中浇注成型的小型混凝土制品极易发生冻融和盐冻破坏是由其如下特点决定的:①混凝土设计强度低,水灰比大,抗渗性差;②对耐久性没有明确要求,不掺加引气剂;③大多数为乡镇企业和个体户生产,手工操作,尽管表面光滑漂亮,但不抗冻;④为抢工期,采用蒸气养护,无法使用引气剂。

目前,小型浇注成型混凝土制品耐久差的问题还没有引起有关方面的重视,仅靠提高混凝土强度是解决不了问题的。据有关资料报道,C60 级混凝土如果不掺加引气剂,快速冻融次数也不会超过 300 次。今后,必须创造条件在浇注成型混凝土制品中使用引气剂,以减少冻融和盐冻破坏。或者采用挤压成型混凝土制品替代浇注成型混凝土制品,来提高工程的耐久性。

分析点评

冻融和盐冻是影响小型混凝土制品耐久性的主要因素,通过掺加引气剂可以大大提高混凝土抗冻性。挤压成型混凝土制品耐久性比浇注成型混凝土耐久性好,养护维修次数少。

思考题

1. 什么叫混凝土冻融破坏和盐冻破坏?
2. 市政工程中浇注成型的小型混凝土制品为何极易发生冻融和盐冻破坏?
3. 为什么说挤压成型混凝土制品比浇注成型混凝土制品耐久性好?

案例 9-4　轻骨料混凝土及其制品在节能建筑工程中的应用

　　轻骨料混凝土小型空心砌块可根据轻骨料的密度等级和使用要求制成自保温和复合保温砌块,由于其重量轻、保温性能好、装饰贴面黏结强度高、设计灵活、施工方便、砌筑速度快、增加建筑使用面积、综合工程造价低等优点,得到了迅速发展,特别在寒冷和严寒地区发展更猛,在黑龙江地区已广泛应用,特别在高层建筑作为外围护结构深受设计、施工、使用单位好评。

图 2.9.3　哈尔滨市典型节能建筑

　　图 2.9.3 是黑龙江省某房地产开发有限公司采用页岩陶粒复合砌块在哈市建的典型节能建筑,该工程建筑面积为 11 345 m^2,七层,高为 20.06 m,计算传热系数小于 0.48 W/(m^2 · K),根据该公司提供的当年数据进行经济分析结果:降低墙面造价 2 元/米²,按 370 mm 厚红砖墙外贴苯板 100 mm 厚和玻璃丝网布及高弹性涂料计算其造价为 112 元/米²,而复合砌块墙面造价约为 110 元/米²;增加使用面积,约占总使用面积的 2.4%,即增加使用面积 273 m^2,按 3 000 元出售,增加收益 81.9 万元;减轻墙体自重,砖砌块按 1 800 kg/m^3,复合砌块为 1 200 kg/m^3 计,减轻墙体自重 33%,可降低基础费用,具有长期节能 50% 和建筑物同寿命的技术效果,经济价值更可观。

分析点评

　　节能减排是当今世界各国普遍关注的问题。降低全社会建筑能耗和资源消耗是关系国家能源战略和资源节约方针的重大任务。墙材革新是建筑节能的基础,为此应加快墙材革新步伐,加大新型墙材推广力度,加大对有碍于建筑节能行为的执法力度。轻骨料混凝土及其制品,特别是人造轻骨料混凝土,具有轻质、高强多功能的特性,因此它不仅是节能降耗的结构材料,也是节能建筑的绿色新型墙体材料。

思考题

　　1. 轻骨料混凝土的定义是什么?

　　2. 轻骨料混凝土的性能特点有哪些?

　　3. 轻骨料混凝土及其制品在节能建筑工程中应用的意义如何?

案例 9-5　预应力混凝土管桩在 500 kV 余姚变电所工程中的应用

500 kV 余姚变电所位于浙江省余姚市丈亭镇境内,所址距余姚市中心东南约 8 km。所址坐落于龙山西北侧的农田里,北侧为甬余一级公路,场地平坦,地面高程一般为 1.55 m。余姚市地处浙东宁绍平原中部,所址属于较典型的软土地基。

预应力混凝土管桩是混凝土技术进步与混凝土制品高新工艺水平相结合的一种预制混凝土桩,具有质量好、植桩方便、耐打性好、施工进度快、桩基抗震性好等优点。近 10 多年来,预应力混凝土管桩的生产与应用发展迅猛,已经成为重要的桩基材料。

根据华东电力设计院勘测处提供的 500 kV 余姚变电所工程岩土工程勘察报告中对余姚变电所所址内工程地质情况的评价,结合其他 500 kV 变电所工程的设计经验,对于所内承载力和变形要求较高的建构物进行地基处理,采用桩基方案。

根据余姚变电所桩基工程的实际情况,对各种桩型进行了分析比较。预制钢筋混凝土桩在宁波、余姚地区目前使用不多,故采用工厂预制的成本比较高。而采用现场预制,质量控制难度比较大,施工周期比较长,难以提供混凝土桩的预制场地。灌注桩一般桩身直径较大,施工的技术要求高,质量不易控制和保证,且相关试验、检测的费用较高。

与上述两种桩相比,预应力混凝土管桩在宁波、余姚地区有着较大的优势。首先,预应力混凝土管桩在宁波、余姚地区使用较早,技术上运用成熟,各种桩型比较齐全,质量有保证;其次,由于预应力混凝土管桩在宁波、余姚地区的广泛使用,施工技术和经验比较丰富,采用管桩可缩短施工周期;最重要的是,在技术经济方面宁波、余姚地区的预应力混凝土管桩有着较大的优势。经过多方论证和专业讨论,最终采用了预应力混凝土管桩的方案。

500 kV 余姚变电所桩基工程采用的是先张法预应力混凝土管桩 PC-A400(75)-10 型,截面为 ϕ400 mm,壁厚为 75 mm,长为 10 m。根据所处场地填土情况及场地土地质条件,考虑桩侧负摩阻力的影响,基桩的竖向承载力设计值取 300 kN。经过工程试桩结果显示,基桩竖向承载力接近计算取值,各项数据满足上述预应力混凝土管桩的计算要求,相关计算假定符合实际情况。

分析点评

预应力混凝土管桩是一种具有良好工艺性能、适应性强、承载力高、施工工期短等优点的新型桩型,基础工程质量明显优于普通桩基,在实际使用上完全可以替代普通混凝土预制桩和灌注桩。预应力混凝土管桩在实际应用中必须有可靠的试桩数据作为设计依据,以确保工程的安全性。

思考题

1. 什么是预应力混凝土管桩?
2. 预应力混凝土管桩如何分类?
3. 预应力混凝土管桩对所采用的原材料有什么要求?

案例 9-6 城市旧水泥混凝土路面改建方案探讨

无锡市锡山经济开发区春笋路道路全长 4.08 km,现状老路为水泥路面,横断面布置为 4/8 m 中分带+两侧 2×12 m 行车道+2×2 m 人行道,其中北幅行车道于 1997 年左右建成,双向坡,由 4 块水泥混凝土板块组成,板块尺寸为长×宽=5 m×3 m,2006 年在距中分带第二块板下方开挖埋设高压燃气管。南幅行车道于 2003 年左右建成,单向坡,由 3 块水泥混凝土板块组成,板块尺寸为长×宽=5 m×4 m,中间板块下方 2001 年已先期埋设污水管,其中环城干线——春江路段采用开挖施工,而春江路-终点段由于地基较差采用牵引施工。

本次改造采用城市次干道标准,设计速度为 40 km/h,道路线形基本沿老路走向,改造后路基标准横断面为:2.0 m 中分带+2×7.5 m 机动车道+2×1.5 m 侧分带+2×3.5 m 非机动车道+2×1.5 m 人行道=30.0 m。

为合理利用老路,对老路路面进行调查,从而对现状路面的使用状况作定量的综合评价,为科学合理的制定路面改造方案提供依据。本次调查对老路行车道水泥混凝土板块进行了详细检测,主要包括承载能力检测及原路面板破损状况检测两部分。根据检测结果,提出了三种适合本工程的改建方案,现拟采用排除法选择最佳方案。

(1) 老路混凝土面板处理病害后直接加铺

由于沥青加铺层能有效改善旧水泥路面的使用性能,因此在国内外相关改造工程中应用最多,然而,对于本项目,该方案主要存在以下问题。

① 路面状况指数(PCI)总体为次;断板率(DBL)总体为次-差,板底脱空率≥60%,综合分析不适合加铺改造。

② 现状老路北幅行车道路拱为双向坡,横坡调拱比较困难。

③ 两侧地块大部分为居民小区及厂房,道路抬高对地块影响较大。

综上所述,本项目不推荐选择老路混凝土面板处理病害后直接加铺方案。

(2) 老路混凝土面板碎石化后加铺

为合理利用老路水泥板块,可将其破碎后作为新路面结构的下基层继续发挥作用。通过这项技术,可以大大提高效率,节省费用。然而,对于本项目该方案主要存在以下问题。

① 现状老路行车道下南北两侧分别埋设污水管、燃气管及电力电信等管线,水泥路面碎石化将对老路基层产生巨大冲击,对管线影响较大,存在安全隐患。

② 两侧地块大部分为居民小区及厂房,施工时产生的噪声影响大,同时道路抬高对地块影响较大。

综上所述,本项目不推荐选择老路混凝土面板碎石化后加铺方案。

(3) 旧水泥混凝土面板挖除后,对老路路基夯实并补强处理后加铺

考虑老路运行多年,路基已沉降稳定,具备利用价值。为利用现状老路,拟将老路混凝土板块挖除,对老路路基夯实并补强处理后,直接加铺路面结构。具体方案如下:挖除老路至设计标高,原地碾压处理;其上铺设一层"三渣"(集料配合比为消石灰:道渣:米沙=10:45:45)对老路基层加以补强,碾压密实至其满足设计要求,本项目控制该层层顶回弹模量≥35 MPa,其上加铺两层共 40 cm 水泥稳定碎石,利用水泥稳定碎石模量高的优点,通过加厚路面基层来弥补老路基层强度不足;最后整体摊铺 12 cm(4cmSMA-13+8cmAC-25C)沥青面层。

本方案具有以下优点。

① 施工便捷,对周边地块影响小。在一般路基设计方案中,设计推荐采用常规的石灰处治土。因为石灰土在项目区域应用比较广泛,施工工艺成熟、造价低、强度能满足设计要求。但石灰土水稳定性稍差,且施工时容易产生灰尘,对周边居民生活、学习及工作干扰严重。

而本项目路基补强设计采用"三渣"填料代替石灰处治土。"三渣"由于采用场外拌和,对道路沿线环境影响较小;充分利用工业废渣,早期强度低,后期强度有较大提高,结构厚度要求较小;施工便捷,受天气等环境因素影响较小,同时养生期较石灰处治土大为缩短。

② 充分利用老路,并通过优化加铺路面结构,节省工程造价。本工程路面状况较差,沿线布设多种地下管线,两侧地块开发成熟,给常规方案的实施带来较大的难度,以往对此均采用大开挖破除老路后新建路基路面处理。本工程大胆提出"强基薄面"理论,先对老路基层加以补强,并利用水泥稳定碎石模量高的优点,通过加厚路面基层来弥补老路基层强度不足。本方案由于完全利用老路,不仅减少了对老路翻挖及地下管线的损坏,还缩短了工期并节省了造价,经济合理。

综合分析,推荐本项目采用"强基薄面"方案。

分析点评

公路部门对刚性路面升级改造,大部分采用的是刚改柔方案,通常采用的是加铺沥青路面或水泥混凝土路面碎石化后加铺改造,相关技术及施工工艺均发展完善成熟。而作为城市旧水泥混凝土路面的改造,由于受各种条件限制,以上常用的改建方案受到制约,往往采用大开挖破除老路后新建路基路面的改造方式。该例中提出"强基薄面"理论,通过加厚路面基层厚度来弥补老路基层强度不足,减少对老路翻挖及地下管线的损坏,取得了良好的效果。

思考题

1. 既然石灰不耐水,为什么由它配制的灰土或三合土却可用于基础的垫层、道路的基层等潮湿部位?
2. 从硬化过程及硬化产物分析石灰属于气硬性胶凝材料的原因。
3. 普通混凝土的主要组成材料有哪些? 各组成材料在硬化前后的作用如何?

第十章　大体积混凝土

知识要点

　　结构尺寸和截面尺寸较大的混凝土工程,例如混凝土大坝、高层建筑的深基础地板,大跨度桥梁的柱塔基础和其他重型底座结构物等,由于水泥水化过程中释放水化热产生的温度变化引起的应力作用较大,可能导致混凝土产生裂缝而给工程带来危害甚至报废,因此,成为混凝土施工中的一项重大课题。这类混凝土由于体积大,外荷载引起裂缝的可能性很小;但是由于散热面积很小,水化热积聚作用十分强烈,内部混凝土温升(即内外温度差)可以很高,甚至达到 80~90℃以上。内外温度差所产生的温度应力可以超过混凝土能承受的抗拉强度,并产生超过混凝土极限拉伸变形值,从而引起混凝土的开裂。

　　关于大体积混凝土的定义,还没有统一的规定。目前一般认为,所谓大体积混凝土是指结构尺寸大到必须采取相应技术措施,妥善处理内外温度差值,从而合理解决温度应力,并对裂缝进行控制的混凝土。日本建筑学会标准(JASS₅)规定:“结构断面最小尺寸在 80 cm 以上,同时,水化热引起的内外最大温差预计会超过 25℃,这样的混凝土应称为大体积混凝土。”但是,混凝土的温升和内外温差与表面积系数有关,单面散热的结构其最小断面尺寸在 75 cm 以上,双面散热的结构其最小断面尺寸在 100 cm 以上,水化热引起的内外温差超过 25℃,就应该称为大体积混凝土。

　　大体积混凝土在浇筑的初期,由于水化热大量产生,混凝土的温度急剧上升。其表面的散热条件较好,温度上升比较少;而内部散热条件比较差,温度上升较多,从而形成从表到里的温度梯度,使混凝土内部产生压应力,而外部产生拉应力。当拉应力超过混凝土的极限抗拉强度时,混凝土表面首先产生裂缝称表面裂缝,其危害性一般较小。这种表面裂缝在混凝土收缩时会产生应力集中现象,促使裂缝进一步扩展。表面裂缝扩展的原因,一方面是由于内外温差产生了应力和应变;另一方面是结构的外约束和混凝土内各质点的约束阻止了这种应变,从而使温度应力超过混凝土的极限抗拉强度,产生不同程度的裂缝。在浇筑的初期,混凝土处于升温阶段和塑性状态,弹性模量很小,温度应力引起的变形也很小;混凝土浇筑一定时间后,水化热释放的高峰已过,混凝土从最高温度开始逐渐降温,降温的结果引起混凝土收缩,再加上水分蒸发引起的收缩,而地基和结构边界条件的约束使之不能自由变形,从而使混凝土处于大面积拉应力状态,这种区域如果存在表面裂缝,则极有可能发展成为深层裂缝,甚至存在整个截面上的拉应力。当该拉应力超过混凝土的极限抗拉强度时,混凝土产生整个截面上的贯穿裂缝。贯穿裂缝切断了结构断面,破坏结构的整体性和稳定性,其危害是最严重的。深层裂缝部分切断结构的截面,具有一定的危害性,在施工中是不允许产生的。综上所述,产生裂缝的原因有:①水泥水化热的影响;②内外约束条件的影响;③外界气温变化的影响。

　　由于大体积混凝土工程的条件比较复杂,施工情况各异,特别是其结构与构造的设计变化很大,再加上原材料的材料性能差别也较大,因此,控制温度变形与裂缝扩展不单纯是结构理论的问题,还涉及结构计算、构造设计、材料组成与性能以及施工工艺等多方面的综合问题。

　　在大体积混凝土工程的设计和施工中,为防止产生温度裂缝,首先需要在施工前认真进行混凝土结构和构造设计、混凝土配方设计,选择好水泥品种并进行温度计算,提高混凝土的极限抗拉应力值,改善混凝土的约束条件;同时还要在施工过程中采取一系列有效的技术措施,其中最重要的是加强施工中的温度监测,采取措施控制混凝土温升,延缓混凝土降温速率,减少混凝土收缩变形,重点控制混凝土贯穿裂缝的扩展。

案例 10-1 三峡水利枢纽左岸电站厂房工程

三峡大坝工程是我国举世瞩目的跨世纪宏伟工程。建成后可抵御百年不遇的洪水,对长江中下游的防洪减灾起着重要的作用。坝体两侧设计安装单机容量为 700 MW 的 26 台发电机组,总发电能力为 1 820 MW,每年可提供 847 亿千瓦·时的电能。坝建成后将极大地促进长江流域航运事业的发展,万吨级的货船、三千吨的客船从上海可直抵重庆。此外,工程蓄水后,水域的环境改善将促进长江三峡旅游事业的大发展。

三峡工程的主要组成有:一个混凝土坝体、两座水力发电站、五段往复式永久闸门、升船机等。

三峡水利枢纽左岸电站厂房工程混凝土施工是三峡工程发电的关键项目,混凝土浇筑量达 78.5 万立方米,且结构复杂,施工难度大。中国三峡总公司狠抓关键部位混凝土施工技术及温控措施,施工质量满足了合同要求。1998 年和 1999 年夏天,高温季节浇筑了大量基础约束区混凝土,混凝土温控防裂难度很大,但由于温控措施得力,其混凝土最高温度基本满足设计要求,经两个冬季的考验,未出现基础贯穿性裂缝,表面裂缝的数量也较少,在控制指标范围之内。厂房混凝土以三级配 $R_{28}250^\#D_{250}S_{10}$(相当于新标准 $R_{28}C25D_{250}P_{10}$)为主,混凝土抗冻及抗渗指标高,水泥用量达 176 kg/m^3,其水泥水化热温升高;仓面形状不规则,钢筋较多,厂房混凝土内未埋设冷却水管,对混凝土最高温度的控制极为不利。

采取的主要温控措施如下。

① 优选混凝土原材料与配合比。厂房混凝土基本固定使用华新中热 425$^\#$(相当于新标准 42.5 等级)水泥,其超强标号高而稳定,且运输距离较远,水泥入罐温度低,对温控有利;夏季施工时,将粉煤灰掺量由 20% 增至 25%,以尽量减少水泥用量。

② 加强拌合楼的定期检修与日常维护工作,使拌合楼特别是制冷、制冰系统始终处于良好状态,保证混凝土出机口温度为 7℃。

③ 加强预冷混凝土在运输及浇筑过程中的保温工作,使浇筑温度不超过 12~14℃。运输时,对车辆、吊罐进行适当遮阳保温;浇筑过程中采用仓面喷雾,尽量降低环境温度;对浇完的混凝土则及时覆盖保温被,以避免阳光直射。

④ 对新浇混凝土及时进行长流水养护,一方面可使混凝土加速散热,另一方面可有效防止混凝土表面产生干缩裂纹。

⑤ 尽量利用低温时段多浇混凝土,一方面提高混凝土入仓强度,即对较大仓号采用多台门机联合浇筑,尽量缩短浇筑时间;另一方面控制混凝土的开仓时间,即白天气温高,上午 10 点至下午 5 点之间一般不新开混凝土仓号,尽量利用夜间浇筑。通过采取上述温控措施,基本将混凝土的最高温度控制在设计要求的 34~36℃。

分析点评

大体积混凝土产生裂缝的原因有多个方面,如水泥水化热的影响、内外约束条件的影响、外界气温变化的影响等。在大体积混凝土工程施工中,为防止产生温度裂缝,首先需要选择合适的水泥品种,因为水泥水化产生的水化热是混凝土温升的最主要热源。另外还要在施工过程中加强温度监测,采取措施控制混凝土温升,延缓混凝土降温速率,减少混凝土收缩变形,重点控制混凝土贯穿裂缝的扩展。

思考题

1. 什么叫大体积混凝土？
2. 大体积混凝土施工时温升的主要原因是什么？
3. 大体积混凝土产生裂缝的原因有哪些？如何控制温度避免裂缝的产生？

案例 10-2　重庆轻轨交通现浇 PC 倒 T 梁混凝土工程施工与耐久性

重庆轻轨较新线一期工程建设,由较场口至新山村,简称较新线一期工程。该工程全长 17.54 km,其中较场口至大堰村段的在建工程为 14.35 km,有地下车站 3 座,高架车站 11 座, 除解放碑、大坪两座长度 1 130 m、1 113 m 的隧道外,其余均为空中高架桥梁。初设总投资约 为 42.33 亿元,平均每公里造价约为 2.47 亿元。主体结构设计的使用年限为 100 年。

重庆轻轨工程采用跨座式预应力钢筋混凝土梁(以下简称 PC 梁),其车辆直接跨座行驶 于 PC 梁上。

为保证列车安全、快速、舒适行驶,PC 梁的精度要求特别高,有直线梁和曲线梁,且随行进 线路的曲率半径与坡度的差异而变化,因而在常规条件下,除使用直线部分跨度为 22 m、20 m 的预制标准 PC 梁,22 m、20 m 跨及曲率半径与坡度各不相同的曲线梁外,在跨度大于 22 m 以上时,需要另行设计大跨度的特殊 PC 轨道梁。由于使用大跨度预制 PC 梁的设计和施工难 度很大,且受预制 PC 梁的模型台车、模型室、养护室及配置专用设备的限制,国外的做法是采 用价格昂贵的钢制轨道箱梁。鉴于造价和用量考虑,重庆轻轨较新线主要采用 PC 梁,设计耐 久年限为 100 年。这种大跨度现浇混凝土 PC 倒 T 梁用于跨座式交通工程在国内外尚属 首次。

这项工程混凝土施工的特点和难点在于以下几方面:①施工地点位于杨渡路、西郊路交叉 口,车流量、人流量大,要求在保证车辆通行的条件下搭设施工支撑体系和模板。②混凝土设 计强度等级 C60,施工环境气温超过 30℃,且结构截面形式复杂,梁体配筋密集,预埋器件多 达 2 464 个,要求混凝土拌合物具有良好的施工性能,尽可能低的收缩和符合设计要求的强度 及弹性模量。③在确保混凝土密实成型的同时,保证梁体制作精度和预埋器件定位精度。 ④梁体有纵向和横向预应力钢绞线,曲线大跨度梁预应力工艺及张拉后的线型控制困难。

施工方案与工法制定包括四个方面的内容:①模板及支撑体系的设计;②张拉工艺的设 计;③现场试验梁段的研究;④施工过程的控制。再经重庆大学与中国第十八冶金建设集团混 凝土公司反复试验研究,确定了混凝土用原材料及配合比。

轨道交通是重要基础设施,运行中长期暴露于自然环境,使混凝土的耐久性成为决定工程 使用寿命的关键因素。为预测混凝土的耐久年限,试验研究了工程所用混凝土的抗酸雨性能、 抗硫酸盐腐蚀和抗碳化性能等。根据试验结果可以认定,现浇 PC 倒 T 梁混凝土的耐久性能 良好。

分析点评

鉴于造价和用量考虑,重庆轻轨工程采用跨座式预应力钢筋混凝土梁,主体结构设计的使 用年限为 100 年,虽然这项工程混凝土施工的难度重重,但因为事先进行了缜密的规划设计, 施工过程中又严格加强监控,使该工程能保证良好的耐久性能。

思考题

1. 混凝土耐久性的定义是什么?它包括哪些内容?
2. 大跨度现浇混凝土 PC 倒 T 梁施工过程中应注意些什么?
3. 常用模板的种类、特点和应用场合有哪些?

案例 10-3　金茂大厦混凝土工程

金茂大厦位于上海浦东陆家嘴金融贸易区内,与东方明珠电视塔相邻。工程占地面积 2.3 万平方米,主楼地下 3 层,地上 88 层,裙房 5 层,以金融办公为主,集宾馆、展览、会议、购物、观光为一体。建筑总面积 29 万平方米,高度为 420.5 m,与世界最高建筑 450 m 的马来西亚城市广场和次高建筑 443 m 的美国芝加哥希尔斯大厦相比,高度居于第三位。世界最高、次高建筑的主体结构均为钢结构。目前,世界上最先进的钢筋混凝土超高层建筑的高度约为 80～85 层。

金茂大厦主楼是内筒外框的塔式结构。内筒是平面呈八角形的钢筋混凝土核心筒。外围四周设置有 8 根巨型的劲性钢筋混凝土柱。在沿建筑高度设置三道外伸钢桁架将核心筒体与外侧巨柱连成整体。建筑主楼随高度向上逐渐收分,形成优美的塔形大厦。

金茂大厦工程中一次浇注地下连续墙体的 C40 混凝土约 2 万立方米,C50 基础承台大体积混凝土为 1.35 万立方米,主楼承台以上部分混凝土量近 8.1 万立方米。

承台混凝土于 1995 年 9 月 19 日开始浇筑,5 个搅拌站的 100 辆搅拌车连续向 8 台汽车泵供应混凝土。从南向北每层按约 50 cm 厚度挠捣,每层覆盖时间控制在 6 h 内。混凝土的初凝时间为 13 h,终凝时间为 14.28 h,每台泵平均每小时泵送的混凝土不少于 24 m³,8 台泵每小时浇筑不少于 192 m³,浇筑做到"三压三平"。在 46.4 h 内一次浇筑完 1.25 万立方米混凝土,浇筑完成后用草袋浇水和塑料膜覆盖混凝土表面进行保温保湿养护。

为降低混凝土内部温度,在 4 m 高度内每 1 m 布置一道循环冷却水管,循环通水,降低内部温度。与此同时,对已埋在基础承台内的 108 个测温控制点、在养护塑料膜下边的 3 个测点、室内外 2 个测点、冷却水管进出水温 14 个测点,共计 127 个温度测点,使用大体积混凝土温度微机自动测试仪,测定每个测点的温度,并通过自控调节冷却水管的进水温度,将内外温差控制在 30℃ 以下。混凝土的入模温度为 27～36℃,内部最高温度为 97.5℃,最高升温值为 68.5℃,升温期为 2 昼夜,时间为 32～54 h,2 d 后开始降温。

经计算,20 d 的水冷却,累计带走热量为 8.87×10^8 kJ,平均累计降温 27℃,离承台表面 1.0～3.0 m 范围内混凝土降温较均匀。取混凝土抗拉强度为 2.6 MPa,计算累计最大拉应力为 0.447 MPa,内外温差值控制在 30℃,降温和收缩没有引起混凝土结构产生裂缝。

分析点评

上海金茂大厦工程是世界上最先进的钢筋混凝土超高层建筑工程。在其超厚、超大的 C50 混凝土基础承台浇筑过程中,因巧妙地布置了循环冷却水管,并安排了多个测温控制点,使承台混凝土内外温差值控制在较小的范围,避免了降温和收缩引起的裂缝。

思考题

1. 大体积混凝土施工时应注意些什么?
2. 金茂大厦混凝土基础承台浇筑过程中是采取什么措施来控制裂缝产生的?
3. 请结合有关参考文献指出大体积混凝土浇筑后 7 d 内的最大可能温升是多少?并指出影响温升的主要因素。

案例 10-4 山海关 15 万吨级船坞工程大体积混凝土防裂技术措施

山海关船厂 15 万吨级修船坞(以下简称"山船大坞")是我国目前最大的修船坞,船坞有效长度为 340 m,宽度为 64 m,坞顶标高为 + 3.5 m(芷锚湾高程),船坞设有 0.3‰纵坡,坞底标高在−9.3~−8.316 m 之间变化。

船坞的结构型式为排水减压式,船坞主体主要由坞底板、坞墙、坞口、泵房及出水渠、下坞通道等几大部分组成,结构复杂。船坞砼均为现场浇筑,总量超过 9 万立方米,砼等级分别为 C30、C40 等。

造成砼开裂的因素是多种多样的,结合山船大坞工程的结构型式及其特点,进行科学分析,认为以下几点是主要原因,也是船坞大体积砼防裂的困难所在,只有抓住这些主要矛盾,才能有效的做好防裂工作。

(1)船坞地基为风化的花岗岩,以强风化岩为主,在泵房、坞口及坞墙下均有中风化岩和微风化岩,地基弹性模量较高,岩基对砼的约束比较大,而且考虑到船坞基底的防渗要求,设计提出砼浇筑面以下必须是新的裸露岩石,这些都是防裂的不利因素。

(2)由于坞主体砼超过 9 万立方米,砼浇筑强度太大,因此对于新老砼浇筑间歇期控制有相当大的难度,砼浇筑的间歇期越长,下层砼的刚度越大,对新浇砼的约束也越大。

(3)船坞各部位的结构复杂也决定着防裂的难度。泵房的平面尺寸达 35.0 m×32.0 m,结构复杂多样,尤其泵房底板厚度为 2.0 m,一次浇筑量为 2 650 m³;坞口尺寸接近大坝浇筑块施工,在我国新建成的几个船坞中是首屈一指的,在航务系统施工中也很罕见;除此之外,下坞通道的结构长度也都超过 20 m,最长为 27.135 m。因此,该船坞一些主要部位均属于大体积砼的范畴。

(4)施工季节及环境的影响:船坞主体砼施工期从 1997 年 5 月至 1998 年 6 月,为了达到工期目标,满足业主的要求,砼浇筑实行 24 h 连续作业,必然经历热天施工和冬季施工。比如泵房底板砼浇筑自 1997 年 8 月 6 日至 9 日,正值暑期,此外 1997 年冬季组织了大规模的冬季施工,冬季施工砼方量超过 8 000 m³,泵房及坞口施工经受了严峻的考验。

为了抓好防裂工作,工程开工之前由天津港湾工程研究所(以下简称"港研所")对船坞主体砼的温度场及温度应力进行了计算,并据此提出了裂缝控制的重点、难点,制定了有效的防裂技术措施。根据港研所的计算结果,对于坞底板和坞墙来说,结构尺寸都在 15 m 以内,断面尺寸也不算厚大,砼温升必然较低,而且坞底板下是满铺的 40 cm 厚减压排水碎石层,约束大大降低,因此砼防裂比较容易,只要注意盛夏季节控制好入模温度,在秋冬季节严防寒潮的袭击,避免砼出现裂缝是完全可以做到的。因此,裂缝控制的重点放在坞墩、坞口底板、泵房和下坞通道等超长、超厚大体积砼的部位。在夏季及冬季施工中更应慎之又慎。

砼在浇筑以后由于水化热的作用以及外部环境的影响,会引起砼内部温度的变化并由此产生温差应力,在砼变形超过砼的极限拉伸时,砼结构就会开裂。此处所说的砼防裂主要是指防止出现上述由变形引起的裂缝,这种裂缝归根到底是由温度变化造成的,所以砼防裂应由以下几个方面着手:一是设法减少砼内外温差;二是降低外界条件对砼变形的约束;三是提高砼自身的抗裂能力。施工单位根据这种情况采取了一系列对应措施,例如选用低标号低水化热水泥、掺加粉煤灰、采用聚丙烯纤维网砼等。

船坞主体砼从 1997 年 4 月 29 日浇筑第一块底板开始,至 1998 年 6 月 30 日浇筑最后一段坞墙,共历时 14 个月(其中 1998 年 1 月、2 月未浇筑砼),9 万余立方米砼的施工经历了夏季、冬季,根据不同的工程部位、不同的施工条件分别采取了有针对性的防裂措施,结合各个部位的工艺特点,选用了不同的砼配合比。到目前为止,经过近年来的时间检验证明,所采取的各项措施是有成效的。在一些经过计算很难避免开裂的部位如泵房、坞口底板等,均未出现裂缝。掺加粉煤灰、膨胀剂和聚丙烯纤维网的砼,外观质量很好,而且试验结果证明其抗冻、抗渗性能均能满足设计要求和规范规定。

分析点评

山海关船厂 15 万吨级修船坞是中国大陆最大的修船坞,该船坞大体积砼工程具有技术要求高(不裂、不渗、不漏),结构复杂,工期紧,施工难度大的特点。施工单位在该砼施工中,为防止和控制大体积混凝土的结构裂缝,采取了一系列防裂技术措施,取得了较好的效果。

思考题

1. 山海关船坞大体积砼防裂的困难是什么?
2. 减小砼内外温差的措施有哪些?
3. 如何提高砼的抗裂能力?

案例 10-5　地下室底板大体积混凝土施工实例

浙江省湖州市第一人民医院门诊综合楼地上 12 层,地下 1 层,总建筑面积 13 952 m²,采用框架剪力墙结构。地下室高 418 m,平面尺寸为一个 57 m×41 m 的近似梯形,建筑面积 2 300 m²,底板厚 800 mm,电梯井处的厚度达到 2 000 mm,单个承台的最大混凝土浇筑量达到 91.3 m³。

本工程地下室建筑面积较大,混凝土的浇筑量达到 2 000 m³,作为地下建筑,在地下室底板混凝土施工中要解决以下几方面的问题。

(1) 该工程地下室面积较大,地下水位比较高,地下室的防水是一个重要任务。

(2) 采取措施降低混凝土内部的温度,减小混凝土的内外温差,防止内外温差过大,产生收缩裂缝。

(3) 由于施工工艺及工程特点要求,地下室底板要求一次浇筑完成,如此大面积的混凝土浇捣要采取措施严控混凝土由于硬化收缩产生收缩裂缝。

该地下室底板采用杭州恒基商品混凝土公司的混凝土,中间运输时间为 1.75 h,施工时间为 2003 年 7 月中旬,平均气温为 32℃,该 C35 商品混凝土所用材料为:普通 42.5 水泥每立方米用量为 375 kg,中砂每立方米用量为 655 kg,碎石每立方米用量为 1 069 kg,自来水每立方米用量 200 kg,水灰比为 0.47,另掺 10% 的膨胀剂,1.7% 的缓凝剂。因天气热,原材料温度高,故分为两层浇筑。经计算,混凝土中心最高温度与表面温度之差为 12.6℃,未超过 25℃ 的规定。表面温度与大气温度之差为 15.48℃,亦未超过 25℃,符合要求。

针对底板混凝土浇筑施工中可能出现的问题,采取了相应的施工技术措施。例如为了防止收缩裂缝产生,采取了以下两项措施。

(1) 为确保施工的连续性和不留设施工缝,现场采用两台泵车从东开始,同时向西进行浇筑,为防止收缩裂缝的产生,在地下室中部,沿南北方向设一道宽为 1 m 的膨胀带,内掺适量的膨胀剂,随地下室底板混凝土一同浇筑完成。

(2) 地下室底板混凝土施工处于夏季,为了避免混凝土表面失水过快,影响水泥的硬化,从而在表面产生收缩裂缝,故在混凝土表面覆盖一层塑料薄膜,以减少水分的蒸发散失。另外为避免白天与夜晚因温差而产生裂缝,还需在薄膜表面覆盖一层 3 cm 厚草袋进行养护。

采取各项措施后,地下室底板基本没有产生温度裂缝和收缩裂缝,也没有出现渗漏水现象。

分析点评

在大体积地下室混凝土施工中,不仅需要考虑防水这个首要任务,还需要考虑温度裂缝和收缩裂缝等问题。本案例工程施工时,通过采取一系列施工技术措施,如在混凝土中掺入粉煤灰、高强矿粉及缓凝剂,减少水泥用量,有效解决了大体积混凝土水化热和远距离运输,采用混凝土膨胀带防止温度裂缝和收缩裂缝产生,确保了混凝土的施工质量。

思考题

1. 大体积地下室混凝土施工时需要注意哪些问题?
2. 大体积混凝土收缩裂缝产生的原因及控制措施有哪些?
3. 如何提高泵送混凝土的可泵性?

参考文献

[1] 文梓芸,钱春香,杨长辉. 混凝土工程与技术. 武汉:武汉理工大学出版社,2004.

[2] 焦宝祥. 土木工程材料. 北京:高等教育出版社,2009.

[3] 符芳. 土木工程材料. 南京:东南大学出版社,2006.

[4] 李杲. 合理使用水泥确保混凝土工程质量. 军民两用技术与产品,2007(2):46 - 47.

[5] 卢迪芬,胡海鹏,王秀龙. 大掺量粉煤灰基多组分矿物掺合料的制备. 华南理工大学学报(自然科学版), 2005,33(10):14 - 18.

[6] 高治双,赵年全,赵常煜,等. 大掺量矿物掺合料高性能混凝土在京沪高铁四标段中的应用. 中国工程科学,2009,11(1):26 - 31,66.

[7] 陈志聪. 混凝土外加剂超量质量事故与处理. 皖西学院学报,2004,20(2):83 - 85.

[8] 关翠英,郭小录. 水泥安定性不合格对工程质量的危害. 陕西建筑,2005(12):42 - 43.

[9] 白明哲. 住宅楼基础裂缝原因分析. 中华建设,2011(9):152 - 153.

[10] 刘金山. 机场机坪水泥混凝土道面加铺层的浇筑与养护. 山西建筑,2010,36(23):288 - 290.

[11] 杨佐兵. 模板工程造成混凝土浇注期质量问题及防治措施. 林业建设,2008(3):15 - 16.

[12] 徐伟民. 南大洋大桥钢筋混凝土施工质量控制技术. 桥梁隧道,2010(15):128 - 129.

[13] 陈伯洪. 某电厂钢筋混凝土预制桩工程质量事故分析. 中国高新技术企业,2009(12):114 - 115.

[14] 陈杏明,蒋德强. 超长预应力混凝土大直径管桩在深淤泥港口工程中的应用. 建筑技术,2009,40(3):241 - 244.

[15] 张展宇,陈哲. 河南金版大厦工程有黏结后张法预应力施工. 山西建筑,2009,35(23):133 - 135.

[16] 林崇洪. 某高层住宅工程静压预应力管桩的施工. 山西建筑,2007,33(33):136 - 137.

[17] 张昭洋. 预应力混凝土空心板梁在鹏城桥工程中的应用. 建材技术与应用,2008 (5):19 - 21.

[18] 王有良. 市政桥梁工程预应力施工的安全措施探讨. 河南科技,2010(6):115 - 116.

[19] 夏祖宏,顾同曾,周炳章,等. 采用加气混凝土制品建造新农村住宅的研究. 新型墙材,2010(6):22 - 25.

[20] 孙奇. 常用纤维混凝土墙体板材性能的分析及比较. 山西建筑,2010(3):167 - 168.

[21] 彭亚萍,刘增夕,黄博升. 碳纤维板材加固混凝土梁正截面承载力的工程应用. 建筑结构,2005,35(5):77 - 78.

[22] 单靖枫,齐魏红. 市政工程中小型混凝土制品耐久性调查分析. 市政技术,2001(2):28 - 30.

[23] 李寿德,秦仙景,陈烈芳. 轻骨料混凝土及其制品在节能建筑工程中应用. 砖瓦,2008(12):46 - 50.

[24] 万杰. 预应力混凝土管桩及其在 500 kV 余姚变电所工程的应用. 电力建设,2008,29(3):25 - 28.

[25] 李树奇,严子军. 山海关 15 万吨级船坞工程大体积混凝土防裂技术措施. 中国港湾建设,2004(5):4 - 7.

[26] 陈树康. 地下室底板大体积混凝土施工实例. 浙江建筑,2005,22(1):39 - 40.

[27] 方庆生. 北河大桥钻孔灌注桩混凝土离析原因及处理措施. 交通科技,2005(6):52 - 53.

[28] 赵淮生. 混合砂配制高性能混凝土在铁路工程中的应用. 铁道建筑,2010(8):147 - 149.

[29] 谌元帅,徐鸣锋. 城市旧水泥混凝土路面改建方案探讨. 交通科技,2011(10):42 - 48.

第三篇 玻 璃

基础知识

一、玻璃的定义及通性

玻璃是非晶态固体的一个分支,按照《辞海》的定义,玻璃由熔体过冷所得,且黏度逐渐增大而具有固体机械性质的无定形物体,习惯上常称为"过冷的液体"。按照《硅酸盐词典》的定义,玻璃是由熔融物而得的非晶态固体。因此,玻璃的定义也可理解为:玻璃是熔融、冷却、固化的非结晶(在特定条件下也可能成为晶态)的无机物,是过冷的液体。

随着科学技术的进步以及人们认识水平的提高,人们对玻璃(态)物质的结构、性质认识有了更进一步的理解。形成玻璃(态)物质的范围扩大,玻璃的定义也进行了扩充,分为广义玻璃和狭义玻璃。广义玻璃包括单质玻璃、有机玻璃和无机玻璃。狭义玻璃仅指无机玻璃。现今较公认的广义玻璃的定义为:结构上完全表现为长程无序的、性能上具有玻璃转变现象的非晶态固体。也可理解为:无论是有机、无机、金属,还是何种制备技术,只要具备上述特性的均可称为玻璃。

凡玻璃态物质均具有共同的特性,典型的玻璃态特性如下。

(1)各向同性。由于玻璃具有统计性均匀结构,在不同方向上具有相同性质,如折射率、硬度、弹性模数、介电常数,在无内应力下不具有双折射现象。

(2)加热时逐渐软化由脆态进入可塑态、高塑态,最后成为熔体,黏度是连续变化的。

(3)熔融和固化是可逆的反复加热到熔融态,又按同一制度加热和固化,如不产生分相和结晶,会恢复到原来的性质。

(4)玻璃态的内能比其晶态时大,在合适的温度条件下,玻璃有结晶的倾向,在液相线以下温度,玻璃结晶是自发的,无需外界做功。

(5)玻璃性质在一定范围内随成分发生连续变化,由此可以用改变成分来改变玻璃的性质,如普通硅酸盐玻璃是绝缘体,但硫族玻璃为半导体,As、Te 在 27℃下的电导率高达 102 S/m。

普通硅酸盐玻璃的特性如下。

(1)透明性。韦氏大字典、苏联百科全书第 40 卷中均将"透明"列为玻璃特性,普通硅酸盐、硼酸盐和磷酸盐玻璃中由于它们的键能相当大,由电子激发而引起的本征吸收都处于紫外区,在可见光区和近红外区一般没有光吸收,玻璃就没有颜色。同时玻璃宏观上是均匀的,不存在能引起光散射的微粒;同时表面是光滑的,也不会导致光的散射,因此玻璃是透明的。如果玻璃分相、析晶或加入乳浊剂,玻璃变为不透明,硫族玻璃、金属玻璃等特种玻璃由于电子激发引起可见光的吸收带,玻璃也是不透明的。

(2)脆性。普通玻璃由于表面存在微裂纹等缺陷,抗张强度和抗冲击强度比抗压强度低得多,仅为后者的十几分之一,破裂前无塑性流动,单一的裂纹必导致辐射状的裂纹,断面呈现贝壳状。

（3）低的导热性和高的电绝缘性。普通玻璃导热性比较低,如将石英晶体和石英玻璃相比,石英晶体平行于 c 轴的热导率为 0.14 W/(cm·K),垂直于 c 轴的为 0.072 W/(cm·K),而石英玻璃的热导率为 0.014 W/(cm·K),所以用手触摸,石英玻璃有温感,石英晶体有凉感。

（4）较高的化学稳定性和耐候性。普通硅酸盐玻璃可耐水和酸的侵蚀,耐碱性则较差,不耐氢氟酸盐和磷酸盐的侵蚀,故可用作食品、药品的包装容器。普通硅酸盐玻璃也可耐大气水分和 CO_2 腐蚀,以及风化作用,可用作窗玻璃和建筑材料。但玻璃还是能与水分及其他物质发生缓慢反应,受到一定程度的侵蚀,有很少的有害物质析出。在炎热、潮湿不通风的条件下,玻璃受到水分和大气的作用而风化,表面形成虹彩、白斑等风化产物,因此要通过调整工艺来进一步提高玻璃的化学稳定性及抗风化能力。一些磷酸盐玻璃、卤化物玻璃的化学稳定性很差。

（5）气体阻隔性和光化稳定性。钠钙玻璃中 $1\,000$ K 时氧的扩散系数为 10^{-10} cm²/s 以下,室温时,氧的扩散可忽略不计,因此制成玻璃瓶罐装啤酒,可对 O_2、CO_2 有效阻隔,CO_2 不致逸出,而空气中的 O_2 也不会渗入。玻璃受光线照射后不会老化,含少量 FeO 杂质的玻璃可吸收 $300\ \mu m$ 的紫外线,可防止紫外线照射啤酒、药品等内容物发生光化反应所引起的变质。

二、玻璃的分类

广义的玻璃分为无机玻璃、有机玻璃和金属玻璃三大类。狭义的玻璃为无机玻璃,包括传统氧化物玻璃和新型的非氧化物玻璃,还有某些非晶半导体。

氧化物玻璃按组成可以分为单组分氧化物玻璃、硅酸盐玻璃、硼酸盐玻璃、硼硅酸盐玻璃、铝硅酸盐玻璃、铝硼硅酸盐玻璃、磷酸盐玻璃、硼磷酸盐玻璃、铝磷酸盐玻璃、钛酸盐玻璃、钛硅酸盐玻璃、碲酸盐玻璃、锗酸盐玻璃、钒酸盐玻璃、锑酸盐玻璃、砷酸盐玻璃、镓酸盐玻璃等。其中硅酸盐玻璃是品种最多、产量最大、应用最广的玻璃,而钠钙硅酸盐玻璃则是制造平板玻璃、瓶罐玻璃、器皿玻璃和建筑玻璃的常用成分。

三、硅酸盐玻璃的组成

玻璃的品种很多,每一种玻璃都有与之对应的组成,这里只介绍平板玻璃和空心玻璃两类玻璃的组成。

1. 平板玻璃的成分

平板玻璃的化学成分主要是 SiO_2、Al_2O_3、CaO、MgO、Na_2O、K_2O。其质量分数随成形方法不同而略有差异,见表 3.0.1。

表 3.0.1　按不同生产方法生产的平板玻璃的成分含量　单位：%（质量分数）

生产方法	SiO_2	Al_2O_3	CaO	MgO	Na_2O	K_2O	Fe_2O_3	SO_3
浮法玻璃	72.6	1.0	8.4	3.9	13.0	0.6	<0.1	0.24
平拉玻璃	72.2	1.1	9.0	4.0	13.2	0.6	0.2	0.3
压延玻璃	72.4	1.05	8.0	4.2	13.6		0.07	

2. 瓶罐玻璃成分类型

（1）钠钙瓶罐玻璃成分

钠钙瓶罐玻璃成分是在 SiO_2 - CaO - Na_2O 三元系统的基础上添加 Al_2O_3 和 MgO，与平板玻璃区别之处在于瓶罐玻璃中 Al_2O_3 含量比较高，CaO 含量也比较高，而 MgO 含量较低。

不论何种类型的成形设备，也不论是啤酒瓶、酒瓶、罐头瓶均可用此类型成分，工厂只需根据实际情况做一些微调即可。其成分（质量分数）及范围为：SiO_2 为 70%～73%、Al_2O_3 为 2%～5%、CaO 为 7.5%～9.5%、MgO 为 1.5%～3%、R_2O 为 13.5%～14.5%。此类型成分的特点是含铝量适中，可利用含 Al_2O_3 的硅砂，或采用长石引入碱金属氧化物，以节约成本。CaO＋MgO 量比较高，硬化速度较快，能适应较高的机速，用一部分 MgO 代替 CaO，防止玻璃在流液洞、料道和供料机处析晶。适量的 Al_2O_3 可提高玻璃的机械强度与化学稳定性。

（2）高钙瓶罐玻璃成分

高钙成分是在传统的瓶罐玻璃成分的基础上增加钙的含量，以适应高速成形的需要，目前高钙玻璃成分是瓶罐玻璃的主要成分系统，其成分（质量分数）及范围为：SiO_2 为 70%～73%、CaO 为 9.5%～11.6%、R_2O 为 13.5%～15%。

高钙玻璃的主要特点有：①原料品种少，原料处理和配料工序简化。②引入较高的 CaO，并以粒径 1.5mm 左右的颗粒石灰石为原料，加热后炸裂为细粒，在较低温度下即与硅砂发生反应，有利于熔化；高温时 CaO 可降低黏度，有利于澄清。③玻璃硬化速度提高，有利于增加机速。④不用 MgO，可防止玻璃脱片。但高钙玻璃存在易析晶问题，例如，SiO_2 72.0%、Al_2O_3 1.5%、Fe_2O_3 0.1%、CaO 12%、Na_2O 14%、SO_3 0.3%的高钙玻璃的析晶为 1 050℃，主要晶相为硅灰石。当料道、供料器的温度有所波动时，很容易接近析晶温度而析晶，严重时阻塞料碗，所以温度制度要严格控制。国内有些工厂曾采用过高钙成分，后来由于不好控制，又回到钠钙铝镁成分。

（3）高铝瓶罐玻璃成分

高铝成分也是瓶罐玻璃的一种传统的成分，高铝玻璃很难制定出一个明确的成分范围，一般认为含 Al_2O_3 6%以上，也有人认为 Al_2O_3 应含 9%以上，相对钠钙、高钙玻璃，用 6%的 Al_2O_3 来区分高铝玻璃可能更合理些。

一般高铝原料会给玻璃成分中带来较多的 Fe_2O_3、TiO_2 等杂质，只能用于半白料和绿料。高铝玻璃的熔化温度、成形温度、软化温度、退火温度均有所提高，硬化速度增加，玻璃表面容易产生波筋和条纹，瓶壁的均匀性不易控制，环切均匀性变差。高铝玻璃容易析晶，特别是 CaO 含量高、R_2O 含量低的高铝玻璃。玻璃化学稳定性，如耐水性、耐碱性略有降低，抗压强度稍有提高。

四、玻璃原料

用于制备玻璃配合料的各种物质统称为玻璃原料。玻璃原料通常分为主要原料和辅助原料两类。主要原料是指向玻璃中引入各种组成氧化物的原料，如石英、长石、石灰石、纯碱、硼砂、硼酸、铅化合物、钡化合物等。辅助原料是指使玻璃获得某些必要的性质和加速熔制过程的原料。它们的用量很少，但它们的作用却很重要。根据作用的不同，辅助原料可分为澄清剂、着色剂、乳浊剂、氧化剂、助熔剂（加速剂）等。根据引入氧化物在玻璃结构中的作用，可分为玻璃形成体氧化物原料、玻璃中间体氧化物原料、玻璃网络外体氧化物原料。

1. 主要原料

1）引入二氧化硅的原料

SiO_2 是重要的玻璃形成氧化物，以硅氧四面体［SiO_4］的结构组元形成不规则的连续网络,成为玻璃的骨架。在钠-钙-硅玻璃中 SiO_2 能降低玻璃的热膨胀系数,提高玻璃的热稳定性、化学稳定性、软化温度、耐热性、硬度、机械强度、黏度和透紫外线性性能。但 SiO_2 含量高时,需要较高的熔融温度,而且可能导致析晶。

引入 SiO_2 的原料主要是石英砂和砂岩。它们在一般日用玻璃中的用量较多,约占配合料质量的 $60\%\sim70\%$ 以上。

(1) 石英砂(也称硅砂)

石英砂是石英岩、长石及其他岩石受水和碳酸酐以及温度变化等作用,逐渐分解风化成的。石英砂的主要成分是 SiO_2,常含有 Al_2O_3、TiO_2、CaO、MgO、Fe_2O_3、Na_2O、K_2O 等杂质,其中 Al_2O_3、CaO、MgO、Na_2O、K_2O 等是无害杂质,Fe_2O_3、TiO_2 是有害杂质,它们能使玻璃着色,降低玻璃的透明度。

石英砂的颗粒度与颗粒组成是重要的质量指标。

首先,颗粒度适中。颗粒大时会使熔化困难,并常常产生结石、条纹等缺陷。但过细的硅砂容易飞扬、结块,使配合料不易混合均匀,细砂在熔制时虽然玻璃的形成阶段可以较快,但在澄清阶段却多费很多时间。当向熔炉中投料时,细砂容易被燃烧气体带进蓄热室,堵塞格子体,同时也使玻璃成分发生变化。

其次,要求粒度组成合理。要达到粒度组成合理,仅控制粒级的上限是远远不够的,还要控制细级别(120 目)含量。细级别含量高,其表面能增大,表面吸附和凝聚效应增大。当原料混合时,发生成团现象。另外,细级别多,在储存、运输过程中受振动和成锥作用的影响,与粗级别间产生强烈的离析。这种离析的结果,使得进入熔窑的原料化学成分处于极不稳定状态。通过生产实践认为,池窑熔制的石英砂最适宜的颗粒尺寸一般为 $0.15\sim0.8$ mm,而 $0.25\sim0.5$ mm 的颗粒不应少于 90%,0.1 mm 以下的颗粒不超过 5%。

优质的石英砂不需要经过破碎、粉碎处理,成本较低,是理想的玻璃原料。含有害杂质较多的石英砂不经富选除铁,不宜采用。

(2) 砂岩

砂岩是石英砂在高压作用下,由胶结物胶结而成的矿岩。根据胶结物的不同,有二氧化硅(硅胶)胶结的砂岩、黏土胶结的砂岩、石膏胶结的砂岩等。砂岩的化学成分不仅取决于石英颗粒,而且与胶结物的性质和含量有关。如二氧化硅胶结的砂岩,纯度较高;而黏土胶结的砂岩则 Al_2O_3 含量较高。一般来说,砂岩所含的杂质较少,而且稳定。其质量要求是含 SiO_2 98% 以上,含 Fe_2O_3 不大于 0.2%。

2) 引入氧化铝的原料

Al_2O_3 属于中间体氧化物,当玻璃中 Na_2O 与 Al_2O_3 的分子比大于 1 时,形成铝氧四面体并与硅氧四面体构成连续结构的网络;当 Na_2O 与 Al_2O_3 的分子比小于 1 时,则形成铝氧八面体,为网络外体而处于硅氧结构网络的空隙中。Al_2O_3 能降低玻璃的析晶倾向,提高玻璃的化学稳定性、热稳定性、机械强度、硬度和折射率,减轻玻璃对耐火材料的侵蚀,并有助于氟化物的乳浊。Al_2O_3 能提高玻璃的黏度。绝大多数玻璃都引入 $1\%\sim3.5\%$ 的 Al_2O_3,一般不超过 $8\%\sim10\%$。

引入氧化铝的原料主要是长石和瓷土,也可以采用某些含 Al_2O_3 的矿渣和选矿厂含长石的尾矿。

(1) 长石

长石是向玻璃中引入 Al_2O_3 的主要原料之一。常用的是钾长石和钠长石,它们的化学组成波动较大,常含有 Fe_2O_3。因此,质量要求较高的玻璃不采用长石。

长石除引入 Al_2O_3 以外,还引入 Na_2O、K_2O、SiO_2 等。由于长石能引入碱金属氧化物,减少了纯碱的用量,在一般玻璃中应用甚广。长石的颜色多以白色、淡黄色或肉红色为佳。

对长石的质量要求为:$Al_2O_3>96\%$,$Fe_2O_3<0.3\%$,$R_2O(Na_2O+K_2O)>12\%$。

(2) 瓷土

瓷土的主要矿物组成为高岭石,一般含 Fe_2O_3 杂质较多,常呈白色,有时因含有机物而呈黑色、灰色。它是重要的陶瓷原料,在玻璃工业多用于制造高铝玻璃或乳浊玻璃。

对瓷土的质量要求为:$Al_2O_3>16\%$,$Fe_2O_3<0.4\%$。

3) 引入 Na_2O 的原料

Na_2O 为网络外体氧化物,Na_2O 能提供游离氧使玻璃结构中的 O/Si 比值增加,发生断键,因而可以降低玻璃的黏度,使玻璃易于熔融,是良好的助熔剂。Na_2O 能增加玻璃的热膨胀系数,降低玻璃的热稳定性、化学稳定性和机械强度,所以引入量不能过多,一般不超过 18%。

引入 Na_2O 的原料主要为纯碱和芒硝。

(1) 纯碱

纯碱是向玻璃中引入 Na_2O 的主要原料,纯碱分为结晶纯碱($Na_2CO_3 \cdot 10H_2O$)与煅烧纯碱(Na_2CO_3)两类;煅烧纯碱可分为轻质和重质两种,轻质的容积密度为 0.61 g/cm³,为细粒的白色粉末,易于飞扬、分层,不易与其他原料均匀混合;重质的容积密度为 0.94 g/cm³ 左右,也有报道重质碱的容积密度高达 1.5 g/cm³,白色颗粒,不易飞扬,分层倾向也较小,有助于配合料的均匀混合。玻璃工业中采用煅烧纯碱,国外玻璃生产中多采用重质碱,国内也已接受这一理念。

煅烧纯碱为白色粉末,易溶于水,极易吸收空气中的水分而潮解,产生结块,因此必须储存于干燥仓库内。纯碱中常含有硫酸钠、氧化铁等杂质。含氯化钠和硫酸钠杂质较多的纯碱,在熔制玻璃时会形成"硝水"。

对纯碱的质量要求为:$Na_2CO_3>98\%$,$NaCl<1\%$,$Na_2SO_4<1\%$,$Fe_2O_3<1\%$。

(2) 芒硝

芒硝分为天然的、无水的和含水的多种。无水芒硝为白色或浅绿色结晶,其主要成分为硫酸钠(Na_2SO_4)。为降低芒硝的分解温度,常加入还原剂,还原剂一般使用煤粉,也可以使用焦炭粉、锯末等。为了促使 Na_2SO_4 充分分解,应将芒硝与还原剂预先均匀混合,然后加入配合料中。还原剂的用量为 $4\%\sim6\%$,有时甚至在 6.5% 以上。

芒硝与纯碱相比有下述缺点:耗热量大;易形成硝水,对耐火材料的侵蚀大;要在还原气氛下进行熔制。

对芒硝的质量要求为 $Na_2SO_4>85\%$,$NaCl<2\%$,$CaSO_4<4\%$,$Fe_2O_3<0.3\%$,$H_2O<5\%$。

4) 引入氧化钾的原料

K_2O 为网络外体氧化物,它在玻璃中的作用与 Na_2O 相似。钾离子(K^+)的半径较钠离子(Na^+)大,钾玻璃的黏度较钠玻璃大,能降低玻璃的析晶倾向,增加玻璃的透明度和光泽等。K_2O 常引入高级器皿玻璃、晶质玻璃、光学玻璃和技术玻璃中。由于钾玻璃具有较低的表面张力,硬化速度较慢,操作范围较宽,在压制有花纹的玻璃制品中,也常引入 K_2O。

引入 K_2O 的原料主要是钾碱(碳酸钾)和硝酸钾。

(1) 钾碱（K_2CO_3）

玻璃工业中采用煅烧碳酸钾，白色结晶粉末，在湿空气中极易潮解而溶于水，故必须保存于密闭的容器中。碳酸钾在玻璃熔制时，K_2O 的挥发损失可达自身质量的 12%。

对碳酸钾的质量要求为：$K_2CO_3 > 96\%$，$K_2O < 2\%$，$(KCl + K_2SO_4) < 3.5\%$，水不溶物 $< 0.3\%$，水分 $< 3\%$。

(2) 硝酸钾（KNO_3）

硝酸钾又称钾硝石、火硝，透明的结晶体，易溶于水，在湿空气中不潮解。硝酸钾除向玻璃中引入 K_2O 以外，也是氧化剂、澄清剂和脱色剂。

对硝酸钾的质量要求为：$KNO_3 > 98\%$，$KCl < 1\%$，$Fe_2O_3 < 0.01\%$。

5）引入氧化钙的原料

CaO 为网络外体氧化物，在玻璃中起稳定剂的作用，即增加玻璃的化学稳定性和机械强度，但含量较高时，能使玻璃的析晶倾向增大，而且易使玻璃发脆。在一般玻璃中，CaO 的含量不超过 12.5%。

引入 CaO 的原料主要是方解石和石灰石。

方解石是自然界中分布极广的一种沉积岩，外观为白色、灰色、浅红色或淡黄色，主要化学成分为碳酸钙。用作玻璃原料的一般是不透明的方解石，粗粒方解石的石灰岩称为石英灰石。

对方解石和石灰石的质量要求是：$CaCO_3 > 50\%$，$Fe_2O_3 < 0.15\%$。

6）引入氧化镁的原料

MgO 为网络外体氧化物。玻璃中以 3.5% 以下的 MgO 代替部分 CaO，可使玻璃的硬化速度变慢，改善玻璃的成形性能。MgO 还能降低结晶倾向和结晶速度，增加玻璃的高温黏度，提高玻璃的化学稳定性和机械强度。

引入氧化镁的原料有白云石、菱镁矿等。

(1) 白云石

白云石又称苦灰石，是碳酸钙和碳酸镁的复盐，一般为白色或浅灰色。白云石中常见的杂质是石英、方解石和黄铁矿。

对白云石的质量要求是：$MgO > 20\%$，$CaO < 32\%$，$Fe_2O_3 < 0.15\%$。

(2) 菱镁矿

菱镁矿又称菱苦石，呈灰白色、淡红色或肉红色，其主要成分是碳酸镁。菱镁矿含 Fe_2O_3 较高，在用白云石引入 MgO 量不足时，才使用菱镁矿。

7）引入氧化硼的原料

B_2O_3 也是玻璃形成氧化物，它以硼氧三角体和硼氧四面体为结构组元在硼硅酸盐玻璃中与硅氧四面体共同组成结构网络。B_2O_3 能降低玻璃的热膨胀系数，提高玻璃的热稳定性、化学稳定性，增加玻璃的折射率，改善玻璃的光泽，提高玻璃的力学性能。B_2O_3 还起助熔剂的作用，加速玻璃的析晶和降低玻璃的结晶能力，当 B_2O_3 引入量过高时，由于硼氧三角体增多，玻璃的热膨胀系数等反而增大，发生反常现象。

B_2O_3 是耐热玻璃、化学仪器玻璃、温度计玻璃、部分光学玻璃、电真空玻璃以及其他特种玻璃的重要组分。

引入 B_2O_3 的原料主要是硼酸、硼砂。

(1) 硼酸

硼酸为白色鳞片状三斜结晶，易溶于水。在熔制玻璃时，B_2O_3 的挥发量一般为 5%

~15%。

对硼酸的要求是：$H_3BO_3>99\%$，$Fe_2O_3<0.01\%$，$SO_4^{2-}<0.02\%$。

（2）硼砂

硼砂分为十水硼砂、五水硼砂和无水硼砂。含水硼砂是坚硬的白色菱形结晶，易溶于水。无水硼砂或煅烧硼砂为无色玻璃状小块。

对十水硼砂的质量要求是：$B_2O_3>35\%$，$Fe_2O_3<0.01\%$，$SO_4^{2-}<0.02\%$。

8）引入氧化钡的原料

BaO 也是二价网络外体氧化物。它能增加玻璃的折射率、密度、光泽和化学稳定性，少量的 BaO(0.5%) 能加速玻璃的熔化，但含量过多时使澄清困难。含 BaO 的玻璃吸收辐射的能力较强，但对耐火材料的侵蚀较严重。BaO 常用于高级器皿玻璃、化学仪器、防辐射玻璃等。瓶罐玻璃中也常加入 $0.5\%\sim1\%$ 的 $BaSO_4$，作为助熔剂和澄清剂。

引入 BaO 的原料是硫酸钡和碳酸钡。

（1）硫酸钡

硫酸钡 $(BaSO_4)$ 为白色结晶，天然的硫酸钡矿物称为重晶石，含有石英、黏土和铁的氧化物等。

对硫酸钡的质量要求是：$BaSO_4>95\%$，$SiO_2<1.5\%$，$Fe_2O_3<0.5\%$。

（2）碳酸钡

碳酸钡 $(BaCO_3)$ 为无色的细微六角形结晶，天然的碳酸钡称为毒晶石。

对碳酸钡的质量要求是：$BaCO_3>97\%$，$Fe_2O_3<0.1\%$，酸不溶物 $<3\%$。

9）引入其他氧化物的原料

引入 ZnO 的原料为锌氧粉和菱锌矿；引入氧化铅的主要原料是铅丹 (Pb_3O_4) 和密陀僧 (PbO)。

2. 辅助原料

1）澄清剂

向玻璃配合料或玻璃熔体中加入一种高温时自身能气化或分解放出气体，以促进排除玻璃中气泡的物质，称为澄清剂。常用的澄清剂有氧化砷（白砒）、三氧化二锑、硝酸盐、硫酸盐、氟化物等。

（1）三氧化二砷

三氧化二砷（白砒，As_2O_3）一般为白色结晶粉末或无定形玻璃状物质。

现在单独使用熔融白砒作澄清剂的已经很少，主要是以粉状白砒与硝酸盐共同使用。在配合料中加入的白砒低温时与硝酸盐分解放出的氧形成五氧化二砷，五氧化二砷在高温时又分解放出氧，进入玻璃的气泡中，降低气泡中气体的分压，使其继续吸收气体，体积增大而排到玻璃液外，促进了玻璃液的澄清。白砒的用量一般为配合料质量的 $0.2\%\sim0.6\%$；硝酸盐的引入量为白砒用量的 $4\sim8$ 倍，一般为配合料质量的 $1.5\%\sim5\%$。

白砒是极毒的原料，在使用时要特别注意。

（2）三氧化二锑

三氧化二锑 (Sb_2O_3)，白色结晶粉末，其澄清作用与白砒相似，必须与硝酸盐共同使用才能达到良好的澄清效果。Sb_2O_3 的优点是毒性小，由五价锑转变为三价锑的温度较白砒低。在钠钙硅酸盐玻璃中用 0.2% 的 Sb_2O_3 和 0.4% 的 As_2O_3 作澄清剂，澄清效果较好，而且可以防止二次小气泡的产生。Sb_2O_3 的用量可以比 As_2O_3 稍多，在平板玻璃中用量可达 1%。

（3）硝酸盐

硝酸盐主要是硝酸钠、硝酸钾、硝酸钡。

单独以硝酸盐作为澄清剂时，其用量以硝酸钠为例，在钠-钙-硅酸盐玻璃中为配合料质量的 $3\%\sim4\%$，在硼硅酸盐玻璃中为 $1\%\sim2\%$，在铅玻璃中一般为 $4\%\sim6\%$。硝酸盐常与 Na_2SO_4、As_2O_3、Sb_2O_3 等共用。

（4）硫酸盐

硫酸盐主要原料为硫酸钠、硫酸钡、硫酸钙。硫酸盐的分解温度较高，是高温的澄清剂。硫酸钠常用于瓶罐玻璃及一般钠钙硅酸盐工业玻璃中，其用量为配合料质量的 $1\%\sim1.5\%$。硫酸钡也常用于日用玻璃，特别是棕色瓶罐玻璃中，其用量为引入玻璃中 Na_2O 含量的 0.5%，常与氟化物共用（氟化物的用量为引入 0.5% 的氟）。硫酸钙即石膏，用于高铝、低碱或无碱玻璃中。其用量为引入玻璃中 CaO 含量的 0.5%，常与引入 $2\%\sim4\%$ 氟的氟化物共用。

（5）氟化物

氟化物主要是萤石（氟化钙，CaF_2）、硅氟化钠（Na_2SiF_6）。

萤石为天然矿石，是白、绿、蓝、紫等各种颜色的透明状岩石。

对萤石的质量要求为：成分稳定，$CaF_2>80\%$，$Fe_2O_3<0.3\%$。萤石作为澄清剂的用量，一般按引入配合料中 0.5% 的氟计算。

硅氟化钠，化工产品，黄白色粉末，有毒。一般用量为 Na_2O 含量的 $0.4\%\sim0.6\%$。

氟化物在熔制过程中，部分氟将成为 HF、SiF_4、NaF，其毒性较 SO_2 大。氟化物能够在人体中富集。所以使用氟化物时应注意它对大气的污染。

氟化物也是助熔剂和乳浊剂。

2）着色剂

使玻璃着色的物质，称为玻璃的着色剂。着色剂的作用是使玻璃对光线产生选择性吸收，显示出一定的颜色。根据着色剂在玻璃中所呈现的状态不同，分为离子着色剂、胶态着色剂和硫、硒化合物着色剂三类。

（1）离子着色剂

① 锰化合物

锰化合物能将玻璃着成紫色。常用的有：二氧化锰（MnO_2），黑色粉末；氧化锰（Mn_2O_3），棕黑色粉末；高锰酸钾（$KMnO_4$），灰紫色结晶。为了制得鲜明的紫色玻璃，锰化合物的用量一般为配合料质量的 $3\%\sim5\%$。

② 钴化合物

主要有：一氧化钴（CoO），绿色粉末；三氧化二钴（Co_2O_3），深紫色粉末；四氧化三钴（Co_3O_4），暗棕色或黑色粉末。所有钴的化合物，在熔制时都转变为一氧化钴。一氧化钴是比较稳定的强着色剂，它能使玻璃获得略带红色的蓝色，不受气氛影响。向玻璃中加入 0.002% 的一氧化钴，即可使玻璃获得浅蓝色；加入 0.1% 的一氧化钴，可以获得明亮的蓝色。

钴化合物与铜化合物、铬化合物共同使用，可以制得色调均匀的蓝色、蓝绿色和绿色玻璃。与锰化合物共同使用，可以制得深红色、紫色和黑色的玻璃。

③ 镍化合物

主要有：一氧化镍（NiO），绿色粉末；氢氧化镍［$Ni(OH)_2$］，绿色粉末；氧化镍（Ni_2O_3），黑色粉末。常用的是氧化镍。

镍化合物在熔制过程中均转变为一氧化镍，能使钾-钙玻璃着成浅红紫色，钠-钙玻璃着成紫色(有生成棕色的趋向)。

④ 铜化合物

主要有：硫酸铜($CuSO_4 \cdot 5H_2O$)，蓝绿色结晶；氧化铜(CuO)，黑色粉末；氧化亚铜(Cu_2O)，红色结晶粉末。在氧化条件下加入 $1\% \sim 2\%$ 的 CuO，能使钠钙硅酸盐玻璃着成青色；CuO 与 Cr_2O_3 或 Fe_2O_3 共用，可制得绿色玻璃。

⑤ 铬化合物

主要有：重铬酸钾($K_2Cr_2O_7$)，黄绿色结晶；重铬酸钠($Na_2Cr_2O_7 \cdot 2H_2O$)，橙红色结晶；铬酸钾(K_2CrO_4)，黄色结晶；铬酸钠($Na_2CrO_4 \cdot 10H_2O$)，黄色结晶。

铬酸盐在熔制过程中分解成氧化铬(Cr_2O_3)，在还原条件下使玻璃着成绿色；在氧化条件下，因同时存在有高价铬氧化物 CrO_3，使玻璃着成黄绿色；在强氧化条件下 CrO_3 含量增加，使玻璃着成淡黄色至无色。

铬化合物的用量以氧化铬计，为配合料质量的 $0.2\% \sim 1\%$，在钠钙硅酸盐玻璃中的加入量为配合料质量的 0.45%。在氧化条件下，氧化铬与氧化铜共同使用，可制得纯绿色玻璃。

近年来常以铬矿渣作为绿色瓶罐玻璃的着色剂，它是用铬铁矿制铬酸盐后的残渣。

(2) 胶态着色剂

① 金化合物

常用的是氯化金 $AuCl_3$。一般是将纯金用王水溶解制成 $AuCl_3$ 溶液，再将溶液加水稀释使用。金红玻璃必须经过加热显色才能得到最后的颜色。为使金的胶态粒子均匀分布，常在配合料中加入 $0.2\% \sim 2\%$ 的二氧化锡，使金发生分散作用。

在配合料中加入 0.01% 的金，就可以制得玫瑰色的玻璃。在无铅玻璃中，加入 $0.02\% \sim 0.03\%$ 的金，可以制得红宝石玻璃。在铅玻璃中，只需加入 $0.015\% \sim 0.02\%$ 的金，即可得到同样颜色的金红玻璃。

② 银化合物

通常采用硝酸银 $AgNO_3$，无色结晶。硝酸银在熔制时能析出银的胶体粒子，加热显色后使玻璃着成黄色。配合料中加入 SnO_2 可以改善银黄玻璃的着色。银黄玻璃中着色剂的用量，以银计一般为配合料质量的 $0.06\% \sim 0.2\%$。

③ 铜化合物

主要使用氧化亚铜(Cu_2O)，也可以使用硫酸铜($CuSO_4 \cdot 5H_2O$)。

胶体铜的微粒使玻璃着成红色，其着色能力很强。加入配合料质量 0.15% 的 Cu_2O，就足以制得红色的玻璃。考虑到 Cu_2O 不能完全转变为胶体粒子，故一般使用量为配合料质量的 $0.5\% \sim 5\%$。

熔制铜红玻璃时，必须在配合料中加入还原剂，多采用金属锡(Sn)、氧化亚锡(SnO)、氯化亚锡($SnCl_2$)与酒石酸钾($KH_5C_4O_6$)。

(3) 化合物着色剂

① 硒与硫化镉

单体硒的胶体粒子，使玻璃着成玫瑰红色。硒与硫化镉共用可以制成由黄色至红色的玻璃。硫化镉(CdS)，黄色粉末。单独使用 CdS，可以使玻璃着成淡黄色，加硒后，可以获得纯正的黄色。硒为配合料质量的 $0.6\% \sim 1\%$，CdS 为配合料质量的 $1.5\% \sim 2.5\%$，但加入 CdS 过多，玻璃容易产生乳化。

② 锑化合物

向钠钙玻璃中加入 Sb_2O_3、硫和煤粉,在熔制过程中生成 Na_2S,经加热显色,Na_2S 与 Sb_2O_3 形成硫化锑的胶体微粒,使玻璃着成红色。

锑红玻璃也可以直接使用硫化锑和炭。锑红玻璃中着色剂的用量:三氧化二锑为配合料质量的 $0.1\%\sim3\%$,硫为 $0.15\%\sim1.5\%$,炭为 $0.5\%\sim1.5\%$。使用 Sb_2S_3 时为 2% 的 Sb_2S_3、0.75% 的炭。

3)脱色剂

对于无色玻璃来说,应具有良好的透明度。在玻璃熔制时,玻璃原料中含有的铁、铬、钛等化合物杂质、有机物杂质及耐火材料熔入玻璃中的铁质,都可以使玻璃着出不希望的颜色。消除这种颜色的最经济的方法是在配合料中加入脱色剂。

脱色剂按其作用主要分为化学脱色剂和物理脱色剂两种。

(1)化学脱色剂

化学脱色是借助脱色剂的氧化作用,使玻璃被有机物污染的黄色消除,以及使着色能力强的低价铁氧化物变为着色能力较弱的三价铁氧化物(一般认为 Fe_2O_3 的着色能力较 FeO 低 10 倍),以便使用物理脱色法进一步使颜色中和,接近于无色,使玻璃的透过率增大。

常用的化学脱色剂有 $NaNO_3$、KNO_3、$Ba(NO_3)_2$、As_2O_3、Sb_2O_3、ZnO 等。

(2)物理脱色剂

物理脱色是向玻璃中加入一定数量的能产生互补色的着色剂,使玻璃由于 FeO、Fe_2O_3、Cr_2O_3、TiO_2 所产生的黄绿色至蓝绿色得到互补。物理脱色常常不是使用一种着色剂而是选择适当比例的两种着色剂。物理脱色法可能使玻璃的色调消除,但却使玻璃的光吸收增加,即使玻璃的透明度降低。物理脱色法常与化学脱色法结合使用。

常用的物理脱色剂有:MnO_2、Se、CoO、Fe_2O_3、Ni_2O_3 等。

4)乳浊剂

使玻璃产生不透明的乳白色的物质,称为乳浊剂。当熔融玻璃的温度降低时,乳浊剂析出大小为 $10\sim100\ \mu m$ 的结晶或无定形微粒,与周围玻璃的折射率不同,并由于反射相衍射作用,使光线产生散射,从而使玻璃产生不透明的乳浊状态。玻璃的乳浊程度与乳油剂的种类、浓度(用量)、玻璃的组成、熔制温度等有关。

常用的乳浊剂有氟化物、磷酸盐、氧化锑、氧化砷等。

(1)氟化物

氟化物是最常用的乳浊剂。在氟化物乳浊玻璃中,存在着 NaF、CaF_2 以及 AlF_3 的结晶微粒。常用的有冰晶石、硅氟酸钠、氟化钙等。

氟化物作为乳浊剂时,其用量一般按引入玻璃中 $3\%\sim7\%$ 的氟计算。

(2)磷酸盐

磷酸盐乳浊剂较氟化物具有较大的结晶倾向,向玻璃中添加 Al_2O_3、B_2O_3 和 ZnO 对防止析出大颗粒的结晶是有利的。常用的有磷酸钙、骨灰和磷酸二氢铵等。

磷酸盐的用量:引入玻璃中 4% 的 P_2O_5 时,可以制得较弱的乳浊玻璃,适于吹制 $2\sim5\ mm$ 厚的制品;引入 $5\%\sim6\%$ 的 P_2O_5 时,可制得隐约透明的制品;引入 $7\%\sim8\%$ 的 P_2O_5 时,能产生强烈的乳浊玻璃。

(3)锡化合物

氧化锡,呈分散的悬浮微粒而使玻璃乳浊,其用量为 5% 左右。氯化锡在熔制中也变为 SnO_2。

（4）氧化砷和氧化锑

氧化砷和氧化锑可以用作铅玻璃的乳浊剂，其用量为配合料质量的 7%～12%。

3. 碎玻璃

破碎的和不合格的玻璃制品、将玻璃液在水中骤冷得到的玻璃碎块以及生产过程中产生的玻璃碎片和社会上玻璃的废弃物，均可用作玻璃的原料，统称为碎玻璃。采用碎玻璃不但可以废物利用，而且在合理使用下还可以加速玻璃的熔制过程，降低玻璃熔制的热量消耗，从而降低玻璃的生产成本，增加产量。碎玻璃的用量一般以配合料质量的 25%～30% 较好。熔制钠钙硅酸盐玻璃时，碎玻璃用量超过 50%，会降低玻璃质量，使玻璃发脆，机械强度下降。但对于高硅和高硼玻璃，其碎玻璃的用量可以高达 70%～100%。即可以完全使用碎玻璃，在添加澄清剂、助熔剂和补充某些挥发损失的氧化物（B_2O_3、Na_2O）后，进行二次重熔生产玻璃制品。

使用碎玻璃时，要确定碎玻璃的粒度大小、用量、加入方法、合理的熔制制度，以保证玻璃的快速熔制与均化。当循环使用本厂碎玻璃时，要补充氧化物的挥发损失（主要是碱金属氧化物、氧化硼、氧化铅等）并调整料方，保持玻璃的成分不变。碎玻璃比例较大时，还要补充澄清剂的用量。使用外来碎玻璃时，要进行清洗、选别、除去杂质，特别是采用磁选法除去金属杂质。

对碎玻璃的粒度没有严格的规定，但应当均匀一致。一般来说，碎玻璃的粒度在 2～20 mm，熔制较快；但考虑到片状、块状、管状等碎玻璃加工处理等因素，通常采用 20～40 mm 的粒度。

碎玻璃可预先与配合料中的其他原料均匀混合，也可以与配合料分别加入熔炉中。

五、玻璃生产的工艺流程和生产方法

玻璃制品的生产分为四个阶段，即配合料制备、玻璃的熔制、玻璃的成形及玻璃的退火。根据设计的玻璃组成及选用的原料成分，将各种原料的粉料按一定比例称量、混合而成均匀的混合物的过程称为配合料制备。将配合料在玻璃熔窑内经过高温加热至熔融，得到化学成分均匀、无可见气泡并符合成形要求的玻璃液的过程，称为玻璃的熔制。把熔融的玻璃液在成型设备内转变为具有固定几何形状的玻璃制品的过程，称为玻璃的成形。成形后的玻璃制品在冷却过程中，经受剧烈的、不均匀的温度变化，内部会产生热应力，导致制品在存放、加工和使用中自行破裂，消除玻璃制品中热应力的过程，称为玻璃的退火。

玻璃在温度较高时属于热塑性材料，因此它一般采用热塑成形。常见的成形方法有：吹制法，适合瓶罐等空心玻璃的成形；压制法，适合烟缸、盘子等器皿玻璃的成形；压延法，适合压花玻璃等的成形；拉制法，适合玻璃纤维、玻璃管等的成形；浇铸法，适合光学玻璃等的成形；离心法，适合显像管玻壳、玻璃棉等的成形；喷吹法，适合玻璃珠、玻璃棉等的成形；飘浮法，适合平板玻璃的成形；烧结法，适合泡沫玻璃的成形；焊接法，适合艺术玻璃、仪器玻璃的成形。其中空心玻璃和平板玻璃是玻璃生产的两大主要类别。

1. 配合料制备工艺流程

配合料制备工艺流程见图 3.0.1。

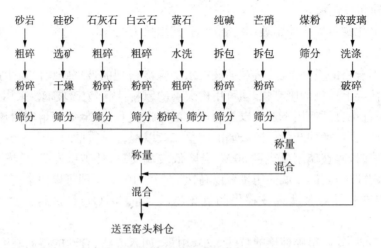

图 3.0.1　配合料制备一般工艺流程

2. 玻璃熔制、成形及退火工艺流程

图 3.0.2 为浮法玻璃熔制工艺流程。

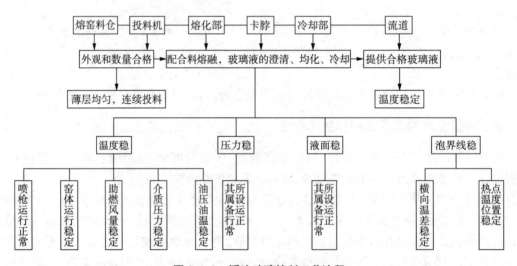

图 3.0.2　浮法玻璃熔制工艺流程

第十一章　玻璃配合料制备

知识要点

配合料制备是玻璃生产过程的第一个环节,保证配合料质量是加速玻璃熔制、提高玻璃质量和防止产生缺陷的基本措施,它对玻璃生产的意义重大。配合料制备过程为:按配合料质量要求加工原料,根据配方称量原料,均匀混合,配合料送到窑头料仓。

(1)具有正确性和稳定性

配合料必须保证熔制成的玻璃成分正确和稳定。为此必须使原料的化学成分、水分、颗粒度等达到要求并保持稳定。并且要正确计算配方,根据原料成分和水分的变化,随时对配方进行调整。

(2)合理的颗粒级配

构成配合料的各种原料均有一定的颗粒度,它直接影响配合料的均匀度、配合料的熔制速度及玻璃液的均化质量。构成配合料的各种原料之间粒度有一定的比值,其粒度分布称为配合料的颗粒级配。配合料的颗粒级配不仅要求同一原料有适宜的颗粒度,而且要求各原料之间有一定的粒度比,其目的在于提高混合质量和防止配合料在运输过程分层。其依据应使各种原料颗粒质量相近,难熔原料颗粒度要适当减少,易熔原料颗粒度要适当增大。

(3)具有一定的水分

用一定量的水或含有湿润剂的水湿润石英原料,使水在石英原料颗粒的表面上形成水膜。这层水膜可以溶解纯碱和芒硝达5%,有助于加速熔化。同时,原料的颗粒表面湿润后黏附性增加,配合料易于混合均匀,不易分层。加水湿润还可以减少混合和输送配合料以及向窑炉中加料时的分层与粉料飞扬,有利于操作工人健康,并能减少熔制的飞料损失。

(4)具有一定的气体率

为使玻璃液易于澄清和均化,配合料中必须含有一部分能受热分解放出气体的原料,如碳酸盐、硝酸硫酸盐、硼酸盐、氢氧化铝等。配合料逸出的气体量与配合料之比称为气体率。

$$气体率 = \frac{逸出气体量}{配合料量} \times 100\%$$

钠钙硅酸盐玻璃的气体率一般为15%～20%。硼硅酸盐玻璃的气体率一般为9%～15%。气体率过高会引起玻璃液起泡;过低则使玻璃液"发滞",不易澄清。

(5)必须混合均匀

配合料在化学物理性质上,必须均匀一致。如果混合不均匀,则纯碱等易熔物较多处熔化速度快,难熔物较多处熔化就比较困难,甚至会残留未熔化的石英颗粒使熔化时间延长,并易产生结石、条纹、气泡等缺陷,而且易熔物较多处与池壁接触时,易侵蚀耐火材料,造成玻璃液不均匀。因此必须保证配合料充分均匀混合。

(6)一定的配合料氧化还原态势

玻璃配合料的氧化还原态势主要由加入的氧化剂和还原剂构成,另外还要考虑这些原料中常含有一些有机物或炭物质。

案例 11-1　单一配料车间同时供应两座熔炉的优化设计

玻璃产品对配料车间设计有着直接的影响,瓶罐玻璃配料车间特点除所用原料种类多、料方多、掺入碎玻璃比例变化大外,还要考虑在熔窑内换色的可能性,因而控制非常复杂。由于不同的熔炉往往需投入组分和色泽相异的配合料,通常的做法是为每座熔炉配置一个配料车间,即采用两套一线一炉方案。但这样一来,必然造成建设投资成本的增加和工艺设备利用率的降低。

1. 设计要求

某玻璃厂工程设计任务要求配料车间能同时供应两座年产玻璃瓶罐 5 万~8 万吨的玻璃熔炉,以解决上述问题。采用单一的配料车间同时给生产不同颜色、不同品种玻璃的几个熔窑供料,意味着原料、料仓、配量设备、电子秤等的使用数量较多,且造成玻璃配料控制的复杂化。这就要求给予设计优化,尽量简化物料流程,在可行的条件下尽可能减少物料输送方向的改变和采用最少的设备数量。使之工艺方案简明实用、生产操作方便可靠。

2. 工艺方案的选择

经过方案比较和工艺筛选,设计选择了由一个配料车间同时供应两座熔炉的方案,即一线二炉优化方案。通过储仓群的合理设置和采用覆盖式投料工艺,避免了进料差错,在配合料制备和输送过程中有效地防止交叉污染,保证了配合料均匀、稳定,并大大地提高了设备利用率,节省了工程投资。该方案的工艺设备流程参见图 3.11.1。

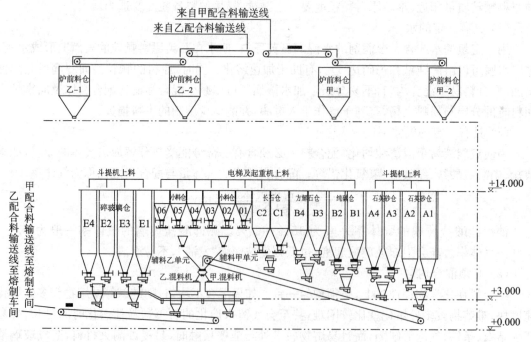

图 3.11.1　配料车间工艺流程

该方案有以下主要工艺技术特点。

(1) 主要原料(石英砂、纯碱、石灰石、长石)采用同一个储仓群和同一组称量设备,以实现主要原料批的制备。

（2）辅助原料（助熔剂、澄清剂、着色剂等）采用两个储仓群和两套称量设备，以实现两种辅助原料批的制备。

（3）并列配置两台相同容量的混料机，主要原料批和辅助原料批均可实现向两台混料机的切换。

（4）配备一台桥式起重机，以实现投料层各投料点的覆盖式投料。

3. 料仓结构与布局

料仓结构与布局是配料车间设计中的关键要素，其中包括料仓的结构型式，料仓的平面布局，料仓竖向尺寸的整定等。

（1）料仓的结构型式

一般工厂储存原料的料仓通常都采用钢板或钢筋混凝土制成。钢筋混凝土结构的料仓可以与厂房主体结构实现很好的力学协调，造价较低，耐久性好，但施工过程复杂，与其他工艺设备之间的衔接较麻烦。钢板结构的料仓制作与安装较为便捷，但与混凝土框架结构的力学协调性较差，造价较高，易于锈蚀。混凝土与钢组合的料仓则兼有以上两种结构的优点，设计选择了混凝土与钢的组合结构，即矩形仓壁部分采用混凝土结构，锥形仓斗部分采用钢结构，从而达到最高的结构整体性和生产运作的可适性，使之成为行业内一种典型设计。

（2）料仓的平面布局

料仓的平面布局通常有单列排布的排仓布局、矩阵排布的群仓布局。排仓布局的特点是工艺设备布置整齐划一，操作空间宽阔，但土建投资较高。群仓布局的特点是厂房结构紧凑，土建投资较低，但工艺设备布置参差不齐，操作空间狭窄。综合考虑了以上两种布局形式的特点与缺陷，提出了双列排布的复式排仓布局方案，为覆盖式投料的实现创造了先决条件（图3.11.2）。

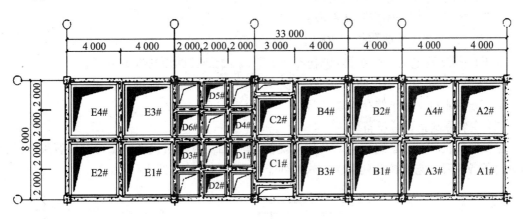

图 3.11.2 料仓平面布置

（3）料仓竖向尺寸的整定

为了实现料仓容量与原料所需储存量的合理匹配，需要进行不同内容料仓的数量分配与料仓竖向尺寸的整定。前者在料仓平面布局方案中已经确定，后者则需要参照批料配方进行计算并统筹考虑。采用等高料仓可能造成容积的浪费，很难实现料仓容量与原料储存量的合理匹配。而采用倒阶梯形式的不等高料仓则可以较好的解决容量匹配问题，这也是设计中的一个亮点。料仓竖向尺寸的整定方案参见图3.11.3。

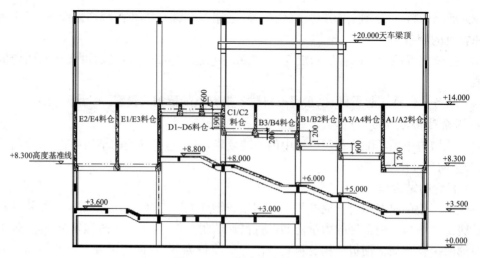

图 3.11.3　料仓竖向布置

4. 工艺设备布局

(1) 料仓的工艺分配

本着料仓容量与原料储存量合理匹配的原则,配合料生产线应有较好的工艺灵活性。按照生产线玻璃液需用量为 15.3 万吨/年,碎玻璃回收用量为 7.8 万吨/年,配合料需用量(干计量)为 9.2 万吨/年,平均年生产日按 330 d 计,对料仓群做了如下工艺设计分配(图 3.11.1、图 3.11.2)。

① A1～A4 料仓用于储存石英砂,合计容积为 334 m^3。

② B1、B2 料仓用于储存纯碱,合计容积为 132 m^3。

③ B3、B4 料仓用于储存石灰石或方解石,合计容积为 100 m^3。

④ C1、C2 料仓用于储存长石或陶土,合计容积为 48 m^3。

⑤ D1～ D3 料仓为一个组群,单仓容积 3.7 m^3,配属辅助原料批甲单元。

⑥ D4～ D6 料仓为一个组群,单仓容积 3.7 m^3,配属辅助原料批乙单元。

⑦ E1～E4 料仓用于储存碎玻璃,合计容积为 360 m^3。

(2) 主要原料批称量设备组

主要原料批称量设备组包括 5 套称量设备,其中石英砂称量设备两套,纯碱、石灰石、长石称量设备各一套。它们按双列汇流方式布列于主要原料批输送线上(图 3.11.4)。

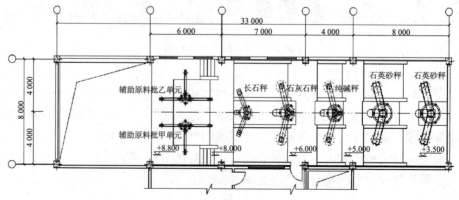

图 3.11.4　称量设备平面布置

（3）辅助原料批称量设备组

辅助原料批称量设备组分为甲、乙两个单元,每单元一套称量设备。它们就位于混料机上方的操作层,分别对应于甲位混料机和乙位混料机。两种辅助原料批可以直接导入同位混料机,也可通过切换装置分别导入不同位置的混料机。

（4）混料机组

混料机组包括并列布置的两台混料机,即甲位混料机和乙位混料机。两者互为备用,在正常情况下它们服从于同位的辅助原料批,在异常情况下它们均可共用于两种辅助原料批,主要原料批可通过切换装置导入异位混料机。

（5）碎玻璃称量设备组

碎玻璃称量设备组包括并列布置的两套称量设备,可以根据工艺需要分别称量两种不同组分或色泽的碎玻璃料,保证了碎玻璃的纯净。它们与混料机组就位于同一个操作层(图3.11.5)。

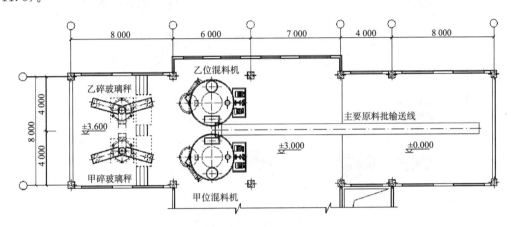

图 3.11.5　混料机设备平面布置

分析点评

配料车间的一线二炉设计方案对于多元工厂项目而言,是设备利用率较高、基本建设投资较低的优选方案。它与两套一线一炉方案比较,项目投资减少;配料车间配备桥式起重机对于提高工艺适应性、改善操作维修条件是一项较为经济适用的设计要件;采用混凝土仓壁的复式排仓布局可以实现工艺设备布局整齐划一,操作空间充足且不浪费,厂房结构协调均衡,建筑组元得到充分利用;

料仓竖向设计采用倒阶梯式的分布形式可以使料仓容积与原料储存量得到较好的匹配,并使厂房高度大幅度降低。

思考题

1. 配合料制备过程中会出现哪些事故?

2. 如何检验配合料的质量? 配合料混合不均匀对玻璃成型有哪些影响?

3. 本案例使用的配料车间一线两炉方案与一线一炉相比,有何优缺点?

案例 11−2　新型玻璃原料配料称重系统

上海某自动化装备工程有限公司、秦皇岛玻璃研究设计院在充分消化吸收国内外称重技术优点的基础上,推出了以 HARDY 仪表和传感器为核心的新型电子秤。以这种新型电子秤构成的配料系统已在浮法玻璃厂称重系统改造中应用,并获得成功。

1. 传统的电子秤及构成的系统简介

电子秤构成系统见图 3.11.6。

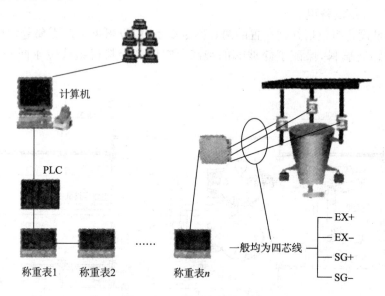

图 3.11.6　电子秤构成系统

（1）称重仪表与传感器组成的电子秤＋人工标定＋校秤砝码周期性确认精度。该模式是指初次标定以人工拎砝码置于秤上,标定完后,定期以校秤砝码对秤进行校验,若发现显示值与校秤砝码重量值存有偏差,则需重新人工拎砝码进行再次标定。

（2）称重系统故障可判断到仪表。若称重系统故障,如果是仪表的损坏,则一般可准确显示,若具体到哪个传感器则无能为力,只能通过万用表到现场传感器接线盒中进行查校。若生产过程中一个传感器出现称量误差,那只能一直错料直至下次校秤砝码的周期性确认。

（3）尽可能减少现场振动对小料秤的影响,可实现小料的称量准确。为了保证一些小配方物料称量准确,很多工厂增加减震措施,或加大混凝土楼板的厚度,尽可能减少现场大振动源(如混合机、皮带机等)产生的振动。但效果一般不很明显,因此有些工厂索性将小料改为人工称量,这样的人工干预结果将导致漏加、错加以及自动化管理水平的下降,很难从源头上控制原料质量。

（4）系统的智能化程度不高。由于控制模式的局限性导致各种控制设备与 PLC 间的数据交换量极少,除常见的称重仪表实现部分数据总线通信外,其他如振动给料机一般为手动在现场调节速度的快慢速给料,螺旋给料机一般为手动在计算机画面调节速度的快慢速给料。因此系统对故障的预判性及误差的自动修正只能局限于人工观察以及点动补料结合悬浮量自动调整的控制,无法实现全过程的智能化。

（5）系统的远程支持功能只能通过以太网诊断到计算机和 PLC 一级,无法及时帮助用户远程查找现场设备的故障原因。

2. 以 HARDY 仪表和传感器为核心的新型玻璃配料称重的特点

以 HARDY 仪表和传感器为核心的新型玻璃配料称重系统见图 3.11.7。

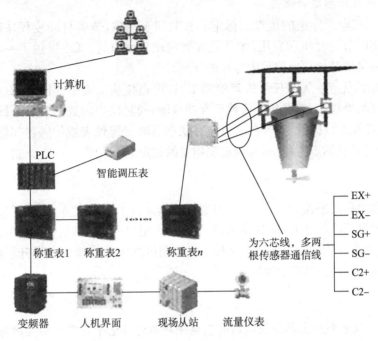

图 3.11.7　新型玻璃配料称重系统

（1）WAVERSAVER 振动忽略。过程控制中的振动会引起重量显示不稳定和称重重量不准确，WAVERSAVER 可迅速忽略工矿设备中的振动和过程生产中的振动直至低于 0.25 Hz，从而提供稳定的重量读数；精确的称重改善了产品的质量。

（2）C2 第二代无砝码电子标定与工厂 IT 综合诊断。C2 标定不用去掉称量系统中已有的物料；C2 标定立刻知道称量系统的机能完好性；C2 标定不需要用沉重的砝码从称量系统上重复的搬上搬下来进行称量标定；称重系统可以在安装后再进行在线 C2 电子标定和操作校验；IT 提供了一个系统的内部诊断技术；IT 可让用户自己通过系统的内部诊断来充当故障检察员，从而减少检修费用。

（3）安全记忆模块（SMM）。储存组态、标定和仪表的设定数据；保护所有的信息不被破坏；当一个新的参数输入时，安全记忆模块会自动更新数据并储存起来；数据储存在一个仪表中，可以拔下记忆模块，装在另一个新的仪表中，它会自动将数据下载到新的仪表中。

（4）构成系统的智能化程度及相应的控制方式的改进提高。控制系统全智能，实现真正意义上的电子秤称重自适应控制。自适应控制是一种建立在模糊数学基础上的控制方式，通过现场总线结合 PLC 模拟量采集控制，将现场所有关键控制数据如秤加料的目标值悬浮量、螺旋给料机或振动给料机的速度值、期望自动完成控制的时间范围值等许多具有不肯定性和不精确性的约束条件和目标函数模糊化，得出求使各个目标都比较"满意"的模糊最优解。通过该控制方式可容易地实现在规定时间内 PLC 自动调节给料速度完成精确的加料任务，甚至可延伸到混合机出料和碎玻璃排料的精确布料，使其两者无需由于配方变化而不停手动调校速度，从而实现系统对故障的预判性及误差的自动修正实现全过程的智能化。

（5）构成的新系统的远程技术支持所达到的程度。由于传感器内置芯片，以及称重仪表具备远程控制的功能，因此新系统突破了传统远程技术只能支持到 PLC 的瓶颈，实现了对现场传感器的远程控制，对于及时帮助用户远程查找现场设备的故障原因具有极高的实用价值。

3. 新型仪表与传感器的优势

（1）C2 第二代电子标定的优点。标定和校验同步完成，节省自动校秤砝码以及安装空间。在初始校定时节约时间和费用，尤其是在时间比较紧迫时。C2 提供了一个期望的标定值，因此，能又快又清楚地指出称重中存在的问题。

（2）IT 诊断的优点。无需任何故障检测工具，可直接从仪表中读出故障点；无需配备专业计量工程师现场处理，一般操作人员就可查找故障；通过仪表内置的现场总线模块，可将故障实时送入 PLC 及上位机系统；可在故障萌芽状态及时发现仪表或传感器问题所在，减少故障查找时间，杜绝错料的产生，从而实现玻璃质量的稳定。

分析点评

HARDY 仪表和传感器的应用，比目前流行的称重技术更加完善，并有了显著的提高，为称重技术装备的更新换代打下基础。同时能够给广大用户带来装备更简捷、性能更稳定、投资更节约、操作使用人性化的众多好处。这种称重控制模式应用的新技术提升了配料技术水平和玻璃产品质量，有双重的应用价值。

思考题

1. HARDY 仪表和传感器为核心的新型电子秤与传统电子秤有哪些区别与联系？
2. 原料的称量方法有几种？对秤的使用有何要求？

案例 11-3　玻璃窑头布料控制技术的改进

近年来,随着微机技术的飞速发展,我国许多玻璃企业都先后装备了玻璃自动配料系统,为提高玻璃生产的自动化水平、提高玻璃的产量和质量起到了积极的作用。然而,窑头布料工序作为配料系统与熔窑的衔接部分,虽地处粉尘和高温地带,多年来却一直采用人工刮板式布料或半人工半机械的布料方式。操作人员无法摆脱恶劣的工作环境,影响了布料的均匀性,进而也影响了玻璃的质量。作为配料系统的延伸,实现窑头布料自动化很有必要。为此,我们进行了配合料布料控制的技术改进,以实现窑头配合料布料的自动化,确保布料的均匀。

1. 配合料布料工艺

配合料布料的主要设备是布料小车,布料小车由移动小车和皮带组成,玻璃原料在经过称量、混合后,通过配合料输送皮带送到熔窑窑头的布料小车。布料小车两侧设置左限位和右限位,布料车到达限位后停止,经延时后反向启动布料,当达到另一端限位后也停止,延时后再反向启动布料,如此往复运动,把窑头料仓均匀地打满。

2. 改进的主要内容

(1) 使用 SIEMENS ET200 模块自动布料

本次改进 SIEMENS ET200 模块安装在窑头配合料布料现场控制柜中,通过 PROFIBUS 与中央控制室中的可编程控制器 SIMATIC S7-300 进行通信,使用 SIMATIC 集成为一个标准的自动化系统,由中央控制室中的上位机通过 STEP7 来编程、监控、组态和诊断,十分方便,形成了一套完整的原料自动控制系统。另外,改进以前窑头附近所有设备的控制和反馈都要通过电缆从中央控制室拉到窑头控制柜来实现,改进后直接接到 ET200 的输入输出模块上就可以了,只需从中央控制室布一根 PROFIBUS 通信电缆到 ET200 即可,布线简单而透明,不但减小了故障概率,还节省了大量电缆,降低了成本。

(2) SIEMENS ET200 的功能

SIEMENS ET200 设计简洁,适用于所有应用。本次改进所选用的 ET200 布置,由导轨、电源模块、ET200 模块、1 个输入输出模块组成,结构简单、功能齐全、性价比很高。SIEMENS ET200 具有灵活的分布式解决方案,可满足各行业领域的需求。模块化的设计使得 ET 200 的组态或扩展非常简便,用户可根据自己的需求来选择即装即用的集成附加模块,不但降低了成本,而且扩大了应用范围。

开放的通信标准。ET200 可通过 PROFIBUS、PROFINET 来实现 I/O 与系统之间的快速、轻松的连接,以及控制室到现场的集成通信。

集成组态和诊断。ET200 I/O 系统提供有全集成自动化框架内功能强大的多级诊断系统,用于诊断发生的任何故障,而且系统故障还可以被传送到 HMI 系统,并以合适方式显示。除了系统范围内的诊断以外,PROFIBUS 还提供了总线诊断功能以及通过软件工具来进行过程诊断,以确定和消除 PLC 之外出现的故障。使工厂在正常运行阶段将停产时间降到最低程度。

通过使用 SIMATIC,可以将安全系统直接集成到标准自动化系统中,有效地克服了各种不同系统来执行安全任务和标准任务带来的系统不连续性。

(3) 往复小车的控制

往复小车左右设置左行限位和右行限位开关各一只,来限制小车运行的区域,由于惯性小车碰到限位开关后还要前进一段时间才会停止,所以为了保障小车电机的长期正常工作,当往复小车左行和右行碰到限位开关后,我们加了延时,等小车完全停止后再启动小车向相反方向运行。此外为了保证往复小车的安全布料,在左限位和右限位的外侧设置两个安全限位,小车碰到安全限位开关就会停止,同时中央控制室内发出报警。另外为了方便往复小车和皮带的维修和日常操作,另设手动就地控制开关,以应对紧急情况,实行人工布料。

（4）定点投料控制按钮

为满足工厂生产需求,在窑头工业电视的配合下,在中央控制室和上位机监控画面上分别开发了定点投料控制按钮。当操作工点下按钮时,布料小车就停止运行,开始定点投料,松开按钮后小车继续自动布料,特别是在料仓快要满时,可以利用定点投料按钮把料仓打得很满,但又不会出现溢仓的情况,使操作工在控制室内可以很方便地远程控制往复小车,真正地实现了自动化。

3．改进后的效果

改进后实现了窑头布料的自动化,使工人摆脱了恶劣的工作环境。节省了大量电缆,降低了成本。使布料小车的控制更方便、可靠,实现了自动、手动和半自动间互相切换,以应对紧急情况;减少了窑头控制室和窑头工,降低了管理和人工成本,最重要的是窑头布料比原来人工布料要更加均匀,玻璃质量有所提高;自改进投入使用以来,布料小车运转平稳,布料均匀,达到既节约成本又提高效率的目的。

分析点评

通过技术改进,窑头配合料布料彻底地实现了自动化,而且 ET200 能够通过 PROFIBUS 与中央控制室中的可编程控制器进行通信,使用 SIMATIC 集成为一个标准的自动化系统,由中央控制室中的上位机通过 STEP7 来编程、监控、组态和诊断,真正实现了配料、输送、布料的自动化,形成了真正意义上的原料自动配料控制系统,提高了玻璃行业自动化水平。

思考题

1．配合料输送到窑头的过程中要注意哪些问题?

2．窑头均匀准确布料对玻璃生产有什么意义?

案例 11-4 浮法玻璃熔窑投料系统的工艺设计

原料车间到浮法联合车间配合料输送方式的设计、窑头料仓的设计以及熔窑投料机的选型和布置构成浮法玻璃熔窑投料系统的综合设计。该系统设计是否科学合理完善,是否切合实际,对于确保配合料入窑质量,确保熔窑熔制出优质的玻璃液起着关键环节作用,亦将对该系统生产的稳定性运行,以及操作调节措施的实现程度产生影响或限制;从某种意义上来讲,对于玻璃生产企业的产品质量、节能减排、一次性投资、扩建改造也将产生重要的影响。

1. 投料系统工艺流程

投料系统工艺流程见图 3.11.8。

2. 配合料输送方式的设计

(1) 设计要点

① 配合料在输送过程中应尽可能减少倒料次数,这样可避免配合料分层,保证配合料的均匀度。

② 应设有排除错、废配合料的措施或装置。

③ 根据建设厂所在地的气候特点,采取必要的土建、保暖、隔热措施,确保输送到窑头料仓的配合料温度在 36~42℃,含水量约 4%。

④ 控制回窑碎玻璃比例在 15%~20%,并将其均匀地撒在配合料表面上。

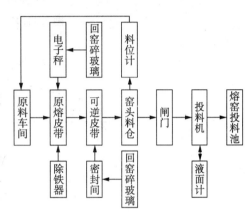

图 3.11.8 投料系统工艺流程

⑤ 配合料和碎玻璃下料点处,必须密封或隔断,并设除尘设备。

⑥ 设备布置在必须满足工艺要求的同时,还应考虑到设备检修通道和距离。

⑦ 宜考虑应急供料系统。

(2) 配合料输送方式的选择及其优缺点

对于 100 t/d 及其以下的玻璃熔窑,主要为日用玻璃熔窑或早期普通平板玻璃熔窑,一般采取配合料料罐加电动葫芦提升配合料方式。该方式的优点:一是工艺布置的灵活性大,便于技改;二是配合料在输送过程中不易分层,能保证配合料的均匀度;三是当发现有错配料时,能及时纠正;四是便于配合料的储存,根据所要求的储存量,配置足够数量的料罐即可。其缺点:一是料罐卸料时粉尘飞扬大,且不易收尘,操作环境差;二是电动葫芦使用频繁,容易损坏,检修工作量大;三是操作工人必须跟随料罐和电动葫芦行走,劳动强度大;四是投料平台应储存一定数量的满料罐,土建投资费用增大。

对于 150~380 t/d 的浮法玻璃熔窑,可采取胶带输送机输送配合料。由于该数量级熔窑窑头料仓相对较小,胶带输送机头部可采取头部漏斗加分料溜子双点布料方式,见图 3.11.9。

对于 400~1 000 t/d 及以上的浮法玻璃熔窑,均应采取胶带输送机输送配合料,头部漏斗加移动胶带输送机均匀布料方式。移动胶带输送机可制作成行走小车可逆移动且胶带头轮尾轮可逆

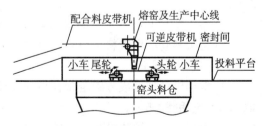

图 3.11.9 皮带输送窑头双点布料

转动(图 3.11.10)和行走小车可逆移动但胶带头轮尾轮单向转动(图 3.11.11)两种型式。

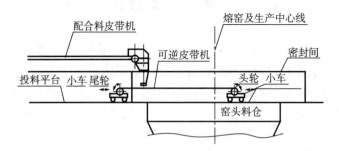

图 3.11.10　胶带头轮尾轮转动方式

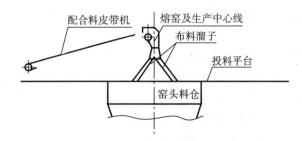

图 3.11.11　胶带头轮尾轮单向转动方式

头部漏斗加分料溜子双点布料和行走小车方式的优点:一是通过合理设计,能够完全实现配合料输送设计要点的各项要求;二是易于实现自动化送料,减轻操作工人的劳动强度;三是胶带输送机是通用设备,结构简单,使用可靠,生产事故少,易于维修。缺点:一是受其工艺布置特点的影响(如系统设备较多且有固定基础),技改难度大;二是由于系统是连续生产,配合料输送量大,若发生错配料时未及时纠正,则将给生产造成较大的损失。

3. 窑头料仓的设计

(1) 设计要点

① 窑头料仓的设计应保证配合料的质量均匀性和稳定性。

② 窑头料仓的储料量应在一定程度上满足配合料输送系统设备的停车和检修。对于浮法玻璃熔窑,其窑头料仓通常设计成能储存 2 h 熔窑用料的容量。

③ 根据配合料的分料特性和流动特性,采取合适的窑头料仓形状。若配合料流动性较差,可在料仓外部增设辅助流动设备。

④ 由于窑头环境温度较高,窑头料仓仓壁应做保温隔热夹层,以防止配合料水分蒸发和结块。

⑤ 窑头料仓下料口大小及数量应与所选的熔窑投料机相一致,两者之间设置料仓闸门。

⑥ 窑头料仓应设置料空、料满料位发讯器,并实现同配合料输送系统的自动联锁控制。

(2) 设计过程举例

① 根据设计玻璃成分确定配合料的容重和熔成率,浮法玻璃配合料容重和熔成率一般选取 1.3 t/m 和 82.5%。

② 根据熔窑日熔化量和回窑碎玻璃比例进行配合料日需要量计算,从而计算出窑头料仓储存 2 h 熔窑用料的容量值。

③ 按照粉体流动力学原理,不恰当的窑头料仓形状易产生结拱堵塞[图 3.11.12(a)]或中

央穿孔的"漏斗流"[图 3.11.12(b)];为避免上述流动问题的产生,浮法玻璃窑头料仓应设计成偏向卸料口形,并且要求料仓垂直壁面朝向熔窑布置,其余三壁面的水平夹角不得小于 50°[图 3.11.12(c)]。

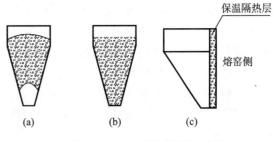

图 3.11.12　料仓的型式

④ 根据设计经验,初步确定窑头料仓各部分尺寸,按照料仓具体形状进行容量计算,料仓容积系数一般选取 0.8。将计算结果同熔窑 2 h 用料值进行比较复核,直到两者取得一致。

⑤ 熔化量为 400 t/d 及以上的浮法玻璃熔窑,窑头料仓储存量较大,配合料流动性差,应在料仓外部增设仓壁振动器,通过振动间接破坏料拱拱脚。有条件的工厂亦可在料仓结拱堵塞部位稍下方仓壁开孔,外接带变频器控制的脉冲气流装置,脉冲气流直接冲击料拱拱脚,并将拱脚破坏。

⑥ 按照设计要点的各项要求补充完善窑头料仓的设计工作。

4. 浮法玻璃熔窑投料机的选型和布置

(1) 选型要求

① 能够实现薄层投料,料堆厚度控制在 40~100 mm。

② 料层要充分覆盖玻璃液面,料层总宽度应达到熔窑投料口宽度的 85%~90%。

③ 投料机的行程应同投料池深度相适应。

④ 选用变频电机控制投料速度,在主频投料速度下,能够实现同玻璃液面计自动联锁控制。

⑤ 投料机总投料能力应大于熔窑日配合料需要量 30%~60%。

⑥ 投料机料仓同投料铲应配合严密,不得漏料。

⑦ 投料铲前部必须使用耐热钢板,并方便更换。

(2) 投料机的布置

浮法玻璃熔窑普遍选用两台圆弧斜毯式投料机,实现分别单独控制或联锁控制投料,该两种型式投料机都能较好地完成熔窑的投料要求。投料机的布置示意见图 3.11.13。

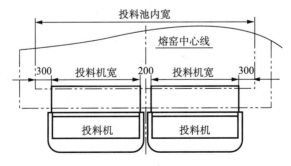

图 3.11.13　投料机布置示意

两台投料机投料铲之间留约 200 mm 的孔隙,当熔窑内配合料发生倒八字形偏料时,该空隙间可插 ϕ89 mm 的引料水管,配合熔窑其他调整操作,解决上述偏料问题。投料机投料铲和熔窑投料池壁之间留约 300 mm 的空隙,当熔窑内配合料发生单向偏料时,该空隙间可插长方形的挡料水包,配合使用投料机中间引料水管和熔窑其他调整操作,解决上述偏料问题。投料铲下底面到熔窑投料池壁沿口上平面留约 30 mm 的间隙,以减小配合料入窑落差,减少飞料量。投料铲下底面到熔窑操作楼面距离约为 800～850 mm,以方便操作工人看火、插水包、推料等工作。投料机受料口和窑头料仓下料闸门之间应为活动连接,两者留约 50 mm 的间隙。

投料池到窑头仪表室之间留约 2 倍投料机长度的距离,投料机行走轮下楼面铺设钢板或钢轨,便于投料机的安装就位或整体拉出检修、更换。

分析点评

浮法玻璃熔窑投料系统设计是一个综合性设计,本文阐述的是构成该系统三部分设计的要点、内容和方法,具体的系统设计应结合生产线规模、产品方案、业主的要求和投资情况制定。同时必须指出,该系统的科学合理设计只是保证配合料入窑质量和熔窑熔制质量的一个关键环节,从根本意义上来讲,配合料的质量主要取决于配合料制备工艺技术水平和装备水平;在熔窑外部供应条件都能够得到保障的前提下,熔化玻璃液的质量主要取决于先进合理的熔窑结构及熔窑操作制度的制定和贯彻执行。

思考题

1. 投料系统由哪几部分组成? 选择投料机种类时要考虑哪些方面?
2. 配合料输送、储存、投料三部分如何实现优化设计?
3. 如果熔窑的两台投料机的其中一台故障检修,这时投料要采取什么措施并注意什么?

案例 11 - 5　浮法玻璃配合料制备过程控制

玻璃原料的配合料质量的好坏,直接影响玻璃的熔制效率和成品玻璃的质量。我国根据多年的实践总结出玻璃行业生产"四大稳",即原料稳、燃料稳、熔化稳和成型稳,其中原料稳列为前提、作为基础。由此可见,原料配合料制备是玻璃形成的基础,是平板玻璃生产的开端,它为后几道工序创造必要的条件。所以原料配合料制备过程中连续性很强,环环紧扣,互相制约,即使出现细小的错误也可能造成重大的事故,所以,对原料配合料配制上有任何轻视都是不允许的。

1. 配合料的质量要求

在配合料制备过程中称量准确、混合均匀是衡量配合料质量的两个主要标准。但要使配合料经熔融后获得满意的制品质量还必须注意下列五个要求。

(1) 适度的润湿性。对配合料进行适度的润湿,可使原料颗料表面增加吸附性,易于混合均匀,减少在传送过程中的分层和粉料飞扬,有利于改善操作环境和延长熔窑的寿命。同时含有适量的水分可使配合料在熔制过程中加速物料间的固相反应,有利于加速玻璃的熔制过程,润湿程度以含 $2\%\sim4\%$ 的水分为宜。由于原料批量大,水分波动大,容易导致称量不准,造成组成波动,故应尽量采用干基原料,然后在混料过程中注入定量的水分。

(2) 适量的气体率。为使玻璃易于澄清和均化,配合料中必须含有适量的在受热分解后释放出气体的原料,如碳酸盐、硝酸盐、硫酸盐、硼酸等。一般在配方计算时,都对配合料的气体率进行计算。气体率过高会造成玻璃液翻腾过于剧烈延长澄清和均化时间,气体率过低又会使玻璃液澄清和均化不完全。对 $Na_2O - CaO - SiO_2$ 系统玻璃气体率一般控制在 $15\%\sim20\%$,一些硬质耐热玻璃的配合料气体率都较低,故应设法多用含气体率高的原料,有条件的工厂可在熔窑底部安装鼓泡装置,以弥补配合料气体率不足的缺点。

(3) 较高的均匀度。混合不均匀的配合料容易造成在熔制过程中分层,含易熔氧化物的区域先熔化,而使富含难熔物质的区域熔化时发生困难,从而导致制品容易产生条纹、气泡、结石等缺陷。

(4) 避免金属和其他杂质的混入。在整个配合料的制备过程中可能会混入各种金属杂质,如机器设备的磨损或部件中掉落的螺栓、螺母、垫圈等,原料拆卸过程中的包装材料及其他不应有的氧化物原料混入等,这些都会影响配合料的熔制质量,造成熔融玻璃澄清困难或制品色泽的改变。

(5) 选择适当的碎玻璃比率。碎玻璃配比合适,质量符合使用要求,是保证配合料质量的重要环节。在配合料中加入适量的碎玻璃,无论从经济角度还是从工艺角度都是有利的,但若控制不当也会对玻璃组成控制和制品质量带来不利的影响。

2. 原料称量

在连续化玻璃生产中,原料的配料称量计量准确、称量无误是十分关键的,人们在所用原料化学成分的分析与调整、配料计算以及各原料的加工等方面都花了不少人力与物力,力求使玻璃的化学成分基本上恒定或在允许范围内波动,如果各种原料的称量不合乎要求或者称量失误,很容易使上述多方面的努力白费,而且造成重大质量事故,产生废品。在玻璃配料中,称量看似十分简单,实际上它是玻璃制备的一个极为重要的环节。

对计量秤的要求是应具有足够的负荷、精确性和灵敏度,必须符合技术要求;称量能在一定范围内调节,并能及时而迅速地调整加料量;结构简单牢固,使用方便可靠,并与生产条件相适应。

3.秤的种类

秤的种类一般分为台秤、自动秤和电子秤三种。前两种由于称量精度提不高基本已被淘汰,而电子秤是玻璃行业目前必不可少的称量工具。随着电子器件的发展,使用纯电子式的玻璃配料秤愈来愈广泛地取代了机械秤。电子秤附有电子计算机控制、打印装置、屏幕显示等,提高了称量精度。

4.称量方式

称量方式可分为以下三种。

(1)用于塔库的累计称量。将各种物料逐次放于一个秤斗中称量累加,或者部分物料累加称量。该法优点是:占地小、设备小,粉尘易于控制;缺点是称量时间长,错料不好处理,精度差,布置不灵活。

(2)增量法。在向称量斗加料时计量,到终点停止,然后开启卸料门卸料。该法较普遍,精度高,布置灵活。但残余料量必须受到控制,否则会影响称量精度。

(3)减量法。事先按设定值向称量斗中加料到终点然后卸料,在卸料过程中计量,接近所称量的料值前,电磁振动卸料机由快速转为慢速,卸料直至终点停止卸料计量。该法可以免除残余料量的影响,对卸料时的悬浮量必须加以控制,否则影响精度。在称量过程中如发生事故误差,物料已卸入皮带输送机应立即停止皮带处理,否则进入混合机后造成工艺事故及物料浪费。

5.称量误差

在整个称量过程中存在着以下三种称量误差。

(1)系统误差。这是一种比较稳定的误差,经分析后可以校正克服的误差。其主要来自于计量仪器精密度不够、刻度不准或者未经砝码校正等;因周围环境如温度、压力的变化和风力的影响以及个人的视线偏差。

(2)偶然误差。这是一种不自觉的误差,其大小和方向不固定,因而不易控制。这部分的误差常发生在系统工作时,因其他设备运转或停止导致整个吸风系统平衡受到破坏,从而影响传感器的平衡,使系统在操作时产生误差,它是一种不稳定的且难以克服的误差。

(3)过失误差。这是一种人为的无章可循的误差,往往是操作人员违反操作程序或工作粗心,秤缺乏校验造成的应属于可以避免的误差。

6.称量原则

称量应达到以下几条要求。

(1)熟悉衡器使用方法和维护细则,经常保持衡器刀口、触点、支点、传感器等处的清洁,避免有腐蚀性物料,如纯碱、碳酸钾等积尘。

(2)定期用砝码校验衡器。

(3)称量前检查称量料斗、卸料门的闭合密封,以确保无漏料现象。

(4)提高称量的准确度与精确度。

(5)在称量进行的全过程中必须注意力集中,杜绝过失误差。

7.配料控制系统

配料控制系统的操作站采用工控机完成料方输入过程(可以根据配方手动输入,有水分在线测定仪根据水分变化自动修改配方),并有报表打印等功能。逻辑控制采用欧姆式龙C200H,PLC控制整个生产的工艺流程;称量控制采用 Metiler Toledo Lynx 称重仪表完成来自传感器的重量信号的采集、A/D转换以及称量过程的控制,并有误差报警等功能。

称量配料控制装置采用电磁振动给料机作为机构进行喂料和排料,电磁振动给料机的驱动装置为米波整流可控硅触发板,由称重仪表的继电器输出点控制其通断触发导通角,即驱动器的输出量的大小通过外接电位器手动调节,称重仪表有两个继电器输出点,可进行双速配料。

该系统的主要优点:系统用PLC加称重仪表的控制方式,能够自动完成称量,混合过程减少了人为干扰因素,控制结构简单,便于维护,具有较高的可靠性,目前国内多数配料生产线采用这种方式。但也存在一些明显不足:主控制室与混合控制室、窑头小车控制室之间的通信采用模拟信号,接线量大,易受现场干扰,投料需要人工操作,系统整体自动化水平还有待进一步提高。

8. 混合控制系统

混合过程是混合与分料的平衡过程,达到最佳混合均匀度时的混合时间为最佳混合时间。最佳混合时间为 3～5 min。只有当配合料具有足够的混合时间时,才能保证各种原料颗粒的均匀分布,过短的混合时间无法达到这一要求,而过长的混合时间不但在实际生产中不允许,而且也不利于提高混合质量。配合料的混合时间因混合设备的不同而不同,一般为 3～5 min,过短或过长都会导致配合料均匀性变差,因此,混合时间不可随意更改。

加水量计算按照配合料含水率指标要求,根据硅砂及其他原料的实测含水量,计算机自动调整每份配合料的加水量,保证配合料中的含水率不变。

定时加水通常作为定量加水的后备方式,确保定量加水系统出现故障时系统还能够加水,但是定时加水因容易受水压等因素影响而准确度不高。为了保证加水量的准确性,一般多选择定量加水方式,定量加水常用水称或流量计。

混合程序从排料时开始,包括以下几个阶段:夹层状原料直接进入混合机,按要求时间进行干混。干混的目的是使物料基本均匀,防止因各种原因形成单一组分的料蛋(团)。在干混的同时,为了保证原料称量的准确、可靠,有些厂家在混合机底部安装有测重传感器,在全部原料进入混合机后,混合机连同原料同时称量,以校验原料的总重量与各原料重量之和是否相符。

在一定范围内配合料的均匀度随着混合时间的延长而提高。在混合过程中同时存在着混合和分层两种作用。开始时混合效果大于分层效果,所以均匀度逐步提高。随着混合时间的延长,混合作用逐步减弱,均匀度提高相对减慢。当混合作用和分层作用相等时,两者处于动态平衡,此时再延长混合时间,配合料的均匀度也不会提高,这就是混合机的"合理混合时间"。在玻璃生产过程中,混合机的合理混合时间、干混时间、湿混时间都要通过实验来确定,即通过测定不同的混合时间和配合料的含碱量来进行优选。

湿混的目的是原料粒子经湿润后再继续混合 1.5～2 min,以使配合料的成分和水分进一度均化。如果冬季温度偏低,需要向配合料中加蒸气,要把喷管口伸到料层底部起到升温的作用,使黏附于筒壁及刮板装置上的物料显著减少,容易清扫混合机。

9. 配合料的输送系统

一般玻璃原料配料输送分两个阶段:①当称量好的物料排往混合机时需要皮带输送,在这个环节要特别注意避免和减少输送过程中的漏料现象,如果出现应及时处理,不然容易影响混合料的均匀性,从而影响生产产量和质量。②混合好的配合料经混合机排出口通过皮带机、活动小车、可逆皮带机等装置,最终送入玻璃熔窑。窑头料仓通常安装有高料位计、底料位计、摄像头用于检测料仓的料位,控制系统可根据料位自动对各料仓进行布料。

混合机的出料溜子一般安装有测温单元,用于检测配合料的出口温度。

在碎玻璃秤后的输送皮带上通常安装有除铁器和金属探测仪,它们可作为控制系统的有机组成部分,按照系统需要进行工作。除铁器可将配合料及碎玻璃中的铁磁物质吸附,并通过皮带清除,还可用金属探测仪测出金属如锡、铜、铝、合金、铁等物质,当检测出有金属通过时,金属探测仪将信号传递给控制系统,控制系统将发出控制信号,通过废料翻板将含有金属物质的不合格原料清除。

分析点评

配合料制备过程控制在玻璃生产中起着至关重要的作用,它们决定着玻璃的基本物理、化学性能,每个环节环环相扣,不能出现任何差错。本案例从配合料质量要求、原料的称量、配料控制系统、混合控制及皮带输送等方面,阐述了玻璃配合料的制备过程和注意环节。优质配合料才是优质玻璃生产的基础,它是高效、优质、低产、低耗生产玻璃的先决条件。

思考题

1. 浮法玻璃原料中哪些需要控制颗粒度?控制范围各是多少?颗粒度过大或过小各有什么危害?

2. 混合操作时,加料顺序是怎样的?为什么?

3. 浮法玻璃原料中为什么要引入碎玻璃?在何处引进?

第十二章　玻璃熔窑及结构

知识要点

按照玻璃料方混合好配合料,经过高温加热形成玻璃液的过程称为玻璃的熔制。玻璃熔窑是熔制玻璃的热工设备,通常用耐火材料砌筑而成。利用燃料的化学热、电能或其他能源产生的热量,造成可控的高温环境,使玻璃配合料在其中经过传热、传质和动量传递过程,完成物理和化学变化,经过熔化、澄清、均化和冷却等阶段,获得均匀、纯净、透明并适合于成型的玻璃液。

1. **玻璃的熔制过程**

玻璃的熔制过程可以分为以下五个阶段。

（1）硅酸盐形成阶段

配合料入窑后,在高温(约 800～1 000℃)作用下迅速发生一系列物理的、化学的和物理-化学的变化,如粉料受热、水分蒸发、盐类分解、多晶转变、组分熔化以及石英砂与其他组分之间进行的固相反应。这个阶段结束时,配合料变成了由硅酸盐和游离二氧化硅组成的不透明的烧结物。

（2）玻璃形成阶段

温度升高到 1 200℃时,各种硅酸盐开始熔融,继续升高温度,未熔化的硅酸盐和石英砂粒完全溶解于熔融体中,成为含大量可见气泡的、在温度上和化学成分上不够均匀的透明的玻璃液。

硅酸盐形成阶段与玻璃形成阶段之间没有明显的界限,硅酸盐形成阶段尚未结束时,玻璃形成阶段已经开始,要划分这两个阶段很困难,所以生产上把这两个阶段视为一个阶段,称为配合料熔化阶段。

（3）玻璃液澄清阶段

玻璃形成阶段结束时,熔融体中还包含许多气泡和灰泡(小气泡)。从玻璃液中除去肉眼可见的气体夹杂物,消除玻璃中的气孔组织的阶段称为澄清阶段,因为气泡在玻璃液中排出的速度符合斯托克斯定律。当温度升高时,玻璃液的黏度迅速降低,使气泡大量逸出,因此,澄清过程必须在较高的温度下进行,这一阶段的温度为 1 400～1 500℃,黏度约为 10 Pa·s。

（4）玻璃液均化阶段

玻璃形成后,各部分玻璃液的化学成分和温度都不相同,还夹杂一些不均匀体。为消除这种不均匀性,获得均匀一致的玻璃液,必须进行均化。

玻璃液的均化过程早在玻璃形成时已经开始,然而主要的还是在澄清后期进行。它与澄清过程混在一起,没有明显的界限,可以看作边澄清边均化,均化结束往往在澄清之后。

玻璃液的均化主要依靠扩散和对流作用。高温是一个主要的条件,因为它可以减小玻璃液黏度,使扩散作用加强。另外,搅拌是提高均匀性的好方法。

（5）玻璃液冷却阶段

澄清均化后的玻璃液黏度太小，不适于成形，必须通过冷却提高黏度到成形所需的范围，所以玻璃液必须冷却到成形温度。根据玻璃液的性质与成形方法的不同，成形温度约比澄清温度低 $200\sim300℃$。

熔制过程对池窑的要求：①满足熔制工艺要求；②满足成型工艺要求；③适应出料量、玻璃品种、玻璃质量在一定幅度内波动；④能适应原料粒度、水分、碎玻璃加入量、燃料成分温度制度的一定波动；⑤在低能耗下熔制；⑥在劳动量少、劳动条件良好的情况下运行窑炉；⑦便于测量控制过程中的各项热工参数；⑧便于处理各种事故。

2. 玻璃池窑结构

我国目前基本采用火焰池窑。与一般工业窑炉相同，火焰池窑基本结构分四大部分，即玻璃熔制、热源供给、余热回收、排烟供气。浮法平板玻璃池窑结构见图 3.12.1。

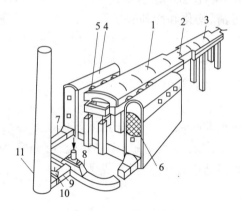

图 3.12.1 （浮法）平板玻璃池窑的立体结构

1—熔化部；2—卡脖；3—冷却部；4—蓄热室；5—小炉；6—格子砖；
7—烟道；8—交换器；9—总烟道；10—总烟道闸板；11—大烟囱

其中玻璃熔制部分是玻璃池窑的核心结构，沿池窑的窑体长度方向分成投料部、熔化部（包括熔化带和澄清带）、冷却部和成型部五部分。

案例 12-1　玻璃熔窑全保温技术

玻璃行业是能耗大户,而玻璃熔窑又是玻璃厂的主要耗能设备。玻璃熔窑散热面积大,外层表面温度高,散热量约为总支出热量的 1/3。熔窑进行全保温,不仅可以提高火焰温度,增加熔化能力,改善玻璃质量,降低热耗,节约能源,而且可以改善工作环境。

1. 熔窑简介

某厂浮法二线 400 吨级熔化大窑于 1994 年年底建成投产,原设计为局部保温,热量散失大、能耗高。1999 年 6 月二线熔窑放水冷修,决定采用全保温节能型熔窑,熔窑窑龄设计为 6 年。由于目前冷态下对大碹保温技术还不很成熟,风险大,该厂对池底、池壁砌筑时进行了冷态保温,对散热大的熔化大碹、蓄热室顶碹、后墙、侧墙以及澄清部胸墙是在烤窑结束、试生产半个多月后进行热态保温,此时,各部位膨胀均已结束,接近稳定,保温较安全。

2. 保温材料的选择

熔窑保温效果的好坏与保温材料的选择和施工质量的好坏有着直接关系,所以,该厂参考国内一些先进的保温经验和方法,结合工厂实际情况,严格优选各部位保温材料。

（1）熔化部池底

池底保温后可大大提高底层玻璃液的温度,减少窑池深度方向玻璃液的温度梯度,改善玻璃热均匀性。

池底表层铺面砖,采用优质的烧结 AZS,该材料具有非常好的耐侵蚀性能、抗崩裂性能、抗震性能和高温抗折性能。

面砖下铺一层锆英石质捣打料层,该材料用于面砖下做缓冲保温,效果良好。池底大砖下用无石棉硅钙板进行保温,因其性能良好,用在池底砖下层保温可收到较好的保温效果。池底保温结构型式如图 3.12.2 所示。

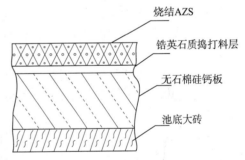

图 3.12.2　池底保温结构

（2）熔化池壁保温

内层采用黏土质保温大砖,该材料导热系数低、热容小,有一定的抗窑内液、气侵蚀能力,有一定的机械强度。外层采用由山东莱州明发隔热材料有限公司提供的耐高温硅钙绝热板,该材料具有良好的耐高温性能和密封功能,受热不变形。池壁保温层的具体结构型式如图 3.12.3 所示。

（3）熔化部大碹和蓄热定顶碹

密封层选用硅质耐火密封材料,该材料具有独特的密封功能和高温性能,变热后硬化,能与碹砖牢固地黏结在一起。硅质保温砖层:该产品具有大量密闭气孔,壁薄而坚硬结实,导热性差,强度高。保温层选用"内乡保温材料厂"提供的 HSQ-780 复合保温涂料。该材料最大特点是容重轻、导热系数低、隔热性能好、价格便宜、不开裂、不脱落、美观、保温效果良好。

蓄热室外墙和澄清部胸墙,在这些部位为了尽可能减少缝隙,加强密封性,采取了直接涂沫具有一定厚度的 HSQ-780 型复合保温材料进行保温。具体保温结构见图 3.12.4。

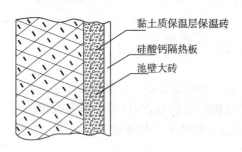

图 3.12.3 池壁保温结构

黏土质保温层保温砖
硅酸钙隔热板
池壁大砖

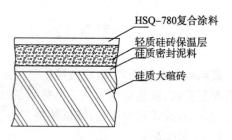

图 3.12.4 熔化部大碹和蓄热室顶碹保温

HSQ-780复合涂料
轻质硅砖保温层
硅质密封泥料
硅质大碹砖

3. 施工技术及要求

池底、池壁的保温是在砌筑时冷态下进行,而大窑其余部分的保温是在热态下进行的。

(1) 池底的保温施工。池底保温的关键是防止玻璃液进入底部保温层,因此,铺面砖前,面砖四周要进行磨平加工,砖与砖之间缝隙不大于 1 mm,膨胀缝留在四周与池壁接触处;捣打料层要求厚度均匀、表面平整且与铺面砖接触紧凑。

(2) 池壁的保温施工。池深设计为 1.2 m,池壁采用 1.2 m 长的锆刚玉砖,取消了水平缝,便于整体保温,但液面下 200 mm 左右不保温,以便吹风冷却;池壁垂直砖缝处不保温,且两边留有 20~30 mm 空隙,以防玻璃液渗出和便于日常维护检查。

(3) 熔化大碹、蓄热室顶碹的保温施工。熔化大碹每节碹与碹之间膨胀缝处留有 700 mm 不做保温,电偶周围 400 mm 不做保温。

① 密封层:施工前清理好保温部位,露出原砖面,砖缝无积尘。在热态下施工,既要保证施工质量,又要注意安全。密封泥料厚度涂抹要均匀一致且表面平整,受热凝结后,不开裂、不起鼓,与碹砖黏结牢固。

② 保温砖层:砌保温砖时底面要与密封层接触紧密,砖与砖之间排列不要太紧,但必须整齐。

③ 保温层:因所采用的是 HSJ-780 复合保温涂料,施工要求高。由供货厂家专人到厂施工,施工人员根据不同部位调和不同稠度进行涂抹,黏结牢靠,不开裂、不脱落,强度高,保证了工程质量。

(4) 澄清部胸墙与蓄热室周围墙的施工:因保温涂料是膏状体,具有一定的密度,对垂直的施工一定不可涂抹太厚,以防脱落,因此,施工时要分层进行,最后抹平。

4. 效果

保温后的熔窑,各部位表面平均温度及散热量都有了明显下降,具体数据见表 3.12.1。

表 3.12.1 保温前后各部位表面平均温度及散热量

保温部位	散热面积/m²	保温前		保温后		散热量减少值/%
		表面平均温度/℃	散热量/(kJ/h)	表面平均温度/℃	散热量/(kJ/h)	
熔化大碹	320	234	6 077 549	85	1 314 646	78
蓄热室顶碹	160	223	2 795 728	75	550 849	80
蓄热室侧墙	228	252	4 933 078	82	890 665	81
蓄热室端墙	88	203	1 310 316	77	314 695	76
澄清部胸墙	75	179	1 037 632	93	367 355	78
熔化池壁	53	420	2 289 669	150	415 145	87
熔化池底	320	260	5 973 710	125	1 729 653	71

由表 3.12.1 可以看出,保温实施前后各部位温度下降很大,散热量平均约减少 78%。用油量明显下降,保温前平均每月用油 2 421 吨,保温后则为 2 171 吨,每天平均节油约 8.3 吨,每年节油 3 029.5 吨,现外购油平均价格为 1 490 元/吨,即每年可节约资金 450 余万元。

分析点评

熔窑实施保温后,热效率提高,降低了热耗,节约了能源,同时玻璃液质量提高,熔化环境得到大大改善,因此玻璃熔窑应该采用全保温。但也要注意保温所带来的弊端,如耐火材料侵蚀严重,熔窑热修增多,尤其是大型平板玻璃窑,池底保温会产生池底飘砖的危险,因此,许多厂采用池底活动保温方案,既节约了能源,又保证了安全生产。

思考题

1. 什么是熔窑的热效率?提高熔窑热效率的途径有哪些?
2. 可用于玻璃熔窑的保温材料有哪些?在选用时应该注意哪些问题?
3. 什么是熔窑的热修补?方法有哪些?应注意哪些事项?

案例 12 - 2   浮法玻璃熔窑的全窑宽投料池

随着国际上玻璃熔窑技术交流的加强,各大玻璃生产国的熔窑技术水平在结构设计方面已经非常接近。20世纪90年代出现的全窑宽投料池结构可以说是最新的玻璃熔窑技术。近些年来,国内外新建或改建的大型横火焰玻璃熔窑已大多采用全窑宽投料池这一新技术。

1. 玻璃熔窑投料口结构的历史和现状

玻璃熔窑投料口是向窑内提供玻璃配合料的设施。横火焰玻璃熔窑的投料口设在熔化部的前端,由投料机投出的玻璃配合料落在投料池内,随着投料机料斗的往复运动被均匀推入窑内。

在20世纪90年代中期,横火焰玻璃熔窑的投料口曾有"单投料池"和"双投料池"两种结构型式。单投料池的宽度一般要比熔化部池窄1.5~2.0 m,大约相当于熔化部池宽的70%~80%,而双投料池则更窄。这样设计主要有两个原因:其一是考虑熔窑前脸墙结构的安全可靠性;其二是考虑进入窑内的玻璃配合料离熔窑两侧池壁远一些,使配合料不容易"粘边"。

熔窑的吨位越大,熔化部池宽越宽,相对应的投料池宽度也要加宽。以往的玻璃熔窑前脸墙一般采用硅砖做成鱼肚碹结构。投料口鱼肚碹是承重碹,其碹顶还有大约2 m高的墙体。为了加强前脸墙的密封,鱼肚碹的股跨比一般都比较小,计算出鱼肚碹的碹砖压应力都比较大。鱼肚碹的硅砖属于酸性材料,要承受配合料内的碱蒸气的化学侵蚀。鱼肚碹还要承受高温作用的热冲刷和侵蚀。鱼肚碹处于这样恶劣的工况条件中,安全可靠性很差,寿命一般也就是2~3年,是影响玻璃熔窑寿命的最主要环节之一。有些玻璃厂家把较宽的投料池改做成了双投料池,只是解决了受力过大问题,侵蚀问题还没有解决,因而窑龄还是延长不了多少。而且采用双投料池还会因无配合料覆盖,熔窑纵向中心线区域出现较宽的高温亮带,从而导致配合料分叉跑边。针对鱼肚碹使用寿命短的情况,一种吊挂式的呈L形状的前脸墙结构(简称L型吊墙结构)被开发出来。随着玻璃熔窑前脸型吊墙结构的应用,熔窑前脸墙结构的安全可靠性问题便得到了很好的解决。

国内自80年代后期开始在大型浮法玻璃熔窑上采用引进的L型吊墙,90年代初开始广泛应用由国内同行开发的国产L型吊墙。现在国内近百座浮法玻璃熔窑及其他一些大型横火焰玻璃熔窑上都采用了L型吊墙。但绝大多数玻璃熔窑的投料池宽度仍是缩窄型的,虽然解决了前脸墙的安全可靠性问题,但还没有发挥出L型吊墙可以做成投料池宽度与熔化池宽度相等的作用。

进入90年代,"全窑宽投料池"结构也被称为"全宽投料口"或"等宽投料口",在国外的大型浮法玻璃熔窑上开始应用,并显示出明显的优势。国内有些玻璃熔窑设计人员及时认识到了这一新技术的前景,马上着手这一新结构的研制工作,并首先在江苏张家港玻璃厂浮法四线熔窑上使用。该浮法线于1999年建成投产,这是由国内自行设计的第一座投料口池宽与熔化部池宽完全相等的"全窑宽投料池"结构的浮法玻璃熔窑(在此期间国内也设计建成了投料池宽略窄一些的"准全宽"投料口结构的浮法玻璃熔窑)。21世纪初,国内两条合资浮法线(SYP:700 t/d 和 GFG:500 t/d)熔窑,在冷修时都已把原缩窄的投料口改成了"全窑宽投料池"结构,而国内大多数浮法玻璃熔窑还是原来的缩窄型投料池,甚至新设计的浮法熔窑还没有采用"全窑宽投料池"。

2. 全窑宽投料池是玻璃熔窑的一项新技术

对于以蓄热式横火焰池窑为窑型的大型"平炉式"玻璃熔窑来说,L型吊墙可以说是一项重要的熔窑新技术,国内外的大型玻璃熔窑上都已广泛采用。随着L型吊墙的应用而发展起来的"全窑宽投料池"这项熔窑新技术,可以说是与L型吊墙同等级的熔窑新技术。全窑宽投料池结构的优点如下。

(1) 结构简单。若采用缩窄的投料池,由于池底砖结构由池底大砖、池底垛砖、池底保温结构、池底铺面砖等组成,所以投料口区域的池壁砖结构比较复杂,而且还需要配置价格很高的池壁拐角砖和比较复杂的翼墙砖结构。在钢结构上也比较复杂,需要四根前脸墙立柱。而采用全窑宽投料池,投料口的砖结构和钢结构都可以简单很多。

(2) 性能优越。以往的相当于熔化部池宽80%左右的缩窄投料口,由于投料机的布料斗(俗称簸箕)的宽度要比投料池窄一些,因而配合料在窑内的分布宽度仅为窑宽的70%左右。这样窄的料带进入窑内,显然,窑内火焰对配合料的加热面积没有得到很好的利用。而采用全窑宽投料池,配合料在窑内的分布宽度可以达到熔化池池宽的90%左右,窑内火焰对配合料的加热面积就得到了比较充分的利用,使得熔窑的熔化能力和熔化玻璃液质量大有提高。与采用缩窄的投料池相比,采用全窑宽投料池可增加熔化能力8%~10%。玻璃液熔化质量的提高主要体现在熔化速度快、熔点提前,从而增加了澄清时间和澄清距离。

(3) 节能降耗。采用全窑宽投料池结构产生的节能效果,表现在两个方面:其一是在熔制工艺上,全窑宽投料池投入窑内的配合料带更宽、更薄,加大了配合料的受热表面积和透热性,使熔化区内的热量更多更快的被配合料吸收,从而减少了热量向窑外的损失;其二是在熔窑结构上,采用全窑宽投料池可以把熔化池的池宽和池长做得略小一些,这就减少了整个窑体的表面散热损失,从而产生节能效果。

(4) 节约投资。单从投料口结构来说,全窑宽投料池结构比缩窄的投料池结构的费用要略多一点,但从整个熔窑和整条浮法线的总投资来说,要节省很多。因为若采用全窑宽投料池结构,熔化池的池宽和池长就相应小一些,熔窑厂房的跨度、整条浮法线的占用场地都相应少一些,就可节省不少的投资。虽然全窑宽投料池投料面宽,但却不容易出现配合料"跑边"、"粘边"现象。"跑边"、"粘边"的主要原因是由于缩窄投料池的料带两侧"亮带"太宽,对两侧温度变化很敏感,容易出现两侧温度不平衡,两侧玻璃液黏度不等,从而导致料带被拉向温度偏低、黏度偏大的一边。全窑宽投料池的料带两侧的"亮带"很窄,不但不会增加"跑边"、"粘边"的倾向,甚至有减少"跑边"、"粘边"的可能,这已在多座熔窑上得到了验证。

3. 采用全窑宽投料池熔窑的运行情况

现以萍乡浮法玻璃厂的一条浮法玻璃生产线为例,说明采用全窑宽投料池的效果。该厂浮法线的规模是400 t/d。熔窑为:池深1 200 m,6对小炉,燃料为重油。

萍乡浮法线于1996年10月建成投产,2002年2月放水冷修。初始设计的第一窑期熔窑的熔化部池宽10 000 mm,池长32 000 mm,投料口池宽7 700 mm,投料池长2 300 mm,设计熔化能力400 t/d,能耗指标6 900 kJ(1 650 kcal)/kg玻璃。整个第一窑期内的生产情况为(6对小炉有时全开):熔化能力为前中期400 t/d,后期380~390 t/d,燃油消耗为75~82 t/d(1 800~1 970 kcal/kg玻璃),生产的玻璃内微气泡较多,一般为普通建筑级。

该熔窑于2001年4月做冷修改造设计。本次熔窑改造的主要内容有:投料口池宽由7 700 mm改为10 000 mm(全窑宽),投料池长度2 300 mm不变,3#~5#小炉喷火口宽度由1 720 mm改为1 840 mm(与原1#、2#相同),格子体由条形砖改为筒形砖。该熔窑冷修期

2个月,于2002年4月8日点火烤窑,5月5日引板出玻璃。该熔窑运行1年来的生产情况为(只开1#~5#小炉):熔化能力为400 t/d,燃油消耗为67~68 t/d(1 610~1 650 kcal/kg 玻璃),生产的玻璃质量比第一窑期有明显的提高。如果6#小炉投入使用的话,熔化能力可增加10%。

分析点评

从萍乡浮法玻璃厂新建熔窑的运行情况可以看出,由于采用了全窑宽投料池,设计6对小炉而只需开5对就能达到设计的熔化能力,新建浮法生产的玻璃质量比改造前有明显的提高,微气泡很少,全窑宽投料池的采用是重要的因素之一。全窑宽投料池已是国内一项成熟可靠的玻璃熔窑新技术,在今后的浮法玻璃熔窑以及其他横火焰的玻璃熔窑的新建或改建过程中将会得到广泛的采用,这将给玻璃厂家带来可喜的经济效益。

思考题

1. 传统的前脸墙结构有几种?为什么说传统的前脸墙结构不安全?
2. 投料池的作用是什么?现代玻璃企业投料池的特点是什么?
3. 投料机的作用是什么?有哪些种类?目前较多采用的是哪类?

案例 12-3 浮法玻璃熔窑产量增大时设计方案与实践

江苏某公司浮法玻璃三线于 2002 年 3 月放水冷修改造,这次改造要使原拉引量为 450 t/d 的玻璃熔窑达到能够拉引 530 t/d 玻璃液的要求,因此,在此次改造中,新熔窑采用了一系列的技术措施,在 2002 年 6 月投产后运行良好,达到了预期的效果,取得了良好的经济效益。

1. 主要设计

(1) 窑体及附属设备

① 随着熔窑规模的扩大,原有澄清带的澄清长度、小炉到前脸墙距离以及投料池长度明显不够,需要加长。但因生产线场地受到限制,熔窑无法向后加长,只能以冷却部前山墙为界线,向窑头方向加长。因此,设计时采用 1# 小炉中心线向厂房轴线方向移 1 400 mm、向投料口方向移 600 mm 的方法(其中前脸墙与 1# 小炉中心线间距加大 300 mm,投料口加长 300 mm)。

② 利用原有冷却部,采用减小卡脖宽度来达到对玻璃液冷却的效果。

③ 熔窑窑宽加到 11.5 m,以增加熔窑的熔化面积,投料池加宽,采用一台 10.2 m 大型斜毯式投料机,实现薄层投料,使料层覆盖面大,从而提高配合料的吸热效率,同时能够有效地控制偏料。

④ 蓄热室采用全分隔的方式,有利于对助燃风的流量控制,实现比例调节。格子体采用筒形格子体,提高热交换面积。

⑤ 利用原有支烟道,分支烟道成一定的角度和蓄热室进口连接。

⑥ 卡脖处加设深层水包、水平搅拌器。深层水包的作用一是延长玻璃液的流线,使玻璃液在高温澄清区滞留时间加长,有助于提高玻璃质量;二是减少回流,减少二次加热热耗;三是阻挡熔化部的浮渣进入冷却部,减少玻璃缺陷;四是冷却玻璃液。卡脖搅拌器的作用是提高玻璃液的均匀性,改善生产操作条件。

⑦ 空气交换器更换成板链传动,以克服原钢丝绳传动换向滞后、维修困难等弊端。

(2) 熔窑通风设计

① 助燃风:原系统设置的小炉风量与小炉油流量比例调节,支管换向、支管调节,由于风量检测与油流量计量不准,以及其他一些因素的影响,该系统不能正常投入使用。本次改造因风量、风压增大,风机重新选型,改用总风总油比例调节,总管换向,使风量测量更加准确。助燃风机改为变频调速。

② L 型吊墙冷却风:原风机风量偏小,本次改造更换 2 台风机,1 用 1 备。

③ 碹碴冷却风:利用原来风机,楼上风管根据熔窑变化做了适当修改。

④ 池壁冷却风:原风机风量偏小,本次改造更换了 3 台风机,2 用 1 备,风管根据熔窑变化做了修改。

⑤ 稀释风:原系统风压不够,更换成 2 台高压风机,将风机放在净化室内,以使进入窑内的风干净、清新;风机采用变频调速,两侧支管各加 1 台气动蝶阀调节风量。

(3) 保温系统设计

熔窑采用全保温方式。窑底利用优质保温材料,采用活动保温方式,便于拆卸,池壁、胸墙、大碹均采用密封和多层保温的方式,以提高保温效果。

（4）燃油系统设计

车间内重油系统采用小循环回油方式,保证重油压力稳定。

（5）控制系统设计

① 玻璃液面控制:玻璃液面采用性能可靠、测量精度高的核子液面计测量,以实现对斜毯式投料机的连续自动投料,可保证玻璃液面波动小于 0.1 mm。投料机的投料速度上采用交流变频调速。

② 窑压自动控制:设置熔窑压力调节系统,窑压信号由澄清部两侧取出,选用高质量的微差压变送器,以保证窑压信号检测精度,在换向期间,该系统与换向程序协调动作,减少窑内压力的波动,避免出现负压,保证窑内热工制度稳定。

③ 油-风比值控制:设置助燃风总管流量与燃油总管流量的比值调节系统,采用交叉限幅调节,并通过便携式氧量分析仪检测废气氧含量,定期修正油-风比值,实现合理燃烧。换向期间,该系统与换向程序协调动作。每个小炉的助燃风量通过手动遥控调节来实现。助燃风检测采用文丘里管,助燃风机采用交流变频调速方式,调节助燃风量。

④ 供油压力定值控制:通过调节回油量来实现总供油压力的稳定。换向期间,该系统与换向程序协调动作。

⑤ 燃油采用蒸气、电两级加热,设置油黏度(油温度)控制和蒸气加热-电加热协调分程调节方式,以保证油黏度稳定,利于最佳雾化。同时,当油黏度控制出现故障时,自动切换成温度控制。对于油黏度(油温度)系统的过程滞后,采用预估控制来加以克服。燃油黏度检测采用燃油质量流量计加高精度差压变送器进行处理。

⑥ 熔窑温度控制系统:设置熔窑碹顶温度控制系统,以碹顶热点温度为主控制点,与其他小炉碹顶温度进行协调处理,以调节总油量设定值。该控制系统与油量定值系统串级。采用规则协调控制策略,以最大可能稳定熔化温度制度。

⑦ 燃油流量定值控制:熔窑每对喷枪燃油流量采用定值自动控制,两侧油流量可采用不同的分配比和设定值,并与风-油比值交叉限幅系统配合。换向期间,各控制回路与换向程序协调动作。燃油流量计采用原有的质量流量计。另外,在末对小炉(6#)独立设置温度自动控制系统,控制点为末对小炉碹顶温度,该温度控制与末对小炉的油流量成为串级控制系统。

⑧ 雾化介质压力控制:设置雾化介质压力定值自动控制。换向期间,与换向程序协调动作,进车间雾化介质压力显示。

⑨ 熔窑火焰换向系统:设置自动、半自动、手动三种控制方式。换向期间,各相关控制回路与换向系统协调动作,最大限度地稳定熔窑热工制度。

3. 运行效果

通过一年多的实际运行,该窑易于控制,运行状态良好。改造后,玻璃的质量由原来的建筑级上升到加工级和制镜级,且单位消耗降低了。生产制镜玻璃的拉引量为 530 t/d,达到了设计要求的能力。

分析点评

熔窑产量升级后,对玻璃液的澄清、冷却要求提高,对结构设计与控制系统提出了新的要求。在结构方面,增大熔化面积、延长澄清带并加强分隔装置的冷却效果是必然的选择;在控制方面,燃烧系统是关键,同时温度、压力、液面及换向的监控也是玻璃产量、质量的保证。

思考题

1. 从 20 世纪 80 年代,玻璃熔窑方面出现了哪些新技术? 其特点是什么?

2. 在此案例提出的众多改造措施中,哪些措施最有利于熔窑产量的提高?

3. 如果因生产线场地受到限制熔窑无法加长加宽,采取哪些技改措施可能提高熔窑产量?

案例 12 - 4　浮法玻璃熔窑用可更换式 L 型吊墙

随着浮法设计水平的提高和耐火材料生产技术的进步,浮法玻璃熔窑朝着大型化和高窑龄化的方向发展。目前,国内浮法玻璃熔窑设计窑龄一般在 8～12 年,而国外高水平的玻璃窑龄已达到 15～20 年,这除了熔窑耐火材料生产技术水平与国外有差距以外,L 型吊墙的使用寿命也是制约熔窑窑龄的重要"瓶颈"。

传统的 L 型吊墙鼻区和直墙段是一个整体,无法进行拆换和维修,只能"一墙定终身"。根据目前国内 L 型吊墙制作水平,一种传统的、配置较好的 L 型吊墙基本上可以满足 8～12 年的服务年限。所以,要延长熔窑的使用寿命,就必须提高 L 型吊墙的使用寿命,改进 L 型吊墙的结构。因此,采用一种全新的吊墙研发设计理念,即将 L 型吊墙的易损部位——鼻区,改进成可以进行局部热修和更换的可更换式吊墙。

可更换式 L 型吊墙通过对吊墙鼻区热修和更换,来消除因鼻部耐火材料的逐年侵蚀而制约吊墙窑龄的瓶颈问题,从而达到提高吊墙使用寿命的目的。由于鼻部更换可以反复多次进行,因此可以极大提高 L 型吊墙的使用寿命,可以满足服务 15 年以上窑龄的需要。"可更换式 L 型吊墙"与传统 L 型吊墙相比,有以下六个方面的技术创新。

1. 吊墙鼻区模块化

吊墙鼻区的热修和更换,是指在吊墙使用过程中,当某一区域的吊墙耐火材料出现损毁时,对吊墙该部位(主要指吊墙鼻区)进行热修和更换。在吊墙安装初期未投入使用时,是无法确定需要热修的部位的,因此要实现吊墙不确定部位的热修和更换,最科学和最经济的设计方法是将吊墙鼻区模块化,即将吊墙鼻区分成若干个模块。在以后的生产过程中,当某一区域的模块因损毁而需要热修时,通过对吊墙鼻区损毁部位的模块进行更换和热修,来达到吊墙鼻区修复的目的。

吊墙鼻区模块化是实现吊墙鼻区可更换的技术核心,它是将 L 型吊墙的鼻区设计成若干个模块,每个模块由耐热铸件和砖结构组成。砖结构通过一定的方式吊挂在耐热铸件上,从而形成一个独立完整的吊墙鼻区模块。模块结构如图 3.12.5～图 3.12.7 所示。

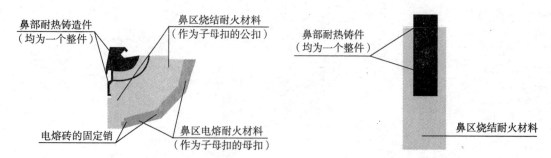

图 3.12.5　可变换式吊墙鼻部模块结构侧向视图　　　图 3.12.6　可变换式吊墙鼻部模块结构正向视图

2. 分离式吊墙吊挂结构

要实现吊墙鼻区结构的可拆换,必须要实现吊墙鼻区结构的独立拆装功能,因此"分离式吊墙吊挂结构"是保证吊墙可更换的必要条件。

图 3.12.7　吊墙鼻区模块化应用实例照片

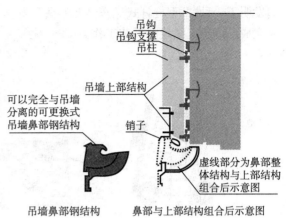

吊钩
吊钩支撑
吊柱

吊墙上部结构

可以完全与吊墙
分离的可更换式
吊墙鼻部钢结构

销子

虚线部分为鼻部整
体结构与上部结构
组合后示意图

吊墙鼻部钢结构　　　　鼻部与上部结构组合后示意图

图 3.12.8　分离式吊墙鼻部钢结构

分离式吊墙吊挂结构含有两层意思：①吊墙鼻区钢结构（鼻部耐热铸件）与吊墙直墙段的吊柱是可以完全脱开的，可以完整的将吊墙鼻部钢结构从吊墙上部钢结构（直墙段钢结构）取下（图 3.12.8）。同样在正常生产过程中，也可以实现将吊墙鼻部钢结构方便的与吊墙上部钢结构安装，从而保证了吊墙鼻部结构拆换和热修的可能性。②吊墙鼻区每一个模块都是相互独立和彼此分离的（图 3.12.7），这也是保证吊墙鼻部局部可拆卸和可更换的关键。通过分离式吊墙吊挂结构的设计与应用，彻底解决了传统吊墙由于鼻部和上部钢结构一体化设计所带来的弊端，为实现吊墙鼻部可更换打下了坚实的基础。

3. 销键式鼻区模块固定结构

鼻区模块与吊墙直墙段的固定可以有很多种方式，如螺栓铆接、吊钩吊挂等。经过反复研究论证，我们选用了销键式鼻区模块固定结构。所谓"销键式鼻区模块固定结构"，是指在安装时，吊墙鼻区耐热铸件吊挂在吊墙上，利用吊墙鼻区模块的偏心力作用，在吊墙模块的受力部位插入销键加以固定。将鼻区模块式结构整体挂在直墙钢结构（图 3.12.8）上。当吊墙鼻区某一模块需要拆卸和更换时，只要拔去销键，就可将鼻区模块完整地取出。销键式鼻区模块固定结构的最大好处是制作简单，安装和拆卸非常方便，这也是可更换式吊墙研发设计中的点睛之作。

当某一模块需要热修和更换时，在叉车上绑上 T 型杆，再将 T 型杠杆的 T 形头插入所要拆卸的模块铸件中，将所要更换的模块向上托住，分担所要更换的吊墙模块的重量，使得吊墙鼻部的销键产生松动，进而拔出销键。再用叉车将所需更换的吊墙鼻部模块拖出，从而完成吊墙鼻区所需热修的模块的拆卸工作。反之，安装和更换新的鼻区模块的时候，就用绑着 T 型杆的叉车将所要更换的模块托至相应的更换区域，待安装到位后，将销键插入固定，松开并退出 T 型杆，即可完成吊墙鼻区的更换。

4. 可调式吊墙拉伸结构

保证可更换式吊墙顺利更换的关键是要保证吊墙直墙段的下表面处于水平状态，也就是说吊墙直墙段不能向下倾斜，不能让吊墙鼻区砖结构承受直墙段的压力。否则就会造成吊墙鼻区模块难以更换，甚至无法拆换的后果。

5. T 型杠杆式叉车拆装方式

可更换式吊墙拆装方法与拆装工具的研发也是这个项目的关键。经过一年多的摸索，我们发明了一种"T型杠杆式叉车装卸装置",即将一T型杠杆与叉车固定在一起(图3.12.9),来完成吊墙鼻区模块的拆装工作。

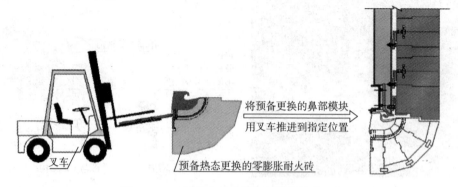

图 3.12.9　可更换式吊墙鼻部模块更换示意

基于可更换式吊墙的这个独特性能,我们有针对性的研发了"可调式吊钩拉伸结构"。这套结构系统由托板、吊钩、支撑角钢和调节螺栓组成(图3.12.10)。托板起着分段支撑吊墙直墙墙体的作用,吊钩用于拉直吊墙墙体,调节螺栓起着调节吊钩与吊柱间距的作用。通过这套拉伸系统,可以达到拉直吊墙直墙段墙体、保持吊墙直墙段的下表面水平,确保吊墙直墙段墙体不压迫吊墙鼻区砖结构和吊墙分段承重的目的,从而实现吊墙鼻区模块自由拆除和更换。

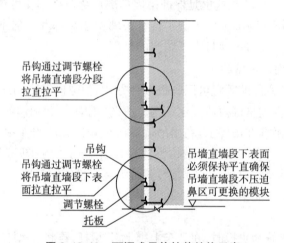

图 3.12.10　可调式吊钩拉伸结构示意

6. 鼻区耐火材料科学选型

鼻区耐火材料的选型分为更换前和更换后的耐材选型。根据我们多年的吊墙研究经验和对国际先进水平的吊墙耐材配套的研究,我们分别确定可更换式吊墙更换前后的耐火材料选型。

更换前的鼻区耐火材料我们采用复合子母扣结构,即采用烧结锆莫来石砖镶嵌电熔锆刚玉砖的子母扣结构型式。这种结构型式的配材我们有着诸多成功的工程应用实例,它可以保证鼻区结构服务8~12年。

热修耐火材料的选型必须考虑以下两个因素:①从室温状态下,突然放到1 000℃以上的高温环境中不炸裂;②在投料口区域具有良好的抗侵蚀性能。因此这种耐材必须具有极高的热震性能和良好的抗酸性料和碱性料侵蚀的性能。经过综合比对和筛选,并参考国外的经验,我们确定选用了一种具有零膨胀和高抗侵蚀性能的耐火材料作为热修和更换的材料。用这种热更换材料与冷态安装的复合子母扣结构一起,可以满足15~20年服务窑龄的需要。同时该吊墙还具有反复更换和多次热修的特点。

7. 使用效果

这种具有多项创新技术的"大型浮法玻璃熔窑可更换式L型吊墙"2008年10月在华东某大型浮法玻璃熔窑上安装使用,经过近3年的运行,各项参数正常,运行平稳,状态良好。随后这种新型的可更换式吊墙在国内多家企业推广使用,也推广到了台湾。

分析点评

"大型浮法玻璃熔窑用可更换式L型吊墙"有六大自主创新技术,系统地解决了大型浮法玻璃熔窑用L型吊墙热修和更换所遇到的技术难题。其研发思路新颖独到,具有拆换方便、性能可靠的特点,可以极大的提高吊墙的使用寿命,符合浮法玻璃熔窑向着大型化和高窑龄化的发展趋势。该项目填补了国内可更换式吊墙的空白,对提高我国浮法玻璃技术装备水平起到了积极的作用。

思考题

1. 前脸墙的作用是什么?L型吊墙与以往的多幅碹相比有哪些特点?
2. 本案例使用的L型吊墙与一般的L型吊墙有哪些不同?
3. 采用全窑宽加料池与L型吊墙结构后会给熔窑结构及熔化作业带来哪些新特点?

案例 12-5　延长浮法玻璃熔窑窑龄技术的应用

安徽某玻璃集团有限公司浮法一线 350 t/d 熔窑于 1995 年进行技术改造。技改的原则是：瞄准国际水平，积极采用新技术、新工艺、新装备、新材料；一般部位采用国内最先进的技术，关键部位引进国外先进技术，控制系统采用分布式计算机控制和该公司专利技术——玻璃液面控制系统。使玻璃熔窑在追求质量的同时，逐步朝着低能耗、高热效、大规模、窑龄长的方向发展，缩短了与世界先进水平的差距。经几个月的技术改造，该公司于 1995 年 11 月一次点火投产成功，达到了预期目标。该技改项目被国家经贸委评为"优质技改工程"。至 2003 年 9 月 20 日放水冷修，该熔窑已安全运行了近 8 年，创造了国内同等规模和技术水平浮法熔窑使用寿命的新纪录。

1. 技术方案论证

(1) 设计合理的熔窑结构，提高熔化率

① 加长 1 号小炉中心线到前脸墙间的距离，改变熔窑传统的操作温度制度

我国传统的平板玻璃熔窑结构 1 号小炉与前脸墙距离太近，这种结构决定了 1 号和 2 号小炉的温度不能太高，而 1 号和 2 号小炉范围又正是配合料反应并形成硅酸盐的关键部位，需要大量的热量，因而这种熔窑结构势必要影响化料速度，使料山跑得远，一般泡界线跑到 5 号小炉，以致使 4 号和 5 号小炉燃烧温度过高，大碹局部烧蚀严重，影响熔窑的使用年限。在技术改造中，增加了 1 号小炉与前脸墙的距离，有利于提高 1 号和 2 号小炉的温度，增强配合料的预熔化，提高熔化率，并减轻飞料对蓄热室的侵蚀和堵塞。

通过消化吸收国外先进熔窑设计、制作技术，该公司进行再创新自主设计制作了具有 45° 倾角的 L 型吊墙和卡脖吊墙钢结构，并通过大量调研，全套引进美国 DETR ICK 公司的高质量砖材，首例自行设计制造的 L 型吊墙在国内窑炉上得到了使用，这种结构增强了投料池的预熔作用，提高了前脸墙的安全性，延长了熔窑的使用寿命。该公司原先采用的是普通拱碹结构，使用 3 年侵蚀就十分严重，无法保证使用 5 年以上，所以，在 1995 年冷修时采用了 L 型吊墙结构。使用 L 型吊墙可适当提高 1 号小炉温度，便于提高 1 号和 2 号小炉的热负荷，使配合料一入窑就得到强熔化，也能减少 1 号和 2 号小炉格子体的堵塞。同时因投料池越来越宽，传统的前脸墙结构在烤窑时易产生较大的变形，存在着发生内倾的危险，且易较快地被熔蚀，会缩短熔窑的使用寿命。用 L 型吊墙结构取代传统的前脸墙，除可增强熔窑配合料的预熔作用和加强窑炉的密封外，还能提高前脸墙结构的安全性，延长熔窑的使用寿命，降低能耗。

卡脖空间分隔选用卡脖小吊墙，由于其底部与玻璃液面净空只有 40～60 mm，能充分的阻隔冷却部和熔化部的气氛对流，从而避免了重复加热，在生产操作中也便于独立调控。

② 采用浅池熔化结构，扩大澄清部面积，减小卡脖处火焰空间开度

池深由 1.5 m 减小至 1.2 m，同时在熔化部池底黏土大砖上新增了 25 mm 捣打料和 75 mm 铺面砖。浅池平底结构池窑中的玻璃液不动层相对较薄，从而减少了玻璃液的重复加热，有利于节能、保温和加强密封，减少了对玻璃液的污染，提高了玻璃质量。

根据国外浮法玻璃生产的经验，熔化池深度普遍为 1.2 m。对于熔化量为 350 t/d 的熔窑，在其他条件相同的情况下，若将熔化池深度由 1.5 m 改为 1.2 m，其对流量大约减少 15%，则加热回流玻璃液所需的热量相应降低 15%，节能效果非常显著。

将熔窑 6 号小炉中心线至熔化部后山墙的距离由原来的 11.1 m 增至 14.1 m，扩大了澄

清部面积,保证了足够的气泡排出时间,有利于玻璃液更充分的澄清、均化。

对应于澄清部的扩大,卡脖段也相应后移,由 3 m×4.5 m 改为 5 m×4 m,同时在卡脖处设置一小吊墙,以隔断熔化部与冷却部的空间热量对流,卡脖处火焰空间开度从 2.57 m² 减小至 0.08 m²,从而大大降低了熔化部温度与压力波动对冷却部的影响,有利于冷却部玻璃液温度控制和窑压微调措施的采用。

③ 选用先进的燃烧系统及控制系统

玻璃熔窑的燃烧系统不仅决定着能耗的高低,更决定着熔窑的使用寿命和玻璃质量,为此,该公司引用 TOLEDO 燃烧技术,由原来的三区窑温控制改为燃油按每对喷枪配设流量控制回路定值燃烧,实施一支喷枪一个回路。并引进美国 MICRO-MOTION 质量流量计,配套 DCS-1000 分布式计算机控制系统,结合符合实际需要的设计思路、组态、编程,保证油量定值供应,实行总油量、总雾化蒸气量及总助燃风量比例调节,使重油燃烧更充分、窑内工况更合理。同时还采用该公司专利技术——玻璃液面控制系统,保证玻璃液面的稳定,减少由于液面波动产生的熔窑池壁侵蚀。通过以上系统的使用,极大地提高了各参数的控制精度和作业的稳定性,大大降低了熔窑热损失,提高了热效率和熔化质量,减缓了对窑体的侵蚀,延长了熔窑的使用寿命。

④ 采用薄层连续投料,扩大投料面积

将传统的垄型投料改为先进的连续薄层投料,扩大投料面,使配合料送入熔窑后覆盖面大且层薄,配合料可从火焰吸收更多的热量,加速配合料的熔化,从而提高熔化率。

⑤ 池壁采用整块大砖

国产熔窑池壁砖除了液面处因为三相交界有"挖坑式"的严重侵蚀外,在池壁砖的接缝处侵蚀也很严重,特别是水平缝比垂直缝的侵蚀更为严重。为了解决这一问题,该公司突破国内传统的设计,结合国外生产工艺,在熔窑整个窑池深度上使用整块池壁砖。与传统的多层池壁砖结构相比,延长了熔窑池壁砖的使用寿命,玻璃质量也得到了提高。

(2) 采用熔窑全保温技术

除了冷却部池底之外,对熔窑大碹、胸墙、池壁、池底、小炉、蓄热室等部位,改进熔窑保温结构的设计,在国内首批采用全保温设计最新技术工艺,根据熔窑不同部位的不同要求,选用新型的密封材料和保温材料。

(3) 运用热风烤窑技术,保证熔窑的长期运行

熔窑烘烤的好坏直接关系到熔窑的使用寿命,而传统的烤窑方法严重制约了熔窑的使用寿命。当时热风烤窑技术在国际上刚刚兴起,是一种先进的烤窑方式,能彻底改善传统的烤窑方法的不足。它利用柴油热风枪升温,热气流呈正压充满熔窑,温度控制稳定,砖材受热均匀,晶格转换充分,对延长熔窑的使用寿命具有非常重要的作用。依靠该公司多年来烤窑实践的经验积累,同时在消化吸收国外技术的基础上,制定了科学的热风烤窑技术方案,并首次将该技术成功运用于 350 t/d 浮法线上,保证了该公司熔窑的烘烤质量,为熔窑的安全运行提供了良好的条件。

2. 总体性能指标

该公司 1995 年的浮法生产线冷修技术改造,由于采用成熟可靠的新技术、新装备、新材料和引进消化的单项技术,使窑龄达到近 8 年,在国内玻璃行业处于领先水平。综合分析评价其各项技术经济指标(表 3.12.2),要想赶上世界先进水平还必须进一步提高浮法生产线熔窑的整体水平,尤其是窑体耐火材料的选用、设计水平以及生产工艺和控制水平的提高等。这需要

大胆引进国外先进技术及装备,学习借鉴国外的先进经验并不断创新,才能缩短与世界先进水平的差距。

表 3.12.2　改造前后的主要技术经济指标对比

项　目	冷修前	冷修后
熔化能力/(t/d)	300	340
年产量/万重量箱	158	188
熔化率/(t/m²)	1.8	1.94
单位油耗/(千克/重量箱)	15	11.47
单位电耗/(千瓦·时/重量箱)	11	9.26
总成品率/%	75	80
设计窑龄/年	4	8

分析点评

玻璃熔窑是玻璃企业的心脏。对于玻璃熔窑的设计,是否敢于冲破传统的设计思路,采用具有自主知识产权的新技术,关键工程子项引进国外新技术,积极消化、吸收、融合当代最先进的成熟技术,直接关系到玻璃的产量、质量及熔窑的使用寿命。目前,国际上先进水平的熔窑运行寿命为 8~12 年,我国玻璃熔窑的整体水平近年来虽然有了较大提高,但与世界先进水平相比,仍存在着很大的差距。在全国玻璃行业同规模、同类型、同材质熔窑中,浮法线最长窑龄只达到 5.4 年。该公司 350 t/d 浮法玻璃生产线经过 1995 年的技术改造,正常生产运行近 8 年,除达到了设计生产能力、降低了能耗之外,在窑龄上也实现了新突破,取得了巨大的成功,效果显著。一些新技术、新工艺在 350 t/d 浮法窑的大胆尝试,也为全行业提供了可借鉴的经验,为全行业在节能降耗、延长窑龄、节省投资等方面,做出了重要贡献。

思考题

1. 国内玻璃熔窑窑龄与国外的差距有多大?产生差距的原因是什么?
2. 熔化率与窑龄有什么样的关系?如何保证既有高的熔化率,又有较长的窑龄?
3. 传统烤窑的过程是怎样的?新型的热风烤窑原理是什么?

第十三章　玻璃成形

知识要点

1. 浮法玻璃成型过程

(1) 玻璃的摊平过程

在自身重力影响下,玻璃液沿锡液表面摊开,并在锡液面上形成玻璃液的液体静压,作为玻璃带成型的源流,达玻璃带的自然厚度(7 mm 左右),此时温度是 1 025℃,黏度约 $10^{4.6}$ Pa·s。此时要有适于平整化的均匀的温度场和足够的摊平时间。

(2) 薄玻璃的成型过程

玻璃的成型方法包括压延法、拉薄法、液压差法,而拉薄法又分低温拉薄法、徐冷拉薄法,目前常用徐冷拉薄法。

(3) 厚玻璃的成型过程:拉边机堆积法和挡边坝堆积法。

2. 浮法玻璃成型设备

锡槽是平板玻璃的成型设备。锡槽是盛满熔融锡液的槽形容器,是浮法玻璃生产工艺的核心,被看作为浮法玻璃生产过程的三大热工设备之一。来自池窑的玻璃液,在锡槽中漂浮在熔融锡液表面,完成摊平、展薄、冷却、固型等过程,成为优于磨光玻璃的高质量的平板玻璃。浮法玻璃生产工艺流程示意见图 3.13.1。

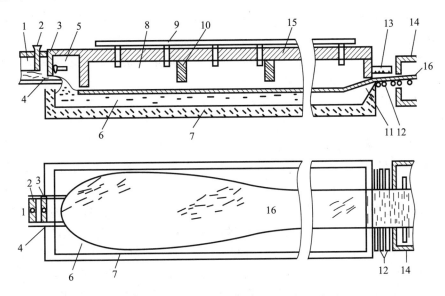

图 3.13.1　浮法玻璃生产工艺流程示意

1—窑尾;2—安全闸板;3—节流闸板;4—流槽;5—流槽电加热;6—锡液;7—锡槽槽底;
8—锡槽上部加热空间;9—保护气体管道;10—锡槽空气分隔墙;11—锡槽出口;
12—过渡辊台传动辊子;13—过渡辊台电加热;14—退火窑;15—锡槽顶盖;16—玻璃带

案例 13-1 浮法窑生产超薄玻璃

超薄玻璃(一般厚度在 1.5 mm 以下)产品主要用于电子信息产业,如液晶显示器、手机、仪表显示器,以及医用和工业仪表等行业,而薄玻璃(通常指 1.5～2 mm 厚度的浮法玻璃)进一步深加工后做成安全玻璃,还用于汽车行业。近年来,国内超薄浮法玻璃生产得到了很大的突破,先后建成了数条超薄浮法玻璃生产线,目前已经能够成批稳定地生产 1.1～1.6 mm 厚度的超薄玻璃,并可生产 0.55 mm 厚度的产品。但目前世界上采用浮法技术生产超薄玻璃大多吨位在 50～200 t/d,而规模在 400 t/d 级生产线成批稳定生产超薄玻璃的尚不多见。

1. 超薄技术特点

(1) 配方

普通玻璃配方与超薄玻璃配方比较见表 3.13.1。从表 3.13.1 可以看出,超薄玻璃在实际生产中降低 R_2O 和 Al_2O_3 的含量,并提高 CaO 的含量,满足超薄玻璃高速拉引的特性。

表 3.13.1　玻璃配方 w　　　　　　单位:%(质量分数)

玻璃成分	普通玻璃配方	超薄玻璃配方
SiO_2	72.4	72.4
Al_2O_3	1.2	1.0
Fe_2O_3	0.12	0.06
CaO	8.0	8.5
MgO	4	4
R_2O	14	13.8

(2) 选用优质硅质原料

超薄玻璃产品主要用于电子信息产业,因而对玻璃质量和透光率要求更高。选用海砂替代石英岩粉磨砂,超细粉含量从 10% 几乎降到了零,提高了熔化质量。Fe_2O_3 含量从 0.15% 降至 0.05%,降低了玻璃成分中 Fe_2O_3 的含量,使超薄玻璃透光率达到 91% 以上。

(3) 优化熔窑结构设计

① 400 t/d 普通浮法线熔窑的熔化率通常为 2.03～2.05 t/($m^2 \cdot d$),而超薄浮法线为得到更高的玻璃液质量,熔化率设计为 1.95 t/($m^2 \cdot d$)。同时将 1# 小炉中心线到前脸距离由通常的 3.5 m 增加到 4 m,加强了玻璃的预熔。

② 生产超薄玻璃时需减产,因此,为保证成型特性的要求,熔窑澄清带应适当缩短,使其即能满足 2mm 以下的超薄玻璃的生产,又能满足 2 mm 以上普通玻璃的生产。

③ 熔窑热点处设置鼓泡系统,以强化玻璃液的均化,减少换料的时间,稳定热点温度,加强玻璃液对流。同时对提高熔化能力、提高产品质量、节能降耗有明显的作用。

④ 冷却部备有液化石油气加热系统,可根据实际生产状况决定是否使用,以满足生产不同规格超薄玻璃产品的要求。

(4) 锡槽特点

① 400 t/d 超薄线锡槽平面尺寸几乎与 600 t/d 规模的锡槽相当,这是综合考虑超薄玻璃生产特点及设置更多拉边机等因素所决定的。超薄线锡槽氮气用量为 2 400 m^3/h,较相同规模的

锡槽增加了 40%,一方面减少了锡耗,另一方面提高了槽压,避免了锡滴和光畸变等缺陷。

② 电加热分区更细致,电加热功率适当增加。当生产超薄玻璃时,因拉引量降低,玻璃的成型温度得不到保证,此时,一方面提高流液道温度(提高至 1 200℃),另一方面可全部开启锡槽电热,以满足成型区温度的自由调节,保证拉薄成型区的温度制度。

③ 设计中增加了宽段的长度,取消了成型区后的冷却器,提高了玻璃的表面质量,使 1.1 mm 超薄玻璃的光学变形提高至 60℃以上。

④ 根据超薄玻璃生产特点,各区段不同程度地加深锡液深度,较一般锡槽深 5～20 mm。石墨挡坎由普通浮法线的两道增加到四道,位置分别位于:末对拉边器-收缩段之间两道;收缩段出口和锡槽出口前段各一道。同时在高温区和中温区各设置一对直线电机。上述措施可有效地控制锡液对流,减少锡液横向温差,使玻璃的平整度达到 0.15 μm/20 mm。

⑤ 依据拉薄成型区的温度制度确定拉边机的布置区域,根据拉边机对超薄玻璃的作用效果确定拉边机的间距。拉边机间距为 1 200～1 500 mm,有的超薄线甚至为 900 mm,与一般生产线拉边机间距 1 800 mm 相比要小许多。

(5) 退火窑采用热风工艺。常规玻璃生产线退火窑 A、B、C 区一般在边部设置加热元件,中部不再布置电加热,而超薄线生产由于拉引量降低,玻璃板带入的热量减少,同时由于玻璃板薄,散热快,因此,在退火窑 A、B、C 区的中部必须设置电加热。另外,在 D 区(RET 区)还为冷风预热设置了加热器,当玻璃板带入的热量不够时可提供热量。

(6) 退火窑辊道的辊子间距较常规生产线要小,以防止玻璃翘曲变形。

(7) 电子玻璃基片太薄,普通的切割机不能满足切割要求,为此,需引进世界上最先进的专门用于切割超薄玻璃的皮带式切割机。此外,冷端输送速度较高,达到 4 500 m/h,对各传动齿轮箱、各轴承的质量有严格要求,以免发生跳动擦伤玻璃。

2. 生产基本概况

超薄玻璃从厚度 2 mm 开始,依次可生产 1.6 mm、1.3 mm、1.1 mm 的超薄玻璃。生产 2 mm 时,熔化量为 400 t/d,随着玻璃生产厚度的减薄,熔化量逐渐减小,其他生产指标也随之相应地调整,具体结果见表 3.13.2～表 3.13.4。

表 3.13.2 超薄玻璃生产的主要技术指标

	1.6 mm	1.3 mm	1.1 mm
熔化量/(t/d)	320	270	220
流道温度/℃	1 110	1 115	1 140
调温风量/(N·m³/h)	3 250～3 250	3 000	3 000
窑压/Pa	3.5	3.5	3.5
料堆位置	2# 小炉 2#-3# 枪	2# 小炉 2# 枪	2# 小炉 2# 枪
泡界线	9# 枪	9# 枪	9# 枪

表 3.13.3 熔化温度制度

小炉	1#	2#	3#	4#	5#	6#
光学温度/℃	1 460	1 530	1 575	1 585	1 565	1 500
热负荷/%	22.3～20.4	20.6～22.3	9.24～9.39	24.6～26.4	21.3～23.1	4.5～6

表 3.13.4 拉边器参数

序号	1.6 mm		1.3 mm		1.1 mm	
	速度/(m/min)	角度/(°)	速度/(m/min)	角度/(°)	速度/(m/min)	角度/(°)
1	2.10	11.0	1.90	8.0	1.80	9.0
2	2.40	14.0	2.20	8.0	2.00	9.0
3	2.85	14.5	2.65	10.0	2.55	11.0
4	3.30	15.0	3.10	10.0	3.00	12.0
5	3.80	15.0	3.60	12.0	3.50	13.0
6	4.45	15.0	4.25	13.0	4.35	13.0
7	5.30	15.0	5.10	14.0	5.00	15.0
8	6.20	14.0	6.00	15.0	6.10	15.0
9	7.20	12.5	7.00	16.0	7.10	16.0
10	8.00	10.0	7.80	14.0	7.70	14.0
11	8.80	9.00	8.80	12.0	8.70	13.0
12			9.20	10.0	9.10	11.0

3. 生产主要技术指标

项目	指标
总成品率/%	87
一级品率/%	95
切裁率/%	85
光学变形	60°~64°
气泡	无≥0.3 mm
夹杂物	无≥0.3 mm
点状缺陷密集度	无
划伤	无
对角线差	小于对角线平均长度的0.2%
尺寸偏差	−1~+1 mm
厚薄差	<0.3 mm
弯曲度	<0.2%

分析点评

提高 CaO 的含量,能满足超薄玻璃高速拉引的特性。精选原料,以降低玻璃成分中 Fe_2O_3 的含量,使超薄玻璃透光率达到91%以上。设计降低熔化率,加强预熔,设计鼓泡装置以加强玻璃均化等优化熔窑结构。同时锡槽结构改进,设置更多更密的拉边机,热风退火及引进的专门切割机是生产超薄玻璃产品的保证。

思考题

1. 浮法玻璃锡槽中的保护气是什么成分?超薄玻璃生产时保护气的用量为什么会增多?

2. 还有什么方法能生产超薄玻璃?

3. 相对于超薄玻璃,生产厚玻璃时熔窑结构等方面要做怎样的改进?

案例 13-2　新型燃料在浮法玻璃熔窑上的运用

目前,燃料在浮法玻璃的制造成本中所占的比例已达40%左右,而重油作为在平板玻璃行业传统的主要燃料,其价格在最近5年的时间内一直居高不下。在平板玻璃行业如果能大幅度的降低燃料成本,也就能大幅度的降低生产成本,无异于为企业在重重困难包围中的生存打下坚实的基础,开发新型燃料势在必行。某公司开发的新型燃料及使用效果比较如下。

1. 新型燃料项目简介

(1)尝试使用水煤浆(由水、石油焦粉和添加剂混合加工制成)替代重油作为主要燃料,使用半年。

(2)使用燃料油(主要由石油的裂化残渣油和直馏残渣油制成,其特点是黏度大,含非烃化合物、胶质、沥青质多)作为重油的替代品,使用半年。

(3)尝试使用石油焦干粉(石油焦是延迟焦化装置的原料油在高温下裂解生产轻质油品时的副产物)替代水煤浆,大量使用的同时对干粉系统进行技术改造,从低压输送转换为高压输送,后来完全停用水煤浆。石油焦粉属于石油产品的附属产物,价格低廉,使用其加工制成的水煤浆和干粉作为燃料来替代重油,对玻璃产品的制造成本降低有着十分明显的作用。其化验结果见表3.13.5。由表3.13.5可以看出,石油焦粉的主要成分是固定碳。

表 3.13.5　石油焦粉化验结果

名称	水分/%	分析项目				粒度/%	
		挥发分	固定碳	灰分	干基热值/(kJ/kg)	0.15 mm	0.075 mm
石油焦粉	5.0	14.24	85.10	0.66	35 523	0.48	6.99

2. 各种燃料的性能和使用情况

(1)各种燃料的物化性能

各种燃料的物化性能见表3.13.6。

表 3.13.6　玻璃窑炉用燃料的物化性能

燃料种类	净热值/(kJ/kg)	恩氏黏度/E°	水分/%	备注
重油	40 500	5~15	0.2~0.5	
水煤浆	17 660	—	40~41	易沉积堵塞管路
燃料油	37 000	46	0.15	黏度大
石油焦粉	33 750	—	5	气力输

注:热值计算时已将水分蒸发的吸热量除去。

从燃料的特性可以看出,燃料油和石油焦粉的单位热值较高,火焰的燃烧温度相对比较高,可以达到1 760℃,而水煤浆由于热值低,加上本身含水率高,所以火焰的燃烧温度相对低。

(2)各种燃料的燃烧系统改造情况

燃烧系统改造情况见表3.13.7。从使用重油作为燃料改为其他燃料,必须要重新敷设管路,另外还要在DCS系统内加入程序来控制新的燃烧系统,而不同燃料需要不同的工艺,投资也会有小的区别。

表 3.13.7 各种燃料的燃烧系统改造

燃料种类	是否需重油备用	系统改造内容
重油	否	不需要
水煤浆	是	增加一个零位储存罐、一个日用罐和相应的搅拌设施,从日用罐到熔窑小炉下要重新敷设管路,增加控制柜,DCS 系统中增加控制程序
燃料油	否	利用重油大罐,但到熔窑小炉下要重新敷设管路,增加阀门和控制柜,DCS 系统中增加控制程序
石油焦干粉	是	增加日用大仓,增加喷吹系统控制柜、空气干燥机等附属设施,从喷吹系统到熔窑小炉下要重新敷设管路,DCS 系统中增加控制程序

(3) 燃料投入运行后的使用情况和产品质量

各种燃料使用期间的平均产品质量见表 3.13.8。从表 3.13.8 可以看出,使用水煤浆期间,玻璃质量有所降低,而在使用石油焦干粉时,总体上的产量和质量相对使用重油时没有大的改变。

表 3.13.8 各种燃料使用期间的平均产品质量　　　　　　单位:%

燃料种类	一级品率	成品率
重油	53.70	86.45
水煤浆和燃料油	44.06	87.13
石油焦干粉	55.68	86.34

(4) 经济效益计算

经济效益计算情况见表 3.13.9。从表 3.13.9 可见,使用新型燃料的成本空间非常大,相对应前期的系统改造投资比例不高,只要能做好采购、加工和操作等环节,保证产品的质量,经济效益就会十分可观。

表 3.13.9 经济效益计算表

燃料种类	系统改造投入成本/万元	燃料使用单耗/(元/wb)	月成本降低/万元
重油	—	30.49	—
水煤浆	300	17.69	337.92
燃料油	230	20.98	251.06
石油焦粉	800	14.97	409.72

3. 各种燃料的优缺点比较

根据使用前的准备工作、使用成本、系统运行稳定性、操作难易程度以及使用时的产品质量等方面对各种燃料进行比较,结果见表 3.13.10。

从燃料系统改造的前期投入来看都比较高,但是对于浮法熔窑所用燃料的用量和价格来说,成本能够大幅下降,前期的投资都能收到很好的回报。燃料油相对来说,使用起来最接近重油,操作也相对简易,但因为本身黏度大,卸车更困难,对重新制作的管路要求有很好的伴热效果,为了在燃烧器前达到雾化所需要的黏度,预热温度需要达到 140~150℃,为避免水分迅

表 3.13.10　各种燃料优缺点比较结果

燃料种类	系统改造投入成本	燃料使用成本	系统运行稳定性	操作难易	产品质量
重油	—	高	很好	容易	好
水煤浆	较高	较低	较好	较难	较好
燃料油	较低	较高	好	较易	较好
石油焦粉	高	低	较好	困难	好

速蒸发出现"气阻"现象,本身的水分必须是越少越好,同时使用黏度大的油泵后,温度也不能太高,不然压力太低,所以油温的控制是个难点。水煤浆由于本身的特点,采用水作输送介质,对热值影响大,同时水进入熔窑对耐火材料的冲击很大,所以全窑使用难度高。石油焦干粉从使用的全过程来看,热值比较高,所以燃烧状态好的情况下,火焰温度高,符合浮法玻璃生产的要求,如果能控制好火焰气氛,保证玻璃质量,是比较合适的替代燃料。

分析点评

通过分析,几种替代燃料都能不同程度地起到降低生产成本的作用,水煤浆由于特性局限,和重油混合使用较好;高黏度燃料油和石油焦粉相对更好,适合全窑使用,但各个厂家必须综合考虑产品质量、采购成本、操作难易程度以及系统运行等情况,结合自身定位,选择最适合的燃料品种。

思考题

1. 使用本案例中的三种燃料代替重油,它们的燃烧系统与重油的燃烧系统会有哪些不同?
2. 浮法玻璃企业节能降耗主要体现在哪些方面?
3. 水煤浆如何与重油混合使用才能达到好的使用效果?

案例 13-3 高低温二段蓄热技术使玻璃熔窑节能减排

到 2009 年底,我国已建成了 210 座浮法玻璃熔窑,另外还有平拉玻璃、压延玻璃、瓶罐玻璃、器皿玻璃、玻璃纤维等不同种类的中小型玻璃熔窑大约 4 000 座。玻璃熔窑是高耗能设备,一座 500 t/d 级的浮法玻璃熔窑每年要烧掉燃料油 3 万吨左右。全国的各类玻璃熔窑,每年共需要消耗的燃料折合为标准煤大约是 2 900 万吨,燃烧后产生的 CO 量大约是 7 500 万吨。

1. 常规玻璃熔窑的能耗及热效率情况

(1) 国内玻璃熔窑的能耗及热效率情况

浮法玻璃熔窑的吨位一般比较大,单位能耗指标还是比较先进的,熔窑吨位越大单位能耗指标越先进。国内大多数运行比较好的浮法玻璃熔窑的平均单位能耗指标和熔窑热效率情况见表 3.13.11。

表 3.13.11 400～900 t/d 燃重油典型吨位玻璃熔窑的能耗指标

熔化能力/(t/d)	400	500	600	700	900
单位能耗指标/(kJ/kg 玻璃)	6 990～7 285	6 530～6 780	6 150～6 400	5 860～6 110	5 440～5 650
日耗燃油量/(t/d)	69～73	81～84	92～96	102～106	122～126
熔窑热效率/%	40～42	43～45	46～48	48～50	52～54

中国北方某 350 t/d 级的浮法玻璃熔窑的实际运行参数和全窑热平衡情况见表 3.13.12、表 3.13.13。

表 3.13.12 国内某 350 t/d 级浮法玻璃熔窑的实际运行参数

项目	数量	项目	数量
熔化能力/(t/d)	362	单位能耗指标/(kJ/kg 玻璃)	7 700
(燃料)重油热值/(kJ/kg)	41 870	日耗燃油量/(t/d)	66.48

表 3.13.13 全窑热平衡情况

项目	数量/(kJ/s)	所占比例/%
全窑消耗燃料产生的热量(收入热)	32 276	100
玻璃生成过程耗热量(有效支出热)	12 280	38
排出烟气带走热量(无效支出热)	12 008	37
窑体结构散失热量(无效支出热)	7 988	25

(2) 玻璃熔窑的能耗分析

玻璃熔窑收入的燃料热量主要有三个方面的支出:一是玻璃生成过程耗热,二是窑体结构散热,三是烟气带走热。其中只有玻璃生成过程耗热是有效支出,窑体结构散热和烟气带走热都是无效支出。

玻璃生成过程耗热是由熔窑的熔化能力和原料配方决定的,熔化能力确定之后只要原料配方不变,需要的熔化热也就确定了。

　　窑体散热是由窑体结构决定的,窑体表面积大小、壳壁结构薄厚、孔洞多少、耐火材料导热性强弱等都对散热产生影响。在减少窑体结构散热方面,人们已经做了很多努力,取得了明显的进步,要在减少窑体结构散热方面再出现大的突破,还是有一定的困难的。

　　常规以空气助燃的玻璃熔窑排出的烟气温度一般为 600℃ 左右,烟气带走了很多热量。要改变传统玻璃熔窑热效率偏低的情况,最可行的办法是充分降低排出的烟气温度,尽量减少烟气带走的热量损失,在这方面还有一定的潜力可挖。

　　2. 常规玻璃熔窑的烟气余热利用情况

　　玻璃熔窑排出的 600℃ 左右烟气余热利用目前主要有两种途径,一是设置余热锅炉产生蒸气综合利用,二是利用余热发电。

　　(1) 烟气通入余热锅炉产生蒸气

　　地处寒冷地区的玻璃工厂,生产和生活中需要使用蒸气的地方不少。从各类玻璃厂使用蒸气综合起来包括:①燃油卸油时的加热;②储油加热;③供油管线伴热;④燃油二次加热;⑤原料混合加气;⑥原料储料伴热;⑦冬季取暖;⑧夏季制冷;⑨煤气发生炉用蒸气。许多玻璃厂家只是应用其中的几项。利用烟气余热产生蒸气受季节影响蒸气用量差别很大,一年中在相当长的时间内有很大一部分热烟气还是直接从烟囱排掉了。从余热锅炉排出的烟气温度为 300～350℃,烟气余热的回收率一般为 30%～40%。全年平均计算下来,余热锅炉运行结果的节能量,折合玻璃熔窑所耗燃料的 8% 左右,可以说余热锅炉产生蒸气并没有使玻璃熔窑的烟气余热得到很好的利用。

　　(2) 利用烟气余热发电

　　地处炎热地区的玻璃工厂,需要使用蒸气的地方不多,玻璃熔窑产生的烟气热量可以进行余热发电。余热发电系统包括:①热力系统;②电力系统;③循环冷却水系统;④控制系统;⑤排烟系统。利用烟气余热发电投资比较高。国内已经有玻璃厂家投资近 4 000 万元建成了 1 座 3 000 kW 的玻璃熔窑烟气余热发电机组。在最良好的运行时段内,余热发电机组的排烟温度为 200～250℃,运行效果相当于烟气余热被回收了 60% 左右。

　　由于玻璃熔窑烟气含粉尘较多,余热发电机组连续运行的时间也是有限的,必须进行周期性的停机清灰。全年平均计算下来,烟气余热发电运行结果的节能量,折合熔窑所耗燃料约 12%,余热发电比余热锅炉的热回收量高了一些,但投资回收期仍很长。

　　(3) 余热锅炉和余热发电并不是真正意义上的节能减排

　　常规玻璃熔窑的烟气余热利用体现了能源的综合利用,但并不是真正意义上的节能减排措施,玻璃工厂的燃料消耗并没有出现下降,排放的 NO_x、SO、CO、工业粉尘等污染物都没有减少。玻璃熔窑与其他工业炉相比,热效率很低,在余热综合利用之外,还应当开发真正意义上的节能减排措施,直接使燃料消耗降下来,使 NO_x、SO、CO、工业粉尘等污染物的排放量都降下来。

　　3. 采用高低温二段蓄热技术使玻璃熔窑真正节能减排

　　蓄热室是玻璃熔窑最重要的节能设施,能够回收大部分烟气的余热,降低排出的烟气温度,从而降低炉窑的燃料消耗,对节能减排有很明显的作用。

　　蓄热室在工业炉窑上应用是逐步扩展、逐渐成熟起来的,目前应用得最广泛、最成熟、规模最大、效果最明显的蓄热室装置是在玻璃熔窑上。玻璃熔窑蓄热室装置的体积、格子体重量、投资费用等都大于其他行业,节能减排效果比较显著。

　　玻璃熔窑是高温熔融炉,投产之后需要连续运行多年,运行期间不能停火。生产玻璃的原料是粒径在 0.1～0.5 mm 占 90％以上的细粉,这样的细粉原料在玻璃熔窑内很容易飞扬,而被烟气带走进入蓄热室。同时玻璃原料中含有较高比例的纯碱和芒硝(Na_2SO_4),碱性粉尘对蓄热室格子体有碱性侵蚀作用,烟气中的芒硝蒸气冷凝温度为 842℃,容易出现芒硝冷凝造成格子体堵塞,所以用空气助燃的玻璃熔窑必须配置大格孔、大体积的蓄热室,才能连续运行多年。

传统玻璃熔窑蓄热室内的格子体高度一般为 8 m 左右,烟气进入格子体温度为 1 400～1 500℃,出格子体温度为 500～600℃,蓄热室的烟气热回收效率可达 60％以上,仍有 40％的烟气余热从烟囱白白跑掉了。要想再进一步回收烟气热量,大体有以下措施:①在传统蓄热室基础上加高格子体;②在每个小炉对应的传统蓄热室后加设低温蓄热室,低温蓄热室个数同小炉个数;③在每侧小炉烟气汇合后的干支烟道上加设低温蓄热室,低温蓄热室个数共 2 个;④在烟囱前的总烟道上加设旋转蓄热室。

(1) 在传统蓄热室基础上加高格子体

目前玻璃熔窑蓄热室内的格子体高度一般为 8 m 左右,格子孔尺寸为 160 mm 左右,可以把烟气平均温度从 1 450℃降低到大约 600℃,格子体高度每米大约降低 100℃。如果格子体高度增加到 10 m 或更高,烟气温度就可降低到大约 500℃、400℃或更低,就可把现在的燃料消耗节省 3％、5％或更多。但是格子体高度增加,就需要蓄热室地面标高往下降、熔窑基础多往下挖,或者整个玻璃生产线的厂房要增加高度,或者熔化部厂房要增加宽度。这三种做法都要增加数目不小的投资,需要把节能效果与增加投资做经济分析对比。如今燃料、建筑材料、建筑投资都涨价了,但还是燃料价格涨得更多,笔者认为增加格子体高度是玻璃熔窑节能减排的重要措施之一,玻璃熔窑蓄热室格子体高度应随燃料价格的上涨而加高。格子孔尺寸不变,加高格子体的做法有以下几种思路。

① 单腔道蓄热室。所谓单腔道蓄热室就是对应每个小炉只有一段格子体,这是玻璃熔窑最常见的蓄热室形式。国内外绝大多数玻璃熔窑的蓄热室都是单腔道式,烟气余热只在一段格子体内被回收。格子体顶部的烟气温度一般在 1 450℃左右,常规玻璃熔窑蓄热室炉条碹下部的烟气温度一般在 600℃左右。如果要降低排出烟气的温度,就要增加格子体高度。

② 二腔道蓄热室。二腔道蓄热室由高、低温两个腔道构成,烟气在两个腔道蓄热室的格子体内路径为 U 形。高温蓄热室格子体顶部的烟气温度在 1 450℃左右,高温蓄热室炉条碹下部的烟气温度为 600℃左右,烟气从下部转向进入低温蓄热室,经过低温蓄热室格子体之后的烟气温度一般为 200～300℃。二腔道蓄热室的烟道需要架空安装,由于增加了低温段蓄热室,同时还要考虑架空安装烟道的位置,玻璃熔窑厂房的宽度就要增加。

③ 三腔道蓄热室。三腔道蓄热室是近几年在国内的马蹄焰玻璃熔窑上有采用的,实际起作用的还是两个腔道,中间腔道无格子体,只起烟道作用,三个腔道的烟气路径为 S 形。高温蓄热室格子体顶部的烟气温度为 1 450℃左右,高温蓄热室炉条碹下部的烟气温度为 600℃左右,烟气从下部转向进入中间腔道、再转向进入低温蓄热室,低温蓄热室格子体之后的烟气温度一般为 200～300℃。三腔道蓄热室的烟道在地面上,需要熔窑厂房的宽度更大些。

(2) 在蓄热室后加设低温蓄热室

在每个小炉对应的传统蓄热室后加设低温蓄热室,低温蓄热室个数同小炉个数。针对常规玻璃熔窑的烟气余热利用并没有真正实现节能减排的情况,北京某热能技术有限公司创新开发出了"神雾玻璃熔窑节能减排新技术"。此项新技术是在原有熔窑厂房限度内,在熔窑燃烧系统的结构上做了创新的突破,使得能耗和排放量较大幅度降低下来。

① 降低蓄热室排烟温度,充分回收烟气余热,可实现节能减排 12%～15%。

采用新型的蓄热室结构,可以将从蓄热室排出的烟气温度从 600℃降低到 250℃以下,这样做理论计算下来可以节能 15%以上,考虑到一些环节上增加的能量损失等情况,实际节能可达 12%。具体措施是:熔窑的蓄热室采用高、低温两段式结构,传统的玻璃熔窑蓄热室为高温段,采用大格子孔;在其后面增加低温段蓄热室,采用小格子孔,可使烟气温度降低到 250℃以下排出。这比单一加高格子体的做法节能效果明显,并且总体建设投资增加不多。

② 提高助燃空气预热温度和燃料的预热温度,可实现节能减排 3%～4%。

从燃料的燃烧温度计算公式可知:提高助燃空气的预热温度和燃料的预热温度,就能提高燃料的燃烧温度。而玻璃熔窑内的温度要求是有最高限度的,比如浮法玻璃熔窑内的热点温度一般不能超过 1 600℃,超过了就会对窑体结构造成严重烧损,影响窑炉使用寿命。为了保证窑内温度不超过最高限度,可以通过减少燃料量来把温度控制在限度内。

有国外资料介绍,提高助燃空气预热温度能大大降低燃料消耗。在助燃空气预热温度到 1 000℃的熔窑内,若将这个温度提高到 1 100℃,可以节省燃料 8%;若提高到 1 200℃可节省燃料 15%。根据这一资料可以大致的认为:助燃空气预热温度每升高 100℃,可以节省燃料 7%～8%。常规技术的浮法玻璃熔窑助燃空气预热温度约为 1 250℃,采用上述公司创新开发出的燃烧技术后,助燃空气预热温度可达到 1 300℃以上,提高了 50℃,可以节省燃料 3%～4%。

③ 采用以上两项节能减排新技术,可实现节能减排 15%～18%。

综合分析以上两项节能措施的节能数据可看出,应用此技术的玻璃熔窑可以实现节能和减排 15%～18%,有希望达到或接近 20%。此项技术已经初次应用到了某 140 t/d 玻璃熔窑上,取得了大约 10%的节能减排效果,目前正在改进和完善之中。

(3) 在干支烟道上加设低温蓄热室

在每侧小炉烟气汇合后的干支烟道上加设低温蓄热室,低温蓄热室个数共两个。首先介绍一下美国 PPG 公司的二段式蓄热室结构:为了解决玻璃熔窑烟气中的芒硝蒸气冷凝造成格子体堵塞,美国 PPG 公司采用了高低温二段式蓄热室。高温段蓄热室位于熔化部两侧,格子体高度大约 5 m,炉条碹下的烟气温度为 800～850℃,正好处于芒硝蒸气冷凝温度(842℃)附近。烟气中气态的芒硝在炉条碹上下冷凝成液体,下落汇集到冷凝池内,从排液孔定时排出。这就解决了单段蓄热室容易出现芒硝冷凝造成格子体堵塞的弊病。

PPG 公司的高温段蓄热室炉条碹下为全连通结构,烟气从蓄热室前端山墙下部的烟道口排出进入干支烟道(无分支烟道),而不是从对应每个小炉的分支烟道排出再汇入干支烟道。低温段蓄热室位于干支烟道上,采用"∩"形结构,前后两段低温格子体,低温段蓄热室的格子孔尺寸与高温段蓄热室接近。烟气在低温段蓄热室内向上、水平转向,再向下流过低温段蓄热室,排出的烟气温度为 500～600℃。参照 PPG 公司的低温段蓄热室做法,如果将低温段蓄热室的格子孔尺寸适当减小、格子体的体积适当加大,即可使排出的烟气温度下降到 200～300℃,将会出现比较显著的节能减排效果。

(4) 在烟囱前的总烟道上加设旋转蓄热室

火力发电厂的锅炉是热效率比较高的工业炉窑,由于排烟温度已经比较低(200～400℃),以往基本不采用余热回收装置。而今随着燃料价格日趋高涨,供应日趋紧张,相关企业也开始重视并做起了余热回收。根据电站锅炉的燃烧和排烟方式,旋转式蓄热室已经成功研发出来,其特点是:电站锅炉并不采用换向燃烧,助燃空气管道和烟道内的气体流动方向都是不变的,烟气放热和助燃空气吸热是通过旋转蓄热室内的换热体在旋转中周期循环改变位置完成的。旋转蓄热室为圆柱形,轴线垂直、水平旋转,圆柱壳体内的换热体呈大圆环状,换热体内的孔垂直方向连通,空气管道系统和烟气管道系统分别相对布置在旋转蓄热室的上下方。在蓄热室的旋转过程中,半数换热体的孔成为烟气通道,换热体吸热,烟气放热降温;另一半换热体的孔成为空气通道,换热体放热,助燃空气吸热升温,如此循环周期交替进行,回收烟气的余热。

旋转式蓄热室是不采用换向燃烧的新型蓄热室类型,与换向燃烧的蓄热室装置差别很大。这种旋转式蓄热室对于玻璃熔窑换向燃烧汇合到总烟道的高达 500～600℃ 的烟气余热回收也有重要的参考价值。

分析点评

我国有约 4 000 座玻璃窑炉,每年消耗标准煤约 2 900 万吨。采用二段蓄热室后,若节能 15%,每年可节约标准煤约 400 多万吨,因此,玻璃行业仍存在着很大的节能潜力。

思考题

1. 蓄热室在使用过程中会出现哪些问题? 如何对蓄热室格子砖进行热修?
2. 传统格子砖和新型格子砖各有几种型式? 试比较说明它们的使用性能。
3. 火力发电厂使用的旋转式蓄热室对玻璃熔窑的余热回收有什么参考价值?

案例 13-4　池窑蓄热室热修技术方案的实施

玻璃熔窑是河北某玻纤厂最大的热工设备,约占总能耗的 80% 以上。玻璃熔窑窑膛排出的烟气温度高达 1 500℃ 以上,会带走大量的热量。合理利用这部分余热对提高熔窑的热利用率有重大意义。

该厂现有窑型为马蹄焰池窑,其蓄热室就是利用熔化部产生的余热来预热空气和煤气。预热空、煤气除了可以节约燃料外,还能提高燃烧温度,满足玻璃熔化的要求。尤其对于该厂使用热值较低的发生炉煤气,如果空、煤气不预热,则难以满足玻璃熔化的要求。实践证明,用蓄热室预热空、煤气是提高空、煤气温度有效的方法。但蓄热室部位耐火材料受配合料粉尘及玻璃液挥发气体(主要是 R_2O)的侵蚀,同时由于换向引起温度波动和气氛变化,导致该处烧损严重,窑炉生产过程中需热修,以延长其寿命,而热修过程对熔窑操作和玻璃纤维生产影响较大。

1. 蓄热室工作原理

蓄热室是周期性工作的。其空、煤蓄热室分别为两个,内放格子砖。当烟气从熔窑一侧小炉排出,流经蓄热室时,将热量传给蓄热室内格子砖,砖的温度随着通过烟气时间的延长逐渐升高,经过一段时间的加热后,停止通烟气(换向),让被加热的空气或煤气流经已被烟气加热过的格子砖,而同时烟气从熔窑的另一侧排出,加热另一侧蓄热室格子砖。每隔一段时间(即一个周期)换向一次,就这样周而复始地进行,从而达到利用烟气中余热预热空气或煤气的目的。

2. 存在问题及原因分析

为保证窑炉安全、有效运行,自投产后,该厂每周定期对蓄热室内烟气成分检测,以确定燃烧是否充分、合理。投产一年多后,在对烟气成分例行检测中发现 CO 气体浓度有明显上升趋势,已超过工艺要求标准,且日用空、煤气量也明显增加。排除各种可能因素后,经打开煤气蓄热室检修门观察发现,两个煤气蓄热室中间隔墙已出现严重透火现象,且透火处格子砖已严重倒塌,这说明原本严密的隔墙已不严密。当预热后的煤气从一侧喷出时,该侧为正压,排出烟气另一侧在烟窗抽力下为负压,导致预热后煤气通过隔墙中裂缝从一侧泄漏到另一侧。窑炉工作时,为实现完全燃烧,提供的助燃空气量总略大于实际消耗量,这样,泄漏到另一侧煤气与烟气中 O_2 发生燃烧,燃烧产生温度远大于格子砖荷重软化温度,长期如此,该透火处格子砖即被烧蚀,出现倒塌。随着换向进行,两侧循环出现,所以两个煤气蓄热室透火处格子砖都出现倒塌。倒塌的格子砖堵塞格子孔,致使窑压升高,会使整个窑体的耐火砖材受侵蚀加剧。

原本用于熔化部燃烧煤气因隔墙不严密造成泄漏,提前在蓄热室内燃烧,能源被白白浪费掉了,为满足玻璃熔化所需,需消耗更多空、煤气量来满足燃烧要求。这就是为什么日用空、煤气明显增加的缘故。且倒塌格子砖堵塞格孔,也降低了蓄热室的部分换热效率。

3. 热修技术方案及方案措施

考虑到煤气隔墙处 1 000℃ 以上高温,人员无法接近现状,采用自制喷枪,在不停产前提下,对隔墙裂缝用热补料进行了修补。但由于操作不便,很难将裂缝填实,用不了多久,裂缝就再次出现,不能从根本上解决问题。且随着裂缝逐渐烧蚀扩大,不仅增加了气煤量,对整个窑炉正常作业也产生了严重影响,由于熔化质量不好,导致拉丝产量明显下降,每天产量降低约 3 t 多。经研究后,对蓄热室进行了停产热修。为保证热修成功,该厂专门成立了热修指挥机构,并细化为技术、安全、保障等小组,对每个小组做了明确分工,对可能出现的情况制定了周密的方案并进行了方案的实施。

(1) 熔化部与通、支路保温。首先,热修煤气蓄热室需停煤气。然而,整个熔化部及通、支路玻璃液加起来有 50 余吨,如停气,无外界热量供给,随着窑体散热,玻璃液会很快凝固,整个池窑就会报废。为此,该厂外加柴油喷枪通过在熔化部燃烧,保持熔化部温度稳定,同时为减少散热,将保窑风机风量减小到适当小,将加料口及各观察孔用保温棉堵严。启动流液洞处钼电极,防止此处玻璃液凝固。将通、支路钼电极电流调整到能维持玻璃处于液态而又不结晶值。

(2) 堵塞煤气出口。池窑保温期间,仍有大量高温烟气须排出,如经煤气蓄热室排出,很难在短时间内将其冷却,为此,该厂用耐高温石棉将煤气喷火口彻底封严,阻止高温烟气从此排出,而只经空气蓄热室排出。

(3) 保持液面稳定。停煤气后,单靠柴油喷枪提供热量也不能完全满足熔化质量要求,在这种状态下,如果液面不能稳定,出现跑料等事故,将给热修后再次生产带来严重影响。为此,该厂将所有漏板降温停产,防止液面下降导致钼电极氧化。投料口停止加料,使整个液面维持在工艺要求范围内。

(4) 强制冷却煤气蓄热室。人员进入煤气蓄热室内进行修补工作,其内温度必须由 1 000℃降到 60℃左右。如果单靠自然冷却,至少需停产 7~8 d 时间,要消耗大量柴油维持窑温,许多不确定因素也难以预料。为缩短冷却时间,该厂将煤气小炉口用高温石棉堵严,阻止了窑内高温烟气进入煤气蓄热室。同时,用大功率风机吹风,对蓄热室强制冷却,缩短了冷却时间。除此之外,为降低工人作业环境温度,对首先热修的蓄热室采取让该处空气蓄热室进风、另一侧排烟气的措施,这样减少了该侧排烟气时产生的辐射热。

(5) 修补隔墙裂缝及倒塌格子砖。待蓄热室内温度降到人可以进入的温度后,由穿戴防火服人员进入蓄热室内,将损坏格子砖逐层清除到隔墙无裂缝处,用高级硅质热补料对隔墙两侧所有裂缝彻底填实,抹平,并涮浆处理,保证严密性。并对倒塌格子砖用耐火泥找平后,再用相同材质格子砖替换砌筑。

(6) 过大火,恢复到生产状态。蓄热室热修完毕后,封堵检修门,对检修门进行涮浆处理,保证其严密后,按过大火操作规程过大火,停止燃油喷枪,漏板按工艺要求升温,保窑风机逐步开启到原来开度,开始生产。

4. 实施效果

在池窑保温的状态下,热修过程组织得当,措施周密,仅用两天时间就完成了对煤气蓄热室裂缝彻底修补,并使得这次热修在有多个交叉作业情况下有序顺利完成。蓄热室热修恢复正常生产后,打开检修门观察,透火现象已完全消失。由于煤气全部用于熔化部燃烧,熔化各项指标完全满足工艺要求。蓄热室烟气分析显示 CO 气体浓度为 0。

分析点评

能源不足已经成为当前一个突出的社会问题。解决能源问题的途径除了加速开发和增加新能源生产外,还必须节约能源。因此提高一次能源的利用率和尽量回收利用二次能源,是当前节能的重要途径之一。该玻纤厂通过停产热修完成了需停产冷修完成任务。以前池窑热修在国内仅限于对局部外露烧蚀部分替换,对池窑内部损坏进行维修国内尚属首例,煤气日用量较热修前每天减少 3.486 t,按煤售价为 750 元/吨计算,节约成本达到 95.43 万元/年,具有很高的推广应用价值。

思考题

1. 玻璃熔窑为什么要进行热修？常见的热修部位有哪些？
2. 什么是熔窑冷修？冷修的原因有哪些？
3. 冷修操作的工艺流程是什么？

案例 13-5 "洛阳浮法"玻璃技术的持续改进和提高

截至 2008 年底,我国已经建成浮法玻璃生产线 192 条,浮法玻璃的总产量也达 5.72 亿重量箱。在品种结构上已经从常规的 3 mm、5 mm、6 mm 厚度,拓宽到了超薄的 0.55 mm 和超厚的 25 mm,并开发出了在线 LOW_E 和 Sun_E,自洁净、超白、防火玻璃等产品,这些新品的开发都是与"洛阳浮法"技术的持续改进和提高密不可分的。下面就从原料控制到熔窑、锡槽、退火窑三大热工设备和冷端等方面综述"洛阳浮法"技术近年来所取得的进步。

1. 原料、配合料质量控制技术

玻璃持续优质稳产的基础条件之一就是玻璃液要具有优良的化学均匀性,而化学均匀性是依靠原料的稳定和配合料的均化质量来实现的,原料和配合料质量的稳定控制是玻璃质量的保障。要做到这一点,对于原料化学组成和颗粒组成、配合料混合均匀性及输送、投料时配合料均匀度不变性等的稳定控制十分重要。

(1) 玻璃原料的成分控制、粒度控制和与 COD(化学需氧量 Chemical Oxygen Demand)值控制匹配的"硫澄清技术"是高效、优质和低耗熔制玻璃的三要素,因此采用均化手段对硅质原料进行均化,严格控制硅质原料的成分、颗粒度和含水率的波动已经成为玻璃生产企业的共识,并已成为标准设计(表 3.13.14)。

表 3.13.14 对硅质原料粒度的技术要求

粒径/mm	>1.0	>0.6	>0.42	>0.125	0.125~0.42
比例/%	0	<1	<5	<5	90

(2) 开发了高精度自动配料电子秤系统,静态精度达到 12 000,动态精度达 11 000。

(3) 改进配合料混合过程(加水、加蒸气)的自动检测控制,提高配合料混合均匀度。

(4) 开发并成功采用了"硫澄清技术"。"硫澄清技术"是利用 SO_3 的溶解度与氧化还原势(Redox)相关基本特性,保持熔窑澄清部的高温和偏还原性使玻璃液 SO_3 处于过饱和状态,放出靠浮力上升的 SO_3 气泡,以达到硫澄清的最佳效果。

原料的 COD 值、配合料和玻璃液的 Redox 值以及熔窑的气氛的控制是掌握这项技术的关键。控制配合料的 Redox 值,可以更加精确的控制配合料的氧化还原性能,使硫澄清的表面活性剂、界面湍动以及排期均匀作用都达到最佳效果,从而达到控制玻璃生产的目的。该技术能显著降低熔化温度,提高窑炉产出率,改进玻璃质量和色调稳定性,降低排放污染,延长窑炉窑龄等。目前不仅掌握了这项技术,而且还开发出了快速检测技术,有效减少了玻璃板面气泡,尤其是微气泡。

2. 熔窑优化设计和提高熔化质量技术

1) 设计

开发了熔窑燃烧模拟技术(火焰空间模拟技术),研究火焰空间温度和玻璃温度场之间的相互关系。建立并运用熔窑运行状态的计算机模拟技术。建立了鼓泡模型、窑坎模型、斜池壁模型、阶梯池底模型、玻璃液特征场模型,并利用所建模型的计算结果指导和验证具体设计,结果见图 3.13.2。

开发了新型熔窑电辅助加热系统,降低了熔窑热耗,提高了玻璃液熔化质量。研究了 1# 小炉前加全氧燃烧的 0# 枪技术,以及全氧燃烧、富氧燃烧、氧助熔等燃烧技术。提高了投料池密封技术,既保证了操作现场的干净、整洁,又与熔窑全等宽投料池结构、大型斜毯式投料机相匹配,前脸采用 45°L 型吊墙,配之合理的 1# 小炉至前脸墙的距离,这些综合措施的配套,充分发挥了 1# 小炉的潜力,提高了投料池玻璃液的温度并减少了两侧的温差,使入窑的配合料强制预熔。

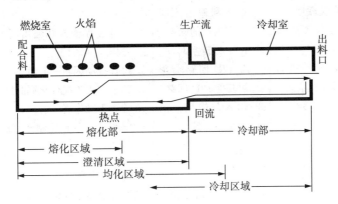

图 3.13.2　熔窑燃烧模拟技术优化设计示意

2) 熔化质量的控制技术

(1) 熔化氧化还原势的控制技术(即 Fe^{2+}/Fe^{3+} 比值控制)

Fe^{2+}/Fe^{3+} 比值控制的波动预示着玻璃液在熔化过程中综合气氛的波动,玻璃液气氛的波动影响 SO_3 溶解度,SO_3 溶解度的波动直接影响玻璃液的澄清。所以玻璃中的这个比值是考察熔窑运行状态稳定性与否的重要数值,也就是说这个比值可以直接反映玻璃原板所经历的氧化还原过程,控制了这个比值就是控制了玻璃熔化的氧化还原势。

(2) ES2Ⅲ专家控制系统的应用

ES2Ⅲ系统、DCS 控制及手动控制对比传统的玻璃熔窑控制主要有手动控制和 DCS 控制两种。手动控制即纯人工的控制方式,各项输入输出没有相关性,其控制的效果完全取决于操作者的经验技术水平,很少被浮法生产采用。DCS 控制是采用单 PID 回路控制,每个独立的PID 回路自成一体,某个 PID 回路的输出会影响别的 PID 回路的输入,根据当前的误差反馈来调整控制阀,然而当误差出现时,调节已不能控制当前的变化趋势,从而造成被控对象大幅波动。同时整个操作系统各回路之间的输入输出没有内在联系,但客观上熔窑各参数有一定的相关性,因此,DCS 控制在忽略内在联系的情况下对熔窑的控制必然难以保持稳定。实际生产中,在熔化控制方面 DCS 控制是给各小炉固定的热负荷,用调整总油流量来控制热点温度,以期稳定熔化工艺,此方法被国内绝大多数蓄热室横焰窑厂家使用。其缺点是在个别小炉火焰情况发生异常变化时,容易造成除热点以外的其他温度点大幅波动,造成玻璃液周期性过热或过冷,促使操作者瞄准高温导致高的燃料消耗,不利于整个熔化工艺的稳定,从而造成熔化持续扰动,温度和泡界线不稳,熔化温度不稳,影响锡槽不稳最终导致成型效率降低,结果是玻璃质量失常。

在成熟的 DCS 自控基础上,成功地开发、运用了 ES2Ⅲ专家控制系统,即专家系统建立在DCS 控制系统之上,两者通过 OPC 通信进行连接。三种不同原理的控制类型对比见表 3.13.15。

表 3.13.15　三种不同原理的控制类型对比

	手动控制	PID 控制	先进控制 ES2Ⅲ
控制级别	最低水平	中等水平	最高水平
控制特征	1. 多路输入输出之间没有关联性 2. 最终效果不能稳定过程表现 3. 操作者的创造力不能够持续表现	1. 在考虑到的多路输入和输出之间没有内在的联系 2. 在控制转换时，一个 PID 回路会影响其他 PID 回路 3. 输入数量和输出数量不一致	1. 熔窑工况可通过控制模块预测（初期熔窑鉴定） 2. 所有过程输入和输出间的内在联系同时被考虑 3. 过程扰动因素一并考虑 4. 整个过程工况优化同时进行 5. 独立于操作者 6. 继续基于原有控制水平的过程硬件，不新增硬件

　　ES2Ⅲ系统采用的是多点控制，所有与过程相关的输入和输出信息、过程扰动同时加以辨别和考虑。减少人为因素导致的错误，不间断的对熔窑系统加以控制。实际生产中在分别给定多个温控参数、热负荷指标之后，系统根据温控参数在允许的热负荷调整范围内调整热负荷及总油。这不同于传统 DCS 控制中固定热负荷的控制方式，同时弥补了 DCS 温度控制在热点温度正常而预熔或澄清区温度波动时调整的空白，真正起到了稳定温度制度的作用。其次，由于 ES2Ⅲ系统可根据当前的运行状态及历史数据预测将来的变化趋势，提前进行调整，从而避免被控对象的波动，达到稳定的效果（图 3.13.3）。

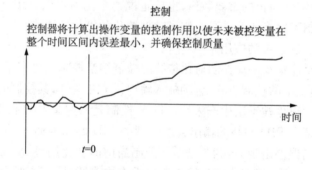

控制

控制器将计算出操作变量的控制作用以使未来被控变量在整个时间区间内误差最小，并确保控制质量

图 3.13.3　控制效果

　　（3）通过熔窑运行状态的计算机模拟技术，对工艺参数进行调整

　　利用模型计算的结果，对操作方法也进行了改进，如深层水管的形状、插入玻璃液的深度、插入位置以及冷却强度，在计算结果的指导下，进行了一系列的调整，优化了玻璃液流，稳定了流道的温度，加强了玻璃液的澄清及均化效果，并起到了很好的节能效果。

　　3. 锡槽成形技术

　　（1）设计方面

　　① 开发了玻璃流量精确控制技术，控制精度可达到 1/1 000 以上，比常规控制精度高 5 倍以上，大大提高了锡槽热工制度的稳定性。

　　② 开发了新型石墨挡坎及配置，控制锡液流动，达到控制锡槽横向温差小于 2℃ 的国际先进水平，提高了玻璃表面的平整度，减少了玻璃厚度薄差。

　　③ 开发了锡槽入口、出口隔墙新型整体密封技术，使锡槽出口压力由原来的 15 Pa 提高

到 30 Pa 以上。

④ 开发了气体导流技术和装备,可以有组织的控制锡槽气体的流向,排除槽内含 SnO、SnS 等污染物的气体,改善锡槽内的气氛问题,减少由 O、S 引起的缺陷,提高玻璃产品的质量。

⑤ 开发了锡液净化技术,减少锡离子对玻璃体内的渗透,减轻玻璃的钢化彩虹。

技术开发前后锡槽的工艺参数对比见表 3.13.16。

表 3.13.6　锡槽参数指标对比

指标	技术开发前	技术开发后
玻璃液流量差/(t/d)	2～4	<0.5
锡槽横向温差/℃	5	2
锡槽入口槽压/Pa	9	20
锡槽出口槽压/Pa	15	30

(2) 成型质量控制

优化集成多年理论和经验,编制了完整的操作软件用以指导生产,使最佳生产工艺参数具有可重复性,大大缩短了改变生产品种的时间。厚度与拉边机对数关系见表 3.13.17。

表 3.13.17　厚度与拉边机对数关系

厚度/mm	1.5	1.3	1.1	0.7
拉边机对数/n	12～13	14	16	19

(3) 锡槽数学模拟技术开发

正在研究利用锡槽数学模拟技术对锡槽温度场、速度场进行研究,减少横向温差,保持温度场恒定,抑制锡流冷返流。

4. 退火窑技术

在消化吸收和创新的基础上,开发了热风冷却和冷风冷却两种形式的退火窑,使退火窑的国产化率达 90% 以上。开发了 RET 区整体化设计,消除了 RET 区的温降拐点,获得了平滑曲线,降低了暂时应力,提高了玻璃板的切裁率。开发了新型的同步电机传动系统,精度达 1/1 000。

5. 冷端技术的全面提高

采用全自动缺陷检测仪与切割系统的联动优化切割技术,实现了应力检测仪的开发应用,超厚、超薄玻璃的切裁、掰断纵分后的准确输送,自动户夹纸系统的开发,特厚、特薄玻璃的机械手堆垛系统的开发等。

6. 自动控制与成套软件系统开发

① 玻璃液面精度控制系统软件开发。

② 熔窑压力高精度、小波动控制系统软件开发。

③ 熔窑专家系统的开发和运用。熔窑专家系统的开发达到了高精度、高稳定性的控制效果。

④ 熔窑火焰小扰动换向控制软件开发。

⑤ 锡槽功率优化分配加热控制系统软件开发。

分析点评

通过系列项目的实施,从原料配料、称量,到熔窑、锡槽、退火窑三大热工设备和冷端技术以及成套控制软件系统的使用,提高和发展了"洛阳浮法"的工艺技术和装备水平。

思考题

1. 洛阳浮法与美国浮法、英国浮法相比,有哪些提高和创新?
2. 锡槽内部的锡热对流对玻璃质量有什么影响?如何克服?
3. 热风冷却和冷风冷却两种形式的退火窑有什么区别?

案例 13-6　富氧气体在浮法玻璃熔窑上的创新应用

在浮法玻璃生产过程中，为了保护锡槽中锡不被氧化，需要大量高纯氮气作保护气体。氮气制取采用空气法，在制取氮气的同时产生大量富氧气体。以 500 t/d 浮法玻璃生产线为例，需要氮气 2 000 N·m³/h，制取氮气时，空气用量为 5 000 N·m³/h，每小时产生 3 000 N·m³ 的富氧空气，理论计算其氧气含量为 35%，一般做法是富氧气体排空，造成资源浪费。创新利用气保车间的富余富氧气体是值得研究的课题。

1. 富氧气体原有应用方式

（1）将富氧气体加入助燃空气中

将富氧气体加入玻璃窑炉助燃风中是最简易且便于实现的方式，工艺路线如下：富氧气体收集→加压系统→管道输送→窑炉二次风机进风口→预热→玻璃熔窑。

以 500 t/d 燃油浮法玻璃生产线为例，日耗油约 90 t，需要二次风量 48 750 N·m³/h。根据化学用氧量不变，3 000 N·m³/h 的富氧空气可代替 5 000 N·m³/h 空气，减少空气用量为 2 000 N·m³/h，二次风中氧含量为 21.90%，仅提高了 0.9%，如果不加强生产管理的话，节能效果显现不出来。

以重油为燃料，还可以用富氧气体代替重油雾化介质，道理同加入熔窑二次风中一样，对整个窑炉来说，助燃气体中氧含量增加不大，节能效果不明显。

（2）将富氧气体加入煤气炉中

我国是煤炭大国，烧煤的浮法玻璃生产线还不少，考虑到烧发生炉煤气玻璃熔窑的燃烧特点，其薄弱环节在于煤气的热值较低，热点温度上不去，辐射率低，所以同样大小的玻璃窑炉，烧煤的产量要低 20% 左右，玻璃质量也上不去。提高煤气中可燃成分，燃烧温度及辐射率呈指数提高，能有效解决烧发生炉煤气玻璃窑炉的瓶颈问题。煤的汽化是决定燃烧情况的先决条件。

传统煤的汽化介质是空气和水蒸气，理论上煤气中的成分及含量为：CO 41.1%、H 20.9%、N 38.0%。将富氧气体加入煤气炉中，设备简单易于实现，其工艺路线如下：富氧气体收集→加压系统→管道输送→煤气炉风机进风口→煤气炉→玻璃熔窑。

以 500 t/d 烧煤浮法玻璃生产线为例，日耗煤约 175 t，变成煤气需要空气量为 11 627 N·m³/h，产生煤气 24 214 N·m³/h。采用 3 000 N·m³/h 含氧为 35% 的富氧气体代替部分空气，根据化学用氧量不变，煤气中氮气减少了 2 000 N·m³/h，产生煤气量为 22 214 N·m³/h，可燃成分为 67.58%，提高了 3.58%。煤气的可燃成分提高，燃烧温度、火焰强度、火焰辐射率都有所提高，玻璃硅酸盐反应和均化速度与温度是指数关系，采用高热值煤气可以提高玻璃熔化速度，缩短熔化时间，提高热利用率，节能率为 3%~4%，并且采用富氧代替空气，煤渣中残炭也有所减少，综合节能达到 5%~7%，节能效果明显。

（3）从喷枪底部加入富氧气体

从喷枪底部加入富氧气体富氧燃烧工艺路线如下：富氧气体收集→气体混合→富氧调压→富氧换向→富氧预热→气体流量调节分配系统→富氧喷嘴→玻璃熔窑。

本技术较复杂，投资也较大，其主要思路是：气保车间产生的富氧气体量不大，如果加入二次风中，氧气浓度提高不大，燃烧状况改善不明显，节能效果也甚微。将富氧加入局部，特别是接近玻璃液部分，使整个燃烧过程达到梯度燃烧，上部为缺氧区，可保护玻璃窑炉硅顶，中部为燃烧区,下部为富氧区,火焰温度高,加快玻璃熔化和气泡的排出。如果富氧气体预热得好,节能效果能达到3%～5%。但预热富氧气体是个难题,现在富氧气体预热方式都是采用金属换热器,贴在蓄热室外壁,换热面积太小,预热温度有限,如果富氧气体预热气体太热,富氧喷嘴操作难度加大。本来玻璃熔窑喷枪操作就是一个劳动强度大的工作,加上富氧喷嘴后,操作更麻烦,再加上富氧预热温度低,实际效果不明显,所以很多工厂都不能坚持使用。

2. 富氧气体新的应用方式

(1)原有富氧气体使用方式的不足

由于气保车间产生富氧气体量有限,加入二次风的方法效果不明显,富氧底吹方法投资较大,富氧气体预热温度难以提高,实际节能效果也不明显,并且增加操作难度。鉴于以上原因,烧油或天然气浮法玻璃窑炉还没找到好的富氧气体使用途径。

(2)玻璃窑炉燃烧特点

玻璃窑炉燃烧不是各个小炉平均分配热量的,为了得到好的玻璃质量,在玻璃纵向某一区域形成热点,将玻璃池窑形成两个循环,热点以后的都是熔化好的玻璃液,热点前是未熔化好的玻璃液,热点越凸出,玻璃泡界线越明显,玻璃质量越有保证。鉴于玻璃熔窑以上特点,提出了富氧气体燃烧新的使用方法。

(3)富氧气体新的使用方法

仍然保留玻璃窑富氧气体局部集中使用的思路,将富氧气体通入玻璃窑炉热点小炉。对于500 t/d浮法玻璃生产线来说,有的工厂将热点设在3#小炉,有的将其设在4#小炉,无论哪个小炉,都将其通入作为热点的小炉。

富氧气体燃烧从理论上讲,富氧气体浓度越高,越有利于燃料充分燃烧,节能效果越好,燃烧温度越高。事实上,火焰温度与富氧气体浓度的关系是非线性的,见图3.13.4。过高浓度的富氧气体通入窑内会造成火焰变短,影响火焰覆盖。将气保车间产生富氧空气掺合进一定量的空气来稀释,以达到富氧气体燃烧所需的合适浓度和必要的流量。

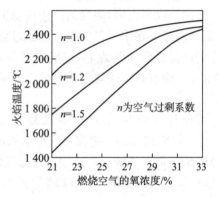

图 3.13.4　火焰温度与氧浓度的关系

资料表明,富氧浓度达到25%～26%时,既不影响火焰形状,而且燃烧效果最佳。以500 t/d浮法玻璃生产线为例,含氧为35%的富氧气体量为3 000 N·m³/h,掺入空气后,可得到8 400 N·m³/h含氧量为26%的富氧气体。500 t/d浮法玻璃窑炉有6对小炉,日耗重油90 t,4小炉日耗重油约18 t,需要助燃空气为9 750 N·m³/h,与含氧26%富氧气体8 400 N·m³/h含氧量正好相当,富氧气体刚好够用。

通入热点小炉富氧气体燃烧工艺路线为:富氧气体收集→富氧气体调压→气体混合→富氧气体换向→蓄热室预热→玻璃熔窑。

该工艺操作简便,投资成本低,玻璃窑炉热点温度高,热点火焰辐射率提高,玻璃窑炉泡界线更清晰,玻璃质量和产量都有所提高,将成品率和产量提高折算综合节能效率,节能可达到5%～8%。

分析点评

在玻璃窑炉上将富氧气体通入热点小炉,既能提高燃烧温度,使热点更加突出,又能降低技术难度,操作简便,投资成本低,真正达到回收利用节能的效果。

思考题

1. 什么是玻璃熔窑的全氧燃烧技术?如何实现全氧燃烧?
2. 富氧气体在燃烧前为什么要进行预热?如何实现预热?

案例 13 - 7　蓄热式玻璃熔窑的节能措施

作为高耗能行业,玻璃熔窑的节能一直是业内重点研究的课题。对玻璃熔窑节能途径的研究更是涉及多个领域。国内外技术人员在节能方面做了大量的工作,开发出了许多熔窑节能的新工艺、新技术、新材料,收到明显的节能效果。结合国内外近年来的研究和应用实践,围绕玻璃行业通行的蓄热式玻璃熔窑的节能,总结提出了以下几个方面的节能新措施。

1. 配合料制备

各种玻璃原料熔制成质量符合生产要求的玻璃液,一般都要经历两个均质化的过程:一是玻璃的各种粉状原料在制备配合料的过程中,通过混合机进行均匀混合;二是将制备好的玻璃配合料投入池炉的熔化池,在高温下进行一系列物理、化学和物理化学的反应,最后熔制成熔化良好、组成稳定、质地均匀、符合生产要求的玻璃液。玻璃配合料的均匀混合是为了把配合料熔制成均质的玻璃液。许多企业在控制原料粒度、水分以及配合料粒化等方面做了大量的工作,为实现熔窑节能创造了有利条件。

2. 玻璃熔制工艺的改进和优化

(1) 开发节能型玻璃配方

制定合理玻璃配方,采用低温易熔玻璃成分和添加有效助熔成分,不仅可以减少玻璃的化学反应热和形成热,还可以降低熔化温度,减少熔窑的热消耗。

(2) 玻璃 COD 值的控制和最佳澄清工艺

玻璃的澄清过程是玻璃形成过程中非常重要的一环,也是节能和生产优质玻璃的关键环节。玻璃的澄清过程是一个复杂的物理化学过程。澄清过程完善与否和配合料的组成、熔制工艺制度、窑内气氛的组成与压力、气泡中气体的性质及使用的澄清剂等因素有关。其中硫酸盐、硝酸盐等是最常用的化学澄清剂,确定包括化学澄清剂在内的配合料的 Redox 值和各种玻璃产品中 Fe^{2+}/Fe^{3+} 比值的行业规范和标准,以指导该项技术在玻璃行业中的推广应用,从而达到稳定生产优质玻璃之目的。

3. 熔窑设计结构

随着计算机技术的飞速发展,通过数字和物理仿真,模拟玻璃熔窑实际工作状态,通过分析熔窑结构对工作状态的影响,设计出更加合理的熔窑结构,从而实现熔窑的节能。在结构上可以考虑以下几个方面。

(1) 增大蓄熔比,一般超过 50:1,具体做法一是加高蓄热室,或采用三通道蓄热室,二是采用高蓄热效率的八角筒型或十字形格子砖,增加有效蓄热面积。尽量提高空气预热温度至 1 300℃ 以上,这样可以提高燃料的燃烧速度,节约燃料以达到节能效果。提高蓄熔比要注意蓄热室的构筑系数,高度方向与长宽方向的尺寸比例要合理。优良的蓄热室结构,提高了蓄热效果,减少了散热量,可以充分回收和利用热能,可大大提高熔窑的热效率。

(2) 燃烧器在窑炉前端横向排列,小炉设计合理,喷火口采用扁平式,燃烧完全,火焰覆盖面积大。

(3) 加料口采用预熔池结构,同时采用密封式投料技术。

(4) 采用深澄清池倾斜流液洞结构和小工作部结构,减少玻璃液回流和工作部散热。

(5) 窑炉进行全保温,蓄热室墙、小炉、大碹、池壁、池底、胸墙采用全保温,蓄热室墙、小炉、胸墙、大碹应增加保温涂料,以减少窑体散热。

(6) 在熔化部池底设置窑坎,通过窑坎稳定窑池中投料回流和成型回流,避免因熔化温度的波动而造成玻璃液的质量不均。同时提高玻璃的澄清效果和均化质量,减少熔化池底层往回流动的玻璃液量,降低能耗。

(7) 在熔窑热点部位设置鼓泡装置,加速玻璃液的澄清和均化。

(8) 流液洞与分隔墙将窑炉分隔成熔化池与工作池两部分,这种形式允许在工作池用一定的加热方式单独调节温度,稳定玻璃液的成形温度。同时,也避免了熔化池上部空间的热气流及燃烧换向对工作池温度与窑压的干扰。

4. 提高熔窑材料质量,延长熔窑使用寿命

选用优质、匹配良好的熔窑各部位耐火材料,是熔窑节能工作的基础和保证。

(1) 空气蓄热室上部格子砖采用电熔再结合镁砖较适宜,小炉、胸墙、大碹须用 96 - A 优质硅砖,大碹硅质耐火泥要选择得当,应具有一定的黏结性和抗火焰侵蚀能力。

(2) 池壁采用 33# 无缩孔或倾斜浇铸 AZS 电熔砖,投料口拐角、流液洞、电极砖等关键部位采用 41# 无缩孔 AZS 电熔砖。熔化部、冷却部均须用电熔砖铺底。

(3) 硅砖和电熔砖之间要有烧结锆刚玉砖过渡,以避免发生接触反应,另外黏土火泥和硅质火泥绝对不能混用。

总之,我国耐火材料行业近年来已取得了长足进展,设计使用合理,采用国产耐火材料完全可以达到 8 年以上的熔窑使用寿命。

5. 熔窑余热利用

在玻璃熔窑的各项热损失中,由蓄热室排出烟气的余热量占有很大比例。如何提高熔窑排烟余热的回收利用,一直是国内外热门的研究课题。现阶段,人们对排烟余热回收的途径主要有余热发电、余热制冷、余热锅炉和余热预热玻璃配合料等几种。

6. 采用电辅助加热技术

采用电辅助加热技术可以解决颜色料或部分难熔料的熔化问题,同时在需要时达到提高玻璃质量和产量的目的,而且可以延长熔窑使用寿命,节约能源。

不同品种、不同类型的玻璃熔窑,电极插入和排布方式、位置有较大差别。水平插入方式和垂直插入方式都有,原则是能用水平插入方式(适用于中小型熔窑)的尽量用水平插入方式。对于大型玻璃熔窑,一般采用底插方式。

7. 采用富氧燃烧或纯氧助燃节能新技术

助燃空气中含有 20.95% 的氧气,其余 79.05% 的氮气及其他不参加燃烧反应的惰性气体使燃烧废气量增加,废气带走了大量的热量,增加了燃料消耗。

富氧燃烧的基本原理是:在燃烧时增加助燃空气中含氧量,一般在 23%～32% 的氧气浓度下进行燃烧,这样可使燃烧速度加快和燃烧完全。富氧燃烧减少了氮气及其他不参加燃烧反应的气体比例,减少了由废气带走的热量。同时,由于助燃气体中氮气含量降低,水蒸气和二氧化碳的含量和分压增大,火焰黑度增加,富氧燃烧使燃料在火焰区域的燃烧完全度提高,火焰温度提高,增加了火焰向配合料或玻璃液的传热能力。而靠近大碹火焰上部非富氧区温度降低,大碹向外散失热量减少,在减少热损失的同时提高了熔窑熔化率,从而实现了富氧燃烧熔窑的节能。另外,燃烧产物中的 NO_x 含量降低,减少了废气污染,改善了环境。玻璃熔窑采用局部增氧-梯度燃烧富氧燃烧节能专利技术,预计可取得节能 6% 以上的节能效果。

在玻璃熔窑运行过程的后期,如果企业希望提高产量并且满足产品质量的指标要求,那么玻璃窑炉纯氧助燃技术就是一个经济的、可靠的且容易实施的方法,可以使出料量增加

10%～20%,使热点温度降低,减少配合料的飞料,降低单位燃料消耗量,减少气泡数。纯氧助燃技术有着广泛的市场前景。

分析点评

2006 年全国仅平板玻璃产量就有 3.5 亿重量箱,我国玻璃工业产能已高居世界首位。目前,工业发达国家玻璃熔窑的热效率一般在 30%～40%,我国玻璃熔窑的热效率平均只有 25%～35%。燃料在玻璃制造成本中已超过 1/3 的比重,随着能源价格的不断攀升,严重影响着行业的经济效益,玻璃行业对节能技术的需求非常迫切。

思考题

1. 浮法玻璃生产有哪些新技术? 各有什么特点?
2. 现代环保型浮法玻璃厂应具备哪些特性?
3. 浮法玻璃企业的节能降耗主要体现在哪些方面?

第十四章　玻璃退火

知识要点

1. 浮法玻璃的退火原理和过程

玻璃退火的目的是最大限度地消除或减少应力和光学不均匀性以及稳定内部结构。

玻璃制品在高温下成型后或经过热加工后,冷却时会产生不同程度的应力。这种应力在玻璃中分布不均匀,它会大大降低玻璃制品的机械强度和热稳定性,对玻璃的各种性质都有影响。

(1) 玻璃内的应力

玻璃内部因存在温度差而产生的应力称为热应力。由于玻璃冷却过程的热历史不同,热应力可分为暂时应力和永久应力两种。

处于弹性状态下的玻璃在冷却过程中,由于导热性较差,它的外层和内层就产生了温度梯度,玻璃内部就产生了应力。如果玻璃中的温度梯度消失,玻璃的内外层温度一致,那么,上述应力也随之消除。这种取决于温度差的应力称为暂时应力或温度应力。暂时应力只存在于弹性变形温度范围中的玻璃内,也就是在玻璃应变温度(相当于玻璃黏度 $10^{13.5}$ Pa·s)以下存在温度梯度时才能产生。暂时应力的大小取决于温度梯度和玻璃的膨胀系数。

玻璃在高温下成型或热加工时,进入塑性状态,处于塑性状态下的玻璃内部质点可以移动退让,质点退让的效果便表现为不可消除的残余应力,这种应力称为永久应力。

玻璃内的应力大小用光程差表示,单位是 nm/m。

(2) 玻璃的退火原理和过程

玻璃的退火就是把具有永久应力的玻璃制品重新加热到玻璃内部质点可以移动的温度,利用质点的位移使应力分散(称为应力松弛)来消除或减弱永久应力。一个合适的退火温度范围,是玻璃获得良好退火质量的关键。一般以保温 3 min 能消除应力 95% 的温度作为退火温度上限(或称高退火温度),以保温 15 min 只能消除 5% 的温度作为退火温度下限(或称低退火温度)。退火温度上限与下限一般相差 50~150℃,此即为退火温度范围,也叫退火区域。

玻璃在退火区域保温一段时间,使原有的永久应力消除后,要以适当的速度冷却到退火区域以下,以防止玻璃中再产生新的永久应力。玻璃制品从退火温度下限冷却到室温,也必须控制一定的冷却速度。冷却过快时,产生的暂时应力大于玻璃本身的极限强度,制品也会炸裂。

由退火原理可知,要得到一个残余应力在允许范围内的玻璃制品,就要有一个合理的退火制度,一个既能消除应力又不使应力再产生的过程。据此退火一般分为四个阶段,以玻璃的退火曲线表示,见图 3.14.1。

Ⅰ—加热阶段:将已冷的玻璃制品加热至退火温度,加热速度应保证制品产生的暂时应力不

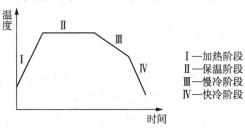

Ⅰ—加热阶段
Ⅱ—保温阶段
Ⅲ—慢冷阶段
Ⅳ—快冷阶段

图 3.14.1　玻璃的退火曲线

超过玻璃本身的极限强度,以防制品爆裂。

Ⅱ—保温阶段:将制品保持在高退火温度附近,以消除应力,促使制品整体的温度均匀。

Ⅲ—慢冷阶段:防止再次产生永久应力,一般冷却速度为 $2\sim10℃/min$。

Ⅳ—快冷阶段:一般玻璃的冷却速度为 $5\sim25℃/min$。

（3）退火曲线的确定

玻璃的退火温度与玻璃成分有关,各种玻璃的退火温度可用双折射检查仪测试,也可以用玻璃组成公式计算,还可以用以下经验法计算。

加热速度: $$h_1=k_1/a^2$$

冷却速度: $$h_0=h_2=k_2/a^2$$

其中, h_1 为冷却速度; h_0 为升温速度; h_2 为快冷阶段冷却速度; k_1、k_2 为退火常数,见表3.14.1; a 为玻璃制品厚度,对玻璃板来说,为板厚的 1/2,对空心制品来说,为制品的壁厚。

保温时间一般为 $10\sim20$ min。

表 3.14.1 某些玻璃的退火温度与退火常数值

玻璃名称	退火开始温度/℃	k_1	k_2
窗玻璃	540～550	1.2	4.7
铅晶质玻璃	465～475	2.0	8.0
钠-钙玻璃	530～560	2.2	8.8
无碱玻璃	660～680	2.3	9.2
硼硅质玻璃	520～530	10.0	33.0

2. 玻璃退火设备——退火窑

为玻璃制品退火的设备称为退火窑。通常按制品在窑内移动情况将退火窑分成间歇式、半连续式和连续式三种。平板玻璃通常用辊道式连续退火窑退火。

目前,国际上浮法玻璃退火窑有两种代表型式:克纳德式(比利时 CNUD)和斯坦因式(法国 STEIN)。为调节并严密控制冷却速率,克纳德式窑在纵向划分成七个区,每区的工作特征如下。

A 区为预退火区,在 600～550℃,处于高退火温度(560～580℃)之上,消除玻璃带横向温差,使玻璃带达到高退火温度。

B 区为退火区,在 550～480℃的关键退火范围(低退火温度为 480℃左右),玻璃带内永久应力的大小取决于该区的温度控制。

C 区为间接冷却区,在 480～380℃,低于低退火温度,不会产生永久应力,冷却速度的控制使产生的暂时应力不大于玻璃的破坏应力即可。

D 区为封闭式自然冷却区,是由间接冷却到直接对流冷却的过渡区,在 380～365℃,有一个不保温的封闭壳体。

RET$_1$（365～295℃）区和 RET$_2$（295～225℃）区为热风循环冷却区,在不保温的封闭壳体内用热风强制对流方式直接冷却玻璃带。

E 区为敞开式自然冷却区,在 225～215℃,将玻璃暴露在空气中自然冷却。

F 区为敞开式强制冷却区,在 215～70℃,以室温空气通过狭缝式喷嘴直接吹到玻璃上、下表面冷却,将它强冷到 70℃左右出窑。

案例 14-1 引进斯坦因退火窑冷修改造

1. 使用情况

某公司浮法一线退火窑在 1984 年 12 月从法国斯坦因公司引进,截至 2008 年一共经历了三个窑期,之前对引进退火窑都没有做出什么改动,但是经过三个窑期 24 年的使用,根据理论计算及其他生产线的实际情况,现有的 F 区应能满足冷却要求,B 区产生的残余应力偏高,永久应力不够理想,D 区玻璃出口温度高,造成 F1 区风机未能充分利用,使得退火窑出口温度偏高,直接影响了二次切割质量,甚至由于玻璃骤冷造成炸板。

2. 重点改造项目

根据目前生产 3~15 mm 厚玻璃的要求,重点对退火窑的 B 区和 C 区进行改造。

(1) B 区新增加一节 B8,放原 B7 区后(长 2.7 m),连接方式与原退火窑结构一样,内部风管相应增加 2.7 m。

(2) C 区新增加一节 C5,放在原 C4 区后(长 3 m),连接方式与原退火窑结构一样,内部风管相应增加 3 m。

(3) D 区、E 区、F1 区、F2 区往后移 5.7 m。

(4) 在原 A1~A4、B1~B3 壳体两侧墙上每侧增加两个电加热手,对应位置开矩形孔,并在壳体外加隔热材料,采用螺柱连接。加热元件功率、位置可调节,能适应不同板宽及厚玻璃的生产。

(5) B、C 区长度各增加 1 节后,退火窑向后顺延。为保护楼板安全,在 D 区壳体底部加"人"字形钢板。钢板与壳体间填充保温材料,保证其底部具有较低温度。

(6) 前面各区长度增加后,可降低 F 区入口温度,即可充分利用 F 区强制冷却玻璃板,降低退火窑出口温度。同时,在两侧的风嘴上加装插板,以便调整玻璃板边部的冷却强度。

(7) 退火窑辊子及传动系统视损坏情况更换或维修,并根据长度相应增加辊子数量及改造传动系统。B 区需新增 6 根 $\phi305$、材质 18/8 的辊子及传动件;C 区需新增 6 根 $\phi216$、材质 18/8 的辊子及传动件。其加工精度要求为:表面径向全跳动为 0.1 mm,外径尺寸公差为 ±0.2 mm,表面粗糙度上,B 区为 $R_a0.8$,C 区为 $R_a1.6$。

(8) 本次改造可根据实际情况更换高温区壳体内的保温材料,保证壳体具有良好的保温隔热效果。

(9) 为提高玻璃质量,对 SO_2 系统进行改造,在过渡辊台、A0 区与 A 区增加 SO_2。

3. 改造前后对比

(1) 改造前的技术指标

产量:450 t/d

玻璃原板宽:3 600 mm

玻璃板厚度:4~12 mm

(2) 改造后的技术指标

产量:450 t/d

玻璃原板宽:3 600 mm

玻璃板厚度:3~15 mm

退火窑长度见表 3.14.2。

表 3.14.2　退火窑长度　　　　　　　　　　单位:m

分区	A0	A	B	C	D	E	F1	F2	总长
改造前	5.4	10.8	18.9	12	11.4	2.4	13.2	13.2	87.7
改造后	5.4	10.8	21.6	15	11.4	2.4	13.2	13.2	93.4

退火窑辊道参数见表 3.14.3。

表 3.14.3　退火窑辊道参数　　　　　　　　单位:mm

设项	过渡辊台辊径及辊间距	A0~C 区辊径及辊间距	C 区~F1 区辊径及辊间距	F1~F2 区辊径及辊间距	传动站功率/kW
改造前辊号	$1^\#$~$3^\#$ $\phi305$ 450	$4^\#$~$82^\#$ $\phi305$ 450,500	$83^\#$~$138^\#$ $\phi216$ 500,600	$139^\#$~$172^\#$ $\phi150$ 600	30
改造后辊号	$1^\#$~$3^\#$ $\phi305$ 450	$4^\#$~$88^\#$ $\phi305$ 450,500	$89^\#$~$150^\#$ $\phi216$ 450,500	$151^\#$~$184^\#$ $\phi150$ 600	30

4. 加热功能

退火窑 A 区、B 区板上边部电加热系统增加可调式电加热元件,功率增加约 112 kW,需新增两台可控硅调功器控制柜,同时原有可控硅调功器控制柜仍利用。退火传动控制系统改为变频调速控制,并设 UPS 不间断电源系统作为备用电源,保障退火系统可靠连续安全运行。可移动式电加热元件装在 A 区、B 区的侧墙上用于烤窑和玻璃板边部的再加热,上部加热元件位于玻璃板上方约 280 mm 处。功能分布见表 3.14.4。

表 3.14.4　功能分布

			单位功率/kW	加热器数量/个	总功率/kW
A 区 板上加热器	左	边部	4	8	32
	右	边部	4	8	32
B 区 板上加热器	左	边部	3	8	24
	右	边部	3	8	24
合计					112

说明:

(1) 每个电加热组件都是活动的,位置可手动调节,功率可以在实际使用过程中进行调整。

(2) 每个部分电加热器由一个单独的可控硅进行控制,在维护期间,操作工可在控制室或操作平台手动进行调节,每个加热区的开始处第一个加热组件带有一个保护热电偶,并与一个限位温控开关相连,温度过高时,将关掉该处的电源,位于顶部的分配盒向每组加热组件提供切断和保护功能。

5. 新增设备说明及保温

(1) 新增 B8 区壳体由钢板和型钢焊接而成,内壳体及其内部所有构件都用不小于 2 mm 的不锈钢板($1Cr_{18}Ni_9Ti$)制作而成,外壳体采用 4 mm 碳钢板制作;风管要求用 $1Cr_{18}Ni_9Ti$(为 1 mm)的钢板制作。

(2) 新增 C5 区由钢板和型钢焊接而成,内外壳体均采用普通低碳钢 Q235－A 制作,内壳钢板不小于 2 mm,外壳厚 4 mm,内风管用 Q235 - A 钢板制作。

（3）每节壳体底部的两侧布置有清渣门,可以清除碎玻璃。为了观察玻璃带运行情况,每一节设有检查窗。

（4）保温:壳体的侧面、上部、底部的保温采用针刺陶瓷纤维毯及硅酸铝纤维毡保温,壳体内侧用针刺陶瓷纤维毯保温,外侧用硅酸铝纤维毡保温,填充时各层之间错缝,没有空隙;退火辊子轴头、清渣门、检查窗、加热组件插头及风管引出口周围均要用各种保温棉毡填实,厚度保持一致。要求:针刺陶瓷纤维毯密度 128 kg/m³,硅酸铝纤维毡密度 200 kg/m³。

（5）冷却:利用原有的风机、蝶阀、风管系统。

分析点评

在整条生产线中,退火窑起到了举足轻重的作用。B 区加长可有效的降低玻璃的残余应力,有利于消除或获得玻璃上理想的永久应力。B 区、C 区长度同时增加,相应延长了玻璃在各区内的停留时间,严格控制退火温度曲线,使其在各区分别具有较合理的降温速度,保证玻璃有控制的逐渐降温,最终降低退火窑出口温度,为冷端的二次切割提供了先决条件。

思考题

1. 什么是退火温度曲线? 制定时应考虑哪些因素?
2. 玻璃内部应力消除不好会给玻璃造成哪些问题?
3. 超薄玻璃应如何进行退火操作?

案例 14-2 退火窑产量增大时的技术改造

1. 概述

某公司浮法玻璃三线于2002年3月放水冷修改造,改造的目的是使原拉引量为450 t/d 的玻璃生产线达到能够拉引530 t/d 玻璃生产线的要求。因此,退火窑作为玻璃生产的三大热工设备之一,在此次改造中是一项重要的改造内容。由于受场地限制,新退火窑采用了热风循环及其他的技术措施,在不改变退火窑长度和宽度的情况下,保证投产后运行良好。

2. 主要设计介绍

(1) 冷却风系统改造

A区上窑期的三线退火窑冷却风为逆流,即冷却风走向和玻璃板运动方向相反,这样就使玻璃板在A区和B区相接处的冷却速率变化较大,在实际生产中,造成玻璃退火窑难以调节。在这次改造中,A区冷却风由原来的逆流改为顺流,使玻璃的冷却速率在A区出口、B区进口处平滑过渡,一方面缓解了B区退火压力,另一方面减轻了玻璃板在A区后半段受到较大温度变化的冲击,使退火窑易于调节,玻璃的退火质量得到进一步改善,见图3.14.2。

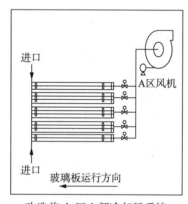 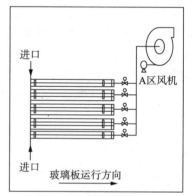

改造前A区上部冷却风系统   改造后A区上部冷却风系统

图3.14.2 退火窑A区上部冷却风系统

为保证A区冷却强度,适当增加A区板上风机的功率,提高冷却风量。

B区冷却风系统改造的最大特点是:把原来的B区上部冷却风由冷风改为热风,就是利用A区板下、B区板上和板下的出口热风作为B区板上的进口风,并通过掺进部分冷空气的方法来调节进入B区板上冷却风管的冷却风温度,减小冷却风温度和玻璃板温度之间的温差,使玻璃板在重要退火区缓慢均匀的冷却,从而使玻璃的退火质量进一步提高。改造后的冷却风系统见图3.14.3。

C区冷却风的板下风系统是这次改造的重点,由于该区的板下温度较高,容易造成玻璃板的炸裂。为改变冷却风对C区板下冷却的不足,对原有C区板下管路进行改造,见图3.14.4。经过改造后的板下冷却风系统冷却效率明显提高,从而减小了C区玻璃板面的上下温差,提高了玻璃成品率。

RET区、F区冷却风管均采用原有系统的冷却风管,但考虑到整个生产线的日拉引量由450 t增加到530 t,所需的冷却风量较大,因此,更换掉功率较小的风机,而采用功率较大的冷却风机,加大对玻璃板面的冷却强度。

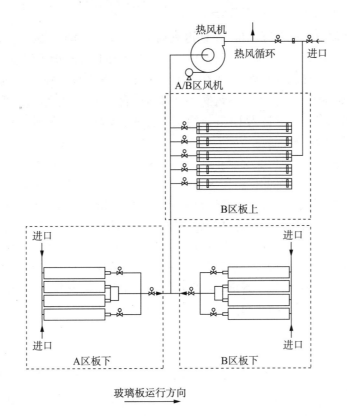

图 3.14.3 退火窑 B 区热风循环系统(图中箭头表示冷却风流向)

图 3.14.4 C 区板下单根冷却风管断面

(2)电加热的改造

原有退火窑的加热功率较大,总加热功率达到 1 680 kW。由于采用了 A 区顺流和 B 区热风循环冷却的技术及加强对退火窑壳体的保温,在实际生产中,不需要太多的热量补偿,这样,所需的电加热功率就不会太大。根据这种情况,改造中合理调整了退火窑的电加热布置,使整个退火窑加热功率降到 1 082 kW,从而减少了基建投资,减少了生产中电功率的消耗,降低了能耗。

(3)控制系统的改造

退火窑控制系统的设置基本上维持原有设计,本次改造时,主要在控制方式和控制规则上进行细化调整,采用新型控制策略。退火窑控制系统设置如下。退火窑温度控制设置有两种方式:电加热风冷却控制、单一风冷却控制。退火窑电加热元件为高电阻电热合金丝,采用电阻性负载调控器进行控制,并在 DCS 上显示电加热功率。风系统执行元件为气动蝶阀。

退火窑 A、B、C 三区玻璃板上/下横向各分成若干小区,对横向区域的温度进行自动控制。

RET 区的温度采用循环热风控制,通过调节风管上的调节阀开度来控制循环风温度,从而实现 RET 区的温度控制。

为更准确地掌握玻璃板实际温度、保证退火质量,在退火窑的 A 区入口设置一台红外测温仪;B 区出口、C 区出口横向各设置三台红外测温仪,用于监测玻璃板温度。

退火窑主传动采用交流变频调速,主传动速度可在 DCS 上设定和显示,通过软件设置,可以将 DCS 上的速度设定与主传动控制盘操作有机地结合起来,实现无扰动切换。

退火窑所有热工参数全部进入 DCS 进行集中显示、报警,冷却风机的运行和故障等信号均进入 DCS 进行监视、报警。

(4) 退火窑的保温

这次退火窑改造把退火窑的保温作为重中之重。首先,在设计中尽量选用国内高档保温材料,优化退火窑的保温结构,合理配置,分层保温,内部采用密度较大但耐高温性能好的保温材料,外部采用密度较小、保温效果优良的保温材料,使保温材料在高温下始终保持自身的柔韧性,而不改变其保温效果。其次,加强对耐火材料的采购管理,挑选生产质优价廉且信誉好的生产厂家作为供货单位,并加强全过程的跟踪和检查,确保到厂的产品质量符合设计要求。最后,加强对保温材料填充质量的管理,保证保温层的厚度和保温材料填充的均匀性,提高耐火材料填充质量,从而解决低质量耐火材料运行一段时间后发粉、结球、下沉等问题,给玻璃的正常生产创造了条件。

3. 效果评价

本次改造的退火窑经过一年多的运行,情况良好,能够保证较大吨位玻璃拉引量的退火要求,因此,本次改造达到了预期的效果。表 3.14.5 列出退火窑改造前、后的主要参数对比。

表 3.14.5 改造前、后退火窑主要参数对比

主要参数	退火窑长/m	退火窑内宽/mm	退火吨位/(t/d)	原板宽/mm	进退火窑温度/℃	原板厚/mm	玻璃出退火窑温度/℃	玻璃进退火窑横向温差/℃	玻璃出B区温度波动/℃
改造前	104.5	4 350	450	3 300	600±10	4～8	70	15	±2
改造后	104.5	4 350	530～550	3 650	600±0	4～12	65	15	±1

分析点评

退火窑是玻璃三大热工设备之一,承担消除玻璃内部应力的任务,退火不好,会影响玻璃的使用性能。对于同一座退火窑来说,增大产量,退火速度加快,加热和冷却系统不能满足要求,通过改造,已经能满足较大吨位玻璃拉引量的退火要求,并达到了预期效果,改造方案值得借鉴。

思考题

1. 退火窑 A、B、C 区的结构是怎样的?
2. 加热和冷却系统工艺参数的确定依据是什么?
3. 退火辊道系统的组成是怎样的?各种辊子的工艺指标如何?

参考文献

[1] 王承遇,陶瑛. 玻璃材料手册. 北京:化学工业出版社,2008.

[2] 杨京安,鼓寿. 浮法玻璃生产操作指南. 北京:化学工业出版社,2007.

[3] 赵彦钊,殷海荣. 玻璃工艺学. 北京:化学工业出版社,2006.

[4] 陈国平,毕洁. 玻璃工业热工设备. 北京:化学工业出版社,2006.

[5] 刘志海,李超. 浮法玻璃生产操作问答. 北京:化学工业出版社,2007.

[6] Shui Z H. Introduction to Materials. WuHan:WuHan University of Technology Press,2005.

[7] 谢军. "洛阳浮法"玻璃技术的持续改进和提高. 建材世界,2009(5).

[8] 王贵祥. 大型浮法玻璃熔窑用可更换式 L 型吊墙. 玻璃,2011(6).

[9] 漆潮,粟静,李玉香. 新型燃料在浮法玻璃熔窑上的运用情况比较. 玻璃,2009(10).

[10] 李涛,周书堂. 玻璃熔窑全保温技术应用及效果. 河南建材,2001(1).

[11] 唐福恒,刘振春. 玻璃熔窑新技术——全窑宽投料池. 玻璃,2003(6).

[12] 孙兴银. 530 吨级浮法玻璃退火窑改造设计与实践. 玻璃与搪瓷. 2004(10).

[13] 毛劲松,吕双寅,桂连杰. 玻璃原料配料称重的新探索. 玻璃,2008(10).

[14] 朱从容. 延长浮法玻璃熔窑窑龄技术在我公司的应用. 建材技术与应用,2005(2).

[15] 王志平. 富氧气体在浮法玻璃熔窑上的创新应用. 玻璃,2011(7).

[16] 浦湘凯,王建军. 玻璃配合料布料控制技术的改进. 建材世界,2009(4).

[17] 辛治林. 浮法玻璃熔窑投料系统的工艺设计. 玻璃,2009(5).

[18] 郭爱军. 浮法玻璃配合料制备过程控制. 玻璃,2010(3).

[19] 唐福恒. 采用高低温二段蓄热技术使玻璃熔窑真正节能减排. 玻璃,2010(7).

[20] 张新鸿. 池窑蓄热室热修技术方案的成功实施. 玻璃纤维,2009(2).

[21] 赵恩录,黄杰. 蓄热式玻璃熔窑的节能措施. 玻璃,2007(6).

[22] 吴一东. 浅谈我公司引进斯坦因退火窑冷修改造. 玻璃,2011(7).

[23] 刘建国. 超薄浮法玻璃生产线的设计、生产基本概况及特点. 建材世界,2010(6).

[24] 孙兴银,曹祥. 530 t 级浮法玻璃熔窑改造设计与实践. 玻璃,2004(2).

[25] 罗鸣. 玻璃厂配料车间的优化设计. 福建建材,2008(10).

第四篇　陶瓷

基础知识

一、陶瓷的概念与分类

1. 陶瓷的概念

"陶瓷"是人类生活和生产中不可缺少的一种材料。"传统陶瓷"是指所有以黏土为主要原料,与其他天然矿物原料及少量的化工原料经过配料、粉碎、混炼、成型、煅烧等过程而制成的各种制品。它包括日用陶瓷、艺术陈设陶瓷、建筑卫生陶瓷、皂瓷、电瓷及化工瓷等。由于使用的原料取之于自然界的硅酸盐矿物(如黏土、长石、石英等),所以人们把传统陶瓷制品与玻璃、水泥、搪瓷、耐火材料等归属于硅酸盐材料。

随着近代科学技术的发展,出现了许多新的陶瓷品种,如氧化物陶瓷、碳化物陶瓷、氮化物陶瓷等。它们的生产过程虽采用原料处理-成型-煅烧传统的陶瓷工艺方法,但采用的原料不再使用或很少使用黏土、长石、石英等传统陶瓷原料,而是使用其他特殊原料甚至扩大到非硅酸盐、非氧化物原料范围,同时也出现了许多新的生产工艺,由于这些制品在使用原料、化学组成、生产工艺、材料性能、结构形态和产品应用等方面与传统陶瓷的含义有了很大的变化,因此,被称之为"先进陶瓷"或"特种陶瓷"。

"广义陶瓷"是用陶瓷生产方法制造的无机非金属固体材料和制品的通称。从结构上看,一般陶瓷制品是由结晶物质、玻璃态物质和气泡所构成的复杂系统,这些物质在种类、数量上的变化,赋予不同的陶瓷有不同的性质。陶瓷制品的品种繁多,它们之间的化学成分、矿物组成、物理性质以及生产工艺常常互相接近、交错,无明显的界限,但在应用上却有很大的区别。

2. 陶瓷的分类

由于各国生产的历史和习惯不同,国际上通用的陶瓷一词在各国并没有统一界限,因此陶瓷的分类还无统一的方法。根据陶瓷的化学组成、性能特点、用途等不同,可将陶瓷制品分为两大类,即普通陶瓷和先进陶瓷(特种陶瓷)。

普通陶瓷即为陶瓷概念中的传统陶瓷,这一类陶瓷制品是人们生活和生产中最常见和最常使用的陶瓷制品。根据所用原料及坯体致密度不同分为陶器、瓷器及炻器;根据其使用领域的不同,又可分为日用陶瓷、艺术陈设陶瓷、建筑卫生陶瓷、化学化工陶瓷、电瓷等。这些陶瓷制品所用的原料基本相同,生产工艺技术也接近,都是采用传统陶瓷的生产工艺。

普通陶瓷以外的广义陶瓷概念中所涉及的陶瓷材料和制品即为先进陶瓷。先进陶瓷是以高纯度的人工化合物,如硅化物、氧化物、硼化物、氮化物及碳化物等为原料制成,主要应用于机械、电子、能源、冶金及一些新技术领域。先进陶瓷根据其性能和用途的不同又分为结构陶瓷和功能陶瓷。结构陶瓷主要是用作耐磨损、高强度、耐热、耐热冲击、高硬度、高刚性、低热膨胀性和隔热等结构材料,如各种氧化物陶瓷、氮化物陶瓷、碳化物陶瓷等。功能陶瓷是具有各种电、磁、光、声、热功能及生物、化学功能等的陶瓷材料,如电容器陶瓷、压电陶瓷、磁性材料和半导体陶瓷等。

二、陶瓷的结构、组织与性能

1. 陶瓷的结构

陶瓷材料的性质主要由陶瓷本身的物质结构和内部的显微组织决定。陶瓷材料的结合键主要是离子键和共价键,例如氧化铝、氧化镁为离子键,金刚石、碳化硅为共价键。但通常不是单一的键结合类型,而是由两种键混合在一起。例如岛状硅酸盐中,阳离子和硅氧四面体是以离子键相联,四面体中Si—O是共价键与离子键的混合键。由于材料具有较高的结合键能,因此陶瓷材料通常有熔点高、硬度高、耐腐蚀、塑性极差等特性。

2. 陶瓷的组织

陶瓷材料的组织主要由三种相组成,即晶体相、玻璃相和气相。晶体相是陶瓷的主要组成,一般数量较大,对性能的影响最大。它的结构、数量、形态和分布决定陶瓷的主要特点和应用。当陶瓷中有数种晶体时,数量最多、作用最大的为主晶相,当然次晶相等的影响也是不可忽略的。陶瓷中的晶体相主要有硅酸盐、氧化物和非氧化物三种。

玻璃相(Glass Phase)又称过冷液相(Super Cooling Liquid Phase)。陶瓷坯体中的一部分组成高温下会形成熔体(液态),冷却过程中原子、离子或分子被"冻结"成非晶态固体即玻璃相。陶瓷玻璃相的作用是将分散的晶相黏合在一起,填充晶体之间空隙,提高材料的致密度;降低烧成温度,加快烧结过程;组织晶体转变,抑制晶体长大;获得一定程度的玻璃特性等。但玻璃相的强度比晶相低,热稳定性差,在较低温度下会软化,同时对陶瓷的介电性能、耐热耐火性等是不利的,所以不能成为陶瓷的主导组成,一般含量为20%~40%。

气相是指陶瓷组织中的气孔。气孔可以是封闭的,也可以是开放型的;可以分布在晶粒内,也可以分布在晶界上,甚至玻璃相中也会分布气孔。气孔在陶瓷组织中约占5%或更高。气孔会造成应力集中,使陶瓷容易开裂,降低强度;还可降低陶瓷抗电击穿能力,同时对光线有散射作用,故会降低陶瓷的透明度。当陶瓷要求密度小、重量轻或者要求绝热性高时,则要求保留烧过的气相。

3. 陶瓷的性能

陶瓷的性能主要包括机械性能及物理和化学性能。

陶瓷的机械性能通常包括刚度、硬度、强度、塑性及韧性或脆性等。由于陶瓷由强的化学键组成,因此具有很高的刚度、硬度及强度。陶瓷塑性较大,在室温下几乎没有塑性。陶瓷受载时都不发生塑性变形就在较低应力下断裂,因此韧性极低或脆性极高。脆性是与强度密切相关但又不同的性质,它是强度与塑性的综合反映。提高强度并不会明显改善脆性,但降低脆性(即增韧)对提高强度有利。

陶瓷的物理和化学性能通常包括热膨胀性、导热性、热稳定性、化学稳定性及导电性等。热膨胀系数的大小与晶体结构和结合键强度密切相关,键强度高的材料热膨胀系数低,因此陶瓷的膨胀系数较低。陶瓷的导热性小,多为较好的绝热材料。由于热稳定性与材料的线膨胀系数和导热性等有关,因此陶瓷的热稳定性较低,这是陶瓷的另一大主要缺点。而陶瓷的结构非常稳定,具有高的化学稳定性,对酸、碱、盐等腐蚀性很强的介质均有较强的抗蚀能力,与许多金属的熔体也不发生作用,是很好的耐火材料及坩埚材料。由于缺乏电子导电基质,因此大多数陶瓷是良好的绝缘体,但不少陶瓷既是离子导体又有一定的电子导电性,所以陶瓷也是重要的半导体材料。综上可知,陶瓷性能特点可以概括为具有不可燃烧性、高耐热性、高化学稳定性、不老化性、高的硬度和良好的抗压能力,但脆性很高,温度急变抗力很低,抗拉、抗弯性能差。

三、陶瓷的生产工艺

大多数陶瓷产品的生产都是将粉末或颗粒压实成一定的形状,然后加热到足够高的温度使这些颗粒黏合在一起,基本步骤有材料制备、成型及热处理。

1. 材料制备

通过机械或物理和化学方法制备粉料,要控制粉料的粒度、形状、纯度及脱水脱气,以及配料比例和混料均匀等质量要求。粉料和其他配料(如黏结剂和润滑剂)可采用湿混合或干混合。

2. 材料成型

将粉料用一定工具或模具制成一定形状、尺寸、密度和强度的制品坯型(亦称生坯)。可以采用在干、湿、可塑性条件下用不同的方法成型。常用的成型方法有模压、挤压、流延、注浆、轧制成型等。具体成型方法比较将在第十七章详细叙述。最终成型方法的选择不仅要考虑制品的大小、形状,也要考虑其工艺成本和生产效率。

3. 材料热处理

热处理技术是大多数陶瓷生产过程中的重要工序,这里简要介绍烘干、焙烧和烧结。

烘干的目的是为了除去陶瓷压坯中的水分,水是为了便于成形操作而加入的。烘干时,随着水分的去除,压坯中的颗粒间距会减小,并产生一些收缩,这样就容易产生诸如翘曲、变形和开裂等缺陷,因此应当通过调节温度、湿度和空气流速等因素,同时控制烘干温度通常在 $100℃$。

压坯烘干后,通常要在 $900\sim1\,400℃$ 进行焙烧,具体温度取决于压坯的成分和所需的性能。焙烧后,密度进一步增加,孔隙率则减小,力学性能提高。黏土基压坯焙烧时发生相当复杂的反应,其中之一就是玻璃化。玻璃化的程度决定了陶瓷制品的室温性能,而焙烧温度又决定了玻璃化程度,因此要控制合适的焙烧温度。

烧结是指在高温条件下,坯体表面积减小、孔隙率降低、机械性能提高的致密化过程。粉体的表面能降低和系统自由能降低是烧结的驱动力。烧结过程中,颗粒间相互接触的表面之间发生原子的扩散,通过化学键合而连接在一起,随着烧结过程的进行,新形成的大颗粒取代了较小的颗粒。烧结可分为固相烧结、液相烧结及气相烧结,而烧结方法包括反应烧结、常压烧结、热压烧结、微波烧结等。

第十五章　陶瓷原料

知识要点

众所周知,原料是陶瓷生产的基础。陶瓷制品所用原料大部分是天然的矿物或岩石原料,其中多数为硅酸盐矿物。随着陶瓷工艺的发展,陶瓷原料中逐渐加入其他矿物原料,即除用黏土作为可塑性原料外,还适当添加石英作为瘠性原料,添加长石以及其他碱金属的矿物作为熔剂原料。

目前,陶瓷原料的分类尚无统一的方法,一般按原料的工艺特性划分为可塑性原料、瘠性原料、熔剂性原料和功能性原料四大类。

一、可塑性原料

可塑性原料的矿物成分主要是黏土矿物,如高岭土、多水高岭土、膨润土、瓷土等。可塑性原料在生产中主要起塑化和结合作用,它赋予坯料可塑性和注浆成形性能,保证干坯强度及烧后的各种使用性能,如机械强度、热稳定性、化学稳定性等,它们是成形能够进行的基础,也是黏土质陶瓷的成瓷基础。

二、瘠性原料

瘠性原料的矿物成分主要是非可塑性的硅、铝的氧化物及含氧盐,如石英、蛋白石、叶蜡石以及黏土煅烧后的熟料、废瓷粉等。瘠性原料在生产中起减黏作用,可降低坯料的黏性,烧成后部分石英溶解在长石玻璃中,提高液相黏度,防止高温变形,冷却后在瓷坯中起骨架作用。

三、熔剂性原料

熔剂性原料的矿物成分主要是碱金属、碱土金属的氧化物及含氧盐,如长石、石灰石、白云石、滑石、锂云母、伟晶花岗岩等。它们在生产中起助熔作用,高温熔融后可以溶解一部分石英及高岭土分解产物,熔融后的高黏度玻璃可以起到高温胶结作用,常温时也起减黏作用。

四、功能性原料

除上述三大类原料外的其他原料及辅助原料统称为功能性原料,如氧化锌、锆英石、色料、电解质等。它们在生产上不起主要作用,也不是成瓷的必要成分,一般少量加入能显著提高制品某些方面的性能,有时是为了改善坯釉料工艺性能而不影响到制品的性能,从而有利于生产工艺的实现。

案例 15-1　牛牯崀高岭土(陶瓷土)矿床特征及其成因分析

高岭土(陶瓷土)按原料工艺特性分类属于可塑性原料,它们是成形能够进行的基础,也是黏土质陶瓷的成瓷基础。矿区所处地理位置环境不同,其矿石结构、矿石物质组成及化学组成等也不同。牛牯崀高岭土(陶瓷土)矿床特征及成因分析具有良好的借鉴作用,相似矿山的发现将对潮州地区陶瓷工业的发展起到重要的推动作用。

1. 矿床与矿体特征

牛牯崀高岭土位于广东省东部潮州市,矿区地貌类型属低山丘陵,瓷土矿就分布在山坡较缓的丘陵上。本矿矿石结构、构造较单一,为残余晶屑凝灰结构,土块、块状构造,矿石矿物主要为石英、残留长石碎屑和黏土矿物,工业类型为硬质高岭土(瓷土)矿石。化学成分是对四个采场矿石进行分析,其结果如表 4.15.1 所示。

表 4.15.1　四个采场矿石的化学成分

样号		$1^{\#}$	$2^{\#}$	$3^{\#}$	$4^{\#}$
		CH2 采场	CH4 采场	CH1 采场	CH3 采场
化学成分	Al_2O_3	16.03	15.75	16.03	16.03
	Fe_2O_3	0.80	0.90	1.30	1.50
	TiO_2	0.12	0.12	0.09	0.24
	SiO_2	70.27	74.92	74.91	69.86
	CaO	0.00	0.11	0.06	0.17
	MgO	0.25	0.25	0.12	0.29
	K_2O	7.40	2.25	1.85	8.65
	Na_2O	0.31	0.13	0.13	0.61
	SO_3	0.00	0.04	0.08	0.00
特征数值	烧失量	4.13	4.90	4.98	2.45
	硅铝比	7.44	8.07	7.93	7.40
	化学蚀变指数 CIA	65.29	84.68	87.33	60.02

2. 成因分析

(1) 矿体产状分析

本矿体所在层位属于一个完整的风化壳序列中的中部层位,即全风化层下部层位。矿体的上盘围岩为残坡积层和由流纹质晶屑凝灰岩风化形成的残积土,下盘围岩为强-中等风化的流纹质晶屑凝灰岩或熔结凝灰岩,再下为火山岩母岩-流纹质晶屑凝灰岩,其已不同程度蚀变,长石质成分已变为绢云母和高岭石等黏土矿物,还伴有硅化、黄铁矿化;矿体中部夹石也为上述风化火山岩;矿体产状与地形起伏近于一致;未见其他岩石夹层。因此从产状上分析,本矿床应当属于风化残积型矿床。

(2) 矿体组分分析

矿石组分主要黏土矿物为不规则片状高岭土(占 95% 以上),而化学组分中,由于风化作用造成钾、钠、钙、镁等金属离子的流失和脱硅富铝化加强,使其化学风化指标向红土化作用发展。从表 4.15.1 的特征数值可知,其硅铝比表示成土作用程度达到中等程度,而 CIA 表明,其风化程度达到中等-偏高水平,相当于富硅铝阶段,或称"高岭土型风化壳"。因此从矿石组分来看,本矿床也是位于红土型风化壳的中部层位。

(3) 矿床形成分析

本矿成矿母岩由长石、石英为主的矿物,在雨量充沛的表生环境酸性介质条件下,分解成高岭土,其形成反应如式(4.15.1)、式(4.15.2)所示。

$$4KAlSi_3O_8 + 2H_2O + 2H_2CO_3 \longrightarrow 2Al_2Si_2O_5(OH)_4 + 2K_2CO_3 + 8SiO_2 \qquad (4.15.1)$$

$$4KAlSi_3O_8 + 2H_2O + 2H_2SO_4 \longrightarrow 2Al_2Si_2O_5(OH)_4 + 2K_2SO_4 + 8SiO_2 \qquad (4.15.2)$$

(4) 矿床形成的动作用分析

牛牯崊瓷土矿在地应力作用下,使区内地层岩石产生发育的构造裂隙,地面酸性介质水渗入地下加速了岩石风化分解,形成了厚度较大的风化壳。矿体位于当地侵蚀基准面以上,使之得以保存良好。

分析点评

广东省潮州地区生产陶瓷历史悠久,据记载,早在 4 000 多年前就已制作出精美的印花刻纹硬软质陶器,至唐代,潮州已成为陶瓷出口基地之一。目前,潮州是全国陶瓷门类最齐全的产区,2004 年 4 月 12 日,被中国轻工联合会和陶瓷工业协会授予"中国瓷都"光荣称号。陶瓷工业的原材料源于瓷土,潮州地区瓷土矿点虽多,但地质勘察工作程度低,大部分矿点均处于踏勘阶段。据初步了解,目前潮州陶瓷生产年需瓷土量约 200×10^4 t,其中约 50% 需从外县、市购买,价格较高。为了保持和加快潮州地区陶瓷工业的进程,必须加快瓷土资源的勘查和开发,因此,潮州市牛牯崊瓷土资源的勘查和开发利用研究是非常必要的。

思考题

1. 分析高岭土的结构及性质对陶瓷生产的影响。
2. 分析黏土在陶瓷生产中的作用。

案例 15－2　萍乡芦溪南坑高岭土的开采利用

江西萍乡市芦溪县高坑黏土颜色是淡黄色,与周围岩层不同,这些黏土矿物中除高岭土外,还含有不定量的非黏土矿物,如石英、长石等。这些黏土是由极细的矿物颗粒组成的,其颗粒的大小大多数小于 2 μm,它在水中具有分散性、带电性、离子交换性以及水化性,这些性能对于制造陶瓷料浆是很重要的。

高岭土的主要矿物为六角片状结晶的高岭石,其理论组成为 $Al_2O_3 \cdot 2SiO_2 \cdot 2H_2O$。用化学方法及电子显微镜照相测定黏土矿物各种组成元素的含量及鉴定晶体结晶形状,得出萍乡芦溪南坑高岭土的化学组成(质量分数)为:SiO_2(49.95%)、Al_2O_3(33.75%)、Fe_2O_3(0.80%)、CaO(0.15%)、MgO(0.20%)、K_2O 和 Na_2O(0.28%)、TiO_2(0.14%)、H_2O(14.95%),密度为 1.97 g/cm³。从化学组成来看,SiO_2 和 Al_2O_3 含量高,Fe_2O_3 含量低,可以制造白色的陶瓷产品,颗粒较细,呈胶体状态,黏土物质混入适当数量的水以后便具有可塑性。当混入水分较多时,它们便分散于水中,并保持悬浮状态,当黏土泥坯干燥时,则具有一定的干燥收缩与干燥强度。

鉴定方法如下:首先将黏土块用水浸泡、搅拌后,蒙脱石往往成为浑浊的悬浮体,而高岭土往往分散为块状,上部的水仍为清液。好的黏土用水润湿,可搓成直径为 0.5 mm 的长条而不折断,用手捻搓,有细腻的感觉,而无沙粒存在。再用 5% 的盐酸检验黏土是否含有碳酸钙,将盐酸洒在黏土块上,若冒着泡则表示黏土中含有碳酸钙。在野外鉴定结果是高岭石的优质黏土不含碳酸钙。在室内研究用淘汰法把大于 0.001 mm 的粒级排出分离矿物可得纯的黏土。用化学方法测定黏土矿物各种组成元素的含量,并求出 SiO_2/Al_2O_3 的分子比以此来鉴定黏土矿物。芦溪南坑的高岭土 SiO_2/Al_2O_3 比为 1:0.82,证明是高岭土而不是蒙脱土。再从黏土差热曲线上看到 600~1 800℃非常吻合。通过电子显微镜照相来鉴定晶体结晶形状和染色法。土样经过盐酸酸化后,再用结晶紫溶液(0.1g 的结晶紫溶液溶于 25 mL 的硝基苯中配成)染色,结果呈现紫色,证明仍然是高岭土类。

芦溪南坑到长丰一带的黏土可用坑道式开采。提纯可以采用矿物黏土原矿-粉碎-洗选-烘干-产品,陶瓷生产集中的地区建设新的原料加工厂,要采用新工艺、新设备和新技术,做到资源分级处理不浪费,要做到既要开采又要加工,在陶瓷原料生产基地就做到原料分级供应不同的生产工厂。不仅如此,加工后的废料(如淘洗黏土时的石英砂、长石等)可部分加入配合料中去,或再加工供给其他工业部门使用。

分析点评

高岭土是制造陶瓷的主要原料之一,它的质量直接关系到陶瓷产品的优劣。随着陶瓷产品的不断增长,对高岭土的需求也随之加大,因此,寻找适合生产陶瓷的高岭土显得尤为重要,寻找高岭土和鉴定高岭土是陶瓷生产原料供应中极其重要的环节。同时要做好长远规划合理开采,因萍乡是陶瓷生产地区,就地取材是合理而又经济的,但陶瓷原料还是存在着一个合理开采使用的问题。

思考题

1. 萍乡芦溪南坑高岭土的开发利用有什么重要意义?
2. 常压下二氧化硅有哪些结晶态?

案例 15-3 某高铁钾长石矿的选矿试验研究

某高铁钾长石矿的选矿试验研究的目的是确定有效除去该细粒浸染的高铁长石矿石中的氧化铁矿物和云母的最佳浮选条件,制定工艺流程,供选矿厂工艺设计使用。

1. 矿石性质

岩矿鉴定结果表明,矿石中的主要矿物为钾微斜长石,占90%;白云母、黑云母、方解石、黏土矿物等杂质矿物占7%;赤铁矿、磁铁矿、非晶质赤铁矿、褐铁矿等占3%。原矿多项分析结果见表4.15.2。

表 4.15.2 原矿多项分析结果 单位:%

项目	K_2O	Na_2O	Fe_2O_3	SiO_2	Al_2O_3	CaO	MgO	TiO_2	烧失量
含量	9.42	3.52	2.49	62.24	18.34	1.66	0.3	0.26	1.06

2. 选矿试验

依据矿石性质研究结果,决定以浮选工艺为主进行试验研究。包括多种浮选流程结构试验、磨矿细度试验、浮选-强磁选联合流程试验等内容。

采用三种流程结构及药剂制度进行了原矿反浮选试验,分别见图4.15.1~图4.15.3,试验结果见图4.15.4。

流程Ⅰ:采用单一阳离子捕收剂十二胺作云母等含铁杂质矿物的捕收剂。试验过程中发现,粗选过程中产生大量的虚泡,未能形成矿化泡沫层。从图4.15.4结果也可看出,该流程除铁效果不理想。

流程Ⅱ:试验表明,采用脂肪酸皂类H907作捕收剂进行粗选,一方面可脱除矿泥,另一方面可除去部分铁杂质;混合使用阳离子捕收剂十二胺与阴离子捕收剂十二烷基苯磺酸钠浮选云母、含铁杂质矿物,可形成很好的泡沫层,精矿铁含量好于流程Ⅰ。十二烷基苯磺酸钠与十二胺产生协同作用,提高捕收能力,降低药剂成本。

流程Ⅲ:脱除矿泥以后,浮选时可以形成很好的矿化泡沫层,泡沫产品铁含量达到16.03%。但矿泥化验结果表明,矿泥中K_2O和Na_2O含量分别为9.53%和3.25%,与原矿相近。这说明脱泥带走了大量钾长石,影响了钾长石精矿的质量和产率。

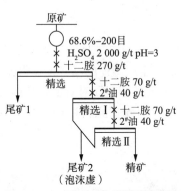

图 4.15.1 原矿直接反浮选流程Ⅰ

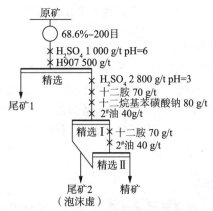

图 4.15.2 原矿直接反浮选流程Ⅱ

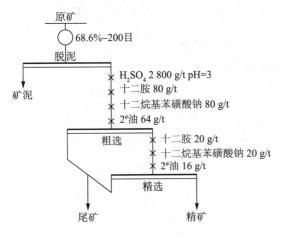

图 4.15.3 原矿脱泥-反浮选流程Ⅲ

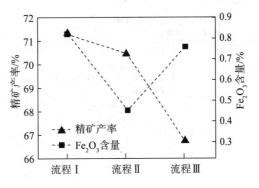

图 4.15.4 各流程对应的精矿率和 Fe_2O_3 含量

分别对强磁选和反浮选流程Ⅱ进行了磨矿细度条件试验,试验结果见图 4.15.5。从图 4.15.5 的结果可知,随着磨矿细度的提高,强磁选流程钾长石精矿中的 Fe_2O_3 含量升高,浮选流程钾长石精矿中的 Fe_2O_3 含量减少,综合考虑,确定磨矿细度为 68%-200 目。

为查明钾长石精矿中 Fe_2O_3 含量高的原因所在,在磨矿细度为 68%-200 目的条件下,对原矿磨矿产品和反浮选精矿产品进行筛分分析,筛分分析对比结果见图 4.15.6。从图 4.15.6 中可以看出,精矿产品的粗粒级所占比例高于原矿,细粒级所占比例明显低于原矿。该结果表明,反浮选对细粒级铁矿物选别效果好,对粗粒级铁矿物选别效果差。

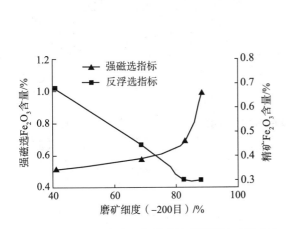

图 4.15.5 不同磨矿细度强磁及反浮选精矿铁含量

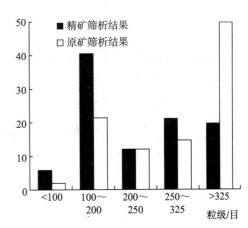

图 4.15.6 原矿磨矿产品与精矿粒度组成对比

强磁选对粗粒含铁矿物的捕捉能力强,弥补了反浮选作业的不足。所以,若想获得高质量的钾长石精矿产品,必须采用反浮选-强磁联合工艺。试验条件和工艺流程见图 4.15.7,试验结果见表 4.15.3。从表 4.15.3 中可以看出,采用反浮选-强磁选联合工艺进行选别,钾长石精矿含铁量可以降低到 0.20%。推荐工艺的数质量流程如图 4.15.8 所示。

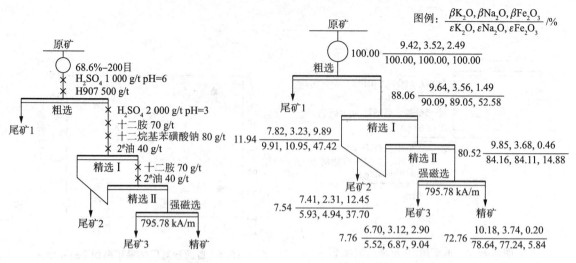

图例: $\dfrac{\beta K_2O,\ \beta Na_2O,\ \beta Fe_2O_3}{\varepsilon K_2O,\ \varepsilon Na_2O,\ \varepsilon Fe_2O_3}$/%

图4.15.7 反浮选-强磁工艺流程　　　图4.15.8 推荐工艺的数质量流程

表4.15.3　反浮选-强磁联合试验结果　　　单位:%

产品名称	产率	品位			回收率		
		K_2O	Na_2O	Fe_2O_3	K_2O	Na_2O	Fe_2O_3
精矿	72.76	10.18	3.74	0.20	78.64	77.24	5.84
尾矿1	11.94	7.82	3.23	9.89	9.91	10.95	47.42
尾矿2	7.54	7.41	2.31	12.45	5.93	4.94	37.70
尾矿3	7.76	6.70	3.12	2.90	5.52	6.87	9.04
原矿	100	9.42	3.52	2.49	100.00	100.00	100.00

3. 产品质量检查

精矿化学多项分析结果见表4.15.4。

表4.15.4　精矿化学多项分析结果　　　单位:%

项目	Fe_2O_3	K_2O	Na_2O	CaO	MgO	SiO_2	TiO_2	Al_2O_3	烧失量
含量	0.20	10.18	3.74	0.53	0.30	64.53	0.03	18.93	1.15

分析点评

　　长石是一种重要的工业矿物,主要用作玻璃和陶瓷的生产原料。玻璃工业长石消费量约占长石总消费量的50%～60%,陶瓷工业长石消费量约占长石总消费量的30%。除此之外,钾长石还应用于化工、磨具磨料、玻璃纤维、电焊条生产等行业。评价长石产品质量的技术指标主要是Fe_2O_3含量和K_2O、Na_2O的含量。在白玻璃的生产中,原料中的铁会对玻璃的透光度和颜色产生不良影响;在陶瓷生产中,铁易使制品表面产生黑点、熔疤和熔洞。云母是建筑陶瓷原料中不受欢迎的成分。

　　矿石中的主要矿物为钾微斜长石,脉石矿物有磁铁矿、赤铁矿、非晶质赤铁矿、黄铁矿、褐铁矿、白云母、黑云母、方解石、黏土矿物、绢云母等。脉石矿物种类多、铁矿物嵌布复杂是造成矿石难选的主要因素。采用脂肪皂类 H907 捕收剂进行粗选,一方面可以脱除矿泥,另一方面可除去矿石中部分含铁矿物;阳离子捕收剂十二胺与阴离子捕收剂十二烷基苯磺酸钠混合使用浮选云母、含铁杂质,产生协同作用,提高药剂的捕收能力,降低药剂成本。采用强磁选的办法捕捉矿石中难浮的大颗粒含铁矿物,可进一步提高钾长石的精矿质量。该矿石采用"反浮选-强磁选"联合工艺选别,获得的钾长石精矿产品质量可以满足我国企业生产对长石原料质量的要求。

思考题

1. 矿石原料中为什么要除去氧化铁矿物和云母?
2. 长石在陶瓷工业中有何作用? 钾长石和钠长石的熔融特征有何不同?

案例 15-4　关于宜兴陶瓷产区原料标准化的探讨

江苏省宜兴市是我国著名的陶器产地,素有"陶都"之称。当地的陶土资源十分丰富,资源条件堪称"得天独厚"。本案例对宜兴陶瓷产区原料生产标准化的途径进行探讨。

1. 宜兴陶瓷产区原料生产现状综述

宜兴产区初步探明陶土工业储量 5 000 多万吨,预计陶土矿蕴藏量 1 亿余吨,主要分布于 55 处矿床(点)之中。基本工业类型有甲泥、紫砂泥、白泥、嫩泥四大类,均属粉砂质黏土与泥岩,与高岭土相比,其化学成分中 Al_2O_3 含量较低,SiO_2 和 Fe_2O_3 含量较高,可塑性属中等,干燥和烧结性能良好。目前由地质资料表明,宜兴地区出露的 220 平方公里的含矿地层中,已勘探评价的陶土矿床有 20 个,其中有 2 个大型矿床和 7 个中型矿床。

宜兴陶瓷产区主要由市属陶瓷公司所辖的 25 家企业直接生产陶瓷制品。主要产品有日用陶瓷、工业特种陶瓷、建筑卫生陶瓷、园林陈设陶瓷、特种耐火材料和电器陶瓷 6 大类 7 000 多个品种。

宜兴陶瓷产区原料标准化总的薄弱点集中反映在原料的标准化、系统化、专业化、机械化程度不高。由于诸多因素使陶瓷原料工业规格标准化工作仍处于初级阶段。

2. 陶瓷原料工业规格标准化在陶瓷工业中的作用

宜兴陶瓷生产的主要原料——陶土,对陶制品的质量起着关键性的作用。其必要性与迫切性可具体归纳如下。

(1) 当前陶瓷生产工艺的迫切需要;

(2) 保护矿产资源,促进陶土矿产综合利用;

(3) 充分发挥原料集中精制加工的优越性。

因此,按照陶瓷行业改造和改组的方向,结合宜兴产区特点,集中宜兴陶瓷集团优势,借鉴兄弟产区的经验,实行全面规划,建立宜兴产区陶瓷原料集中加工的基础工业体系,充分发挥陶瓷原料工业规格标准化在振兴宜兴陶瓷工业中的作用。

3. 陶瓷原料工业规格标准化的途径

关于陶瓷原料工业规格标准化的几点设想:

(1) 加强陶瓷原料的地质普查和勘探工作,注重陶土矿产的地质研究;有计划地开采和综合利用及开发,严防挑好剩次的采掘。

(2) 调整与改组现有企业结构,逐步建立陶瓷原料的大区域集中加工或区内分片集中加工点。

(3) 组织产区内地质矿山和工艺人员对当地主要陶土矿的矿物组成、化学成分和工艺性能进行全面的系统鉴定,制定科学的、适用的宜兴陶土工业规格标准。

(4) 加强原料基础设施的建设与改造,把陶瓷原料精制加工及标准化搞上去。

(5) 认真研究本产区的传统技术特点、原料特色,扬长避短、因地制宜调整产品结构,不断发展壮大宜兴陶瓷产业。

另外,在建立具有机械化、自动化水平较高的原料精制加工基地的同时,要加强科研、拓宽宜兴陶瓷原料的应用领域,在满足生产陶瓷产品的同时,要考虑橡胶、耐火材料、农药等行业的需要,以利于统筹规划、合理布局、集中加工、分等分级,真正达到产品商品化,不断提高原料工业的经济效益。

总的说来,陶瓷原料工业规格标准化是生产优质陶瓷产品的重要先决条件之一,有了标准就有了选择与加工原料的依据。目前可按照宜兴产区陶瓷原料生产的实际情况制定初步加工标准,再加以修订完善。

分析点评

宜兴产区陶土储量丰富,但从原料工业的现状来看,由于诸多因素使陶瓷原料工业规格标准化工作仍处于初级阶段,这对于宜兴陶瓷产区在"八五"期间加紧行业改造改组、推进原料标准化进程无疑是不相适应的。因此实现陶瓷原料质量标准化是为适应陶瓷工业的日新月异发展的需要,也是陶瓷行业达到"四化"(标准化、系统化、专业化及机械化)的必经之路。

思考题

1. 简述陶瓷原料工业规格标准化在陶瓷工业中的作用。
2. 简述陶瓷原料工业规格标准化的途径。

案例 15-5　塞拉利昂黏土制造建筑陶瓷的可行性评价

本案例对塞拉利昂的三种主要沉积型黏土(Mambolo、Nitti 和 PaLoko)的化学组成、工艺性能及烧后试样微观结构等进行较全面的研究。

1. 实验过程

来自不同沉积地区的三种黏土 Mambolo、Nitti 和 PaLoko 分别记为 C_1、C_2 和 C_3。这些黏土均为软质泥块状，C_2 呈浅黄色，C_1 和 C_3 呈棕灰色。将黏土压碎后，经湿法球磨 6 h，至泥浆细度为万孔筛筛余 2%，再将其置于 110℃ 干燥箱中干燥 3 h，干燥后的泥块洒入约 7%(质量分数)的水，压碎造粒，过 20 目筛并闷料 24 h，采用压制成型法制成 45 mm×45 mm×5 mm 的试样。

2. 实验结果与分析

图 4.15.9 和图 4.15.10 所示为黏土的物理特性曲线。由图中可知，随着烧结温度的提高，黏土的线收缩率和密度增加，吸水率和显气孔率下降。三种黏土的物性参数值各不相同，而且在不同温度下的大小顺序也各异。例如，在 1150℃ 时，三种黏土吸水率的大小顺序为 $C_1<C_2<C_3$，但在 1 250℃ 时，则是 $C_3<C_2<C_1$。这是由于 C_3 中的钾、钠含量较高，在较高温度时会出现较多玻璃相，使密度增大，吸水率降低。三种黏土密度的大小顺序与吸水率相反，在 1 150℃ 下且尚未出现玻璃相时，C_1 的密度大于 C_3，这是由于 C_3 中的有机物含量比 C_1 高(表 4.15.5)。到 1 250℃ 时，C_3 的密度远远大于 C_1 和 C_2，同样是由于 C_3 中出现了较多的玻璃相，填充了部分空隙，使其显气孔率下降而密度增加。

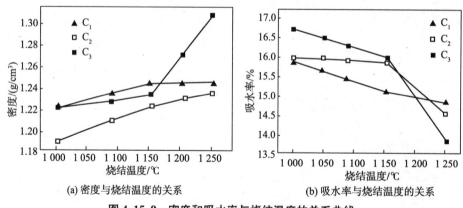

(a) 密度与烧结温度的关系　　　　(b) 吸水率与烧结温度的关系

图 4.15.9　密度和吸水率与烧结温度的关系曲线

表 4.15.5　黏土的物理性质

试样		C_1	C_2	C_3
可塑性	指标	3.06	5.68	5.18
	等级	中等	高	高
有机物质质量分数/%		0.10	0.53	0.67
显气孔率/%	1 000℃	19.76	19.49	20.37
	1 150℃	18.62	19.23	19.73
	1 250℃	18.33	17.88	16.18

试样		C₁	C₂	C₃
色泽	常温	浅黄	棕灰	棕灰
	1 000℃	浅黄	浅灰	浅棕灰
	1 150℃	浅黄	浅红	浅棕
	1 250℃	浅黄	浅棕	红棕

　　三种黏土的烧结曲线如图 4.15.10 所示,图中 T_1 为开始烧结时的温度。由图 4.5.10 可见,三种黏土的最佳烧结温度在 1 250~1 320℃,分别用 T_2 和 T_3 表示。低于 1 250℃时,黏土的显气孔率较大,说明烧结程度仍较差;高于 1 320℃时,试样则出现轻微变形,体积膨胀,显气孔率反而增大(C_3 尤其突出)。从烧结曲线来看,由于是单一原料,三种黏土的烧结温度均偏高,若调配适量的长石、石灰石、滑石和硅灰石等熔剂性原料,制造墙地砖是不会有太大的技术问题的。

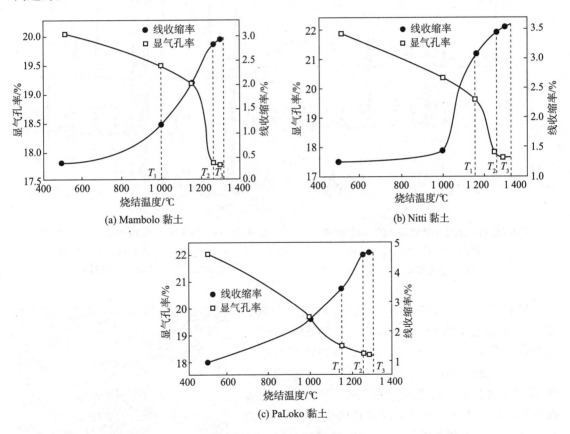

(a) Mambolo 黏土　　(b) Nitti 黏土

(c) PaLoko 黏土

图 4.15.10　三种黏土的烧结曲线

　　三种黏土的化学组成列于表 4.15.6。由表 4.15.6 可见,三种黏土的 Fe_2O_3 质量分数都偏高,在 1.02%~2.73%,故烧后颜色由浅黄变至浅棕色(表 4.15.5)。SiO_2 和 Al_2O_3 的质量分数分别在 65%~70% 及 19%~21%。三者中 C_1 的 SiO_2 和 Al_2O_3 质量分数最高,且 K_2O 和 Na_2O 质量分数之和又是三者中最低的,因此其烧结温度比 C_2 和 C_3 都高。

表 4.15.6 　黏土的化学组成

试样	质量分数/%								
	SiO$_2$	Al$_2$O$_3$	Fe$_2$O$_3$	TiO$_2$	MgO	CaO	Na$_2$O	K$_2$O	烧失量
C$_1$	70.81	21.25	1.02	0.59	0.33	0.18	0.27	0.45	5.66
C$_2$	70.79	19.36	1.63	0.85	0.76	0.15	0.84	0.16	5.43
C$_3$	65.9	21.14	2.73	1.02	0.16	0.13	0.76	1.58	6.65

　　黏土及烧后试样的 X 射线衍射(XRD)图谱分别见图 4.15.11 和图 4.15.12。由图中可见,三种黏土都含有较多的高岭石、石英以及少量的伊利石、长石和绿泥石,各种矿物的具体含量随黏土不同而异。黏土经 1 250℃煅烧后,XRD 图谱显示 α-石英有很强的峰值,莫来石次之。α-方石英在黏土中也有发现,尤以 C$_1$ 中居多。所有黏土都含有赤铁矿(α-Fe$_2$O$_3$),但含量不同,C$_3$ 中赤铁矿含量最多,这与黏土烧后颜色是一致的。

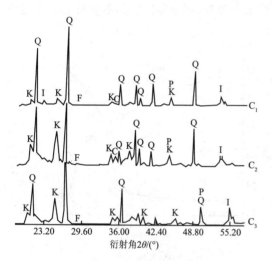

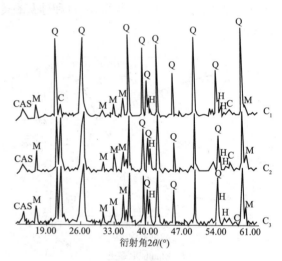

图 4.15.11　未经煅烧时黏土的 XRD 图谱
K—高岭土;I—伊利石;Q—石英
F—长石;P—铁硫酸钾;C—绿泥石

图 4.15.12　经 1250℃煅烧后黏土的 XRD 图谱
Q—α-石英;M—莫来石;C—α-方石英;
H—赤铁矿;CAS—铝硅酸钙

　　图 4.15.13、图 4.15.14 及图 4.15.15 为三种黏土经 1 250℃烧成并保温 30 min 的试样的 SEM 照片。从图中可看出,三种黏土在 1 250℃下均已开始致密化,但致密化程度不同,此时有少量莫来石等新晶相形成,结合三种黏土 1 250℃烧后的 XRD 图谱(形成很多新晶相),可以认为三种黏土都已开始烧结。在 C$_1$ 的 SEM 照片上可见到大块的片状晶体,这可能是黏土的原始晶体;同时仅见到很少量的莫来石,这是由于该黏土中的钾、钠含量很低而导致烧结程度较差。在 C$_2$ 的 SEM 照片中可见到较多的二次莫来石晶体,其尺寸约

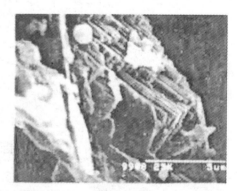

图 4.15.13　Mambolo 黏土的 SEM

在 2～3 μm,这说明有一定量的液相出现,其烧结程度比 C$_1$ 要好。在三种黏土 1 250℃烧后的 SEM 照片中都可看到气孔,其中 C$_1$ 的气孔大而明显,C$_2$ 的气孔较小;C$_3$ 比其他两者更致密,

这是由于 C_3 中的钾、钠含量之和是三者中最高的,这些熔剂促进了试样的烧结。

图 4.15.14　Nitti 黏土的 SEM

图 4.15.15　PaLoko 黏土的 SEM

塞拉利昂黏土分析表明,除 C_1 黏土具中等可塑性外,其他两种黏土都具有高可塑性,完全符合陶瓷制品的原料要求。这些黏土的矿物组成以高岭石和石英为主,经 1 250℃烧后,有少量莫来石形成,试样开始致密化。三种黏土的烧结曲线与普通陶瓷相似。分析三种黏土的化学组成,发现它们都含有一定量的 K_2O 和 Na_2O,这可促进坯体的烧结。美中不足的是三种黏土的 Fe_2O_3 和 TiO_2 含量都偏高,尤其是 C_3 黏土,烧后呈浅红棕色。烧后色泽决定了这些黏土不适宜用来生产白色瓷器,但完全可用来生产建筑陶瓷、艺术陶瓷和日用炻瓷等。若经适当调配(如加入适量的滑石和叶蜡石等),可生产出性能优良的陶瓷产品。

分析点评

塞拉利昂沿海一带有丰富的沉积型黏土矿,这些黏土矿是由花岗岩和酸性片麻岩等主要母岩经风化后沉积而成的。以前一直没有人对这些黏土的工艺性能进行全面的研究,而陶瓷原料的工艺性质,化学、矿物组成,烧后显微结构组成及色泽等特性是决定陶瓷产品质量的重要因素。经过对塞拉利昂不同沉积地区的三种黏土(Mambolo、Nitti 和 PaLoko)的研究,确定了其工业应用价值,比如 PaLoko 黏土,其可以用来生产建筑陶瓷、艺术陶瓷和日用炻瓷等,这为指导工业生产提供了科学依据。

思考题

1. 试述塞拉利昂黏土制造建筑陶瓷的可行性评价的目的及意义。
2. 分析塞拉利昂黏土的矿物组成及物理化学性质。

第十六章　陶瓷配料和坯料制备

知识要点

陶瓷配料是指当生产陶瓷产品的原料选定之后,确定各种原料在坯料和釉料中使用数量的过程。由于陶瓷原料品种繁多(按其来源可分为天然矿物原料及化工合成原料),所以陶瓷配料是一项非常关键的工作,它直接关系到产品的质量以及工艺制度的制定。配料计算的结果可作为进行不同规模配方试验的依据,通常在试验的基础上再决定产品的配方。

一、陶瓷配料

1. 坯料组成的表示方法

坯料组成的表示方法包括以下四种。

(1) 配料比表示。这是最常见的方法,列出每种原料的质量分数。如 95 瓷配方:Al_2O_3 93.5%、SiO_2 1.28%、$CaCO_3$ 3.25%、苏州土 1.29%。这种方法具体反映原料的名称和数量,便于直接进行生产或试验。但因为各地区、各工厂所产原料的成分和性质不同,因此无法互相对照比较或直接引用。即使是同种原料,若成分波动,则配料比例也必须作相应变更。

(2) 矿物组成表示。普通陶瓷生产中,常把天然原料中所含的同类矿物含量合并在一起,用黏土矿物、长石类矿物及石英三种矿物的质量分数表示坯体组成。其依据是同类型的矿物在坯料中所起的主要作用基本上是相同的。

(3) 化学计量数表示。根据化学全分析的结果,用各种氧化物及烧失量的质量分数反映坯和釉料的组成。

(4) 实验室表示法。根据化学组成计算出各氧化物的分子式,按照碱性氧化物、中性氧化物和酸性氧化物的顺序列出它们的分子数,这种式子也称为坯式或釉式。

2. 陶瓷配料的依据

选定陶瓷配方主要依据包括以下几方面。

(1) 满足产品的质量及性能。比如对于卫生陶瓷,要求具有以下性能:吸水率(煮沸法)不大于 3%;热稳定性试验:在(110±3)℃煮沸 1.5 h,取出放入 3~5℃水中急冷 5 min 不开裂。此外,对于一些电工陶瓷,用作绝缘及机械支持的资质器件要求:绝缘性好,机械强度高,能够经受季节性的温度变化,化学稳定性好,不易老化,且在机械负荷的长期作用下,不会产生永久性变形。

(2) 在拟定配方时可以借鉴一些工厂或研究单位积累的数据和经验,这样可以有效地节省试验时间,提高效率。例如各类型陶瓷材料和产品都有经验的组成范围。前人还总结了原料对坯、釉性质影响的关系,无论是定性的说明或是定量的数据都值得参考。由于原料性质的差异和生产条件的不同,自然不应机械地引用。对于新材料或新产品的配方来说,也可以原有的经验和相近的规律作为基础进行试验创新。

(3) 需要了解各种原料对产品性质的影响规律。陶瓷是多组分材料。每种坯、釉的配方中都含有很多种原料,不同原料在生产过程以及产品的结构中起着不同的作用。有些原料是构成产品的主晶相,有的是玻璃相的主要来源,有些少量添加物可以调节产品的性质。

(4)配方能满足生产工艺的要求。具体来说,坯料应能适应成型与烧成的要求。用于自动生产线上的坯料一方面要求组成和性能稳定,还要求有较高的生坯强度,坯料的烧成范围希望宽些,以利于烧成。

(5)希望采用的原料来源丰富、质量稳定、运输方便、价格低廉。这些是生产优质、低成本产品的基本条件。为了适应机械化、自动化生产的需要,原料质量更要求标准化。

3. 配料计算

在陶瓷生产中,常用的配料计算方法有两种,一种是按化学计量式进行计算,另一种是按坯料预定的化学组成进行计算。

(1)按化学计量式进行计算

已知某坯料的实验公式,需要算出所需原料在坯料中的质量分数,其计算过程如表4.16.1所示。

表 4.16.1 由实验公式计算配方的步骤

计算步骤	内容	备注
1	由化学计量式求各种原料物质的量 x_i	
2	根据分子式求各种原料的摩尔质量 M_i	
3	计算各种纯原料的质量 m_i	$m_i = M_i x_i$
4	计算各种实际原料的质量 m'_i	$m'_i = \dfrac{m_i}{P}$(P 为原料纯度)
5	将各种原料的质量换算成为质量分数 A_i	$A_i = \dfrac{m'_i}{\sum m'_i} \times 100\%$

如欲配制的坯料为 $(Ba_{0.85}Sr_{0.15})TiO_3$,采用的原料为 $BaCO_3$、$SrCO_3$、TiO_2,计算各种原料的质量分数可按表4.16.1的计算步骤进行计算,计算结果列在表4.16.2中。

表 4.16.2 由实验公式进行配方质量分数计算实例

原料	物质的量/mol	摩尔质量/(g/mol)	原料质量/g	质量分数
$BaCO_3$	0.85	197.35	167.75	62.17%
$SrCO_3$	0.15	147.63	22.15	8.21%
TiO_2	1.00	79.90	79.90	29.62%
			$\sum m_i = 269.80$	$\sum A_i = 99.997\%$

(2)按坯料预定的化学组成进行计算

若已知坯料的化学组成及所用原料的化学组成,可采用逐项满足的方法,求出各种原料的引入质量,然后求出所用各原料的质量分数。

例:已知某坯料的化学组成(质量分数)如表4.16.3所示:

表 4.16.3　某坯料的化学组成　　　　　　　　　单位:%

化学组成	Al_2O_3	MgO	CaO	SiO_2
质量分数	93.00	1.30	1.00	4.70

用原料氧化铝(工业纯,未煅烧)、滑石(未经煅烧)、碳酸钙、苏州高岭土配制,求出其质量分数组成。

设氧化铝、碳酸钙的纯度为 100%;滑石为纯滑石 ($3MgO \cdot 4SiO_2 \cdot H_2O$),其中理论组成为 MgO 31.70%,$SiO_2$ 63.50%,H_2O 4.80%;苏州高岭土为纯高岭土 ($Al_2O_3 \cdot 2SiO_2 \cdot 2H_2O$),其理论组成为 Al_2O_3 39.50%,SiO_2 46.50%,H_2O 14.00%。计算如表 4.16.4 所示。

表 4.16.4　某坯料的配比　　　　　　　　　　单位:%

坯料组成	Al_2O_3 93.00	MgO 1.30	CaO 1.00	SiO_2 4.70
第一步,引入碳酸钙 1.0/56.03%=1.78			1.0	
余	93.00	1.30	—	4.70
第二步,引入滑石 1.3/31.7%=4.10		1.30		2.60
余	93.0	—		2.10
第三步,引入高岭土 2.1/46.5%=4.51	1.78			2.10
余	91.22			—
最后,引入工业氧化铝 91.22	91.22			
余	—			

表 4.16.4 中计算所用原料总量为 1.78+4.10+4.51+91.22=101.61,化为所用原料的质量分数为:

$$w(碳酸钙) = \frac{1.78}{101.61} \times 100\% = 1.75\%;$$

$$w(滑石) = \frac{4.10}{101.61} \times 100\% = 4.03\%;$$

$$w(高岭土) = \frac{4.51}{101.61} \times 100\% = 4.44\%;$$

$$w(工业氧化铝) = \frac{91.22}{101.61} \times 100\% = 89.78\%。$$

二、坯料制备

将陶瓷原料经过配料和加工后,得到的具有成形性能的多组分混合物称为坯料,根据成形方法的不同,坯料通常可以分为三大类:注浆坯料、可塑坯料及压制坯料。

坯料有不同的制备工艺,应根据所用原料的特性、设备使用条件、生产规模、产品的质量要求以及制备工艺本身的技术经济指标等因素来选择。坯料的加工方法或工艺控制不当,不仅会降低生产效率,增加生产成本,而且还会影响坯料的工艺性能和产品的使用性能。

坯料制备的一般工艺流程如图 4.16.1 所示。

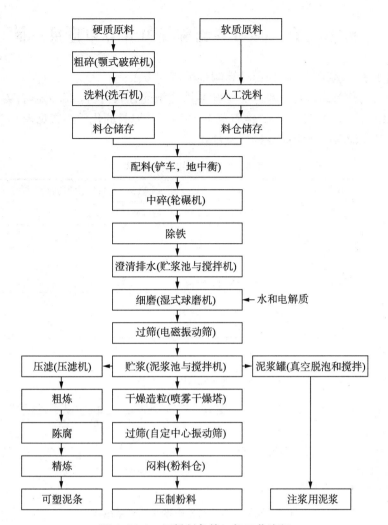

图 4.16.1 坯料制备的一般工艺流程

案例 16-1　Excel 在陶瓷配料计算中应用一例

本案例演示了一例用 Excel 辅助计算陶瓷配料的方法。

要求由釉料的化学组成计算釉式。已知某锆质釉配方为:长石 25.6%,石英 32.2%,黏土 10.0%,白垩 18.4%,氧化锌 2.0%,锆石英 11.8%。各原料的化学组成见表 4.16.5。下面开始应用 Excel 对该釉料的化学成分换算成釉式。

表 4.16.5　原料的化学组成　　　　　单位:%

名称	SiO_2	Al_2O_3	Fe_2O_3	CaO	MgO	Na_2O	K_2O	ZnO	ZrO_2	烧失量
长石	65.04	20.40	0.24	0.80	0.18	3.74	9.38			0.11
黏土	49.82	35.74	1.06	0.65	0.60	0.82	0.95			10.00
石英	98.54	0.28	0.72	0.25	0.35					0.20
白垩	1.00	0.24		54.66	0.22					43.04
氧化锌								100		
锆石英	38.81	5.34		0.40	0.20				55.10	

1. 代入数据

将表 4.16.5 的数据代入 Excel 表格中,见图 4.16.2。

	A	B	C	D	E	F	G	H	I	J	K	L
1	名称		SiO_2	Al_2O_3	Fe_2O_3	CaO	MgO	Na_2O	K_2O	ZnO	ZrO_2	烧失量
2	长石		65.04	20.4	0.24	0.8	0.18	3.74	9.38			0.11
3	黏土		49.82	35.74	1.06	0.65	0.6	0.82	0.95			10
4	石英		98.54	0.28	0.72	0.25	0.35					0.2
5	白垩		1	0.24		54.66	0.22					43.04
6	氧化锌									100		
7	锆石英		38.81	5.34		0.4	0.2				55.1	

图 4.16.2　Excel 表格中釉原料化学组成

2. 釉料各氧化物含量

(1) 长石中各氧化物含量的计算

选中 C10 单元格,在编辑栏内输入计算式"=(25.6/100)*C2:L2",按"确定"后得到 25.6%长石中 SiO_2 的含量 16.650 24,见图 4.16.3。箭头对准 C10 单元格,按下鼠标右键,出现菜单,按下"复制"。箭头对准 D10 单元格,按下鼠标右键,出现菜单,按下"粘贴"。一直粘贴到 L10 为止,便得到长石的各个成分的氧化物含量。我们把这种方法称为"复制粘贴法"或简称为"复制法"。

	A	B	C	D	E	F	G	H	I	J	K	L
9	名称	配比%	SiO_2	Al_2O_3	Fe_2O_3	CaO	MgO	Na_2O	K_2O	ZnO	ZrO_2	烧失量
10	长石	25.6	16.65024	5.2224	0.06144	0.2048	0.04608	0.95744	2.40128	0	0	0.02816
11	黏土	10	4.982	3.574	0.106	0.065	0.06	0.082	0.095	0	0	1
12	石英	32.2	31.72988	0.09016	0.23184	0.0805	0.1127	0	0	0	0	0.0644
13	白垩	18.4	0.184	0.04416		10.05744	0.04048	0	0	0	0	7.91936
14	氧化锌	2	0	0	0	0	0	0	0	2	0	0
15	锆石英	11.8	4.57958	0.63012	0	0.0472	0.0236	0	0	0	6.5018	0

图 4.16.3　把釉式组成百分比乘各原料的化学组成

(2) 黏土中各氧化物含量的计算

选中 C11 单元格,在编辑栏内输入计算式"＝(10/100)＊C3:L3",按"确定"后得到 10％黏土中 SiO_2 的含量 4.982,见图 4.16.3。箭头对准 C11 单元格,按下鼠标右键,出现菜单,按下"复制"。箭头对准 D11 单元格,按下鼠标右键,出现菜单,按下"粘贴"。如此,运用"复制粘贴法"一直粘贴到 L11 为止,便得到黏土的各个成分的氧化物含量。其他物料成分组成(石英、白垩和氧化锌等)的操作类推。

（3）各成分氧化物含量的总计计算

选中 B16 单元格出现黑框之后,再按下"f_x"中的"SUM"(即和值函数),按下"确定"之后,数据就会出现在黑框内,即 100。然后分别在 C16～L16 重复上述操作即可得到它们的总和值,见图 4.16.4。

（4）求灼减系数

选中 B17 单元格,在编辑栏内输入计算式"＝100/(100－9.011 92)",按"确定"后得到换算系数 1.099 045,见图 4.16.4。

（5）求除去灼减的氧化物含量

选中 C17 单元格,在编辑栏内输入计算式"＝1.099 045＊C16:K16",按"确定"后得到 SiO_2 的含量 63.882 76。箭头对准 C17 单元格,按下鼠标右键,出现菜单,按下"复制"。箭头对准 D17 单元格,按下鼠标右键,出现菜单,按下"粘贴"。其他成分组成的操作类推,即运用"复制粘贴法",得到除去灼减后各个成分的氧化物含量,见图 4.16.4。

	A	B	C	D	E	F	G	H	I	J	K	L
16	总计	100	58.1257	9.56084	0.39928	10.45494	0.28286	1.03944	2.49628	2	6.5018	9.01192
17	除去灼减量	1.099045	63.88276	10.50779	0.438827	11.49045	0.310876	1.142391	2.743524	2.19809	7.145771	

图 4.16.4　各成分氧化物含量的总计计算

（6）查各氧化物的质量分数和分子量

将查有关资料所得的各氧化物的质量分数和分子量,输入 Excel 相应的位置中即可,见图 4.16.5。

（7）求分子数

选中 B22 单元格,在编辑栏内输入计算式"＝B20:J20/B21:J21",按"确定"后得到 SiO_2 的分子数 1.062 941。箭头对准 B22 单元格,按下鼠标右键,出现菜单,按下"复制"。箭头对准 C22 单元格,按下鼠标右键,出现菜单,按下"粘贴"。其他成分组成的操作类推,即运用"复制粘贴法",得到各个成分的氧化物的分子数,见图 4.16.5。

	A	B	C	D	E	F	G	H	I	J
19	名称	SiO_2	Al_2O_3	Fe_2O_3	CaO	MgO	Na_2O	K_2O	ZnO	ZrO_2
20	质量%	63.88276	10.50779	0.438827	11.49045	0.310876	1.142391	2.743524	2.19809	7.145771
21	相对分子质量	60.1	102	160	56.1	40.3	62	94.2	81.4	123.2
22	分子数	1.062941	0.103018	0.002743	0.204821	0.007714	0.018426	0.029124	0.027004	0.058001

图 4.16.5　输入氧化物的质量分数和求分子数

（8）釉式分子数

选中 B26 单元格,在编辑栏内输入计算式"＝B22:J22/0.287",按"确定"后得到 SiO_2 的釉式分子数 3.703 628,见图 4.16.6。箭头对准 B26 单元格,按下鼠标右键,出现菜单,按下"复制"。箭头对准 C26 单元格,按下鼠标右键,出现菜单,按下"粘贴"。其他成分组成的操作类推,即运用"复制粘贴法",得到各个成分的氧化物的釉式分子数,见图 4.16.6。

	A	B	C	D	E	F	G	H	I	J
23	R₂O+RO									
24	0.287									
25	令其为1									
26	釉式分子数	3.703628	0.358946	0.009556	0.713662	0.026878	0.064201	0.101479	0.094089	0.202095

图 4.16.6 最终结果

（9）釉式

最终计算所得釉式为：

$$
\left.\begin{array}{l}
0.064\ 201\ Na_2O \\
0.101\ 479\ K_2O \\
0.713\ 662\ CaO \\
0.026\ 878\ MgO \\
0.094\ 089\ ZnO
\end{array}\right\}
\begin{array}{l}
0.358\ 946\ Al_2O_3\ 3.703\ 628\ SiO_2 \\
0.009\ 556\ Fe_2O_3\ 0.202\ 095\ ZrO_2
\end{array}
$$

分析点评

用 Excel 计算陶瓷配料,可以将计算方法、计算结果及原始数据保存在一个或多个工作簿内,这有利于对科研和生产资料进行有效的管理。

对于一个系列的陶瓷配料计算,不需要改变配料的计算方法,只需要修改陶瓷配料中相关的某个或多个原始数据,但务必注意相关的一些公式的系数也要修改。在这种情况下,可以应用已编辑好的电子表格计算陶瓷的新配料。实际上所编制好 Excel 工作簿相当于一个编制好了的程序,只需要将需要修改的数据输入进去,而其他的数据不用改变,就可以立即得到新的配料计算结果,既迅速又正确,不必每次都从头开始。注意:在完成数据输入后,鼠标要在空白单元格处点击一下。为了方便管理,计算时将该计算表格复制,再在复制的表格中修改数据,这样可以使我们的工作井然有序,不至于发生混乱。

思考题

已知某釉料配方为:长石 58%,石英 18%,白云石 10.0%,方解石 8%,萤石 3%,苏州土 3%,各原料的化学组成见表 4.16.6,应用 Excel 对该釉料的化学成分换算成釉式。

表 4.16.6 某釉料各原料的化学组成成分   单位:%

名称	SiO₂	Al₂O₃	Fe₂O₃	CaO	MgO	Na₂O	K₂O	TiO₂	烧失量
石英	98.11	0.71	0.05	0.41	0.16				0.21
长石	65.47	18.75	0.02		0.12	3.61	11.9		0.20
白云石	0.59	1.05		30.11	19.43				45.30
方解石	6.08	1.20	0.81	48.2	3.12				42.09
萤石	61.13		2.10	24.62	4.22			1.19	3.51
苏州土	43.39	40.48	0.47	0.19	0.05	0.22	0.03	0.07	15.00

案例 16-2　云南煤系高岭土陶瓷砖坯料配制研究

对云南省煤矿的煤系高岭土进行抽样分析,结果发现大部分地区的煤系高岭土所含矿物成分与当地黏土的矿物组成极为相似,表明该煤系高岭土基本上可部分替代黏土成为陶瓷砖的原料。但由于煤系高岭土塑性指数较低且含热量高,使煤系高岭土陶瓷砖坯体的成型和烧结受到影响,所以必须根据各地煤系高岭土的矿物成分,进行必要的原料配制。利用 $K_2O - Al_2O_3 - SiO_2$ 相图确定了云南煤系高岭土陶瓷砖坯体配方,并利用该配方研制煤系高岭土陶瓷砖及其相关的性能。

煤系高岭土化学成分与黏土化学成分如表 4.16.7 所示。

表 4.16.7　煤系高岭土化学成分与黏土化学成分　　　　单位:%

原料名称	SiO_2	Al_2O_3	Fe_2O_3	CaO	MgO	Na_2O	K_2O	烧失量
预烧峨山煤系高岭土	55.19	27.51	2.79	0.47	0.64	3.13	0.19	10.08
瓷土	75.35	16.68	1.69	0.32	0.43	3.34	0.14	2.05
峨山黏土	58.74	18.71	5.31	0.18	1.30	3.58	0.08	12.10

根据 Richters 的近似原则,现将煤系高岭土陶瓷砖坯体原料中相应氧化物换算为 K_2O、Al_2O_3、SiO_2 含量。其换算过程如下:

预烧峨山煤系高岭土 A:

$K_2O = 3.13 + 0.47 \times 1.68 + 0.64 \times 2.35 + 0.19 \times 1.52 = 8.31$

$Al_2O_3 = 27.51 + 0.64 \times 2.79 = 29.296$

$SiO_2 = 55.19$

瓷土 B:

$K_2O = 3.34 + 0.32 \times 1.68 + 0.43 \times 2.35 + 0.14 \times 1.52 = 5.10$

$Al_2O_3 = 16.68 + 0.64 \times 1.69 = 17.76$

$SiO_2 = 75.35$

峨山黏土 C:

$K_2O = 3.58 + 0.18 \times 1.68 + 1.30 \times 2.35 + 0.08 \times 1.52 = 7.06$

$Al_2O_3 = 18.71 + 0.64 \times 5.31 = 22.11$

$SiO_2 = 58.74$

考虑到灼减影响,分别对上述各量进行以下调整。

预烧峨山煤系高岭土 A:

$K_2O = 8.31/0.8992 = 9.24$

$Al_2O_3 = 29.296/0.8992 = 32.58$

$SiO_2 = 55.19/0.8992 = 61.38$

瓷土 B:

$K_2O = 5.10/0.9795 = 5.21$

$Al_2O_3 = 17.76/0.9795 = 18.13$

$SiO_2 = 75.35/0.9795 = 76.93$

峨山黏土 C：

$K_2O=7.06/0.8790=8.03$

$Al_2O_3=22.11/0.8790=25.15$

$SiO_2=58.74/0.8790=66.83$

将以上组成点列于表 4.16.8 中，并将它们逐一标在 $K_2O-Al_2O_3-SiO_2$ 相图中，如图 4.16.7 所示。

表 4.16.8　原料中相应氧化物换算结果

原料名称	原料代号	K_2O	Al_2O_3	SiO_2
预烧峨山煤系高岭土	A	9.24	32.58	61.38
瓷土	B	5.21	18.13	76.93
峨山黏土	C	8.03	25.15	66.83

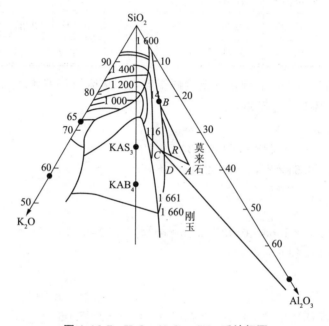

图 4.16.7　$K_2O-Al_2O_3-SiO_2$ 系统相图

按国家对陶瓷墙地砖的技术要求，煤系高岭土陶瓷砖坯体中 K_2O、Al_2O_3、SiO_2 各含量初步确定为 6.9%、23.6%、66.5%（图 4.16.7 中 D 点）。根据上述计算结果，利用杠杆原理在所示的 $K_2O-Al_2O_3-SiO_2$ 相图中计算出煤系高岭土陶瓷砖坯体中各原料所占的百分数。首先将坯体、原料的成分点画入 $K_2O-Al_2O_3-SiO_2$ 相图中。D 点为坯体成分点。再联结 B、D 点，延长至 CA 线交于 R 点，量出各线段的长度。经计算，煤系高岭土陶瓷砖坯体原料最终成分为：预烧峨山煤系高岭土 21.57%，瓷土 23.20%，峨山黏土 55.15%。实验证明：利用该配方研制的煤系高岭土陶瓷砖坯体厚，机械强度高，耐磨性好，耐冷热急变性强，且对 K_2O、Na_2O 和 Fe_2O_3 含量没有太多的限制。另外，从 $K_2O-Al_2O_3-SiO_2$ 相图还可估计煤系高岭土陶瓷砖烧成温度为 1 300~1 400℃。

分析点评

　　煤系高岭土是煤炭开采和洗选加工过程中产生的固体废弃物,也是我国目前排放量最大的工业固体废弃物,在我国,仅 2002 年排放量就约占当年煤炭产量的 11.5%。云南省煤系高岭土排放量每年为 500 万~600 万吨,居全省固体废弃物排放量之首。煤系高岭土形成土地压占并在发生自燃时产生有害气体 SO_2、H_2S 和 CO 等,污染大气和水体。据资料报道,美国、英国和德国等国家煤系高岭土总利用率达 90% 以上,而我国却不到 30%。利用 $K_2O - Al_2O_3 - SiO_2$ 相图进行研究煤系高岭土陶瓷砖坯料有着重要的意义。

　　$K_2O - Al_2O_3 - SiO_2$ 相图所指示的平衡状态表示了在一定条件下系统所进行的物理化学变化的本质、方向和限度,这使研制云南煤系高岭土陶瓷砖坯体的配制更科学,减少了盲目性,同时该配制方法也减少了按化学组成进行配方和按数理统计进行配方的烦琐性和片面性,它对研究以及解决云南煤系高岭土陶瓷砖坯体的配制问题具有重要的指导意义。但利用相图计算也有其固有的缺陷,如其计算结果的误差要比按化学组成进行计算和按数理统计进行计算的结果的误差要大些。计算结果的误差主要来源于:①转换系数与氧化物的实际作用有出入,Richters 规则是近似的;②由作图和度量线段长度不精确引起。所以,在实际工程中还必须根据具体情况在利用 $K_2O - Al_2O_3 - SiO_2$ 相图确定煤系高岭土陶瓷砖坯体配方的基础上,还要对原料配制方案进行进一步调整。

思考题

　　1. 利用 $K_2O - Al_2O_3 - SiO_2$ 相图进行云南煤系高岭土陶瓷砖坯料配制研究有什么重要的意义?

　　2. 配制坯料的过程中化学组成容易出现偏差,其主要影响因素有哪些?

案例 16-3　霍庆劳脱公司对于原料与坯料制备问题的研究

在过去若干年中,霍庆劳脱公司对于原料与坯料制备的问题曾进行了大量的研究工作。问题的核心在于不论对于常用的成型方法还是对于新的方法如何使可塑性陶瓷坯料最优化。在工业用瓷的领域中说来并不陌生的等静压成型和喷射注压成型方法,如今在日用陶瓷生产中已获成效。

长期的制备实践表明,如果细分散的硬质组分如石英和长石混合于高岭土或黏土的水悬浮体中,可以获得优质均匀的坯料,因此,在细陶瓷工业中一般主张采用所谓的"湿式制备"。传统的坯料制备中,最基本的操作过程可以概括为如下几步:①硬质原料加入间歇式操作的湿式球磨机中;②螺旋搅拌器使高岭土成悬浮体,然后再加入已磨成泥浆的硬质原料;③用抽浆泵输送悬浮体;④在间歇式操作的压滤机中使泥浆脱水,成可塑状态;⑤在真空练泥机中使泥料均匀捏练并抽除空气以用作成型坯料;⑥如用于注浆则再经搅拌过程,用液化剂将压滤后的泥饼或练泥坯料搅拌成泥浆。

20 世纪 60 年代初开始,霍庆劳脱公司从进一步使坯料最优化和生产合理化的意义上考虑,已逐步地放弃了细陶瓷坯料制备这种传统的方法。

根据技术指导部门所提供的各种技术数据,1964 年在梯尔辛劳脱的舒美利兹原料工厂中,第一台连续式操作的伟晶石研磨设备投产了。这是第一步分别制备适合于坯料细度和纯度的硬质原料如石英和长石。其工艺流程可概述如下:将洗涤后的矿砂按其质量分等级储存。贮料仓容积约 200 t,进行抽样分析检验。通过有程序的自动传送装置,原料按理论值加以混合与干燥。然后接着粗磨并过筛到 500 μm 的细度。适合这种条件的经过粉碎的原料颗粒用四级强磁场加以磁性分离(磁性分离器是用沙尔兹辛脱公司的产品)。这时,像黑云母和电气石矿等顺磁性的黑色杂质便可以分离出来,接着,用旋风分离式管磨使最终细度,即大于 63 μm 的余砂达到 1%~2%,输入存料仓之前还要用超声波筛选,使细度为 70 μm 的颗粒再度分选出来。

用这种经过粗磨的伟晶石,以后就完全可以通过在含水悬浮体中合理的混合方法制备成瓷器坯料,许多工厂中过去和现在实际上都已经这样做了。伟晶石粗磨过程形成了舒美利兹原料厂中坯料制备中心设备的基础,这个设备是 1969 年由霍庆劳脱公司建立的。其制备过程简述如下:将高岭土的配合组分加以分别称量,在称量时务须考虑到湿存水,这种湿存水是用中子探测器测定的。程序控制人员做相应的重量检验。然后,将高岭土置于定量水分的容器内加以扩散。必要时,程序控制人员再把水分做定量调整。接着,把高岭混浊体过筛,这时每公升高岭土重量为 1 450 g,所用筛子是筛孔为 0.063 mm 的旋转筛。梯尔辛劳脱的伟晶石在混合桶中混合到最终泥浆重量达每公升 1 600 g 左右,混浆设备中的泥浆被输送到喷雾干燥器中,使其中的水分蒸发掉。如此制得的坯料颗粒,其质量十分均匀,颗粒度的大小范围也便于控制。如果要制成瓷厂中所需的可塑性坯泥,那么可以加上水分式废浆液在强化混合器中搅拌而成。

用这样的制备方法制备所得的颗粒状坯料,对于上述两种成型工艺的发展十分适宜。喷射注压和等静压法所使用的是部分可塑性坯料和干式颗粒状坯料。因此,经过喷雾干燥的颗粒状坯料是这两种成型方法的理想坯料。一方面,这种颗粒状坯料按其工艺性能可以立即使用,另一方面,也可以按所需含水量而制成可塑性坯料,此外,这两种方法还需要在坯料中引入一定的添加物如液化剂、黏结剂、润滑剂以及表面活性剂。这种添加物可以在喷雾干燥过程中引入，也可以在强化混合过程中引入，不受什么限制。

根据现有认识水平再来谈谈关于这两种成型方法所用坯料的一些特点。按照坯料的流动特性，喷射注压法使用的可塑性坯料其含水率为 $14\%\sim18\%$（质量分数）。常用组分的坯料大多都可以使用，但是在配方中要引入一定的添加物，使之具有一定的流动性，这种坯料只具有流动性而无膨胀性。在喷射注压时添加润滑剂，电解质和增塑剂会产生积极效果。

等静压法所使用的颗粒状坯料，要求其含水率达 $1.5\%\sim3\%$，这样的颗粒状坯料可以在喷雾干燥时通过适当控制而获得。为了达到相当高的压坯效率，坯料中引入黏结剂是必要的，无黏结剂的坯料会延长周转时间。常用的坯料配比引入黏结剂也可用于干压，一般来说，以可塑性优良为宜，因为用可塑性优良的坯料就可节省部分黏结剂，有利于坯体压实。

商业上有许多品种的黏结剂，使用效果都很好。颗粒状坯料的颗粒分布及其注料重量都是重要的参数，这些参数必须按照机器作业条件而加以规定。

分析点评

利用等静压成型和喷射注压成型两种成型方法完全可以实现坯料的制备，霍庆劳脱公司已经付诸实现。从效率方面来看，梯尔辛劳脱的坯料制备工厂能够适应产量日益增长的要求。在未来的一年中，产量大约扩大 50%，设备能力为年产约 35 000 t，这是可以做得到的。

思考题

1. 简述伟晶石粗磨制备过程。
2. 简述制定坯料配方的主要原则。

案例 16-4　李官瓷石在日用陶瓷坯料中的应用

李官瓷石产于临沂市兰山区李官乡下峪子村、上峪子村、徐家庄村,其中以下峪子村矿点储量丰富,矿石品位高,质量稳定。为调整产品结构,开发当地资源,降低原料成本,提高原料利用率,因此开展了李官瓷石在日用陶瓷坯料中的应用研究,并研制成功了烧成温度低、热稳定性好、吸水率低的日用陶瓷产品。

1. 李官瓷石化学成分

李官瓷石化学成分如表 4.16.9 所示。

表 4.16.9　李官瓷石化学成分　　　　单位:%

SiO_2	Al_2O_3	Fe_2O_3	TiO_2	CaO	MgO	K_2O	Na_2O	烧失量
73.05	13.51	0.51	0.17	2.12	0.51	5.55	1.40	3.89

由李官瓷石的化学组成看出,成分中 SiO_2 及 Al_2O_3 含量较高,K_2O 含量较低,铁钛氧化物含量适中,含有游离石英较多。其本身就具备了成瓷的基本组分,可以配合部分黏土用来制瓷,属有研究价值的陶瓷原料矿点。

2. 坯料配方试验

坯用原料的化学成分如表 4.16.10 所示。经过几十次坯料配方试验,最后确定的滚压坯料配方及化学成分见表 4.16.11、表 4.16.12。

表 4.16.10　坯用原料的化学成分　　　　单位:%

原料名称	SiO_2	Al_2O_3	Fe_2O_3	TiO_2	CaO	MgO	K_2O	Na_2O	烧失量
李官瓷石	73.05	13.51	0.51	0.17	2.12	0.51	5.55	1.40	3.89
焦宝石	40.30	44.01	0.34	0.20	0.62	0.22			14.27
砂矸土	59.72	23.41	1.18	1.57	1.00	0.48			9.50

表 4.16.11　坯料配方　　　　单位:%

李官瓷石	焦宝石	砂矸土
46	34	20

表 4.16.12　坯料化学成分　　　　单位:%

SiO_2	Al_2O_3	Fe_2O_3	TiO_2	CaO	MgO	K_2O	Na_2O	烧失量
59.24	25.85	0.59	0.46	1.39	0.40	2.55	0.64	8.54

坯式:

$$\left.\begin{array}{l} 0.039\ Na_2O \\ 0.106\ K_2O \\ 0.096\ CaO \\ 0.039\ MgO \end{array}\right\} \left.\begin{array}{l} 0.986\ Al_2O_3 \\ 0.014\ Fe_2O_3 \end{array}\right\} \begin{array}{l} 3.838\ SiO_2 \\ 0.021\ TiO_2 \end{array}$$

3. 釉料配方

釉用原料化学成分如表 4.16.13 所示。釉料配方及化学成分如表 4.16.14、表 4.16.15

所示。

表 4.16.13　釉用原料化学成分　　　　　　　　　　单位:%

名称	SiO_2	Al_2O_3	Fe_2O_3	CaO	MgO	Na_2O	K_2O	TiO_2	烧失量
石英	98.11	0.71	0.05	0.41	0.16				0.21
长石	65.47	18.75	0.02		0.12	3.61	11.9		0.20
白云石	0.59	1.05		30.11	19.43				45.30
方解石	6.08	1.20	0.81	48.2	3.12				42.09
萤石	61.13		2.10	24.62	4.22			1.19	3.51
苏州土	43.39	40.48	0.47	0.19	0.05	0.22	0.03	0.07	15.00

表 4.16.14　釉料配方　　　　　　　　　　单位:%

石英	长石	白云石	方解石	萤石	苏州土
18	58	10	8	3	3

表 4.16.15　釉料化学成分　　　　　　　　　　单位:%

SiO_2	Al_2O_3	Fe_2O_3	TiO_2	CaO	MgO	K_2O	Na_2O	烧失量
59.314	12.418	0.163	0.068	7.686	2.421	6.903	2.101	8.606

釉式:

$$\left. \begin{array}{l} 0.111\ Na_2O \\ 0.242\ K_2O \\ 0.449\ CaO \\ 0.198\ MgO \end{array} \right\} \left. \begin{array}{l} 0.401\ Al_2O_3 \\ 0.003\ Fe_2O_3 \end{array} \right\} \begin{array}{l} 3.246\ SiO_2 \\ 0.003\ TiO_2 \end{array}$$

4. 工艺流程

工艺流程如图 4.16.8 所示。

5. 工艺技术控制

(1) 坯体制备

李官瓷石、焦宝石拣选粗破后,经轮碾机破碎至≤3 mm 颗粒,贮于料仓备用。砂矸石经人工拣选后,风化三个月以上备用。

配料时,按配方准确计量入磨,配料误差<0.5%。料:球:水＝1:2.0:0.6,研磨时间 18 h,细度控制在 1%(万孔筛余)以下,放浆过 60～80 目筛,除铁用 10 000 高斯湿式磁性除铁器,放入泥浆池备用。

滤泥压力 1.170～1.470 MPa,泥饼水分 25%～26%,泥饼一次练泥后陈腐 3～5 天以上,再经 2～3 次真空练泥(真空度－0.096 MPa)。成型泥料水分 19.5%～20.5%。

(2) 成型

制品用塑性滚压阴模成型,产品以碗盘杯类为主。半成品带模在链式干燥器内干燥,坯体脱模水分 10%～20%,修坯水分为 6%～7%,修选后的精坯放入地炕式干燥室内继续干燥。

(3) 釉料制备

严格按配方准确计量入磨,配料误差<0.5%。料:球:水＝1:2.0:0.45,研磨时间

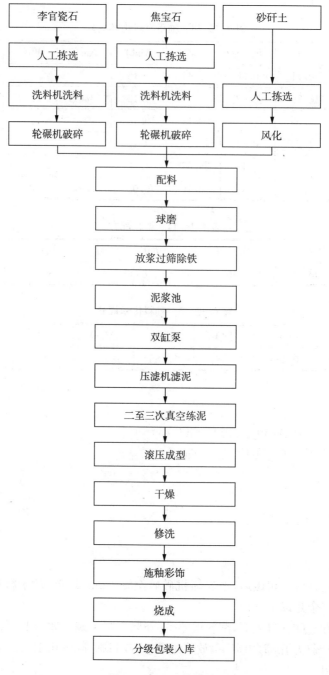

图 4.16.8 工艺流程

26 h,细度控制在 0.02%(万孔筛余)以下,放浆过 80~100 目筛,永久磁铁块除铁,放入四氟罐备用。

(4) 施釉烧成

制品用浸釉法施釉。施釉时精坯水分<2%,釉浆比重 1.38~1.42(比重计),施釉厚度 0.30~0.35 mm。制品用 46 m 煤烧隧道窑烧成。入窑坯体水分<3%。烧成温度 1 270~1 310℃,烧成周期 22 h,氧化气氛微正压(0~+5.0 Pa)烧成。

6. 产品理化性能

产品收缩率:13.8%;吸水率:0.8%;白度:70.4%;热稳定性:180～200℃水中热交换一次不裂。

分析点评

李官瓷石产于临沂市兰山区李官乡下峪子村、上峪子村、徐家庄村,其中以下峪子村矿点储量丰富。矿石品位高,质量稳定。该矿点南北长 5 000 m,东西长 1 000 m,矿层深度 170 m,矿区面积为 500 万平方米。总储量约在两亿吨左右。自 1991 年以来,该产区调整产品结构,开发当地资源,降低原料成本,提高原料利用率,开展了李官瓷石在日用陶瓷坯料中的应用研究,研制成功了烧成温度低、热稳定性好、吸水率低的日用陶瓷。

采用李官瓷石研制开发日用陶瓷产品,生产工艺简便易行,经过几年来的生产情况表明:产品一级品率达到 84%,合格率达到 96%,产品质量高、性能稳定。李官瓷石矿石质纯、品位高、质量稳定、成瓷性能好、烧成温度低,具有开发利用价值。李官瓷石矿源足,运输方便、矿价低,可降低生产成本。李官瓷石在彩色釉面墙地砖和马赛克领域也得到了广泛的应用,取得了明显的效果。随着对李官瓷石研究开发的不断深入,其将展现出更加广阔的前景。

思考题

1. 简述李官瓷石在日用陶瓷坯料中的应用。
2. 简述坯料制备的工艺流程。

案例 16-5 磷矿渣用于陶瓷坯料试验研究

山西某县磷矿渣废料产量很大,且当地贮有丰富的劣质黏土原料——风化土,根据其组成特点,利用这两种原料进行釉面砖的试制具有重大的经济价值。

1. 原料

磷矿渣为该县某化工厂废料,其化学组成以 SiO_2、CaO 为主。风化土为当地一种铁杂质含量较高的高岭石类劣质黏土原料。根据原料组成情况,考虑到产品的成形性能及烧成性能要求,又选用了紫木节、石灰石、煅烧 C 级铝矾土(烧 C)等与之配合。坯用原料的化学组成如表 4.16.16 所示。

表 4.16.16 坯用原料的化学组成   单位:%

原料	SiO_2	Al_2O_3	Fe_2O_3	TiO_2	CaO	MgO	K_2O	Na_2O	P_2O_5	烧失量
磷矿渣	54.29	0.91	0.67		37.24	0.71	0.95	0.29	0.87	3.08
风化土	52.38	15.54	8.62	0.72	6.30	3.10	2.74	1.56		9.01
紫木节	46.75	34.01	0.52		1.23	0.43	0.45	0.28		15.98
石灰石	0.42	0.79			53.66	2.22				42.91
烧 C	40.80	56.56	0.53	0.86	0.36	0.24	0.35	0.30		

2. 试验过程

采用正交试验方案,分两步进行。选用 $L_4(2^3)$ 正交表安排试验,以坯用料为试验因素,原料用量为水平,为保证配方总量为 100%,选取其中一种原料为不独立因素,风化土为不独立因素,因素水平见表 4.16.17,试验方案及测试结果见表 4.16.18。将考核指标增加为吸水率与烧成收缩两项,并引入适量石灰石,进行第二次正交试验,因素水平选取见表 4.16.19,试验方案及测试结果见表 4.16.20。

表 4.16.17 第一次坯料配方试验因素水平表   单位:%

因素	磷矿渣	紫木节	烧 C
1	40	35	10
2	30	30	0

表 4.16.18 第一次坯料配方试验方案及测试结果   单位:%

编号	磷矿渣	紫木节	烧 C	风化土	吸水率
1	1(40)	1(35)	1(10)	15	16.35
2	1(40)	2(30)	2(0)	30	15.60
3	2(30)	1(35)	2(0)	35	15.00
4	2(30)	2(30)	1(10)	30	16.55

表4.16.19　第二次坯料配方试验因素水平表　　　　单位:%

因素	风化土	石灰石	磷矿渣
1	40	20	0
2	50	25	10

表4.16.20　第二次坯料配方试验方案及测试结果　　　　单位:%

编号	风化土	石灰石	磷矿渣	紫木节	吸水率	烧成收缩
5	1(40)	1(20)	1(0)	40	20.25	1.9
6	1(40)	2(25)	2(10)	25	22.76	0.8
7	2(50)	1(20)	2(10)	20	23.46	2.0
8	2(50)	2(25)	1(0)	25	22.42	1.0

坯体制备工艺流程如图4.16.9所示。

图4.16.9　坯体制备工艺流程

各工序工艺控制与主要工艺参数如下:①磷矿渣先过100目筛,筛下细粉弃去不用,以保证其成分的稳定;其余原料经轮碾机粉碎,过18目筛备用。②球磨采用试验用瓷瓶球磨机,料:球:水=1:2:0.8,细度控制为万孔筛0.5%~1%,出磨过80目筛。③坯料脱水采用电热鼓风干燥箱,待完全干燥后于自制的造粒设备中进行增湿造粒,团粒水分控制为5%~6%。④采用液压压力机压制成形。⑤坯体成形后在电热鼓风干燥箱内干燥至水分2%以下入窑。⑥采用硅碳棒电阻炉素烧,根据试验情况确定其烧成温度为1 100℃。

第一次试验的极差计算见表4.16.21,第二次试验的极差计算见表4.16.22。

表4.16.21　第一次试验的极差计算分析

考核指标	极差计算	磷矿渣	紫木节	风化土
吸水率	K1	15.975	15.675	16.45
	K2	15.775	16.075	15.30
	R	0.20	0.40	1.15

表4.16.22　第二次试验的极差计算分析

考核指标	极差计算	因素		
		风化土	石灰石	磷矿渣
吸水率	K1	21.51	21.86	21.34
	K2	22.94	22.59	23.11
	R	1.43	0.73	1.77
烧成收缩	K1	1.35	1.95	1.45
	K2	1.50	0.90	1.40
	R	0.15	1.05	0.05

根据极差计算分析结果,可以获得以下几点结论。①烧 C 对产品的吸水率影响很大,且随着其用量的增加,产品的吸水率增大。这是由于烧 C 在坯体中属于骨料,其用量越多,产品致密度越低。②紫木节对吸水率的影响程度相对较弱,随紫木节用量的增加,产品的结合程度增强,致密度提高,吸水率下降。③磷矿渣对产品性能指标的影响规律为:随着其用量的增加,吸水率增加,而烧成收缩略有下降,但变化不明显。这是因为磷矿渣在试验的烧成温度下,自身化学变化很少,在坯体中充当骨架原料,其作用与烧 C 类似。④石灰石的用量增多,产品吸水率增加,而烧成收缩明显减小。这是由于石灰石在高温下分解放出气体后,在坯体中留下了一定数量的气孔,从而导致在坯体外观尺寸几乎不变的情况下吸水率增加。⑤随风化土用量的增加,产品烧成收缩增加,这是由于它在高温下产生液相,促进了制品的致密化。

根据上述试验情况,考虑到坯体的成形性能以及产品的性能要求,最后确定坯料配方见表 4.16.23,化学组成如表 4.16.24 所示。

表 4.16.23　坯料配方

原料名称	磷矿渣	风化土	紫木节	烧 C	石灰石
质量分数/%	40	20	25	10	5

表 4.16.24　坯料化学组成

SiO_2	Al_2O_3	Fe_2O_3	TiO_2	CaO	MgO	K_2O	Na_2O	P_2O_5	烧失量	合计
51.92	15.67	2.17	0.23	15.96	1.14	1.58	1.53	0.45	9.18	99.83

由于坯料中 Fe_2O_3 等着色成分较多,坯体颜色较深,呈棕褐色,故采用高强乳浊釉对坯体进行有效的遮盖,为提高乳浊效果,采用硼锆熔块釉,以锆英石为乳浊剂,经过多次试验,确定熔块配方如表 4.16.25 所示。

表 4.16.25　熔块配方　　　　　单位:%

石英	长石	硼酸	氧化锌	锆石英	碳酸钙	烧滑石
21	30	8	2.5	11.5	9	5

釉料配方:熔块 95,苏州土 5;釉烧温度:1 040℃。

分析点评

山西某县磷矿渣废料产量很大,且当地贮有丰富的劣质黏土原料——风化土,根据其组成特点,利用这两种原料进行釉面砖的试制具有重大的经济价值及企业效益。将优选出的坯釉配方进行了产品试验,结果测得产品总收缩率为 0.4%～0.75%,吸水率为 18.37%～21.28%,釉面白度80°,热稳定性合格,外观规整度较好。显然,试验的磷矿渣及风化土完全可以用于釉面砖类制品的生产,其在坯料配方中的用量总和达 60%,这将有益于工业废渣的回收利用与环保工程,同时由于风化土质劣价低,坯料成本可明显下降,经济效益可观。

思考题

1. 研究山西某县磷矿渣废料试验有什么经济意义?

2. 根据坯料配方:$SiO_2$62.10%,CaO 0.25%,$Al_2O_3$3.52%,MgO 29.04%,$TiO_2$0.08%,R_2O0.12%,$Fe_2O_3$0.08%,ZnO 3.35%,选用合适的原料,并计算各种原料的质量分数。

第十七章 陶瓷成型

知识要点

陶瓷的成型技术对于制品的性能具有重要的影响。成型可以使坯体致密且均匀;干燥后有一定的机械强度等特点。对于陶瓷成型方法的选择应当根据制品性能的要求、形状、尺寸、产量和经济效益等综合确定,具体主要包括以下五个方面:①产品的形状、大小、厚度等;②坯料的工艺性能;③产品的产量和质量要求;④成型设备要简单、劳动强度要小,劳动条件要好;⑤技术指标要高,经济效益要好。

总之,在保证产品产量和质量的前提下,应选用工艺可行、设备简单、操作方便、生产周期最短和经济效益最好的成型方法。常用的成型方法有模压、挤压、流延、注浆、轧制成型等。表4.17.1是陶瓷制品的几种常见成型方法比较,从而可看出各种方法优缺点及适用范围。

表 4.17.1 陶瓷制品的几种常见成型方法比较

成型方法	优点	缺点	适用范围
模压成型	1. 模具简单 2. 尺寸精度高 3. 操作方便,生产率高	1. 孔分布不均匀 2. 制品尺寸受限制 3. 制品形状受限制	尺寸不大的管状、片状、块状
挤压成型	1. 能制取细而长的管材 2. 气孔沿长度方向分布均匀 3. 生产率高,可连续生产	1. 需加入较多的增塑剂 2. 泥料制备麻烦 3. 对原料的粒度有要求	细而长的管材、棒材,某些异形截面管材
轧制成型	1. 能制取长而细的带材及箔材 2. 生产率高,可连续生产	1. 制品形状简单 2. 粗粉末难加工	各种厚度的带材,多层过滤器
等静压成型	1. 气孔分布均匀 2. 适用于大尺寸制品	1. 尺寸公差大 2. 生产率低	大尺寸管材及异形制品
注射成型	1. 可制形状复杂的制品 2. 气孔沿长度方向分布均匀	1. 需加入较多的塑化剂 2. 制品尺寸大小受限制	各种形状复杂小件制品
注浆成型	1. 能制形状复杂的制品 2. 设备简单	1. 生产率低 2. 原料受限	复杂形状制品,多层过滤器

案例 17-1 干压成型陶瓷气孔成因探析

本案例对氧化铝干压工艺陶瓷气孔的原因进行了分析和探讨。干压粉体现在普遍使用的是经喷雾干燥的造粒粉,其质量的好坏对陶瓷气孔的影响很大,主要表现在以下几个方面。

1. 粉料中夹杂有较大的矿物颗粒

氧化铝陶瓷的配方中加有多种矿物成分,如石英砂、碳酸钙、苏州土、膨润土、长石等。这些矿物要预先磨成微粉,和氧化铝一起球磨,要很均匀地分散在氧化铝粉体中。若球磨工艺控制得不好,会有少量的大颗粒没有被粉碎到位。这些较大尺寸的颗粒夹杂在陶瓷坯体中,烧成瓷后会形成气孔。作者把原料石英砂、碳酸钙、滑石、膨润土、长石粉中较大的颗粒筛出来,压在红色氧化铝瓷坯体表面上,烧成瓷后用 20～50 倍的显微镜观察,其形貌如图 4.17.1 及图 4.17.2 所示,图 4.17.1 为石英砂、长石、膨润土所形成的熔洞,图 4.17.2 为碳酸钙、滑石颗粒所形成的熔坑,说明这些低熔物大颗粒会形成瓷件表面或内部气孔。生产造粒粉的实践也证明了如果球磨工艺控制不好或料浆过滤不好,有矿物大颗粒进入粉料就会形成陶瓷气孔。

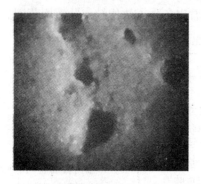

图 4.17.1 石英砂、长石、膨润土所形成的熔洞

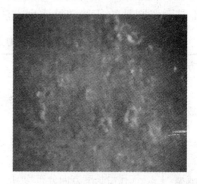

图 4.17.2 碳酸钙、滑石颗粒所形成的熔坑

2. 粉料中夹杂有较大的有机物颗粒

在造粒的过程中,粉料中要加入一些黏合剂、脱模剂、分散剂。这些有机物是固体的,要经过充分的溶解才能加到浆料中。如果溶解不好,有一定大尺寸的颗粒混入浆料中,就会含在坯体中。烧结过程中有机物分解挥发后,其原有空间就会留下气孔,聚乙烯醇(PVA)溶液变稠、凝聚成块,混入浆料中也会形成气孔。因此,对加入浆料中的有机物要充分溶解,在冬天寒冷时要采取保温措施。还有些杂质,如线头、头发、蚊虫等都会因管理不善而进入造粒粉中,从而形成陶瓷气孔。图 4.17.3 中气孔有较规则的几何形状,有可能是此类气孔,避免此类气孔就得加强生产过程的管理。

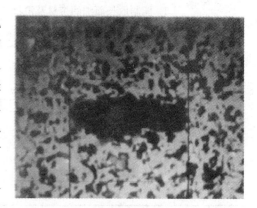

图 4.17.3 有机杂物形成的气孔(×800)

3. 造粒粉中的硬颗粒

造粒粉颗粒由于所含水分不同,有机物如 PVA 的种类和数量不同,会形成软硬不同的情况。在干压成型的过程中,同样的压力下,软颗粒容易被压碎,而硬颗粒则不易被压碎。如果

一粒硬颗粒被夹在坯体中没有被压碎,保持着完整的球形原貌,在烧结成瓷过程中,它的收缩率将远大于四周被压碎压缩的坯体。所以成瓷收缩过程中,在它与周围坯体间会出现一个裂缝。高温下,玻璃相会流来填充。如果填充不足,则会出现连续的或断续的裂缝。图 4.17.4 为球状连续裂纹,图 4.17.5 为断续裂缝,这是一种典型的干压瓷件气孔类型。

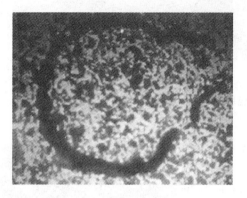 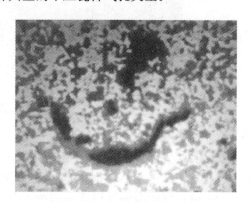

图 4.17.4　球形裂缝(×750)　　　　　　图 4.17.5　球状断裂纹(×750)

　　这种硬颗粒的形成有以下几个原因:①黏合剂如 PVA 选型不当,用量过多,PVA 聚合度过高,结膜性太强,使造粒粉颗粒表面结膜过硬;②造粒干燥时温度过高,造成颗粒水分过低,过于干燥,以致粉料颗粒强度增加;③有些颗粒粘在干燥塔体内壁上,长时间烘烤,被烤焦变成黄色,有机物被焦化后,失去柔软性,变成坚硬的颗粒,当它被震打落下时,就会混入正常的料中。因此防止的方法是:PVA 选型合适,用量适当;干燥温度适中,控制稳定;震打塔体时,落料要进行隔离。同时陈腐也是一个重要措施。由于生产过程中各种波动因素,会形成造粒粉的不均匀性。通过较长时间的陈腐,会使颗粒软硬趋于一致。除粉体之外,干压工艺陶瓷气孔的产生还有很多可能的因素。

　　4. 压机压力低,坯体中颗粒没压碎

　　图 4.17.6 是干压成型的生坯断面形貌,图 4.17.6(a)中粉体颗粒全被压碎,断面无颗粒痕迹,图 4.17.6(b)中颗粒轮廓清楚,没有被压碎。颗粒间相互桥架,留有空隙。图 4.17.7 是对应图 4.17.6 坯体成瓷后的抛光面。图 4.17.7(a)为颗粒全被压碎的坯体瓷件无明显气孔,图 4.17.7(b)为颗粒没压碎的坯体瓷件有很多较大气孔。因此,应根据粉体颗粒的软硬不同,调整压机压力,使颗粒完全压碎,可避免此类气孔。

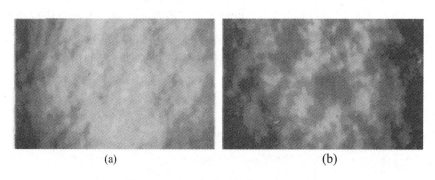

(a)　　　　　　　　　　(b)

图 4.17.6　干压成型的生坯断面形貌

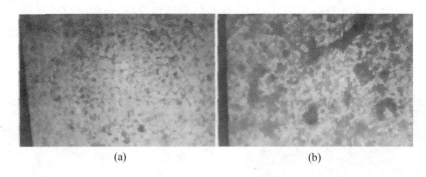

(a)   (b)

图 4.17.7　坯体成瓷后的抛光面

5. 原料氧化铝粉转相不均匀

氧化铝在高温下由 γ 相向 α 相转化的过程是个体积收缩过程,变为 α 相后,体积基本不再收缩,所以用 $\alpha - Al_2O_3$ 粉料制作陶瓷件可使烧成收缩稳定,变形小。俗称氧化铝 γ 相为生粉,α 相为熟粉。如果氧化铝原料煅烧工艺控制不稳定,转相不均匀,有生有熟;或管理不善,将生粉混入熟粉中;在球磨时,又磨得不细不匀。较大生粉颗粒被夹在陶瓷坯体中,也会造成陶瓷气孔。若在压坯时,在粉料的部分区域撒入生粉,压成坯后打上区域记号。烧成瓷件研磨抛光后,进行观察。发现在区域内出现大量如图 4.17.8 所示的松散结构和气孔,而未撒入生粉的部分没有这种现象。这是因为生粉在烧

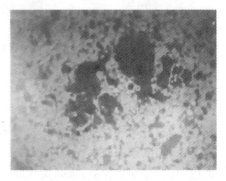

图 4.17.8　一颗生物颗粒在瓷件中的松散结构和气孔(×800)

结过程中要发生 $\gamma-\alpha$ 的相变,有较大的收缩,其收缩率远大于坯体的收缩,所以生粉颗粒边缘会出现裂缝。一颗自然生粉颗粒的尺寸约为 $45\sim150~\mu m$,是由无数颗小晶粒构成的,所以小晶粒的各自收缩又造成了相互之间松散的构架。防止的办法是要控制好氧化铝煅烧工艺,加强质量管理,防止生熟粉混杂。

分析点评

在精密陶瓷的成型中,干压工艺由于坯体致密度高、成瓷密度高、瓷件内部气孔少、自动化程度高等优点得到了快速发展。然而,干压成型的陶瓷件表面或内部气孔(指显气孔,尺寸在数十微米以上)在生产过程中也时有发生,影响了干压陶瓷的质量。因此分析讨论陶瓷件表面或内部气孔形成原因对于制备致密度高、性能优异的陶瓷有着重要的意义。本文以氧化铝干压工艺陶瓷为例,分析讨论孔的形成原因,对其他陶瓷的制备有一定的借鉴意义。

思考题

1. 分析氧化铝干压工艺陶瓷气孔的成因。
2. 简述半干压成型过程中坯体易于出现层裂的原因。

案例 17-2 挤出成型法制备莫来石-硅藻土陶瓷膜管的研究

本案例采用挤出成型工艺制备莫来石-硅藻土(K-M)陶瓷膜管。

1. 实验方法

称取一定量硅藻土在 110℃下干燥 6 h,加入护孔剂保护硅藻土一次孔,再依法加入经老化的硅铝溶胶、聚乙烯醇(PVA)和甘油水溶液,将制成的泥料混合均匀,真空陈泥数天至具有合适塑性后在自制的挤管机中采用高压挤管成型。湿管在室温下干燥 2 d,60℃干燥 2 d 后进行煅烧。煅烧制度为:低于 500℃,0.25℃/min;500~900℃,1℃/min;900~1 200℃,0.5℃/min,1 200℃稳定 2 h。

2. 结果与讨论

(1) PVA 的影响

PVA 的含量对陶瓷膜管密度、孔隙率、耐压强度和平均孔径的影响见图 4.17.9 和图 4.17.10。从图 4.17.9 可以看出,膜管的堆密度随 PVA 完全挥发,起着一定程度的造孔作用,PVA 含量越大,其在湿坯中所占体积越大,从而挥发后留下更多的孔隙,并且,PVA 通过氢键吸附在硅藻土颗粒和硅铝胶粒上,避免了硅藻土颗粒的进一步接近,导致孔隙率增加,但从研究结果来看,PVA 对堆密度和孔隙率影响并不大,这应该与本研究采用的原料和加压挤出成型方法有关。本研究所采用的硅藻土本身所含大量微孔参与膜管成孔,硅铝溶胶填充在硅藻土颗粒之间减少了颗粒烧结形成的二次孔,并且在较高压力(大于 1.5 MPa)下,PVA 聚合链被压缩,硅藻土颗粒接触紧密。从图 4.17.10 中可以看出,膜管的平均孔径随 PVA 含量增加而增大,但增大并不明显。当 PVA 含量大于 10%时,耐压强度下降较大,因为高 PVA 含量挥发后形成的较大孔隙对烧结不利,从而使耐压强度下降,这也和孔隙率的变化是一致的。图 4.17.10 中的膜孔平均孔径为采用气体渗透法测得的有效孔平均孔径,因此要比由压汞法测得的孔径(2.1 μm)要小。PVA 含量为 10%的陶瓷膜管耐正压强度为 13.3 MPa,远大于注浆成型法制备的 K-M 陶瓷支承体的耐压强度 4.5 MPa,这主要是在制备过程中,采用高压将泥料挤出,使物料间接触紧密,烧结过程中形成更多的黏结,这可从密度上得到解释。由注浆成型法制得的支承体的密度为 0.73 g/cm³,比本研究得到的膜管密度要小得多(1.07 g/cm³)。

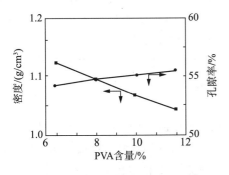

图 4.17.9 PVA 含量对陶瓷膜管密度和孔隙率的影响

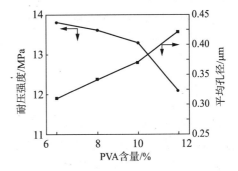

图 4.17.10 PVA 含量对陶瓷膜管耐压强度和平均孔径的影响

图 4.17.11 是由压汞法测得的陶瓷膜管的孔径分布图,其孔径分布集中在 2.1 μm 左右,

随着 PVA 含量的增加，平均孔径略有增大，但对孔径分布的影响并不明显，这与莫来石-硅藻土体系的成孔机制有关。在高温烧结时，硅铝溶胶充当硅藻土颗粒间的黏结剂，孔主要是由硅藻土颗粒本身的一次孔和少量硅藻土颗粒堆积而成的二次孔组成，而 PVA 影响的是硅藻土和莫来石的体积相对含量，并且其挥发温度较宽，因此对孔径大小的影响要比对孔径分布的影响要大。

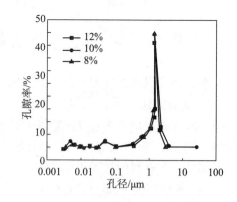

图 4.17.11　PVA 含量对 K－M 陶瓷膜管的孔径分布的影响

图 4.17.12 为 K－M 陶瓷膜管表面 SEM 图，膜管孔径集中在 2.1 μm 左右，分布比较均匀，没有大孔出现，PVA 为 10％的膜管与 PVA 为 12％的膜管孔大小及分布区别不明显。其中具有细孔的是硅藻土颗粒，硅藻土颗粒间的细小颗粒为莫来石晶粒，并将硅藻土颗粒连接起来，说明在烧结过程中保留了硅藻土的孔状结构，护孔剂的引入保护了硅藻土的微孔。

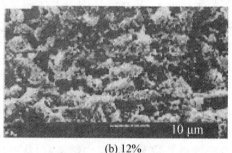

(a) 10%　　　　　　　　　　　　　　　(b) 12%

图 4.17.12　K－M 陶瓷膜管表面的 SEM

（2）热分析

K－M 陶瓷坯管的 TGA 和 DTA 曲线如图 4.17.13 所示。从图 4.17.13 中可以看出：在 168℃以下，陶瓷膜坯管的质量有明显减少，同时伴随着热量吸收，主要是体系中吸附的水分去除，是干燥过程的延续；168～500℃，吸附水进一步去除，同时所含 PVA 和甘油开始分解去除至全部，伴随着质量减少和大量热放出；500～1 200℃，体系的质量基本不变；900～1 000℃的小放热峰是一次莫来石形成的先兆；1 050～1 150℃的放热峰为莫来石形成峰，硅藻土中无定形硅氧也在此温度下转变为方石英；温度高于 1 200℃，体系基本没有质量变化和热效应。因此，500℃以下和 900℃以上，应采用小的升温速率，以防止因应力过大产生裂纹。

（3）晶体结构

不同温度下煅烧的 K－M 陶瓷膜管的 XRD 谱图如图 4.17.14 所示。在 800℃煅烧后，陶瓷膜管内部仍为高度无序的无定形态，含有少量石英；在 1 100℃煅烧后，莫来石相和方石英晶相开始出现；在 1 200℃煅烧后，莫来石进一步形成，此时方石英相也已形成，对应极分为尖锐和强度很大的 21.8°峰和其他一些吸收峰，26.20°、35.20°及其他一些小峰对应莫来石相，同时含有由硅藻土引入的一些杂质形成的峰。上述分析说明本研究中以硅铝溶胶为前驱体的方法能在远低于莫来石熔点（1 818℃）的条件下将莫来石结构引入陶瓷膜管中，从而利用莫来石的特性，起到增加陶瓷膜管强度和韧性的目的。

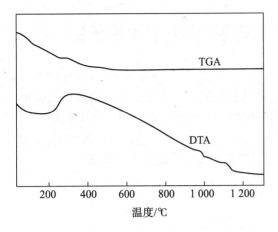

图 4.17.13　K-M 陶瓷膜管 TGA 和 DTA 曲线

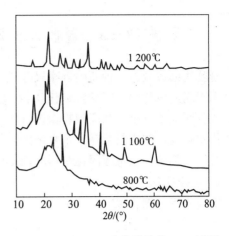

图 4.17.14　K-M 陶瓷膜管的 XRD 谱图

（4）气体渗透性能

表 4.17.2 为硅藻土-莫来石陶瓷膜管的特性常数和气体渗透性。从表 4.17.2 中可以看出，随着 PVA 含量的增加，曲节因子 τ、平均孔径 d_p 和孔隙率 ε 均增大，对应于气体渗透通量 J 增大。可见，通过调整 PVA 含量，可以调整陶瓷膜管的孔特性和性能，从而制备出符合一定要求的陶瓷膜管。

表 4.17.2　硅藻土-莫来石陶瓷膜管的特性常数和气体渗透性

PVA 含量/%	$d_p/\mu m$	ε	τ	$J/[\mathrm{mol}/(\mathrm{m}^2 \cdot \mathrm{s})]$ $(\Delta p/31.5\ \mathrm{kPa})$
8	0.34	0.547	2.62	0.126
10	0.37	0.551	3.03	0.130
12	0.42	0.560	6.58	0.141

分析点评

微孔无机陶瓷膜具有热稳定和化学稳定性好、机械强度好、孔径分布均匀等优点，不仅可用于微滤分离过程，而且可作为非对称膜的支承体对顶层膜提供机械支撑。微孔陶瓷膜管一般有氧化铝、多孔碳等。其中氧化铝膜管机械强度高，但其强度依赖于膜管的纯度，因而受制备方法所影响。硅藻土本身具有均匀的孔径分布，采用硅藻土制备陶瓷膜管，可以充分利用其一次孔成孔，形成孔径分布集中的膜管，通过添加莫来石晶相使其达到工业应用所需的机械强度。采用注浆成型法制备莫来石、硅藻土陶瓷膜管受制备方法的限制，孔隙率和机械强度不高，因此采用更适合于工业生产的挤出成型法制备的硅藻土-莫来石陶瓷膜管具有较大的孔隙率、密度和耐压强度，孔径分布集中，气体渗透通量很大，是一种性能优良的陶瓷膜管。

思考题

1. 挤出成型对泥料有哪些要求？常见废品产生的原因有哪些？
2. 比较注浆成型工艺与挤出成型工艺的优缺点及应用范围。

案例 17-3 凝胶注模成型生坯强度影响因素的研究

凝胶注模成型是一种新的近净尺寸成型的方法。制成的坯体强度大,可以机械加工。此法已用于制造氧化铝、氮化硅、碳化硅、氧化锆及赛隆等类部件。凝胶注模成型坯体的强度由单体聚合所成的三维网状高聚物提供,因此影响高聚物聚合度和交联度的因素都将影响到所成坯体的强度。陶瓷料浆是一个复杂的多相体系,有机单体、交联剂、引发剂、催化剂、固相含量以及添加剂的加入量等固化过程的内部因素对单体聚合过程有着重大的影响。

1. 实验过程

实验流程如图 4.17.15 所示。

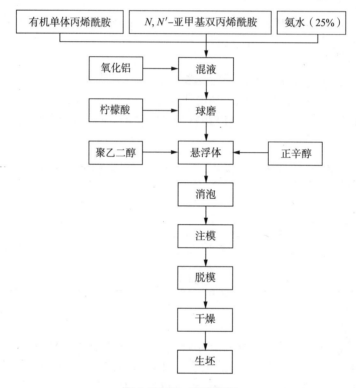

图 4.17.15 实验流程

2. 结果与讨论

(1) 单体与交联剂的浓度对生坯强度的影响

图 4.17.16 为单体浓度对生坯强度的影响。由图 4.17.16 可见:在所研究的单体浓度范围内,随着单体浓度的增加,生坯强度增大,在浓度为 20%～25% 时,坯体强度变化不大,而当单体浓度为 20% 时,生坯的抗弯强度已达到了 32 MPa,完全可以满足机加工要求。

交联剂的加入对聚合物的聚合度也有很大影响。在单体聚合过程中,交联剂将链状的聚合物大分子联结成网络起到"桥梁"的作用,交联剂含量越少,"桥梁"

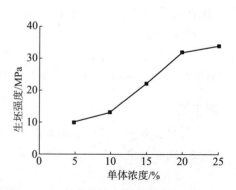

图 4.17.16 单体浓度对生坯强度的影响

越少,所成聚合物的聚合度越小,因此,所成坯体的强度越低。可以适当的提高交联剂的含量来提高所成坯体的强度,但是本实验所用的交联剂 N,N'-亚甲基双丙烯酰胺(MBAM)在水中的最大溶解度为 2%(质量分数),这使得交联剂的加入量受到了一定限制。

(2) 引发剂与催化剂的加入量对生坯强度的影响

图 4.17.17 为引发剂的加入量对生坯强度的影响,其中,所用预混液中单体的浓度为 20%,单体和交联剂的质量比为 20∶1,固相体积分数为 55%,在这种悬浮体中加入相同质量的催化剂。从图 4.17.17 中可见:随着引发剂含量的增加,生坯强度出现先增大后减小的趋势。分析原因:引发剂加入量过小时,初级自由基较少,单体聚合得不完全,生成的高聚物密度较低,黏结作用弱,生坯强度低;随着引发剂加入量的增大,单体聚合反应完全,生成的高聚物把陶瓷粉体牢牢地结合在一起,交联密度大,生坯强度提高;当引发剂的加入量过大时,产生更多的初级自由基,链引发速率远大于链增长速率,单体聚合形成的高聚物链长变短,聚合物分子量较低,生坯强度也随之降低。另外,当加入的引发剂过多时,由于凝胶化时间迅速缩短,单体聚合过程中产生的气体来不及跑出,坯体内部的气孔产生的内应力降低了生坯强度。所以应该综合考虑效率与性能的关系,确定引发剂和催化剂的最佳加入量。

(3) 固体体积分数对坯体强度的影响

图 4.17.18 为氧化铝注凝成型过程中陶瓷料浆的固相体积分数与生坯强度的关系。从图 4.17.18 中可以看出,随着料浆固含量的提高,生坯抗弯强度呈先上升后下降的趋势。在固含量为 55%(体积分数)时,生坯强度为 32 MPa 左右,这个强度足以满足一定程度的机加工要求。

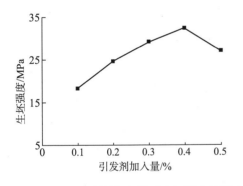

图 4.17.17 引发剂的加入量对生坯强度的影响

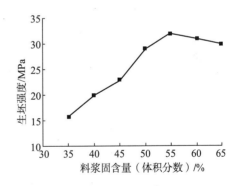

图 4.17.18 陶瓷料浆的固含量与生坯强度的关系

分析点评

近年来,凝胶注模成型技术由于其工艺操作简单、含脂量低、制备的坯体均匀、坯体强度高使机械加工成为可能等诸多优点而受到国内外陶瓷研究者的广泛关注。目前,这种新型的胶态成型技术已经在 Al_2O_3、ZrO_2、SiC、Si_3N_4 等精密陶瓷部件的近净尺寸成型制备中得到了广泛应用。此技术把陶瓷成型工艺与高分子化学知识有机的结合起来,利用有机单体在引发剂和催化剂的作用下发生自由基聚合反应,生成三维网状高聚物,将陶瓷粉体颗粒原位均匀的凝固在这种高分子弹性体中。注凝成型所成坯体的强度高,可直接进行各种机加工,这一显著优点对于陶瓷材料来说,更是具有十分重要的意义。本文从影响单体聚合和固化过程的内部因素着手,分析了有机单体、交联剂、引发剂、催化剂、固相体积分数以及添加剂聚乙二醇的加入量对注凝成型所成坯体强度的影响，通过控制这些物质的加入量，制备出高强度的坯体。

思考题

1. 简述凝胶注模成型工艺特点。
2. 分析凝胶注模成型过程中影响泥浆流动性和稳定性的因素。

案例 17-4　西德日用陶瓷等静压成型简介及看法

日用陶瓷等静压成型新技术是 20 世纪 70 年代末首先由西德道尔斯特(DORST)公司研制成功的。西德自 1978 年 DORST 公司推出盘类等静压成型新技术以来,发展至今,制造等静压成型设备有 DORST、NETZSCH、LAEIS 等三家厂商,且等静压成型设备在西德日用陶瓷厂已广泛应用,取得了很好的效益。

1. 等静压成型的主要工艺

日用瓷等静压成型的工艺流程如图 4.17.19 所示。

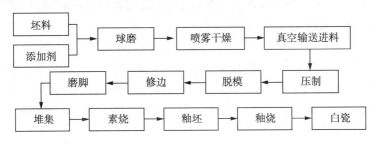

图 4.17.19　日用瓷等静压成型的工艺流程

2. 日用陶瓷等静压的优点

(1) 等静压采用干粉(残余含水量 2%～3%)液压成型,压强(最大为 $3×10^7$ Pa)能相等地向各个方向传递,从而获得致密均匀的坯体。

(2) 等静压成型全过程都采用全自动先进技术,由一人将坯体装上素烧窑车。以 900·02 型压机计算,每班产 10.5 吋盘素烧坯 6 100 件(900 件/小时×7 小时×97%成坯率)。而采用可塑法滚压成型,人均班产未上釉坯仅 300 件。等静压的高劳动生产率显而易见。

(3) 等静压成型采用塑料隔膜,不用石膏模,隔膜可使用 5～10 万次(上隔膜 10 万次,下隔膜 5 万次),按西德制成的 10.5″盘隔膜每套报价计算,生产一万件坯耗隔膜费约 160 元,而我们生产一万件 10.5 吋盘坯耗石膏模费用 230～240 元,每万件坯即可节约石膏模费用 70 多元。

(4) 等静压成型使用的干粉料压制的生坯,经修边、磨足,不需要干燥即可入窑素烧。喷雾干燥的粉料,按西德 NETZSCH 公司 650·14 型喷雾干燥器的性能,热耗为 800～900 千卡/千克水。国内塑压成型,链式干燥,热耗在 2 700～2 800 千卡/千克水。虽然可塑法成型泥料含水量仅 24%左右,喷雾干燥泥浆含水量高达 40%,换算过来,等静压成型仍可大大节约能源。

(5) 等静压成型还具有生产周期短、设备占地面积小、余泥回轮加工量少等优点。

3. 几点看法

日用陶瓷等静压这一新技术自 20 世纪 70 年代推出以来,经过不断完善开发,它的确具有旺盛的生命力,预示着日用陶瓷工艺的一场革命,西德已广泛使用,东德、法国、英国、美国都纷纷推广,无疑将会逐步代替部分现行生产设备。但由于我国日用陶瓷工业落后,对采用这一新技术新设备有不同的意见。国光瓷厂通过一个月的实地学习,有如下几点看法。

(1) 要解决我国日用陶瓷的落后状况,引进等静压成型这一新技术,是不容置疑的。有的认为我们整个系统不适应,如原料的标准化、电子数控、塑料隔膜以及职工素质、企业管理等。的确,这些方面我国与发达国家的陶瓷生产厂家比,有一定的差距。但只要认真对待,这些问题都是可以解决的。

(2)等静压成型技术在我国早已应用于粉末冶金、火花塞等实际生产中,对等静压成型积累了很多经验,虽然不同于日用陶瓷,但基本工作原理、设备维护检修等方面有很多可借鉴的。陶瓷行业应该克服封闭、僵化的意识,向国外开放,更应着眼国内,走出行业框框,开展跨行业协作。

(3)可喜的是最近景德镇为民瓷厂引进喷雾干燥、等静压成型、两次烧成等技术改造项目,已获省级审查通过。希望相互之间加强技术交流,互相促进,通过消化吸收,以推动我国陶瓷行业的技术进步。如果我国主要产瓷区各有1~2家陶瓷厂,探索等静压成型,那将汇成一股强大的力量,任何技术难关都是可以攻克的。

(4)陶瓷行业沿袭手工作坊的生产方式,搞"小而全"阻碍了技术进步。引进等静压成型,应该积极开展专业化协作。如一个产瓷区集中搞一个原料加工基地,供应标准化坯粉,隔膜制作也搞专业化工厂。DORST、NETZSCH隔膜生产工场,不但为西德陶瓷厂家提供隔膜,还为英国、法国等陶瓷厂家提供隔膜。建立专业化协作,才能为推广等静压成型创造良好的条件。

分析点评

西德道尔斯特(DORST)公司研制成功的日用陶瓷等静压成型新技术,为日用陶瓷特别是盘类扁平器皿的成型工艺开创了一个新的局面,而且是对传统可塑成型的一场工艺革命。我国国光瓷厂与西德内奇(NETZSCH)公司签订了购进900·10等静压成型机两台,并于1988年11月赴西德内奇公司进行生产全过程的实习,通过实习对日用陶瓷等静压成型新工艺的认识有了较大的提高。国内陶瓷厂已经认识到我国与发达国家陶瓷生产厂家的差距,并且认真对待,努力克服困难,积极加强技术交流,建立专业化协作,推动我国陶瓷行业的技术进步。

思考题

1. 简述等静压成型工艺的过程、分类及工艺流程。
2. 分析等静压成型工艺的优缺点。

案例 17-5 卫生陶瓷制品的注浆成型

采用注浆法成型,生产便器、洗面器、下水用品、浴盆等卫生陶瓷制品,使用的泥浆度较大,泥浆密度应在 $1.8\sim2.09$ g/cm^3,即干燥黏土 100 千克,含水 $20\sim30$ 升。将水与黏土等原料和解胶剂共同混合搅拌成具有流动性的液浆。搅拌约 2 h 即可,如搅拌时间过长,就会胶凝或胶化。通常使用的解胶剂为碳酸钠和水玻璃的混合物,用量约为干燥原料混合物的 0.4% 左右。碳酸钠与水玻璃的比例常以质量比碳酸钠 30%、水玻璃 70% 为基准。成型较厚的制品,常采用从两面吸收泥浆中水分的模型,即所谓实心注浆。它在外型中插入芯型,使泥浆从模型的两面脱水,而不必排出剩余泥浆。成型管状制品时,所用泥浆密度约为 1.9 g/cm^3。注浆后约经 $1\sim1.5$ h,即可将芯型抽出,待坯体稍行硬化后,再脱除外型。由两部分或两部分以上分别注成的坯体,组成一个完整的制品时,其粘接部分应先用专用工具搔一下,然后抹上用稀醋酸使之胶凝了的泥浆,再行粘接气模在使用期中,应保持一定的残存水分($5\%\sim7\%$),芯型必须比外型要湿一些,使芯型容易脱出。在使用新模以前,应将接触泥浆的表面用海绵沾水擦几遍再用。

1. **注浆成型中经常出现的问题**

在卫生陶瓷制品的注浆成型中,最常见的缺陷是开裂。坯体在没有充分干燥之前,就进行打磨修整,一般沿着接缝的位置而出现裂纹,坯体颗粒粗大是出现开裂现象的主要原因。坯体前沿及底部等固定部位的开裂,则是因干燥过急所造成。为避免这些部位发生开裂,可以涂抹油类,以减慢脱水速度。此外,坯体应放在非常平滑的板上进行干燥,不然也易出现开裂。

2. **坯料中使用烧粉时应考虑的问题**

用注浆法成型浴盆等大型制品时,因制品厚度较大,配料中一般多使用 1/4 烧粉。烧粉的颗粒级配以控制在下述范围为宜:$0.335\sim0.050$ cm(45%);$0.050\sim0.015$ 2 cm(10%);0.015 cm 以下(45%)。

在卫生陶瓷坯料中所用的烧粉,虽要用一些大颗粒以提高耐温度剧变抵抗性,但颗粒也不要过大,对于大型制品以 4 mm 为标准;小型制品则以 1.5 mm 为标准。使用颗粒过大或过多的烧粉,会给坯体的表面加工带来一定的困难,不易获得平整的表面;如细粉过多,则在表面容易出现网状微裂纹。使用球形颗粒的烧粉时,此种倾向更为显著。因此应通过粉碎方法改变颗粒形状,如使用轮碾机粉碎所得为球形颗粒,用滚磨机则为锐角状颗粒。在生产上应使用能够获得长颗粒的粉碎机。坯料中含有此种颗粒的原料,能够减少破碎或开裂的现象,并显著地增加坯体强度。烧成方法不同所得烧粉的颗粒形状也不同,如原土烧成后再加工制成烧粉,则具有棱角;用捏土磨机捏练后再烧成,则为球状颗粒。如坯体气孔率过大,则白度降低,机械强度减弱。

分析点评

注浆成型是一种适应性广、生产效率高的成型方法。采用注浆成型制备卫生陶瓷制品生产成本低、效率高,但是注浆成型时,对于泥浆的要求比较严格。因为实心注浆与空心注浆同时并用,坯体成型的时间要求又短,而且还要求具备足够的可塑性。在坯料中如采用少量烧粉,能加快坯体的成型速度,但同时要求控制能变性在一定程度,则有一定困难。

思考题

    1. 简述注浆成型的原理及其特点。

    2. 分析注浆过程中影响泥浆流动性的因素。

第十八章　釉料及色料

知识要点

釉是熔融在陶瓷制品表面上的一层很薄的均匀玻璃质层。无釉陶瓷制品通常存在表面粗糙无光、易吸湿、易沾污、易侵蚀等缺点，即使烧结程度很高，也会因此影响其美观、卫生及机电等性能。当在坯体表面上施敷一层玻璃态釉层时，可使制品获得有光泽、坚硬、不吸水的表面，不仅可以改善陶瓷制品的光学、力学、电学、化学等性能，而且对提高实用性和艺术性也起着重要作用，因此，在坯体上施釉是非常必要的。

色料也称为颜料或彩料，是以色基和熔剂或添加剂配成的粉状有色陶瓷用装饰材料。色基是以着色剂(能使陶瓷坯、釉等呈色的物质)和其他原料(如高岭土、石英、长石、氧化铝等)配合，经煅烧后获得的无机着色材料。熔剂即是含铅的硅酸盐、硼酸盐或碱硅酸盐玻璃等，它是促使陶瓷色基与陶瓷器皿表面结合的低熔点玻璃态物质。

一、釉料

1. 釉料的作用及分类

釉料具有以下作用：①使坯体对液体和气体具有不透过性；②覆盖坯体表面并给人以美的感觉，尤其是颜色釉与艺术釉等更增添了陶瓷制品的艺术价值；③防止沾污坯体，即便沾污也很容易用洗涤剂等洗刷干净；④与坯体起作用，并与坯体形成整体。

釉的种类繁多，目前还没有统一的分类方法，现介绍几种常见的分类方法。①按照烧成温度可以分为低温釉($<1\,150\,℃$)、中温釉($1\,150\sim1\,250\,℃$)、高温釉($>1\,250\,℃$)；②按照烧成后的釉面特征分可以分为透明釉、乳浊釉、结晶釉、光泽釉等；③按照制备方法分为生料釉、熔块釉及盐釉；④按照主要熔剂或碱性组分分可以分为长石釉、石灰釉、镁质釉等。

2. 釉的性能要求

陶瓷釉要具有以下主要性能：①釉的成熟温度稍低于坯的烧成温度，使釉的熔体在坯上均匀铺展而坯胎不产生变形，同时要求釉有不小于 $30\,℃$ 温度范围的熔融状态以消除釉泡和针孔等缺陷；②釉的膨胀系数略低于坯的膨胀系数，使烧成时坯釉完全附着成一体，冷却以后，由于体积效应使釉层处于应力状态，以提高制品的抗张强度和热稳定性；③坯釉的酸碱度相互适应，促进坯釉间形成一定厚度的中间层，确保坯釉紧密结合，一般要求釉料具有适当的碱性；④釉应具有较高的抗张强度和与坯相适应的弹性模数；⑤耐化学腐蚀，在接触食物的各种情况下，不能有毒性成分如铅、镉等析出。

3. 釉料的组成与配料计算

釉的性质主要是由釉料的组成所决定的。釉料组成的表示方法有化学组成表示法、配料量表示法和实验式(釉式)表示法等。釉式是将釉中碱金属和碱土金属氧化物(助溶剂)的系数之和调整为1，这点与坯式不同。如下面的通式：

$$1\begin{Bmatrix}R_2O\\RO\end{Bmatrix}\quad uR_2O_3\cdot vSiO_2$$

釉的配料计算方法与坯的配料计算一样,可以采用逐项满足法。配制熔块釉时要考虑熔块的配制原则。

例:按下列釉式计算配方量

$$
\left.\begin{array}{l}
0.25K_2O \\
0.56CaO \\
0.06MgO \\
0.13ZnO
\end{array}\right\} \cdot 0.28Al_2O_3 \cdot 4.50SiO_2
$$

解答:(1)确定应用原料种类

采用钾长石满足釉式中 K_2O,方解石满足 CaO,MgO 由烧滑石引入,ZnO 由煅烧氧化锌满足,釉式中的 Al_2O_3 除长石引入外,采用 0.1 mol 软质的高岭土,余量由烧高岭土满足,SiO_2 不足量由石英补充。

(2)列表计算各原料的物质的量,如表 4.18.1 所示。

表 4.18.1　各原料的物质的量计算

氧化物	K_2O	CaO	MgO	ZnO	Al_2O_3	SiO_2
釉式	0.25	0.56	0.06	0.13	0.58	4.5
引入 0.25 mol 钾长石	0.25				0.25	1.5
余量	0	0.56	0.06	0.13	0.33	3
引入 0.56 mol 方解石		0.56				
余量		0	0.06	0.13	0.33	3
引入 0.02 mol 烧滑石			0.06			0.08
余量			0	0.13	0.33	2.92
引入 0.13 mol 烧氧化锌				0.13		
余量				0	0.33	2.92
引入 0.10 mol 软质高岭土					0.1	0.2
余量					0.23	2.72
引入 0.23 mol 烧高岭土					0.23	0.46
余量					0	2.26
引入 2.26 mol 石英						2.26
余量						0

(3)计算各种原料用量

计算过程及结果列于表 4.18.2。若要精确计算,应根据所用原料的实际化学成分进行逐项满足。计算方法同坯料配方的计算方法相同。

4.釉料的制备

(1)釉料配方的配制原则

合理的配方对获得优质釉层是极其重要的,在设计与确定釉料配方时要求掌握以下几个原则:

① 根据坯体的烧结性质调节釉料的熔融性质;

② 釉料的膨胀系数与坯体膨胀系数相适应;

③ 坯体与釉料的化学组成相适应;

④ 釉的弹性模量与坯的弹性模量相匹配；

⑤ 合理选用原料。

（2）釉料配方的确定

① 资料的准备

主要掌握坯料的化学与物理性质，明确釉料本身的性能要求，还要了解制釉原料化学组成，原料的纯度以及工艺性能等。

② 配制方法

釉料配制方法是用化学组成百分数来表示或者用实验公式来表示的。以变动化学组成的百分数或实验公式中的氧化物物质的量或者是两种氧化物的物质的量之比来配成一系列的釉式，然后通过制备，烧成并测定它们的物理性质，找到符合要求的配方。在得到良好的配方后，再进行配方的调整试验。此时可用优选法或正交试验法，以求得到一个釉面各项性能指标最佳的釉料配方（表 4.18.2）。

表 4.18.2　原料配方量计算

原料	物质的量	公式量	质量	质量分数/%
钾长石	0.25	556.8	139.2	32.69
方解石	0.56	100	56	13.15
烧滑石	0.02	361.3	7.23	1.7
烧氧化锌	0.13	81.4	10.58	2.48
软质高岭土	0.1	258.1	25.81	6.06
烧高岭土	0.23	222.2	51.11	12
石英	2.26	60.1	135.83	31.9
合计			425.76	99.98

二、色料

色料也称为颜料或彩料，是以色剂和熔剂或添加剂配成的粉状有色陶瓷用装饰材料。

1. 陶瓷色料的用途

（1）坯体的着色

将颜料中的着色物质（色剂）与坯料混合，使烧后的坯体呈现一定的颜色。有色坯泥可用于制造陈设瓷件、日用器皿及建筑用的墙地砖。白色坯泥还可以用作遮盖坯体颜色的釉下图层。

（2）釉料着色

用色剂与基础釉料可调配成各种颜色色釉及艺术釉。

（3）绘制花纹图案

大量用于釉层表面及釉下，进行手工彩绘，也可以用作贴花纸、丝网印刷、喷画颜料。

2. 陶瓷色料的分类

陶瓷色料种类很多，可以根据使用方法和彩烧温度及矿相进行分类。

（1）根据使用方法和彩烧温度分类

① 釉上颜料。釉上颜料是用于已经通过煅烧的陶瓷器皿釉层表面上装饰的颜料。它含

有色剂与熔剂(一般含量为60%~95%),熔融温度较低。彩烧温度较低,通常在800~850℃。常用釉上颜料有甲赤、豆茶、橘黄等。

② 釉下颜料。釉下颜料是用于在未施釉的坯体(生坯或素烧坯)上装饰颜料。它是由色剂(或色基)和少量稀释剂(如黏土、高岭土、坯粉、石英、氧化铝等)配成。常用的釉下颜料有锰红、铬铝红、钴铬绿、钒黑等。

③ 釉中颜料。釉中颜料是20世纪70年代发展起来的新型陶瓷颜料。其熔剂成分中不含铅或含少量铅,能耐较高的温度。

(2) 根据颜料的矿相进行分类

① 简单化合物类型。简单化合物类型包括着色氧化物及其盐类,例如氧化铁、碳酸钴、氯化铬及氢氧化铜等;铬酸盐、铀酸盐,例如铬酸铅红、西红柿红等;硫化物与硒化物,例如铬黄、铬硒红等;烧绿石型,例如拿普尔黄。

② 固溶体单一氧化物型。固溶体单一氧化物型包括刚玉型,例如铬铝桃红;金刚石型,例如铬锡紫丁香紫;萤石型,例如钒锆黄。

③ 钙钛矿型。钙钛矿型包括钙锡矿型,例如铬锡红;灰钛石型,例如钒钛黄。

④ 尖晶石型。尖晶石型包括完全尖晶石型、类似尖晶石型、复合尖晶石型等。

⑤ 硅酸盐型。硅酸盐型包括橄榄石型、石榴石型、锆英石型等。

⑥ 混合异晶型。混合异晶型包括尖晶石与石榴石混晶等。

案例 18-1　西班牙的陶瓷色釉料产业

1. 行业概况

在西班牙,陶瓷熔块和色釉料行业是在约 50 年前从传统的陶瓷产业中分离出来的一个新兴特色行业,目前它拥有 27 家公司,年总营业额约 10.33 亿欧元,熔块和色釉料的年产量约 150 万吨,有约 4000 名员工,这些厂家主要集中在位于西班牙卡斯特隆(Castellon)中部的陶瓷产区,聚集在 400 平方公里的范围,该地的产量占到全行业产量的 90%,这些厂家的距离不大于 25 公里。企业的平均规模为员工约 148 名,年平均营业额约 3 500 万欧元,这一行业的不同企业规模大小不一,有的经营品种单一,规模小,年营业额仅为 100 万欧元,有的经营品种多,加上为客户提供一揽子服务,从产品设计、网版设计到上线、调试等,并在国外有多家工厂和分公司,营业额可以达到甚至超过 2 亿欧元。这一行业的组织机构相当精简,员工达到或超过 100 名的企业有 14 家,占到 52%,整个行业中,生产工人占到企业总人数的 86%,近年来这一架构相对比较稳定。

整个西班牙色釉料行业的总资产为 12.81 亿欧元,占到整个陶瓷行业的 23%,其中,固定资产通常占 46%~49%,流动资产占 51%~54%,整个熔块企业净资产为 5.91 亿欧元,在西班牙的色釉料企业中,有 52% 的企业,即 14 家,它们的总营业额占全行业营业额的 87%,其雇佣的工人占全行业的 84%,资产占全行业资产的 88%。

整个欧洲熔块和色釉料厂家约有 42 家,意大利有 8 家加上西班牙 27 家,只有 5 家分布在其他地区。表 4.18.3 列出了上述 27 家中的 20 家生产并销售熔块、色料和釉料公司的一些数据以供参考。

这一行业位于陶瓷产区中,配套的还包括选矿、矿物加工、喷雾干燥、批发商与分销商、陶瓷添加剂制造商等。该行业的著名集团公司中,外资的有美国的 FERRO(福禄)集团公司,该公司最初在北美专业生产和经销金属涂料,随后抓住机会通过收购几家公司,进入意大利和西班牙的陶瓷熔块和色釉料行业。除了 FERRO 外还有意大利的 COLOROBBIA(卡罗比亚)集团公司;本地的有 TORRECID(陶丽西)集团和 ESMALLGLASS(爱斯玛格拉斯)集团。他们提出的口号和宗旨是:创新、质量、服务。

2. 行业的发展和优势

行业将创新、质量和服务视为企业生存和发展的基础和保证,他们将熔块、色釉料的产品创新和技术创新用于陶瓷生产企业,不断为企业开发新产品和相关技术以满足陶瓷生产企业的需求,同时行业也提高了自身的生存能力和发展空间,行业还与研究单位和高等院校的专家、学者建立了长期合作关系,为陶瓷行业的进步做出了很大贡献,如针对重金属铅、硒、锑等对人体的危害,研制开发了系列无铅熔块和无铅釉,无镉硒大红釉;再如陶瓷喷墨印刷技术及耗材的研发和产业化;此外,还开发了精陶一次烧成技术降低了釉面的重金属熔出,研制开发了新型喷雾干燥技术和余热发电技术降低了能耗;行业通过为陶瓷生产企业提供新产品设计和全面技术支持,大大提高了产品的档次和附加值;另一方面,为从科研和创新的投入中获取利润,企业领导者制定了有效的企业增长策略,其一是通过整合,全方位的扩大企业规模,涉足矿物原料和原材料行业并为客户增加有价值的服务,其二是不断增加产品品种以满足不同陶瓷厂家的不同需求,生产各种熔块、色料和成釉可满足建筑卫生陶瓷企业、日用陶瓷和工艺美术陶瓷企业的不同生产工艺,如湿法上釉和干法上釉,一次烧成、二次烧成和三度烧的需求。

另一方面,这些厂家为满足他们自己及其客户的需求,需要控制某些原材料的供应,如黏土、长石、石英、锆英砂、氧化铝等,并采取国际化战略,产品出口到国外的陶瓷企业,在国外设厂,建有分公司。

表 4.18.3　27 家中的 20 家生产并销售熔块、色料和釉料的公司

公司名称	2007 年营业额/千欧元	雇佣员工人数	占熔块、色釉料行业总营业额的百分比/%	累积百分比/%
FERROSPAINS. A.	174566	734	18	18
COLOROBBIAESPANASA	120738	387	10	28
ESMALGLASSSA	108139	400	10	38
TORRECIDSA	87961	330	8	46
ITACA	71899	217	5	51
JOHSONMATTHEYC.	60749	163	4	55
FRITTASAL	45731	199	5	60
QUIMICERSA	34066	153	4	64
COLORIFICIOC. BONETSA	33774	153	4	68
SALQUISA	31845	113	3	71
ESMALTESSA	29232	117	3	74
COLORESC. DETORTOSASA	24159	142	4	77
COLORONDASL	23160	83	2	79
VIDRESSA	23644	125	3	83
ALFARBENSA	22156	89	2	85
CERFRITS. A	19534	146	4	88
VERNISSA	15837	70	2	90
COLORESMALTESS. A	14610	87	2	92
PEMCOESMALTESS. L	10597	74	2	94
WENDELEMAILIBERICA	10370	53	1	95

西班牙的熔块、色釉料大公司,已经在全球 20 多个国家建立了分支机构,在欧洲,主要在意大利有 6 家,葡萄牙有 3 家,英国有 3 家;在南美,巴西有 5 家;在北美,墨西哥有 4 家,美国有 2 家;在亚洲,中国有 5 家,印尼有 4 家。

由表 4.18.3 可见,该行业几乎为几个大企业所垄断,如福禄、卡罗比亚、爱斯玛格拉斯、陶丽西和意达卡这五家大公司的销售额总和就占全行业的一半以上,表 4.18.3 中列出了 20 家,其最低营业额也达到了 1 000 万欧元以上,其中大公司的特点是品种多、质量好、配套服务、多种经营;这里以卡罗比亚集团为例,公司能独立进行原料加工,色料、釉料生产,新产品的研发及新工艺技术和设备的整套提供,具有雄厚的技术、研发和检测实力,并具有完善的售后服务能力。他们生产和销售的主要产品有:上釉地砖、仿古砖、瓷片等系列产品的开发和配套服务,成釉的生产和销售;三度烧(腰线砖)加工用原料,如透明干粒、抛光干粒、颜色干粒等;一、二、三次烧色料及玻璃色料,珠光云母色料,稳定性高、烧成范围宽、色泽鲜艳;各种透明、亚光、无

光熔块、颜色熔块适合各种不同温度、不同效果、不同膨胀系数的需求;各种不同效果的成釉,如闪光釉、窑变釉(反应釉)、裂纹釉、仿金属釉等;各种印油、手绘油等;各种贵金属装饰原料如金水、铂金水、电光水等适用于陶瓷工艺品及玻璃工艺品的装饰,各种金膏、铂金膏、闪光粉等,适用于陶瓷砖的装饰;各种硅酸锆、特殊耐高温色料(耐 1 400℃以上)、填料等;高铝、锆质球石及内衬等;快速球磨机、切片机及其他实验设备、各种陶瓷添加剂等。

3. 行业当前面临的困境和解决途径

近年来行业面临许多困境和巨大挑战。一是原材料和能源的全面涨价,现原材料和能源的成本已占生产成本的 75%。二是国际协议中,有关环境保护法规的出台(如《京都议定书》关于温室气体排放的限制规定),企业对环境治理及相关设备的引入需要大量投入。三是受国际经济大环境的负面影响和国际竞争的加剧,导致企业的利润率近十年来下降了近 50%,高成本运作及受环保法规强制要求的投资,使欧洲的陶瓷产业面临巨大挑战,迫切要求产品质量不断改进,提高产品的美学设计水平和附加功能,增强产品的差异化。为客户提供优质服务,不仅帮助客户开发生产新产品,而且精心调整产品性能并及时解决客户在量产过程中出现的问题,才能增加企业利润和抗风险能力,转危为安。同时,要对行业进行重组(如整合、兼并、收购、专业化),必须走国际化战略(到国外寻找新客户和地区多元化)。最后一点,也是最重要的,是大力鼓励创新,特别是要结合陶瓷等配套行业进行创新,寻求更多的科技增长点。

分析点评

西班牙建筑卫生陶瓷乃至普通陶瓷产业领域,处于国际领先地位,陶瓷要装饰,装饰水平的高低取决于装饰材料和装饰技术,色釉料公司表现突出,引领了世界新潮流,其成功经验和现状以及发展动向,无疑对正处于发展中的中国陶瓷色釉料产业有重要的参考价值。本文以西班牙行业协会提供的相关资料为参考,较全面地介绍了西班牙陶瓷色釉料产业的规模、拥有企业,分布地区,2007 年全行业的产量、产值、人员规模、人均产值,近几年的发展情况,行业当前面临的问题和困境,及他们的应付对策,这些都值得我们行业作为参考和借鉴。

思考题

1. 什么是陶瓷釉料和陶瓷色料?
2. 结合西班牙陶瓷色釉的产业情况,分析我国陶瓷色釉料行业概况以及当前面临的困境和解决途径。

案例 18－2 户县麦饭石在唐三彩釉料中应用的实验研究

本案例根据近年来国内唐三彩釉料的研究和生产实践,在传统唐三彩釉料配方的基础上,开展了户县麦饭石在唐三彩釉料中的应用的实验研究。

1. 实验部分

陕西户县麦饭石(200目),工业品。户县麦饭石的化学成分见表 4.18.4。

表 4.18.4 户县麦饭石的化学成分表

成分	SiO_2	TiO_2	Al_2O_3	Fe_2O_3	FeO	MnO	MgO
含量/%	9.225	0.12	18.48	0.74	0.18	0.01	0.56
成分	CaO	K_2O	Na_2O	P_2O_5	H_2O	其他	总量
含量/%	3.7	9.33	1.5	0.07	4.11	1.12	99.14

唐三彩釉原料质量分数配比见表 4.18.5(烧成温度:850～900℃,氧化焰)。

表 4.18.5 唐三彩釉原料质量分数配比

成分	氧化铜	红丹	石英	长石	白铅粉	氧化铁	氧化锌
唐三彩绿釉	6	70	20	3			
唐三彩白釉			20	4	70		6
唐三彩黄釉		70	20	3		7	

以唐三彩黄釉为基础,设计原料配方见表 4.18.6。

表 4.18.6 原料配方

配方	氧化铁/g	红丹/g	石英粉/g	长石粉/g	麦饭石粉/g
一	3.50	35.00	10.00	1.50	0.00
二	3.325	33.25	9.50	1.425	2.50
三	3.15	31.50	9.00	1.35	5.00
四	2.80	28.00	8.00	1.20	10.00

(1) 制釉

按照表 4.18.6 设计的配方,将长石粉、石英粉、红丹、氧化铁混合研磨搅拌均匀,加入适量水分别制成 4 个配方的实验釉浆:① 唐三彩传统原料黄釉釉浆;② 加入 5% 户县麦饭石的唐三彩釉浆;③ 加入 10% 户县麦饭石的唐三彩釉浆;④ 加入 20% 户县麦饭石的唐三彩釉浆。

(2) 施釉

施釉前先将坯体打磨光滑,施釉采用刷釉法,使釉浆均匀覆盖坯体。4 个配方的实验釉浆共制作 4 组试样,每组 4 个试块。

(3) 烧成后

先将 4 组试样共 16 个试块全部放入炉内,升温至 850℃保温 1 h,自然冷却至室温,每组各取出 1 个试块。然后将留在炉内每组 3 个试块升温至 900℃保温 1 h,自然冷却至室温,每组再各取出 1 个试块。接着将留在炉内每组 2 个试块升温至 950℃保温 1 h,自然冷却至室温,每组再各取出 1 个试块。最后将留在炉内每组 1 个试块升温至 1 000℃保温 1 h,自然冷却至室温后全部取出。

2. 结果与讨论

(1) 烧成效果的影响

① 850℃烧成效果。唐三彩传统原料黄釉配方试块釉面光滑,光泽油亮,成釉效果很好;加入 5%、10%、20%户县麦饭石配方试块釉面显示烧成温度不够。

② 900℃烧成效果。唐三彩传统原料配方试块釉面渗釉变薄显示过烧;加入 5%户县麦饭石配方试块釉面光滑,光泽油亮,成釉效果很好;加入 10%、20%的户县麦饭石配方试块釉面显示烧成温度不够。

③ 950℃烧成效果。唐三彩传统原料配方试块釉面全部渗入坯体,显示过烧程度加大;加入 5%户县麦饭石配方试块釉面渗釉变薄显示过烧;加入 10%户县麦饭石配方试块釉面光滑,光泽油亮,成釉效果很好;加入 20%的户县麦饭石配方试块釉面显示烧成温度不够。

④ 1 000℃烧成效果。唐三彩传统原料配方试块表面粗糙,完全显示坯体特征,全部渗入,过烧程度加大;加入 5%户县麦饭石配方试块釉面全部渗入坯体,显示过烧程度加大;加入 10%户县麦饭石配方试块釉面渗釉变薄,显示过烧;加入 20%的户县麦饭石配方试块釉面显示烧成温度不够。

(2) 对硬度的影响

经肖氏硬度测试,配方一硬度 76,配方二硬度 87,配方三硬度 91。烧成产品的釉面硬度有随麦饭石添加量增加呈增大的趋势。因此,麦饭石的加入有利于提高唐三彩釉面的硬度。

(3) 减少红丹用量

添加户县麦饭石可以生产出色彩较好的唐三彩陶器,这为户县麦饭石开辟了新的应用领域。麦饭石的加入使得红丹分别降低为:配方二 70%降至 66.5%;配方三 70%降至 63%;配方四 70%降至 56%。由于麦饭石较红丹的成本低,且对环境无污染,是一种有前途的环保唐三彩釉料添加剂。

(4) 麦饭石用量与烧成温度的关系

麦饭石的加入会影响彩釉陶器的烧成温度。图 4.18.1 是麦饭石用量与烧成温度的关系曲线。

随麦饭石用量的增大,唐三彩烧成温度呈现上升趋势。添加 5%烧成温度约 900℃,添加 10%时烧成温度约为 950℃,因此,麦饭石用量不宜过大。综合考虑烧成温度、材料成本及环境效应,麦饭石的最佳用量应为 10%。

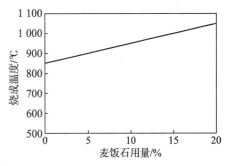

图 4.18.1　麦饭石用量与烧成温度的关系

分析点评

陕西户县麦饭石因产地位于陕西省户县草堂镇李家村太平口而得名。麦饭石原岩主要为中、酸性岩及二长斑岩类岩浆岩,经长期的风化及其他地质作用形成麦饭石。目前只在化肥、饲料中作为载体、添加剂应用。唐三彩是用白色瓷土或黏土作坯胎,经过素烧之后,施上铜、铁、钴、锰等金属氧化物作着色剂的釉,以铅作助熔剂,经 800℃左右低温烧成的一种低温铅釉陶器,是唐代具有代表性的一种精美陶器。釉色有绿(铜)、赭(铁)、蓝(钴)三色,故称"唐三彩"。本文在传统唐三彩釉料配方的基础上,添加陕西户县麦饭石进行唐三彩釉料实验。研究了麦饭石不同掺量、不同烧成热工制度对唐三彩釉料外观的影响。结果表明,作为唐三彩釉料的添加组分,陕西户县麦饭石对改善传统三彩釉的艺术效果、降低釉料的生产成本以及降低釉料中铅金属对环境的污染等具有重要作用。

思考题

1. 分析影响唐三彩釉料外观的因素。
2. 简述色釉料的制备技术及其应用。

案例 18-3　论黑色陶瓷色料的制备

黑色陶瓷色料是装饰材料中很重要的一种色料,黑釉以其纯正、凝重的装饰效果,备受人们青睐,更被高档装修商视为珍品。本案例就黑色色料的所用原料及制备方法作一简单的阐述。

1. 制备用原料

根据使用原料种类将黑色颜料分为化工原料、矿物原料及工业废渣三大类。其中化工原料一般使用过渡金属氧化物制成的混合料,成本相对较高;而矿物原料和工业废渣类则一般采用廉价的天然矿物和工业废渣,并在生产中酌情引入少量的化工原料,其共同的特点是成本更低、原材料来源更广,并且有利于环境的综合治理。化工原料根据所采用氧化物数量不同又可分为二元系统、三元系统、四元系统及多元系统等。化工原料主要利用铬、铁、锰、镍、铜、钴等几种氧化物根据配方进行原料配比。但随着氧化钴等化工原料价格的不断上涨,严重影响着产品的生产成本且降低了经济效益。因此,需要寻找其他廉价的废弃矿渣原料来代替这些化工原料。目前研究中主要采用铬铁矿等天然矿物、钒尾渣、硫铁矿烧渣、铬铁矿矿渣等工业残渣来制备黑色色料。天然矿物原料包括各种含硫酸盐和硫化物的矿物与各种氧化物的混合物和碳酸盐矿物,如铝矾土、大理石、黄铁矿、含铬的矿物和各种工业废渣(如铅、铬、铝工业的副产品),这些原料中的天然着色离子经过热处理,可以提高呈色能力。边华英、王学涛在"利用含钴工业废料研制黑色陶瓷颜料"的研究中对含钴工业废料添加 Cr_2O_3、CuO 等物质进行实验,通过配方优化调整,最终获得符合工业生产的黑色颜料。有文献报道在"用铁、钛含量高的工业废渣制作黑色釉料"中,公开了用含铁、钛及其他过渡金属氧化物含量之和大于 40% 的工业废渣,再引入添加剂制备黑色釉料的配方。成岳、刘属性等在"铁-锰系列无钴黑釉的研制"中介绍了以景德镇当地的红黏土和页岩为主要原料,配以废干电池中的二氧化锰研制出廉价无钴黑釉的新思路和方法,并通过一系列试验及对该釉性能的测试证明该釉具有较好的适应性和热稳定性。这些天然矿物和工业残渣相对化工原料的价格比较便宜,只要在其中添加适当的氧化物和化工原料,研究结果表明同样可以制备出效果很好的黑色色料,使生产成本大大降低,提高了经济效益。

2. 制备方法

制备黑色色料的传统方法多为固相合成法,即把铬、铁、锰、镍、铜、钴等的氧化物按配比配好料,进行湿法或干法球磨后直接进行烧成。

(1) 湿法工艺

湿法工艺流程如图 4.18.2 所示。

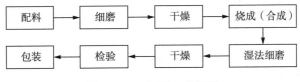

图 4.18.2　湿法工艺流程

(2) 干法工艺

干法工艺流程如图 4.18.3 所示。

图 4.18.3 干法工艺流程

目前国内大多数色料厂为了降低生产成本、缩短生产周期而采用干法生产工艺。传统的色料生产工艺利用的是固相反应原理，是一个消耗时间和消耗能源的过程。目前，我国大多数企业制备色料属于高成本和高能耗，致使陶瓷色料无论在品种还是质量上都无法与国外的先进水平相比，严重影响了我国陶瓷产品整体质量的提高。

最近，针对固相反应制备陶瓷色料的缺点，采用自蔓延高温合成法(SHS)制备陶瓷色料的新工艺受到了关注。SHS法是一种制备材料的新技术，其利用化学反应放出的热量使反应自发进行，以达到制备材料的目的。宋京红、俞康泰在"陶瓷色料的自蔓延高温合成新工艺"中具体论述了陶瓷色料自蔓延高温合成新工艺的原理、优点及前景，同时还论述了色料自蔓延高温合成的影响因素。用SHS法制备陶瓷色料与传统的制备方法相比有许多优点：① SHS法不需要长时间高温烧成，生产成本低；② SHS法只需要较小的生产占地面积和较少的劳动力即可；③ 除反应阶段外，SHS的所有阶段都和传统生产过程相似(SHS过程所需研磨时间短)，这就意味着对通常烧成的窑炉略加改造，就能将SHS法应用于传统的生产工艺中；④ SHS生产过程符合现代生态环境的要求，在大多数生产阶段只释放出少量污染环境的有害物质，尤其是避免了使用气体及液体燃料，生产出来的色料无毒无害。

分析点评

纯正的黑色色料必须使用一定量的氧化钴，但由于氧化钴的价格逐渐上升，产品的价格也受到影响，为了降低产品的综合成本，在生产过程中不断开发出新的无钴色料和探索其他廉价的原料来代替昂贵的化工原料。随着科学技术的发展以及人们对黑色料的需求，更多颜色纯正、成本低廉、低污染、低能耗的黑色陶瓷色料将会得到大力推广和应用。

思考题

1. 简述黑色陶瓷色料的呈色机理及制备工艺。
2. 影响黑色陶瓷色料的因素有哪些？

案例 18-4 浅谈建筑卫生陶瓷色料调配技术

本案例浅谈某些建筑卫生陶瓷色料调配使用技术。

1. 陶瓷颜料的工艺条件

在陶瓷企业中,各种陶瓷产品所使用的各种色料与颜料应该能够满足其生产工艺要求,能够形成预期的装饰效果,提高产品的档次。目前建筑卫生陶瓷产品使用的陶瓷色料与陶瓷颜料,要比日用陶瓷等更为丰富。建筑卫生陶瓷产品的装饰在彩饰方法上已经分为釉下彩、釉中彩、釉上彩、色瓷胎、色釉及色化妆土等几个方面。不过,色料的装饰技法种类虽然很多,但使用效果与选择范围各有利弊,在使用时应该加以选择。比如釉下彩色料是进行釉下彩饰,上面再覆盖一层透明釉料,呈色纹饰花面处在釉下,装饰的玻璃感好。但由于烧成温度高(1 200~1 320℃),可选择的色料品种范围反而较窄;釉上彩则是将色料绘在釉表面,采用低温烧成后,色料附着于釉表面,由于彩烤温度低(650~830℃),具有可供选用的色料种类广泛的优点。不过由于其色料在釉面上,易产生色料中的金属化合物熔出问题;釉中彩技术界于釉上彩与釉下彩之间(烧成温度为1 100~1 200℃),色料的颗粒处在釉层的中间,色调形成一种朦胧的美感,但所用色料种类亦受一定限制;呈色瓷胎采用了将色料掺配入坯料内,从而使产品瓷质形成出色效果,瓷胎表面一般上透明穗色釉是将色料与颜料直接引入釉料内,使釉料形成色釉(烧成温度在1 150~1 280℃);还有一种将色料加入不溶性高岭土中,制成陶衣(亦称化妆土)用于陶瓷制品装饰的,称之为色化妆土,此种化妆土可以遮盖瓷砖不洁的砖坯,作用很大,但仍需在色料化妆土表面再施一层透明釉料(烧成温度为1 150~1 250℃),增加保护与光亮作用。不同的陶瓷色料与颜料均有不同的烧成范围,温度过高与过低都会给成色带来不利影响。有的颜料烧成范围很宽,如铬锡红、海碧蓝之类,既可用于高温釉下彩烧成又可用于釉上彩低温烧成,它们的成色效果皆佳。而有些色料的成色范围固定,使用时忌讳很多,如锑酸铅颜料,就只可用于釉上彩及低温色釉产品的装饰,如果超过温度,则失去颜色。除了烧成温度外,还有相当多的色料与颜料对烧成时窑内火焰气氛非常敏感,如氧化铜颜料,在氧化焰时呈现绿色,而在还原焰时则要呈现红色,色彩的变化非常大。在充分了解了各种陶瓷颜料的工艺性能后,还应该对颜料的其他方面进行了解,例如陶瓷颜料的成色(常用的色料种类)问题、使用温度范围及火焰气氛特点等。

2. 常规陶瓷颜料及其使用条件

建筑卫生陶瓷产品的色釉装饰趋于丰富多彩,采用的颜料种类也越来越多。随着科技的进步,现代陶瓷工业采用的颜料产品不断出现新的种类与新的使用方法。如近年来出现的稀土陶瓷颜料及纳米陶瓷颜料等种类,带给人们以耳目一新的感觉。这里仅将陶瓷颜料的常规种类品种与使用效果介绍如下,因为这些颜料仍然是当前最主要的装饰材料品种。

(1) 黄色颜料种类。在古代中国,黄色属于尊贵之色,曾经为皇帝与宫廷所专用。如今黄色颜料成为建筑卫生陶瓷使用最广泛的色料品种。黄色颜料品种丰富,其主要种类有锆钒黄、锆镨黄、锑酸铅黄、钛黄、铬黄、镉黄等。它们的使用温度与气氛要求如下。

锆钒黄和锆镨黄两者使用范围较宽,适用温度为低温800~1 000℃;中温1 200℃;最高使用温度为1 280~1 300℃。两者不同的是锆钒黄可以同时用于氧化焰或还原焰;而锆镨黄仅能用于氧化焰,而不能用于还原焰。

锑酸铅黄和钛黄属于低温颜料,仅局限于低温使用场合。使用温度为800~1 000℃,只能用于氧化焰烧成,而不能用于还原焰。

镉黄是在低温陶瓷颜料中使用温度最低的色料,使用温度为800℃,对火焰气氛无特别要求。

(2) 红色颜料种类。红色象征着热烈与生命的跳跃。现在建筑卫生陶瓷产品中,红色陶瓷颜料品种有锰红、铬锡红、铬铝红、铬银红、铬铁红及硒铬红等。红色颜料的使用温度与气氛要求如下。

锰红、铬铝红及铬铁红三种陶瓷颜料,它们使用时的烧成温度与火焰气氛条件十分相同。它们可以用于最低烧成低温800~1 000℃,中温1 200℃,最高烧成高温为1 280~1 300℃等多种场合。这三种颜料都只能用于氧化焰气氛,而不能用于还原焰烧成条件。

铬锡红、铬银红这两种陶瓷颜料的烧成范围为最低温度800℃,中温1 000~1 200℃,最高使用温度为1 280℃。但是两者的使用气氛却有所区别,铬锡红仅能用于氧化焰烧成条件,而铬银红颜料既可用于氧化焰,又可用于还原焰烧成。

硒镉红是一种低温陶瓷色料,其烧成使用温度只能在800℃以下。

(3) 棕色陶瓷颜料种类。棕色陶瓷颜料呈色沉着、稳重。目前使用的棕色颜料有铁铬锰锌棕、铁铬锌棕、铁铬棕及铁铬锌铝棕等种类。这四种陶瓷颜料的烧成温度范围很广,从最低烧成温度800℃,到中温的1 000~1 200℃,以及最高温度1 280~1 300℃。在烧成气氛方面,它们可以广泛用于氧化焰或还原焰。

(4) 绿色陶瓷颜料种类。绿色陶瓷颜料呈色清新明快,现在已经形成铬绿、孔雀绿、锆钒绿等品种。其中铬绿亦称维多利亚绿,它和孔雀绿陶瓷颜料的使用温度范围均为低温800℃,中温1 000℃~1 200℃,最高温度为1 280℃。在烧成气氛方面不受氧化焰或还原焰的局限。

锆钒绿的烧成温度范围比以上两者更广,它不但可以使用于低温800℃,中温1 000~1 200℃,而且可以用于最高温度1 280~1 300℃。在烧成气氛方面,也可以满足氧化焰或还原焰烧成条件。

(5) 蓝色陶瓷颜料品种。建筑卫生陶瓷产品中,蓝色陶瓷颜料呈色高雅、华贵。目前使用最多的是钴蓝、深蓝、海碧蓝、锆钒蓝及硅酸锌蓝等种类。除了硅酸锌蓝外,钴蓝、深蓝、海碧蓝与锆钒蓝四种陶瓷颜料烧成温度范围广泛,可以满足最低温度800℃直到最高温度1 300℃间的烧成范围。硅酸锌蓝的烧成温度则最高为1 280℃。在烧成火焰气氛上,蓝色陶瓷颜料可以满足还原焰或氧化焰的烧成条件。

(6) 紫色陶瓷颜料种类。紫色陶瓷颜料现在有钕硅紫及钕铝紫等品种。它们的烧成温度范围在800~1 280℃,对火焰气氛无特别要求,可以满足氧化焰及还原焰烧成。

(7) 灰色陶瓷颜料种类。灰色陶瓷颜料现有锡锑灰及锆灰两种色料。锡锑灰烧成温度在800~1 280℃。锆灰烧成温度范围在800~1 300℃。两者都适用于氧化焰烧成条件,但不能用于还原焰烧成。

(8) 黑色陶瓷颜料种类。黑色颜料及黑釉的使用历史最为古老,其呈色元素为氧化铁。经过改进目前形成了镍铬铁钴黑、铁铬钴锰黑等新品种,因此呈色更加纯正与稳定。镍铬铁钴黑色料的使用温度广泛,可满足800~1 300℃的烧成。但就烧成气氛讲,铁铬钴锰黑能够在氧化焰或还原焰气氛中烧成,但镍铬铁钴黑仅能用于氧化焰烧成。

3. 陶瓷颜料的粒度问题

陶瓷颜料中的颗粒度即人们常讲的细度,对于色料的呈色与色调影响很大。目前大多数经过煅烧的色料颗粒,其平均粒径在1~10 μm。在通过筛分(325目)时,应该选择最适宜的粒径分布,因为并不是色料的粒径越小呈色效果越好。颜料处在熔融釉内的溶解程度表现为单位体积色料的表面体积函数,色料表面积与粒径成反比例。由于颜料颗粒度越细,于釉中的溶解程度越大,就会造成被釉料溶解,形成"釉吃色"的不良影响。如含钴类的颜料最容易被釉溶解而呈现流钴的现象,这样呈色釉料就会形成色调不均匀缺陷。此外也应该控制颜料颗粒度最大粒径,以杜绝颜料颗粒形成不均匀的表面。有些企业在颜料加工时形成经验,认为经过加工的颜料的最大颗粒尺寸以低于釉层的十分之一为宜,普通的釉料颗粒尺寸大约为 20 μm 为佳。在制作颜料时,煅烧后采用磨细的方法以决定颜料的细度。但某些颜料在磨细后反而使呈色强度减弱,其原因在于细磨后颜料的颗粒露出新的不能呈色的表面,形成画蛇添足的结果,其中锆基色料最易形成此现象,因此在颜料的使用中,颜料的颗粒度应该选择最佳的颗粒尺寸,以保证其具有充分的分散度和最好的呈色强度。企业选用颜料时应该对此予以足够的注意。

4. 颜料调色的均匀性问题

在建筑卫生陶瓷产品的生产过程中,釉料所用的颜料都是经过调配而成。许多色料品种虽然都已经过色料专业公司的调配定型,但企业的技术人员也应该对其有深入了解。尤其颜料的调配与使用中存在许多技术方面的因素与部分禁忌。除了釉上彩装饰外,其他采用颜料的装饰方法如色釉中存在着颜料的 A 色与 B 色能否相互调配后形成预期的颜色和色调等诸多问题,这些均需要严格与准确的工艺技术选择与工艺技术调控。

有些陶瓷色料不容易满足进行大批量的重复性生产使用,导致每次烧成后产品色釉颜色不同或色调不一,从而无法保证企业产品的一致性。目前发现的难以重复与批量性使用的色料种类,如维多利亚绿、锰铝粉红、铬锡粉红等均会产生上述现象。工艺解决方法是在呈色浅的颜料中引入少量的呈色力强的色料组分,以解决上述问题。在色料的调配中,有些企业采用以黑色和白色乳浊剂制作灰色,结果不仅不能收到很好的效果,还远不如直接采用钴-镍灰方镁石灰色颜料呈色效果好。氧化铜类颜料对于火焰的气氛非常敏感,在氧化焰中呈现绿色,而在还原焰中呈现红色,表现出很大的差异,故以此颜料和其他色料进行调色时也应该注意意外影响。

在建筑卫生陶瓷产品需要的高温烧成中,陶瓷颜料与釉料发生相互熔化与交融。因此要想展示出颜料的呈色功能,必须要求颜料组分与釉料组分有较高的相容性与适应性。实际上通常的釉料是由单纯釉料、乳浊剂及其他添加剂等几部分组成。因此釉料与颜料的相容实际上是颜料和单纯釉料、乳浊剂及添加剂的各自相容。建筑卫生陶瓷的锆系乳浊剂釉料与所有锆系颜料相配适。氧化钛系乳浊剂釉料则与钛系列颜料相适宜。含氧化锡的颜料如锡钒黄、铬锡粉红色料则可以和含锡氧化物乳浊剂相配合使用。

总之,国际上建筑卫生陶瓷产品的色釉装饰技术正在取得不断的进步。企业及时掌握世界陶瓷颜料发展的新动向与新技术至关重要,因为采用颜料与色釉技术来提高产品的价值与技术含量,已经成为国际建筑卫生陶瓷行业生产高档产品的新潮流。

分析点评

陶瓷色料与釉料是建筑卫生陶瓷产品的外衣,它与陶瓷产品的胎体及釉料紧密结合,发挥着装饰美化建筑卫生陶瓷产品的作用,从而使产品形成一个五彩缤纷的陶瓷世界。现在陶瓷业的发展已经进入一个新颖的颜色釉时代,建筑卫生陶瓷产品的装饰越来越多的倾向于直接采用各种颜色釉,以构筑琳琅满目的新产品系列,满足国内外市场的不同需求。因此,熟练掌握好陶瓷釉中色料的使用技术,对于提高产品的档次、丰富企业的产品品种与种类具有非常重要的意义。色料使用技术包括了色料应用于陶瓷釉产品的所有的工艺方面,其中主要有色料使用工艺性条件问题、色料色调问题、色料粒度选择问题、色料的相容与排斥问题等几项技术特点与技术要求。色料的问题实际上是一门边缘科学,其中又涉及其他相关学科,如色彩学、陶瓷物理化学及工艺学方面的问题。陶瓷色料的选择与使用技术关系重大,直接影响产品的质量和企业的经济效益。在过去,陶瓷颜料的名称泛指应用于陶瓷装饰的整个呈色原料(包括高温与低温),涵盖较广泛;而色料一词系指仅供于低温烧成陶瓷制品装饰用的颜料,仅是陶瓷颜料的一个种类而已。不过,现在在陶瓷学术界与多数企业,无论是色料还是颜料,习惯上两者名称已经可以互换、交错使用。

思考题

1. 简述陶瓷颜料分类及使用条件。
2. 简述陶瓷颜料的粒度对色料呈色及色调的影响。

案例 18-5 陶瓷色料在炻瓷无光釉中的应用

本案例以中温钙钡无光釉为基础釉,以陶瓷色料为着色剂,研究系列陶瓷色料在炻瓷无光釉中的发色情况,并探讨了影响色料发色的因素。

1. 实验部分

基础釉用原料的化学组成如表 4.18.7 所示,基础釉配方如表 4.18.8 所示,各色料的加入量、烧后的色度值与釉面外观如表 4.18.9 所示。

表 4.18.7 基础釉用原料的化学组成 单位:%

成分	SiO_2	Al_2O_3	Fe_2O_3	CaO	MgO	K_2O	Na_2O	BaO	ZrO_2	B_2O_3	烧失量
钠长石	67.89	19.61	0.14	0.35	0.05	2.5	9.02				
石英粉	99.00	0.50	0.1	0.15	0.25						
高岭土	45.62	39.13	0.05	0.23	0.08	0.49	0.21				14.21
硅酸锆	31.30			0.1					65.37		
碳酸钡					工业纯						
碳酸钙					工业纯						
氧化铝粉					工业纯						

表 4.18.8 基础釉配方

成分	钠长石	石英	高岭土	碳酸钙	碳酸钡	氧化铝	硅酸锆	熔块
含量/%	41	11	14	18	6.5	3.5	2	4

以 100 g 基础釉为基准,按表 4.18.9 所示的加入比例分别加入相应的色料,然后再加入 60 mL 的 CMC 水溶液(在 1 000 mL 水中加入 10 g 低黏度的羧甲基纤维素钠,经搅拌溶解后获得),用快速球磨机混合 10 min,倒入烧杯中备用。实验所用坯体为普通炻瓷坯体,为方便施釉和测量颜色,坯体选用平板状的。喷釉前将坯体打磨并清洁干净,手工喷釉,控制釉层厚度为 0.8~1.2 mm。喷釉后的坯体经干燥后放入电炉中烧成,设置升温时间为 180 min,匀速升温至 1 200℃,保温 30 min,然后关闭电源,不打开炉门,使其自然冷却。烧成后的试样采用进口色度仪测量其色度值 L、a、b,结果取三次测量的平均值,测试结果见表 4.18.9。

表 4.18.9 各色料的加入量、烧后的色度值与釉面外观

颜色及组成系统	加入量/%	色度值			发色情况和釉面外观
		L	a	b	
铬绿(Cr-Al)	4	28.96	-8.34	8.94	发色正常、釉面良好
孔雀绿(Co-Cr-Al-Zn)	4	23.42	-10.32	-3.62	发色好、釉面好
墨绿(Co-Cr-Fe)	4	19.66	-1.18	1.4	颜色偏黑、釉面良好
墨绿(Co-Cr-Fe)	2	19.65	-1.17	2.21	发色正常、釉面良好
蓝绿(Co-Cr)	4	23.99	-8.88	-4.41	发色正常、釉面良好
锆钒蓝(Zr-Si-V)	6	48.29	-9.42	-18.76	颜色基本正常、釉面良好

颜色及组成系统	加入量/%	色度值			发色情况和釉面外观
		L	a	b	
锆镨黄(Zr-Si-Pr)	6	70.62	-8.81	36.94	发色正常、釉面良好
锆铁红(Zr-Si-Fe)	6	36.85	17.77	11.77	发色正常、釉面良好
锆钒黄(Zr-V)	6	61.52	2.44	29.48	发色正常、釉面好
钴蓝(Co-Al-Sn-Zn)	4	25.43	14.11	-35.53	发色正常、釉面良好
海蓝(Co-Cr-Al)	4	24.97	-2.42	-8.10	发色正常、釉面略有不平
深蓝(Co-Al)	3	25.08	12.97	-31.26	颜色及釉面都很好
宝蓝(Co-Si)	4	16.94	12.43	-25.88	发色正常、釉面良好
钴黑(Co-Cr-Fe-Ni)	4	18.30	-0.77	-0.20	黑色纯正、釉面良好
无钴黑	4	20.25	0.54	0.37	发色略偏红、釉面良好
灰色(Zr-Si-Ni-Co)	4	30.73	0.08	-0.60	发色基本正常、釉面好
蓝灰(Sn-Sb)	4	36.80	-0.92	-11.10	发色正常、釉面良好
黑棕(Fe-Cr-Zn)	6	20.63	1.03	1.79	颜色偏黑、釉面良好
黑棕(Fe-Cr-Zn)	3		—		正常黑棕色、釉面良好
6%黑棕(Fe-Cr-Zn)+3%ZnO	—		—		颜色偏红黄、釉面良好
栗棕(Fe-Cr-Al-Zn)	6	31.32	14.18	12.28	颜色偏红、棕调不足、釉面良好
6%栗棕(Fe-Cr-Al-Zn)+3%ZnO	—	28.55	11.72	6.78	发色正常、釉面好
黄棕(Fe-Cr-Zn)	6	46.99	11.00	18.28	发色不正常、釉面良好
6%黄棕(Fe-Cr-Zn)+3%ZnO	—	44.47	16.67	19.33	发色好、釉面好
桃红(Cr-Sn-Ca-Si)	6	52.08	22.31	2.84	发色正常、釉面良好
玛瑙红(Cr-Sn-Ca-Si)	6	34.21	16.75	3.54	发色正常、釉面良好
紫色(Cr-Sn)	6	49.26	17.06	-5.86	发色浅、釉面有大量白斑
大红(Zr-Si-Cd-Se-S)	6	36.32	29.17	10.84	发色正常、釉面良好
大红(Zr-Si-Cd-Se-S)	10	32.23	35.15	13.13	发色好、釉面基本正常
深红(Zr-Si-Cd-Se-S)	6	36.32	26.38	8.57	发色正常、釉面良好
深红(Zr-Si-Cd-Se-S)	10	31.11	32.92	11.19	发色好、釉面基本正常
橘黄(Zr-Si-Cd-Se-S)	6	47.86	32.40	22.57	颜色鲜艳、釉面不平且有针孔
橘黄(Zr-Si-Cd-Se-S)	10		—		颜色鲜艳、釉面起泡

2. 实验结果与分析

(1) 各色料在钙无光釉中的发色情况

从烧后试样的外观看,含铬的铬绿、孔雀绿、墨绿和蓝绿四种色料发色情况较好,釉面质量良好;墨绿的加入量由4%降为2%后,釉面已不偏黑,为较好的墨绿色;铬绿与蓝绿色料的发色均较浑厚,色调足。

锆系三原色(锆钒蓝、锆镨黄、锆铁红)在釉中发色正常,只是色调稍暗淡一些,不够鲜艳明快;锆钒黄色料发色良好,釉面正常,未发现釉面缺陷。

含钴的蓝色色料发色均正常,釉面基本正常。钴黑在此釉中的发色纯正,黑度和深度都较好;无钴黑、灰色和蓝灰色料在该釉中的发色也都正常,釉面质量良好。

由于此无光釉中不含氧化锌,棕色色料的发色受到明显影响,色调与正常颜色有较大偏差。黑棕色料的加入量为6%时,发色偏黑,加入量由6%降为3%后,发出正常黑棕色,釉面良好;栗棕色料和黄棕色料在此基础釉中发色均不正常,加入3%的氧化锌后,两者均发色纯正,釉面也较好;但在黑棕色料中加入3%的氧化锌后,其发色明显不正常,色调偏红黄。

铬锡红系列色料在该釉中发色正常,釉面良好,但铬锡紫色料在此釉中发色不好,发色明显偏浅,且釉面有不规则白斑。

包裹红色料在此釉中发色正常,釉面平整无缺陷,但大红色料的发色不够鲜艳,红调不足;深红色料则发色明显偏暗。包裹红色料的加入量由6%增加至10%后,红色调很足,颜色鲜艳,但釉面质量比6%时略差;橘黄色料虽然发色比较鲜艳,但釉面不平整,含有封闭的气泡;橘黄色料加入量增加至10%时,釉面起泡现象更为严重,这说明橘黄色料不适合在此釉中使用。

(2)几种色料的颜色差别

从外观看,墨绿、黑棕、钴黑和无钴黑都是黑色,但通过比较可发现颜色差别很明显:钴黑是纯正的黑色,发色深、颜色纯正;与钴黑相比,无钴黑发色明显偏浅,色调偏红,黑度不够;墨绿是灰黑色,色调比钴黑浅、偏绿;黑棕则明显偏红,差别最大。另外,从色度值上也可以看出三者之间的发色差别。

虽然孔雀绿和蓝绿的色度值比较接近,但通过目测还是可以看出颜色的差别:孔雀绿色料发色偏黄、偏艳,蓝绿色料偏深、偏蓝。

钴蓝和深蓝的发色也非常接近,从外观看,深蓝色料的发色偏红一些,釉面更细腻;钴蓝色料的发色则偏蓝一些,釉面略显粗糙。

(3)基础釉化学组成对色料发色的影响

色料的发色与所用基础釉的化学组成有直接关系,色料要发色正常,必须要有化学组成与之匹配的基础釉;否则,色料与基础釉相互作用,会使呈色发生很大的变化。对于铬绿色料,基础釉中应尽量避免加入ZnO;对于钴黑和无钴黑色料,基础釉中要控制ZnO、MgO的含量,含量过多影响发色;棕色色料一般适合在含锌的基础釉中使用;铬锡红色料和铬锡紫色料在含ZnO、MgO、Li_2O的基础釉中发色不好。

(4)烧成制度对无光釉的影响

烧成制度对无光釉的釉面效果影响很大,要获得良好的无光釉,必须严格控制烧成制度,具体包括以下三方面。

① 最佳的釉料烧成温度。温度过高可能会导致釉面有光泽,而温度过低则釉面质量会变差。实验发现:烧成温度提高到1 235℃时,釉面失去无光效果,变成了光泽釉;烧成温度降低到1 170℃时,釉面粗糙不平滑,表面不平。

② 高温下恰当的保温时间。保温时间过长(如保温1 h以上),既浪费资源又可能导致缺陷的产生(如针孔、起泡等);而保温时间太短(如保温10 min),则坯体和釉的烧结程度低,未完全瓷化,导致釉面粗糙、光泽度低、坯体吸水率高,且易出现针孔等缺陷而降低釉面质量。

③ 合适的冷却速度。为使无光釉中过剩的氧化物有充分的析出时间,应尽可能减慢无光釉的冷却速度。实验证实,无光釉不适合快速冷却工艺。

分析点评

　　无光釉是一种釉面细腻平滑、光泽度相对较低的陶瓷釉,属于艺术釉的一种,能营造宁静、柔和的环境氛围。无光釉是一种微晶釉,通常采用使釉料析晶的方法获得无光效果,且一般都具有一定的乳浊效果,其乳浊程度取决于晶相的数量和晶粒尺寸的大小。国内外市场上的无光釉陶瓷产品很多,多数为炻瓷。本案例研究了陶瓷色料在炻瓷无光釉中的发色情况,并探讨基础釉化学组成对色料发色的影响及烧成制度对无光釉的影响,实验发现钙钡铝复合无光釉适合大部分色料的发光,釉面质量良好;无光釉的化学组成对色料的发色有很大的影响,且合适的烧成制度对无光釉很重要。

思考题

　　1. 讨论影响陶瓷色料发色的因素。

　　2. 陶瓷颜料和陶瓷色料的主要区别是什么?

第十九章　陶瓷烧结方法

知识要点

　　烧结是一种利用热能使粉末致密化的技术,是指陶瓷坯体在高温条件下表面积减小、孔隙率降低、力学性能提高的致密化过程。烧结过程一般在工业窑炉中进行,根据烧结样品的组成和性能,选择相应的烧结制度,包括温度制度、压力制度和气氛制度。

　　陶瓷的烧结工艺过程不同,其对烧结样品的性能影响也不一样,陶瓷烧结方法分为以下几方面:①按传质分类可以分为固相烧结(固相传质)、液相烧结(液相状态)及气相烧结(蒸气压较高);②按压力分类可以分为常压烧结及压力烧结;③按气氛分类可分为普通烧结、氢气烧结及真空烧结;④按反应分类可分为反应烧结、固相烧结、液相烧结、活化烧结等;⑤一些特种烧结包括热压烧结、反应热压烧结、热等静压烧结、微波烧结、超高压烧结、真空(加压)烧结、气氛烧结(气压烧结)、原位加压成型烧结及放电等离子烧结等。

　　根据上述陶瓷烧结方法分类,着重介绍几种常用的烧结方法,如常压烧结、反应烧结、热压烧结、热等静压(HIP)烧结等。

　　1. 常压烧结

　　常压烧结即对材料不进行加压而使其在大气压力下烧结,是目前应用最普遍的一种烧结方法。它包括了在空气条件下的常压烧结和某种特殊气体气氛条件下的常压烧结。由于该法在将原料成形后只进行烧成便可成为制品,所以与其他方法相比,是经济有效的普通烧结方法。

　　2. 反应烧结

　　反应烧结是通过化学反应而烧结的方法。此法与普通烧结法比较,有如下特点:提高制品质量,烧成的制品不收缩,尺寸不变化;反应速度快,传质和传热过程贯穿在烧结全过程。

　　3. 热压烧结

　　热压烧结是将粉末填充于模型内,在高温下一边加压一边进行烧结的方法。热压烧结由于加热加压同时进行,粉料处于热塑性状态,有助于颗粒的接触扩散、流动传质过程的进行,因而成型压力仅为冷压的 1/10;还能降低烧结温度,缩短烧结时间,从而抵制晶粒长大,得到晶粒细小、致密度高和机械、电学性能良好的产品。无需添加烧结助剂或成型助剂,可生产超高纯度的陶瓷产品。热压烧结的缺点是过程及设备复杂,生产控制要求严格,模具材料要求高,能源消耗大,生产效率较低,生产成本高。

　　4. 热等静压法烧结

　　热等静压法烧结是将粉末压坯或装入包套的粉料装入高压容器中,使粉料经受高温和均衡压力的作用,被烧结成致密件。与传统的无压烧结或热压烧结工艺相比,热等静压烧结有如下优点:采用 HIP 烧结,陶瓷材料的致密化可以在比无压烧结或热压烧结低得多的温度下完成,可以有效的抑制材料在高温下发生很多不利的反应和变化,如晶粒异常长大和高温分解等;能够在减少甚至无烧结添加剂的条件下,制备出微观结构均匀且几乎不含气孔的致密陶瓷烧结体,显著地改善材料的各种性能;可以减少乃至消除烧结体中的剩余气孔,愈合表面裂纹,从而提高陶瓷材料的密度和强度;能够精确控制产品的尺寸与形状,而不必使用费用高的金刚石切割加工,理想条件下产品无形状改变。

案例 19-1 日用陶瓷窑炉应用燃气的实例汇编

气体燃料有天然气、发生炉煤气、高炉煤气、焦炉煤气、液化石油气等。根据我国的资源情况和能源政策,各产瓷区煤气化工艺势在必行。现将日用陶瓷工业使用燃气的窑炉汇编实例如下。

1. 天然气的应用实例

四川省天然气十分丰富,它的发热值高[8 500~9 000 kcal/(标)m³],是一种有价值的气体燃料,主要成分是甲烷。

重庆和泸州瓷厂都采用当地的天然气焙烧日用陶瓷,效果较好,均从市区天然气公司的主管道上接口,经流量计和调压装置,再送到窑前管道和烧嘴上。重庆瓷厂 62 m 隧道窑采用 8 对天然气套管式烧嘴,烧嘴能力为 20~30 m³/h,平均操作压力 0.2~0.3 kgf/cm²,一次空气为室温。天然气进口管道为 ϕ45 mm,一次空气进口管道 ϕ88 mm,天然气耗量 300 m³/h 左右。烧嘴出口直径 ϕ6 mm,混合距长 82 mm,与空气混合后的直径 ϕ75 mm。

泸州瓷厂 74 m 隧道窑采用 9 对天然气套管式火焰烧嘴,天然气出口直径 ϕ8 mm,混合距长 84 mm,与空气混合后喷出口直径 ϕ73 mm,天然气压力为 0.1 kgf/cm²。

2. 混合发生炉冷煤气的应用实例

江西景德镇华风瓷厂由省轻化设计院负责设计了一座发生炉煤气站,内设两台 3A 凸-13 型发生炉,采用山西大同弱黏结性烟块煤造气,每小时产气量 5 850(标)m³/h,一台使用,一台备用。

由景德镇陶瓷工业设计院负责设计 6 条隧道窑,其中:93 m 本烧窑两条,62.5 m 素烧窑两条,32 m 烤花窑一条,22 m 间歇隧道窑一条。

煤气发生炉技术参数:

炉膛直径 ϕ3 m;炉膛断面积 7.07 m²;适用燃料气煤、烟煤;燃料块度 15~75 mm;燃料消耗量 1 700 kg/h;煤气产量 5 500(标)m³/h;煤气低热值 1 400~1 500 kcal/(标)m³;煤气净化后温度 40℃;煤气出口压力 400~600 mm H₂O;炉底最大鼓风压力 400~600 mm H₂O;水套蒸气压力 3.5 kg/cm²;蒸气消耗量 0.3~0.5/kg 煤;汽化强度 300 kgf/m² 时,干煤产气率 3.2(标)m³/kg;电力安装容量 248 kW。

3. 炭化煤球发生炉热煤气应用实例

福建德化瓷厂 56 m 隧道窑,采用 Dg350 低压热煤气烧嘴。烧嘴煤气进口管径(内径除保温)ϕ158 mm,一次空气管径 ϕ100 mm。

发生炉使用无烟煤做成炭化煤球进行造气,煤气未经洗涤,只经旋风除尘器粗略除尘,进烧嘴的煤气温度 400℃左右,煤气压力 10~15 mm H₂O,一次空气抽隧道窑冷却带的 200℃热风送入,风压 60~800 mm H₂O,还原焰烧或 7 对煤气烧嘴,煤气消耗量 1 600(标)m³/h。据悉,该厂已着手将热煤气改为冷煤气的工艺流程,便于实现无匣烧成,解决热煤气管道堵塞和清灰问题。

4. 无烟煤小发生炉热煤气的应用实例

安徽祁门瓷厂由机械工业部第一设计研究院负责设计一座小发生炉煤气站,内设三台 ϕ1.5M-B 型发生炉,采用安徽无烟块煤造气,每小时产气量 1 200(标)m³,两开一备。

由轻工业部长沙设计院负责设计一条 72.7 m 隧道窑,该窑使用热煤气,煤气只经旋风除尘器除尘,用管道送往隧道窑,煤气站距隧道窑仅 23 m,管道输送距离短。

隧道窑上设置 350 mm 套筒式喷嘴,煤气消耗量 100(标)m³/h,此低压喷嘴系参照北京耐火材料厂隧道窑上的喷嘴。

煤气发生炉技术参数:

炉膛内径 φ1.5 m;炉膛断面积 1.77 m²;适用燃料焦炭、无烟煤、烟煤;燃料块度 6～13 mm、13～25 mm、25～50 mm;燃料消耗量焦炭、无烟煤 350 kg/h,烟煤 500 kg/h;煤气产量焦炭、无烟煤 1 200(标)m³/h,烟煤 1 600(标)m³/h;煤气低热值焦炭、无烟煤 1 200 kcal/(标)m³,烟煤 1 350 kcal/(标)m³;煤气出口温度 400～500℃;煤气出口压力小于 100 mm H_2O;炉底最大鼓风压力 250 mm H_2O;水套蒸气压力 3 kgf/cm²;水套蒸气产量 200 kg/h;水消耗量 300 kg/h;电力安装容量 4.1 kW。

5. 景德镇焦炉煤气应用实例

景德镇是国内重点产瓷区,现有烧重油的隧道窑 17 条,煤烧隧道窑 16 条,年产日用陶瓷 3 亿件,是耗能大户。为了节能和压缩烧油,解决景德镇环境污染问题,经过各种煤气化方案的比较和可行性研究,最后确定采用焦炉煤气方案,由冶金部鞍山焦化耐火材料研究设计院等单位联合设计,建设已近尾声。

景德镇焦化煤气厂选用 JN43-80 型(58-Ⅱ型基础上改进的)双联下喷废气循环复热式焦炉,42 孔炭化室,每天产煤气 400 000 m³。还选用上海重型机器厂生产的 3 m W-G 型发生炉 7 台,6 开 1 备。用 5 台发生炉煤气加热焦炉进行炼焦,即用低热值发生炉煤气炼焦,顶出高热值的焦炉煤气,经净化处理后,送入 20 000 m³ 煤气柜中储存。并将一台发生炉煤气经净化处理后,送入 20 000 m³ 三煤气柜中混合,约占三分之一,变成以焦炉煤气为主,以发生炉煤气为辅的专供陶瓷窑炉烧成的一种烧气系统。

煤气热值在 3 420～4 200 kcal/(标)m³,要据今后生产混合比例才能确定,如发生炉煤气混合得越多,热值越低。初步定价 0.15 元/(标)米³,煤气出厂压力为 2 000 mm H_2O。

煤气嘴嘴能力:17～32(标)m³/h。

氧化炉选用 DW-Ⅰ 型金属作低压涡流喷嘴。

烧成炉选用耐火材料做的低压涡流砖喷嘴;煤气压力 200～300 mm H_2O;一次空气压力 300～400 mm H_2O;每千克瓷平均耗热按 8 000 kcal 计算。

煤气成分是按外地生产数据测算的,有待生产后分析再确定。

6. 其他应用实例

湖南醴陵地区也是国内重点产瓷区之一,他们曾用氮肥厂半水煤气做过烧成试验,在 40 m³ 的方案上试烧,煤气压力 0.03 kgf/cm²,每小时供气量 1 000(标)m³,原来该 40 m³ 方案用煤烧,烧成时间 60 h,试烧煤气只要 20 多小时,煤气低热值 2 150 kcal/(标)m³。

原厦门瓷厂,现改为中华瓷器有限公司从国外引进三台 φ3 m 煤气发生炉,烧无烟块煤,用于烧日用陶瓷和卫生洁具,正在加紧建设中。

分析点评

日用陶瓷窑炉的燃料正在由燃煤、燃油,逐步发展到燃气。根据我国的资源情况和能源政策,我国的煤炭储藏量相当丰富,能源结构仍以煤炭为主,陶瓷工业现有燃油的窑炉,国务院指令要压缩。所以,煤气化工艺势在必行,各产瓷区都在着手研究,且有许多窑炉采用天然气为燃料,比如案例中提到的重庆和泸州瓷厂、江西景德镇华风瓷厂、福建德化瓷厂及安徽祁门瓷厂等。

思考题

1. 分析现代陶瓷窑炉用燃料现状。
2. 浅谈燃气陶瓷窑炉设计中的安全措施。

案例 19-2　略谈景德镇古代陶瓷窑炉的发展与演变

中国陶瓷已有一万余年的历史,但考古学家现已发现最早的陶瓷窑炉距今仅五千至八千余年。人们在更早时采用什么方式烧造陶瓷呢?那时是平地堆烧,即在露天空地堆上柴草,柴草内放置坯体而烧之。由于南方地面潮湿,窑床的不固定使烧造质量不稳定。经过反复实践的启示,人们认识到固定地点烧造的优点,从而告别平地堆烧,产生穴窑。但后来人们慢慢发现挖掘洞穴的艰难,于是在地面择地筑墙,营造了无窑顶的升焰式窑炉。

三千至四千年前,北方出现了馒头窑,这是春秋战国时期拱顶技术应用于窑炉砌筑而产生的,而窑顶的出现使保温性能得以提高。更适应南方的潮湿和多山环境的是龙窑,龙窑是"陶"字的语源,即依山阜筑窑。其特点是升降温快,结构设计也在不断探索中求得合理,唐代以前的龙窑有短、窄、陡的特点,烧成时难以控制窑内气氛,宋代以后龙窑变得长、宽、缓,能较容易的调节烧成气氛。众所周知,元代以前景德镇瓷器使用的是重石灰钙釉,钙、铁含量偏高,钾、钠含量偏低,釉的流动性较强,与南方各地青瓷窑炉一样,使用的是龙窑烧制。自元代开始,对釉的配制进行了改革,即由宋代的重石灰钙釉改为石灰-碱釉,釉中氧化钙含量减少,氧化钾含量增加,而且高温黏度大,釉面乳浊不透明,这就不适宜在龙窑中烧成了。因为龙窑升降温快,高温黏度大的釉在窑中易结晶,而且龙窑的最高温已不能满足元代二元配方所需,影响了烧造质量。那么元代在什么样的窑炉中烧造瓷器呢?从20世纪70年代在景德镇湖田窑南河北岸发掘的一座残窑来看,窑身长19.8 m,分前后两室,前室宽4.56 m,后室宽2.74 m,坡度12°,从窑内遗物分析,属元代后期遗存。从形制看,显然是从龙窑向葫芦窑过渡的一种窑型——分室龙窑。

20世纪70年代末,考古工作者又在湖田古窑址清理出一座明代的葫芦形窑遗迹。窑身长约8.4 m,腰部内折,分前后两室,前宽后窄(1.8~3.7 m),前短后长,前高后低,坡度为10°左右,形似葫芦。据明末宋应星《天工开物·陶埏》所绘"瓷器窑"图所示,窑墙两侧各有六个投柴孔(天窗),尾部有一独立的烟囱,这是窑炉史上最早出现的烟囱,利于增加空气抽力,提高烧成温度。此书记载,烧窑时,"先发门火十个时,火力从下攻上,然后天窗掷柴烧两时,火力从上透下。"这种窑适宜烧制氧化钾含量较高的产品,它是在分室龙窑的基础上,吸收了北方馒头窑的优点而创建的。景德镇自元代引进后,至明末清初一直使用。与此同时,一种长期流行于中国北方的馒头窑也被引进景德镇,而且成为明朝与葫芦窑并驾齐驱的主要烧瓷窑炉。从70年代湖田乌泥岭发掘的一座残窑来看,窑身长2.95 m,宽2.5~2.7 m,残高2.3 m,坡度12.5°,在窑口对面近窑底的墙壁下开排烟孔六个,与后烟室相通。其形状从立体看宛如一个北方的馒头;而从平面看又像一个马蹄,故又称"马蹄窑"。烧窑时,火焰从火膛先喷到窑顶,因顶被封闭,又倒向窑底,将坯体烧熟,故称"半倒焰窑"。而烟气则从与火膛相对的排烟孔经后烟室排出窑外,同时靠夹墙竖烟道产生抽力来控制一定的空气量,达到高温还原的目的。按窑床面积推算,该窑可烧瓷碗两千个左右,印证了明嘉靖王宗沐《江西大志·陶书·窑制》所载,其形制与"制长阔大,每座容烧小器千余件"的民间"青窑"相似。《江西大志·陶书·窑制》还记御窑厂内另一种"制员而狭,每座只容烧小器三百余件"的专门烧颜色釉的所谓"色窑",80年代也在原景德镇市政府大院西侧基建工地发现多座,其形制与上述明中期马蹄窑相似,但窑床面积仅为马蹄窑的六分之一。从窑口到排烟竖墙仅60 cm,窑宽2 m,窑床面积约1 m²,按测算其装烧容量仅能烧小碗三百个左右。在近窑底的夹墙下开六个11 cm×15 cm的排烟小口,并通过夹墙与排烟室相通。其火焰流向与前述马蹄窑相同,亦属半倒焰式窑。因为这种窑只有夹墙竖烟道,没有独立的烟囱,所以空气抽力不大,升降温慢,烧成周期过长,且前后温差过大,但易于保温,适宜烧制厚胎和氧化钾含量较高的瓷器。根据这些特点,御窑厂内专门建造体积特别小,且窑体变短加宽,以减弱前后的温差,用以专烧颜色釉瓷。考古发掘证实,永乐、宣德时的祭红釉就是在这类窑中烧成的。清代的烧瓷窑炉约有三种窑形。第一种是清初仍在使用的葫芦窑。第二种是康熙五十一年法国传教士殷宏绪在给法国教会的信中提到的窑。按他的记载,其长度约 6.48 m,高约 3.24 m,后部有独立烟囱,窑顶有五个观火孔。从所述结构和尺寸来看,已有近代镇窑的雏形,只是体积较小而已。第三种窑就是定型于明末清初、乾隆时大量使用、现在还保留的镇式柴窑,又称蛋形窑或倒瓮窑。雍正、乾隆年间督陶官唐英所撰《陶冶图编次·成坯入窑》谓:"窑制,长圆形如覆瓮,高宽皆丈许,深长倍之,上罩以大瓦,屋名窑棚。其烟突(囱)围圆,高二丈余,在后窑棚之外",指的就是这种窑。它是在葫芦窑的基础上发展起来的,并参照了分室龙窑窑体和葫芦窑的烟囱。其结构是窑前部宽大,后部渐小,窑顶用砖砌,转篷如桥洞,上有 3～5 个观火孔;窑墙窑顶均薄,厚度仅 20～25 cm;窑身周围还砌有护墙,护墙与窑墙间留 20～30 cm 空隙,中间填以砂土作隔热层,既可减少热耗,又能缓冲窑墙、窑顶在膨胀或收缩时引起的开裂;窑前端有窑门,其间设有发火孔等工作构件;窑底前低后高,坡度约 3°;窑室后部有挂窑口等低温部位;烟囱厚度仅 8～8.5 cm,下宽上窄,烟囱顶作退台式钢笔尖状处理,为防止雨淋,又融合了窑体前高后低的建筑形式,有一定的装饰效果。此窑属于典型的平焰窑,它有火焰流速快、装烧密度大、热利用合理、烧成时间短、气氛曲线变化理想、烧成质量高等优点,是景德镇独有的窑炉形式,是我国陶瓷史上一种极其优秀的窑炉。值得一提的是,自元代以来,窑炉的设计与建造均由景德镇魏氏家族掌握,世代相传,技艺高超,外姓不得事其业。直到民国时期,由于魏姓家族没有了子嗣,才由外甥余姓接传。

分析点评

陶瓷是一种最终利用高温来完成的无机非金属制品,这是它与其他材料根本上的不同。要完成一件与制造者意愿相符的陶瓷制品,最关键在于烧成。烧成的好坏又由窑炉设备的结构、烧成方法等决定,因此,可以说烧成的决定因素是窑炉。自人类开始利用和控制火之后,就开始探索利用一定的设备或窑炉结构来提高火焰温度和控制气氛,并使之完善。陶瓷窑炉是从固定窑床和窑墙而开始出现的。景德镇古代陶瓷窑炉在瓷工们不断探索中经历了元代之前的龙窑,元代分室龙窑,到明代葫芦窑、马蹄窑,再到清代镇窑的演变发展过程,逐步改革、完善了陶瓷窑炉的结构。

思考题

1. 简述我国陶瓷窑炉的发展与演变史。
2. 试讨论当前陶瓷窑炉的结构能否改变。

案例 19-3 欧洲新型窑炉简介

欧洲各国陶瓷企业围绕着提高烧成质量与降低能源消耗的问题而开发研制成功许多新型窑炉,例如辊道窑炉与梭式窑炉等,现概括如下。

1. 装配式轻体隧道窑

装配式轻体隧道窑主要用于烧制西式瓦、卫生洁具等产品。此种窑型在欧洲使用较广,有些已向亚洲及美洲出口。其优点包括:安装、运输方便,由于预先在窑炉公司制作成预制件,可大大缩短施工时间,避免窑体材料、部件等单独运输;由于预先在窑炉公司专门加工,砌筑成部件,各部件及基材均实现标准化、规格化,保证施工质量,延长窑炉使用寿命,便于维修;该种窑炉不需要构建地下设施,只要保证安装基座的混凝土水平,即可保证整个窑体水平;由于系窑体分段组装,窑体维修及部件更换更为方便。

2. 小型台车窑

小型台车窑有效宽度约为 1 300 mm,有效长度约为 3 000 mm,内高约为 1 500 mm,窑内容纳两辆窑车;窑内粘贴 5 cm 原纤维毡,属轻体窑;喷嘴分布在两侧,但无挡火墙,气流属倒焰式流动;支烟道设置在窑车纵向,烟气从窑内吸火孔经支烟道进入窑尾总烟道,最后由烟囱排出;窑门为"八"字形门,此种窑炉的生产方式适用于多品种、小批量产品。

3. 80 m³ 以上间歇式轻体台车窑

80 m³ 以上间歇式轻体台车窑系英国波尔顿公司开发研制。其优点在于:产量高,每日最大产量为日用瓷 16.5 万件;耗能低,在 1 080℃ 釉烧产品时耗热为普遍窑炉的 1/2;全自动化程度高,装窑与卸窑均由机器手进行,全窑仅靠一人操作;此外还有占地面积小、操作灵活、便于维修等特点。窑内容纳 10 台车,双窑门、无挡火墙;窑体两侧分上、下两层交叉布置喷嘴,近来又在喷嘴上附加计算机自控装置,可根据烧成温度、时间、气氛全自动进行调节,将窑内温差降低到零度,提高产品烧成合格率,并解决了员工不愿上夜班的问题。

4. 可移式窑壳窑

可移式窑壳窑俗称高帽窑或钟罩窑,外形近似台车窑,但台车窑为台车移动,鱼贯出入。可移式窑壳窑系窑体移动,当装好窑、制品不能移动时,或窑房高度受限制时,最适合使用此种窑型,尤其适宜烧制卫生洁具及大件、笨重的陶瓷制品。目前,德国窑炉公司已有成套标准设计,亦可根据用户需求作专门设计。该窑炉系统中的全自动控制装置与燃烧系统装置采用了最新发明专利。

5. 台车式电窑

台车式电窑窑体由蓄热低、传热系数小的耐火材料制成;窑内电加热组件、控制元件等耐热温度可达 1 260℃ 以上;温度控制与指示仪等均由电设备控制,可根据预定烧成曲线进行烧成与自动停窑。近年来,许多欧洲国家大力发展核电,电量充足且价格低廉,采用电窑烧制部分特殊的陶瓷产品,也是欧洲陶瓷窑炉烧成技术的一大特色。

6. 燃气梭式窑

燃气梭式窑可以烧制卫生陶瓷、耐火材料、电瓷、特种陶瓷与日用陶瓷等产品。由于采用不同性能的陶瓷纤维组成窑体,既有效减少了窑体的蓄热,降低了能耗水平,又可以缩短烧成周期;该种窑炉有不同的容积与规格,烧成范围适用于 1 050~1 750℃;燃料采用天然气、丙烷和丁烷;点火分手动与自动,温度从高到低全自动控制;窑体内层采用高标号耐高温陶瓷纤维毡,窑体外层则采用相对低温的陶瓷纤维棉,以利于最佳的节能效果。

除上述窑炉种类外,欧洲陶瓷窑炉还有烧制空心砖建材产品的 28 窑室轮窑,具有三个窑底座双窑顶盖的烧制卫生瓷的大型高帽窑等,窑炉的种类丰富多样、科技含量高,引领着世界陶瓷窑炉技术发展的方向。近年来,在欧洲形成一批科技开发实力强、技术水准高的窑炉设备公司,如德国的汉索夫、瑞德哈姆公司,英国的道尔顿,意大利的萨克米、娜塞提、西蒂公司等都很著名。近年来,它们开发出最先进的智能型窑炉,使陶瓷生产领域实现了生产全自动、产品高档化与节能效果十分显著等成果。

分析点评

纵观目前我国窑炉节能技术现状,可以说与欧洲各国差距甚大。由于国内较先进的窑炉基本上靠引进与仿制而处于步人后尘的状态,我国窑炉技术尤其是节能技术,应该走引进与自创相结合的路子,在模仿中逐步加强新型节能窑炉的开发、研制能力,逐步缩短与西方国家的差距。从事窑炉制造与开发的公司,应注意加强基础理论研究与探讨,坚持引进与开发并举,趋利避害,走出一条具有中国特色的路子,把我国陶瓷窑炉综合科技含量提升到一个新的高度。

思考题

1. 列举欧洲几种新型窑炉。
2. 简析陶瓷窑炉烧成气氛的影响及其控制。

案例 19-4 放电等离子烧结技术制备熔融石英陶瓷

本文采用 SPS 技术制备熔融石英陶瓷,通过热力学计算熔融石英的理论析晶温度,选择合适的 SPS 烧结温度,从而有效控制熔融石英的析晶,研究其 SPS 烧结过程和烧结机理,得到高致密度的熔融石英陶瓷材料。

1. 实验过程

将熔融石英粉装入直径为 20 mm 的石墨模具里。将样品利用放电等离子烧结(Spark Plasma Sintering,SPS)装置(model-1050,日本生产)烧结,烧结温度为 950～1 150℃,烧结升温速率为 100℃/min,并且保持烧结过程中轴向单向加压 20 MPa,保温时间为 5 min。

SPS 设备示意如图 4.19.1 所示。

2. 结果与讨论

(1) 熔融石英析晶温度

反应自由焓与温度的关系如图 4.19.2 所示,由图 4.19.3 中可知其理论析晶温度为 1 122℃。

为了检验其温度的准确性,将熔融石英原料分别在 1 100℃、1 150℃、1 200℃ 烧结后的试样进行 XRD 物相分析,如图 4.19.3 所示。从图 4.19.3 中可以看出,试样在 1 150℃ 烧结时,并未发现析晶现象,而 1 200℃ 烧结样有方

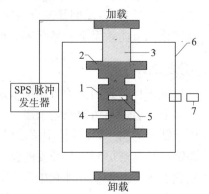

图 4.19.1 SPS 设备示意

1—石墨模具;2—石墨盘;
3—电极;4—石墨压头;
5—样品;6—烧结室;
7—红外测温仪

石英晶体析出。这表明析晶发生在 1 150～1 200℃,与热力学计算略有出入,这可能是动力学因素造成的。在 1 150℃ 时,由于 SPS 烧结过程保温时间较短(5 min),其距离理论析晶温度也较近,成核驱动力较小,因而没有发生析晶。由此可以确定采用 SPS 烧结技术,在 1 150℃ 以下温度烧结熔融石英陶瓷时,不会发生析晶现象。

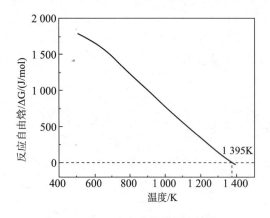

图 4.19.2 反应自由焓与温度的关系

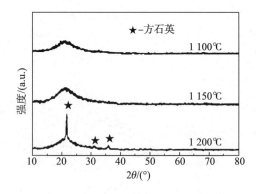

图 4.19.3 熔融石英在不同温度下热处理的 XRD

(2) 熔融石英的 SPS 烧结致密化

图 4.19.4 是在不同烧结温度条件下熔融石英陶瓷在 SPS 烧结过程的 Z 轴位移与时间关系曲线。Z 轴位移负值表示试样膨胀,正值表示收缩。由图 4.19.4 可见,在 8 min 前,样品受

热膨胀,8 min 后样品开始收缩。对于不同的烧结温度,其收缩速率不同,当烧结温度为1 150℃时,样品在 12 min 即完成收缩,此时的温度为 1 042℃,这表明熔融石英的收缩温度为1 042℃以上,试样收缩很小;1 080℃烧结时在实验时间内样品还未完成完全收缩;而 1 050℃烧结的试样收缩现象不明显。

图 4.19.5 是熔融石英的密度、致密度与烧结温度的关系,从样品的致密度来看,1 050℃烧结的试样密度仅为 1.7 g/cm³(致密度为 77.4%),而 1 150℃ 烧结的试样致密度高达99.7%,几乎完全致密。这与图 4.19.4 所示的 SPS 烧结过程完全吻合,表明当烧结温度较低时,石英陶瓷的致密化是一个缓慢的过程,而在较高的烧结温度下,SPS 快速烧结技术使得材料致密化过程迅速完成。

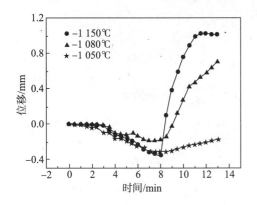

图 4.19.4 不同温度烧结时的 Z 轴位移
与时间关系

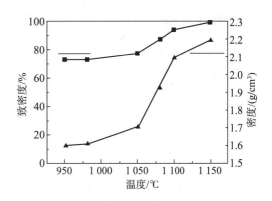

图 4.19.5 熔融石英粉的密度、致密度
与烧结温度之间关系

(3) 熔融石英粉的 SPS 烧结机理

熔融石英粉是一种非导电材料,在采用 SPS 烧结非导电粉体时,由于样品不导电,电流只在石墨模具中流动,从而发生电流偏转。电流产生磁场,偏转的电流产生的磁场不对称,不能相互抵消,磁场在样品径向边缘最强,中心最弱。电磁场在模具中的分布如图 4.19.6 所示。在电场的作用下,坯体中会发生放电现象,使粉体孔隙中的气体分子电离,同时使吸附在粉末表面的气体脱附并电离,形成等离子体,在孔隙中产生高温,产生的高温将热量传导到粉体颗粒表面,使颗粒表面熔融。这就是熔融石英粉体SPS 烧结的表层熔融烧结机制。即熔融石英粉在阴极发射的电子束电离气体产生的等离子体作用下,使粉体表面温度迅速升高超过其熔点,熔融的表层在颗粒表面形成液

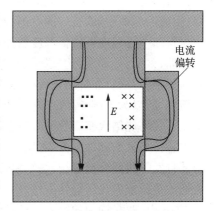

图 4.19.6 SPS 烧结绝缘材料
的电流示意

相发生黏性流动,在毛细管作用下,使局部收缩,由于放电过程迅速,同时晶粒内部传热,会使表层温度迅速下降,使熔融态液相凝固,连接相邻颗粒,实现粉体的烧结。

图 4.19.7 为熔融石英粉在 1150℃烧结时收缩率与时间的对数关系。从图 4.19.7 中可以看出,烧结初期,$\ln(\Delta L/L)$ 与 $\ln t$ 呈线性关系,但是斜率系数并不为 1,而是远大于 1,斜率达5.5。这表明了在本实验中收缩较单纯的黏性流动传质要快,并且温度越高,收缩速率越快。

这一结果并不表示 SPS 烧结熔融石英粉时,不是黏性流动传质,而是本实验 SPS 条件比单纯的靠毛细管作用流动要复杂。使用 SPS 烧结技术,施加 20 MPa 的外力,这一外力使得流动更迅速。由实验结果来看,外力对加速收缩的贡献远超过表面能减少的贡献,即压力对熔融石英粉的烧结致密起决定性作用。

图 4.19.8 是 1 150℃ SPS 烧结的熔融石英的断口形貌。由图 4.19.8 可见,由于液相黏合作用,熔融石英颗粒黏结在一起形成一个整体,在大颗粒之间相结合处含有少量气孔,未观察到明显的析晶现象,这说明烧结试样主要以玻璃态形式存在,由于烧结过程始终保持压力作用,使得原料熔融后被挤压变形而黏结在一起。

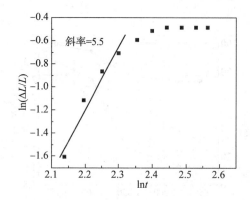

图 4.19.7　1 150℃烧结熔融石英粉的收缩率与时间的对数关系

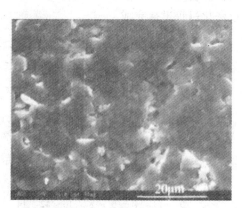

图 4.19.8　1 150℃ SPS 烧结的熔融石英的断口形貌

分析点评

石英陶瓷由于具有极低的热膨胀系数、极好的热稳定性能,受热时尺寸稳定、强度不会下降,耐酸性熔体侵蚀,良好的电绝缘性和介电性能等一系列优异的性能,自问世以来,迅速在耐火材料和中等温度下抗拒温度激烈变化的结构材料应用中得到了推广。其应用领域也涉及宇宙飞船、火箭、导弹、雷达、原子能、电子、钢铁、炼焦、有色金属、玻璃等工业领域。由于石英陶瓷具有多种晶型,在烧结过程中,易发生晶型转变,晶型转变会带来体积变化,从而给烧结体带来破坏,所以为了避免晶型转变,通常采用熔融石英作为原料制备石英陶瓷。然而,熔融石英陶瓷不容易烧结致密。放电等离子烧结(SPS)是一种新颖的烧结方法。它是通过在模具或样品中直接加大的脉冲电流,利用热效应或其他场效应实现材料的烧结。该烧结方法是从粉体内部自发热快速升温烧结,烧结机理主要是通电产生的焦耳热,加压造成的塑性变形烧结。与普通的常压或者热压烧结方法相比,SPS 技术有以下优点:①烧结温度低,时间短,消耗能量少,可获得细小、均匀的组织结构,能保持原始材料的状态。②因为电场的存在,可以使粉体活化,并且通过局部放电效应得到较高的温度场,从而获得高致密度材料。

思考题

1. 简述放电等离子体烧结机理及其特点。
2. 烧结过程中,晶粒长大现象对烧结是否有利? 为什么?

案例 19-5　制备氧化铝陶瓷的烧结工艺研究

本案例通过采用不同类型分散剂对超细氧化铝粉体进行分散,经常压烧结后,测定其残余气孔率、密度、线收缩率,对烧结体的断面进行微观分析,以确定超细粉体的致密化转变温度范围、最终烧结温度范围和各种分散剂的效果,为采用超细粉体制备陶瓷提供依据。

1. 实验材料及坯体的制备过程

实验所用超细 α-Al_2O_3 粉体(山东铝业提供)的平均粒径为 0.3 μm,表面积为 10.4 m^2/g。分散剂为阿拉伯树胶(天津化工研究院提供)。硅溶胶、聚丙烯酰胺由北京东方澳汉有限公司提供,去离子水、盐酸、氨水等均为分析纯。先将一定量的分散剂(PAA-NH$_4$、阿拉伯树胶、硅溶胶,PAA-NH$_4$ 和阿拉伯树胶,PAA-NH$_4$ 和硅溶胶)与水混合后,再加入氧化铝粉体,经超声和机械搅拌后获得氧化铝悬浮液,然后将悬浮液注入模具中,经 45℃保温 2 h 后脱模,再经 120℃干燥获得坯体。

2. 实验结果与分析

(1) 烧结温度对烧结体气孔率及相对密度的影响

图 4.19.9 为烧结温度与坯体的气孔率和相对密度的关系。可以看出随烧结温度的升高,促使氧化铝颗粒接触紧密,所以气孔率逐渐降低,相对密度逐渐升高。由图 4.19.9 可知,氧化铝在 1 550℃时,相对密度已达 98.1%,气孔率为 9%。可以认为此温度为这种超细粉体的最终烧结温度。

(2) 分散剂对烧结坯体气孔率的影响

图 4.19.10 为采用不同类型分散剂烧成坯体的气孔率结果。由图 4.19.10 可知,采用单种分散剂分散悬浮液时,阿拉伯树胶和硅溶胶分散的坯体气孔率较大,而 PAA-NH$_4$ 分散时的气孔率相对较小。采用两种分散剂交互分散时,烧成坯体的气孔率都相对较小。但用 0.4%PAA-NH$_4$ 和 0.2%阿拉伯树胶交互分散时,坯体的气孔率均小于两者单独分散时的气孔率。

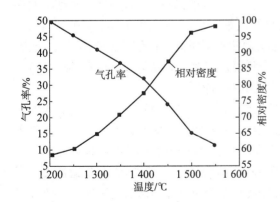

图 4.19.9　温度对烧结试样的气孔率和相对密度的影响

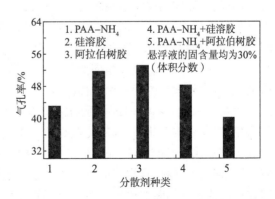

图 4.19.10　分散剂种类对烧结试样的残余气孔率的影响

分散剂的分散效果直接影响烧结坯体的残余气孔率。分散效果不佳会导致粉体产生团聚,进而使坯体烧成后气孔大小和分布都不均,且气孔率相对较大;相反,分散效果好则烧成坯体的气孔率就相对较小。两种分散剂交互分散有利于减小陶瓷的残余气孔率。据文献可知，PAA - NH$_4$、阿拉伯树胶、硅溶胶的分散机理分别是静电机理（高 pH 值下也伴有位阻机理）、位阻机理、空缺机理。两种分散剂交互作用时，PAA - NH$_4$ 与阿拉伯树胶是实现了静电-位阻的联合机理，分散效果较好，故残余气孔率较低，而对于 PAA - NH$_4$ 与硅溶胶由于两种分散机理不同，相互影响，所以分散效果介于两者之间。

（3）烧结温度对坯体线收缩率的影响

图 4.19.11 为烧成坯体线收缩率与温度的关系，可以看出，试样开始时收缩速度较慢，至 1 550℃时烧结体收缩基本完成，总收缩率约为 20%。烧结致密化过程主要在 1 200～1 550℃完成。1 200～1 250℃时，线收缩变化不明显；1 250～1 400℃时，收缩率相对较大；但在 1 400～1 550℃，线收缩率急剧增加。

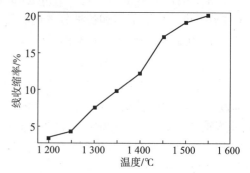

图 4.19.11 温度对烧结试样线收缩率的影响

在高温下，其他相的氧化铝都会变成α - Al$_2$O$_3$，而且这种转变是不可逆的。由于转变是在高温下进行的，在相转变的同时，将发生晶体尺寸的长大。在高温下α - Al$_2$O$_3$ 的蒸气压很低，而α - Al$_2$O$_3$ 的熔点非常高（2 050℃），因此α - Al$_2$O$_3$ 发生气相迁移是十分困难的，对α - Al$_2$O$_3$ 晶粒生长贡献更多的是固相迁移。

1 200～1 250℃时，线收缩不明显主要是由于大量的位错作用产生的，即在粒子间形成颈的曲率最大处，产生大的剪切应力，剪切应力又产生位错并驱动位错运动，位错运动通过引起晶粒旋转而产生致密化。图 4.19.12 为不同烧结温度下试样端口的 SEM 照片。由图4.19.12〔(a)、(b)〕可知，1 200～1 250℃时，极细小晶粒凝聚传质使烧结得以进行，此时颈部区域扩大，球的形状变为椭圆，气孔形状改变，但晶粒与晶粒之间的中心距基本不变，所以此温度段坯体收缩较慢。

烧结温度为 1 250～1 400℃时，所有晶粒都与最近邻晶粒接触连成一体，因此晶粒整体的移动已停止，坯体的线收缩率较大。可以认为，1 250℃以前为烧结的初期，先是相对细小的晶粒开始发生位错运动，向周围较大晶粒运动凝聚烧结收缩。然而烧结温度为 1 250～1 400℃时，单晶颗粒明显长大，气孔形状由颈部周围柱状通道结构向连续的网络结构转变，如图4.19.12〔(e)～(h)〕。线收缩率变化较大，因为这个阶段是相对较大晶粒的烧结和部分晶粒长大的过程，另外就是由于所用粉体的粒径分布较大对其影响较大。

由图 4.19.12〔(e)～(h)〕可看出，1 400℃以后，相对 1 400℃前晶粒明显长大，比原来的大许多倍，气孔结构变化明显，氧化铝晶粒基本全部烧结，坯体的线收缩率最大。这个温度段主要通过晶格或晶界扩散，把晶粒间的物质迁移至颈表面，使晶粒交界处的气孔扩散到晶界上消除，形成连续的气相，这样与氧化铝相形成双连续相网状结构，故此阶段坯体的收缩最大。同时多孔陶瓷断面的断裂机理由拔出机理和穿晶机理共同作用向以穿晶断裂为主转变。所以可以认为，1 550℃为这种亚微米级粉体的最终烧结温度。

然而，最大线收缩率的出现预示着材料致密化机理的转变，在随后的烧结过程中，晶粒粗化将会起主导作用。在 1 400℃时，结合图 4.19.9，其相对密度为 77.2%。据文献报道，当升温速率为 2.5～20℃/min 时，Al$_2$O$_3$ 样品烧结的最大致密化转折点的相对密度为 77%，与本实验的结果 77.2% 相近。再从图 4.19.12〔(e)～(h)〕看，基本上也是晶粒的长大过程。可以认为 1 400℃ 为这种超细粉体烧结的致密化转折点。

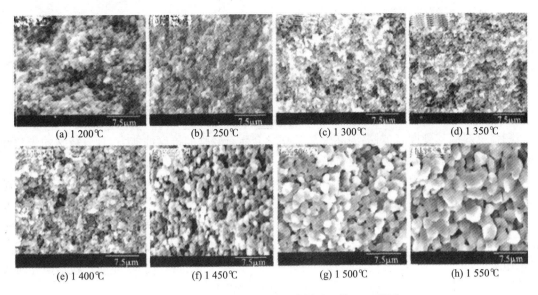

图 4.19.12　不同烧结温度下试样端口的 SEM 照片

分析点评

近年来，随着纳米科技的进步和纳米制备技术的迅速发展，以纳米 $\alpha - Al_2O_3$ 粉体为原料制备 Al_2O_3 陶瓷及其陶瓷复合材料等得到了广泛的应用，它为降低陶瓷材料的烧结温度，改善制品的微观结构，提高材料的力学性能（如硬度、强度、韧度以及耐磨性等）开辟了一条新的途径。然而，由于纳米粉体颗粒的表面能较大，高温烧结过程中最重要的问题就是确定致密化的转变温度、控制颗粒的团聚和如何抑制晶粒的长大。本文通过采用不同类型分散剂对超细氧化铝粉体进行分散，经常压烧结后，测定其残余气孔率、密度、线收缩率，对烧结体的断面进行微观分析，以确定超细粉体的致密化转变温度范围、最终烧结温度范围和各种分散剂的效果，为采用超细粉体制备陶瓷提供依据。

思考题

1. 分析烧结温度、分散剂对 Al_2O_3 陶瓷坯体气孔率的影响。
2. 讨论粉体形貌对无压烧结和热压烧结过程的影响。

第二十章 先进陶瓷(或特种陶瓷)

知识要点

陶瓷材料因其硬度高、对高温和大部分化学介质有较强的抗腐蚀能力、具有特殊的光学和电学性能,在工程中得到了极广泛的应用。

随着近代科学技术的飞速发展,特别是能源、空间技术的发展,对陶瓷材料提出了越来越高的要求。先进陶瓷具有优良的高强度、高硬度、耐磨损、耐腐蚀、耐高温蠕变、自润滑好以及化学稳定性等特性,广泛应用于各种科学领域并发挥着越来越重要的作用。其中结构陶瓷主要应用于工业或者工程上,因此又称为工程陶瓷,包括氧化物陶瓷、氮化物陶瓷、碳化物陶瓷、硅化物陶瓷、硼化物陶瓷、玻璃陶瓷材料及纤维增强陶瓷复合材料等。功能陶瓷包括电介质陶瓷、铁电陶瓷、压电陶瓷、导电陶瓷、敏感陶瓷、磁性陶瓷等。

一、结构陶瓷

1. 氧化物陶瓷

氧化物陶瓷材料的原子结合以离子键为主,存在部分的共价键,因此具有许多优良的性能。大部分氧化物具有很高的熔点、良好的电绝缘性能、优异的化学稳定性和抗氧化性,在工程领域已得到广泛的应用。主要包括氧化铝(Al_2O_3)、氧化镁(MgO)、氧化铍(BeO)、氧化锆(ZrO)等。

2. 氮化物陶瓷

氮化物陶瓷的特点是具有相当高的熔点和很好的抗腐蚀性,有些氮化物陶瓷还具有很高的硬度,因此得到了广泛的应用;其缺点是抗氧化能力差。氮化物陶瓷种类很多,但都不是天然矿物,而是人工合成的。目前工业上应用较多的氮化物陶瓷有氮化硅(Si_3N_4)、氮化硼(BN)、氮化铝(AlN)、氮化钛(TiN)和赛隆陶瓷等。

3. 碳化物陶瓷

碳化物陶瓷的突出特点是高熔点、高硬度,并且有良好的导电和导热性能,广泛应用于冶金、轻工、机械、建材、环保、能源等领域,但高温下易氧化。主要碳化物陶瓷有碳化硅(SiC)、碳化硼(B_4C)、碳化钛(TiC)、碳化锆(ZrC)、碳化钒(VC)、碳化钨(WC)、碳化钽(TaC)和碳化钼(Mo_2C)等。

4. 硼化物陶瓷

硼化物陶瓷具有高熔点、高硬度、难以挥发等性能,导电性、导热性好,热膨胀系数大,但高温抗蚀性、抗氧化性较差(但 TiB_2、CrB_2 在这方面性能好)。此外,这些化合物在真空中稳定,在高温下也不易与碳、氮发生反应。

利用硼化物陶瓷熔点高、硬度大的特性,可以用作高温轴承、耐磨材料及工具材料;利用其高温抗蚀性、抗氧化性好的特点,可以用作熔融非铁系金属的器件、高温材料及触点材料;硼化物陶瓷在真空中具有高温稳定性,因此可以制作高温真空器件中使用的材料。

二、功能陶瓷

功能陶瓷是指在应用中侧重其非力学性能的陶瓷材料。这类材料通常会具有一种或多种功能,如电、磁、光、热、化学、生物等功能,以及耦合功能,如压电、压磁、热电、电光、声光、磁光等功能。功能陶瓷已在能源开发、空间技术、电子技术、传感技术、激光技术、光电子技术、生物技术等领域得到广泛应用。

1. 电绝缘瓷

电绝缘瓷,如高频电绝缘子、插轴、瓷轴、瓷管、基板等。对电绝缘瓷的要求是具有高的体积电阻率、介电常数,较好的机械强度和化学稳定性。广泛使用的装置瓷有高铝瓷(包括刚玉瓷、刚玉-莫来石瓷和莫来石瓷)、镁质瓷(包括滑石瓷、镁橄榄石瓷、尖晶石瓷及堇青石瓷)。

2. 电容器陶瓷

根据所用介电陶瓷的特点和性质,陶瓷电容器可分为温度补偿型陶瓷电容器、温度稳定型陶瓷电容器、高介电常数陶瓷电容器及半导体陶瓷电容器。

3. 压电陶瓷

目前广泛应用的压电陶瓷都属于钙钛矿型晶体,如钛酸钡、钛酸铅、锆钛酸铅等。主要用于制造超声换能器、水声换能器、电声换能器、陶瓷滤波器、陶瓷变压器、陶瓷鉴频器、高压发生器、红外探测器、声表面波器件、电光器件、引燃引爆装置和压电陀螺等。

4. 磁性陶瓷

磁性陶瓷又称铁氧体,是由氧化铁与其他金属氧化物陶瓷工艺制得的非金属磁性材料。可用于电声、电信、电表、电机中,还可作记忆元件、微波元件等;还可用于记录语言、音乐、图像信息的磁带、计算机的磁性存储设备、乘客乘车的凭证和票价结算的磁性卡等。

5. 导电陶瓷

根据导电陶瓷材料的不同性质,其可用于陶瓷高温发热体、钠硫电池等。

6. 超导陶瓷

超导陶瓷在诸如磁悬浮列车、无电阻损耗的输电线路、超导电机、超导探测器、超导天线、悬浮轴承、超导陀螺以及超导计算机等强电和弱电方面有广泛的应用前景。

7. 半导体陶瓷

半导体材料的电阻率显著受外界环境条件(如温度、光照、电场、气氛、湿度等)变化的影响。这些变化的物理量可转化成为可供测量的电信号,从而可制成各种传感器等。

8. 其他功能陶瓷

其他功能陶瓷主要是指热学功能陶瓷、化学功能陶瓷、生物功能陶瓷等。

案例 20-1　中光科技实现氧化锆陶瓷插芯生产产业化

传输光信号的光纤连接器,其核心和基础器件为陶瓷插芯,它起着连接、转换、数据传输的媒介作用,它是一系列光通信产品最基本、最重要的无源器件。制造插芯的原材料要求是非金属高性能功能陶瓷。插芯精度要求极高,制造工艺十分复杂、难度极大。为适应光纤连接器及系列光通信产品使用环境的复杂性和接插的重复性,陶瓷插芯首选了以氧化锆非金属无机高性能的结构陶瓷材料为其制造材料,以保证插芯的质量技术要求。它必须要具备高温热稳定性以保证插芯毛坯在高温烧结过程中能不变形、不开裂,热膨胀系数要与金属相接近,并应具有高韧性、高硬度(15 GPa)、高耐化学腐蚀和机械磨损及良好的隔热性,常温下要具有绝缘、防酸碱等优异的物化性能。氧化锆陶瓷插芯的精度要求极高,在只有长度为 1 cm、直径为 1.25~2.5 mm 的陶瓷圆柱体上,要有一个内径只有 0.1 mm、相当于头发丝粗细的两端同心度一致的内孔,以便插穿单根光纤,故制造技术和工艺十分复杂。插芯体的氧化锆材料必须要具有与光纤相似的线膨胀系数,以保证当环境温度发生变化时,插芯的收缩与膨胀和光纤能基本相同,这样才能保证光纤端面的紧密接触,防止光信号的损失。为制造上述要求的高精度、高质量的氧化锆陶瓷插芯体,目前国内和以日本为主的世界各国均是以日本的注射成型法生产氧化锆陶瓷插芯,其核心技术为单向定位和热熔注射成型生产插芯毛坯。

但是,日本传统生产氧化锆陶瓷插芯的方法具有很多缺陷,主要表现在:①氧化锆原材料利用率低;②毛坯质量合格率低;③产量低、劳动生产率低;④生产成本高。

日本的这种注射成型工艺生产陶瓷插芯,沿用至今已有 20 多年,并在国际范围内垄断着技术、工艺、氧化锆原材料、模具和成型设备。中光科技历经 7 年时间,成功研发了以新材料——氧化锆独特新配方,新装备——自动化智能控制系统,新技术——双向定位,新工艺——干粉干压为基础的世界首创的双向定位干粉干压成型法生产氧化锆陶瓷插芯毛坯,经高温烧结、精加工后成为插芯成品。它的四个创新技术填补了国内外的空白,2007 年获得了国内多项发明专利,并申请了国际发明专利。该公司双向定位干粉干压成型生产氧化锆陶瓷插芯以其技术、工艺、装备的先进性、成熟性和可靠性,实现了产业化生产,并以技术和质量优势,使产品进入市场后受到相关专业光通信企业的认同和赞许。双向定位干粉干压成型的氧化锆陶瓷插芯产品已获得了江苏省高新技术产品的认定,并作为江苏省火炬计划进入产业化生产,目前月产量达到 300 万只。

分析点评

中光科技经 7 年时间,成功研发了氧化锆独特新配方、自动化智能控制系统、双向定位以及干粉干压为基础的世界首创的双向定位干粉干压成型法生产氧化锆陶瓷插芯毛坯,经高温烧结、精加工后成为插芯成品。它的创新技术填补了国内外的空白,在新材料、新装备、新技术、新工艺方面完全实现了国产化,打破了日本的原材料、工艺、技术、设备的垄断,开创了光连接器用氧化锆陶瓷插芯制造的一个创新性革命的新纪元;由进口到出口,实现了耗汇到创汇的飞跃,其意义十分重大,经济效益、社会效益十分显著。

思考题

1. 日本传统生产氧化锆陶瓷插芯方法的诸多缺陷主要表现在哪些方面?
2. 简述氧化锆陶瓷的种类、特点及制备工艺。

案例 20-2　碳化硅陶瓷装甲

Saint-Gobain 公司集中北美和欧洲的专家成立了 Armor Synergy 集团,目的是制造飞机和装甲车辆以及士兵所需的装甲,以提高美国军用装备的防护能力。Saint-Gobain 陶瓷公司 Saint-Gobain 晶体公司制造了两种革新的陶瓷制品。

陶瓷装甲的最终目标是以较轻的质量提供较高的弹道防护。美军为士兵提供最强防护力的理念借用了奥林匹克的思想:更轻、更强、更机动。因此,美军提出的目标为:①在 96 h 内将装甲部队运送到世界任何地方;②减轻战士(地面勇士)的负担。

陶瓷是使美国陆军在保持目前重型部队杀伤力和生存力的同时获得更轻型部队的关键材料。"更轻型生存力"可通过陶瓷装甲来实现。复合装甲用陶瓷材料包括 SiC、B_4C、铝镁尖晶石和 Al_2O_3。这些材料的不同特性如高硬度、高压缩强度和高弹性模量,提供了有利于摧毁高速弹丸的优异防护能力。目前生产的产品包括用于复杂工程部件的大体积净型砖(正方形、矩形和六角形等),用于制造躯干板(SAPI、ESAPI、XSAPI)、侧板(ESBI、MSAP 和 SSAPI)、飞机(AC-130U)炮防护板和车辆(HMMWV)门和座椅。

Saint-Gobain 公司具有 40 多年生产陶瓷装甲的经验和历史,包括在越南战场期间使用的人体防护陶瓷板。目前生产的陶瓷种类和特性如下:Hexoloy 烧结 SiC,高硬度、高压缩强度和质量轻;Norbide 热压 B_4C,高硬度、低密度和超轻型;Saphikon 蓝宝石(透明装甲),高弯曲强度、高弹性模量;Silit SKDH 反应接合 SiC,高模量和高声速。

装甲系统中最难的工作就是陶瓷材料。它们必须吸收穿甲弹正面冲击能量,使弹头变钝或拉断弹芯,不论人体装甲还是车辆侧装甲。Hexoloy SA SiC 为无压烧结 α-SiC,通过 B 和 C 在真空或在惰性气氛(氩、氦或氮)中高温下烧结制得。B 降低了晶界能,而 C 提高了 SiC 颗粒的表面能,改善了烧结性能。Hexoloy 具有很低的孔隙度,理论密度≥98%,晶粒尺寸在 4~10 μm。它非常硬,具有高弯曲强度(380 MPa)。另外,它没有自由硅,因此具有高的耐腐蚀性能,还具有高的热导、低热膨胀系数。

Saint-Gobain 公司具有大量的研究计划,未来的陶瓷材料研究包括抗 7.62 mm 钨穿甲弹芯、14.5 mm 穿甲弹芯、20 mm 破碎模拟弹、IED 和 EFP 等弹丸的陶瓷材料。该公司将进一步改善其旗舰材料 Hexoloy SA SiC 的性能,制造新的和性能优异的陶瓷替代材料。热压 B_4C 由于其高硬度和轻质量,已经作为人体装甲的备选材料。但是,热压 B_4C 对于抗下一代人体装甲威胁表现出明显的性能不足(撞击引起的非晶化)。而烧结 SiC,即 Hexoloy 是支柱的抗弹陶瓷材料,已经被证明是良好的抗下一代弹道威胁的材料。

分析点评

Saint-Gobain 陶瓷公司 Saint-Gobain 晶体公司制造了 SiC 陶瓷装甲材料,具有低的孔隙率,高的弯曲强度、耐腐蚀性能,还具有高的热导、低热膨胀系数等优点,同时还对未来的陶瓷材料做了大量研究。随着陶瓷装甲向提高抗弹性能、减轻质量和降低成本等方向发展,SiC 陶瓷装甲材料将更广泛地应用到军事装备,提供更高的防护能力。

思考题

1. 简述 Hexoloy SA SiC 的制备工艺及其性能。
2. 向 SiC 中添加一定量的 B 粉和 C 粉能促进 SiC 的烧结,解释添加剂(B 粉和 C 粉)的作用机理。

案例 20-3　生物陶瓷治疗四肢骨折 22 例临床研究

广东省东莞市万江医院骨科应用 β-TCP 人工骨作为植骨替代物,对 22 例骨折患者进行手术植入治疗,并进行跟踪研究。

1. 资料与方法

(1) 一般资料

本组 22 例,男 15 例,女 7 例,平均年龄 36 岁,均为新鲜骨折,胫骨平台骨折 9 例,胫骨中下段骨折 8 例,肱骨中段骨折 5 例,患肢功能丧失。

(2) 生物陶瓷(β-TCP 人工骨)

由武汉华威生物材料工程开发公司生产,国食药监械(准)字 2004 第 3460109 号。该产品由纯磷酸三钙高温黏合剂合成新型高科技骨缺损修复材料,呈白色多孔海绵状结构,有大量分布均匀的连通孔道,大孔间有微细小孔。

(3) 方法

新鲜骨折经切开复位,选择合适内固定后,胫骨平台骨折复位后骨缺损用块状生物陶瓷填塞;胫骨中下段和肱骨中段粉碎性骨折用块状生物陶瓷填塞髓腔及皮质周围植骨。

(4) 检测指标

本组患者术前、术后 1 周、术后 1 个月、术后 2 个月、术后 4 个月、术后 8 个月,抽血检测血清中钙浓度,血液中白细胞、红细胞、血小板、血红蛋白、谷草转氨酶、谷丙转氨酶、肌酸激酶、乳酸脱氢酶、α-羟丁酸脱氢酶、尿素氮、肌酐。

2. 结果

跟踪随访 3～12 个月,分别于术后 1 周、1 个月、2 个月、4 个月、8 个月进行 X 射线检查,伤口全部 I 期愈合,无异常分泌物。局部有轻度肿胀,一般 1 周后肿胀消失,术后 10～14 天拆线。X 射线显示 2～3 个月生物陶瓷与骨组织之间界限模糊,有新骨长入,生物陶瓷与骨组织融为一体,骨折线消失。抽血检测血清中钙浓度,血液中白细胞、红细胞、血小板、血红蛋白、谷草转氨酶、谷丙转氨酶、肌酸激酶、乳酸脱氢酶、α-羟丁酸脱氢酶、尿素氮、肌酐基本在正常范围之内。

3. 讨论

新鲜的自体骨移植是国内外公认应用时间最长、效果肯定,既经济又方便的治疗方法,是理想的修复材料,但由于来源有限,取骨时间长,不可避免地会造成供骨区医源性损伤。患者及家属难以接受,故临床应用受到极大限制,且数量有限。异体骨移植有免疫排斥反应影响疗效,且可传播传染病。β-TCP 人工骨从 20 世纪 90 年代至今已被广泛用于各种原因骨缺损和骨修复,获得了较好疗效;经多年应用,被证实其安全可靠、方便有效,是理想的骨填充材料,可替代自体骨移植。

(1) 生物陶瓷(β-TCP 人工骨)的特点

① 生物陶瓷主要成分是磷酸三钙,由钙、磷离子组成,被加工成细颗粒状、块状和圆柱状等充填骨缺损区,可以保持一定刚度和强度,经研究表明生物陶瓷具有恒定孔隙率以促骨组织长入。生物陶瓷孔径在 50～300 pm,球形孔之间相互沟通,每个球形孔有 1～10 个内连接与相邻的孔沟通,形成特有的内连接结构,且内连接与孔径的比值为 0.1～0.7,这种连接有利于组织长入,填充全部孔隙,并可获得完全血管化,最终形成正常骨组织。

② 生物陶瓷有较好的生物活性,能诱导新骨形成,使新骨沿材料的孔隙及颗粒间爬行生长并相互连接。其机制可能是:①骨组织细胞直接分化增殖长入多孔陶瓷并发生化学键合,完成骨-材料之间生物结合过程;②钙、磷是正常骨的无机盐成分,具有生物活性,它们可以吸收、储存引起局部成骨。

③ 生物陶瓷有良好的生物相容性,生物陶瓷植入人体后与骨组织之间形成无纤维组织界面,且其多孔特点,也有助于材料降解,生物陶瓷的生物降解主要有溶液介导过程和细胞介导过程,当材料植入人体与组织液接触后,组织中常含有一些酸性代谢产物和酸性水解酶类,造成局部弱酸环境,这将促进生物陶瓷的溶解过程降解产生 Ca^{2+} 离子,一部分进入血液,通过血液循环到各脏器组织中,另一部分储存在骨库中,并被利用、参与植入局部或远处新骨钙化,有利于骨组织细胞长入,降解化学环境有利于骨组织细胞生长。

(2) 生物陶瓷的生物安全性

中山大学高分子研究所的动物实验显示,生物陶瓷经机体降解产生钙、磷,钙磷是人体正常无机盐,生物陶瓷进入机体不会影响血清钙浓度,不会使机体主要器官发生组织学改变或病理变化。本组患者于手术前、术后 1 周、术后 1 个月、术后 2 个月、术后 4 个月、术后 8 个月抽血检测,有 19 例血清钙浓度正常,造血、肝肾功能、心脏功能指标均正常;有 3 例血清钙磷,血中红细胞、白细胞、血小板正常,尿素氮、肌酐正常,谷草转氨酶、肌酸激酶、乳酸脱氢酶、α-羟丁酸脱氢酶稍升高。术后 $1\sim2$ 周复查均恢复正常。上述结果显示:生物陶瓷不会引起血清钙浓度改变,也不会影响肝肾功能、心脏功能变化。

(3) 应用生物陶瓷时应注意的问题

① 手术前准备骨刀,根据情况用骨刀切成任意大小,填充入骨缺损腔,并尽可能与正常骨接触,对大段骨缺损患者,可同时切取自体骨与生物陶瓷混合移植,有渗血,切勿冲洗,效果将更好,骨开口处最好用骨膜覆盖。

② 对骨折患者,要有坚强内固定,使用内固定遵循张力带原则,用最小限度金属材料,对骨折产生坚强内固定效能。本组患者应用生物陶瓷治疗四肢骨折的临床研究显示:生物陶瓷有良好的生物相容性、生物活性,有骨传导作用及生物安全性。移植于有骨缺损及粉碎性四肢骨折患者无排斥反应,有利于新骨长入,促进骨折愈合,其降解过程不会引起血清钙浓度变化,不会引起人体造血功能、肝肾功能、心脏功能变化。

分析点评

人工材料作为骨移植替代物用于骨缺损的修复,是医学和生物材料领域的一项重要研究课题。以磷酸三钙为重要代表的生物陶瓷,因具有良好生物相容性和骨传导作用而成为人工骨常用材料,广东省东莞市万江医院骨科应用 β-TCP 人工骨作为植骨替代物,对患者四肢骨折进行手术植入治疗,效果满意。并且检测的化验结果显示,血清钙、磷浓度对人体造血功能、肝肾功能、心脏功能无影响,说明 β-TCP 人工骨作为植骨替代物在临床上具有广阔的应用前景。

思考题

1. 为什么生物陶瓷(β-TCP 人工骨)可以作为植骨替代物?
2. 简述羟基磷灰石陶瓷的制备工艺、性能及应用。

案例 20 - 4 节能减排材料的一支奇葩——多孔陶瓷材料

一般来说,可以将多孔陶瓷材料分为固态粒子烧结体微孔陶瓷、泡沫陶瓷、孔梯度陶瓷材料、蜂窝陶瓷材料以及多孔轻质隔热材料等几大类。固态粒子烧结体微孔陶瓷作为一种新型陶瓷材料,顾名思义,其主要制备工艺是采用固态粒子烧结法,主要有管状、烛状、板状、球块状等多种形状规格(图 4.20.1)。它的发展始于 19 世纪 70 年代,初期仅作为细菌过滤材料使用,随着材料细孔结构控制水平的不断提高以及各种新材质、高性能微孔陶瓷材料的不断出现,应用范围与应用领域得到不断扩大。

泡沫陶瓷是一种开口气孔率高达 80%～90%、具有连续网络状陶瓷骨架和三维连续贯通孔的多孔陶瓷制品(图 4.20.2)。我国从 20 世纪 80 年代初开始研制泡沫陶瓷。目前,研究、开发的各种泡沫陶瓷其材质主要有董青石质、莫来石质、氧化铝质、碳化硅质以及少量的复相泡沫陶瓷材料,其形状通常为板状或圆盘状。不同材质的泡沫陶瓷材料,其使用温度也不相同,泡沫陶瓷材料的最高使用温度可达 1 650℃,已在有色金属合金冶炼、黑色合金冶炼以及气体净化催化剂载体等方面获得大量应用。

图 4.20.1 各种固态粒子烧结体微孔陶瓷

图 4.20.2 泡沫陶瓷

孔梯度陶瓷材料是在传统固态粒子烧结体微孔陶瓷材料基础上发展起来的一种性能更为先进的陶瓷过滤元件,它是由孔径呈梯度变化的陶瓷材料构成,这种梯度变化的孔结构随着各层陶瓷材料性能的梯度变化提高了整个陶瓷体材料的性能。比较常见的是孔梯度陶瓷膜材料(图 4.20.3、图 4.20.4),它提高了陶瓷过滤材料的过滤精度,又降低了过滤材料的流体阻力,可广泛应用于各种气体和液体的高精度过滤。

蜂窝陶瓷(图 4.20.5)的气孔单元排列成二维阵列,可以采用热压注、注浆、注凝及挤出成型等连续或间歇式生产,一般大批量、连续化生产还是采用挤出成型。世界上以美国 Corning 公司和日本 NGK 公司为主要生产厂家。蜂窝陶瓷在汽车尾气净化、烟气脱硝及蓄热体应用方面显示出独特的优势。

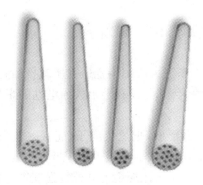

图 4.20.3　多通道孔梯度陶瓷

图 4.20.4　孔梯度陶瓷电镜照片

多孔轻质隔热材料主要是采用发泡法和前驱体造孔及烧失成孔法制备。利用其高的气孔率,在高温条件下,具有相当大的热交换面积,用作换热材料换热充分。将多孔陶瓷体的内部气体抽成真空,还可增强其隔热性能。这种多孔陶瓷广泛用于传统窑炉和高温电炉的内衬,它还被用于航天器的外壳隔热。

另外,还有各式各样的多孔陶瓷填料、载体、多孔陶瓷仿生材料等,在不同应用环境、应用条件下得到广泛应用。

分析点评

多孔陶瓷材料具有相对均匀分布的微孔(气孔率最高可达 90％以上)、低的体积密度、三维立体网络骨架结构、高的比表面积及独特的物理表面特性,对液体和气体介质有良好的选择透过性、能量吸收或阻压特性,加上陶瓷材

图 4.20.5　蜂窝陶瓷材料

料本身独有的耐高温、耐腐蚀等优异表现,在能源综合利用、环境治理方面受到各国普遍关注,在大气治理、水污染净化、保温隔热、储能蓄热等方面发挥着越来越重要的作用。

思考题

1. 列举蜂窝陶瓷的特点及制备工艺。
2. 多孔陶瓷孔结构的表征方法有哪些?

案例 20-5 日本开发出透明半导体陶瓷

2003 年,世界经理人情报——bi. icxo. com 讯,日本东工大应用陶瓷研究所教授细野秀雄主持的透明电子活性项目,成功地使用氧化铝和氧化钙合成了具有半永久导电性的半导体。之前,单由陶瓷成分构成的物质不能成为半导体。

材料由氧化铝和氧化钙构成的物质由纳米大小的笼形成,把氢负离子(通常的氢为正离子)引入笼中,用紫外线照射,就会从氢负离子放出电子,电子被关在笼子中。当这个电子在笼子之间移动时,就使绝缘的陶瓷材料具有导电性。其电导率可用照射的紫外线强度进行控制。同时,在室温下可半永久的保持半导性,但加热到约 400℃后又会回复为原来的绝缘体。再次变为半导体时由于不产生强的光吸收,在可视域上也能维持透明性。由于新发现的半导体陶瓷是透明的,今后如果能更进一步提高其电导率,可将它用于液晶显示器上的透明电极。

分析点评

日本东工大应用陶瓷研究所教授细野秀雄成功地使用氧化铝和氧化钙合成了具有半永久导电性的半导体,打破了以前单由陶瓷成分构成的物质不能成为半导体的规则,对于透明半导体陶瓷的研究及发展具有重大的意义。

思考题

1. 列举新型半导体透明陶瓷及其制备方法。
2. 介绍透明陶瓷的概念和光学透明特性。

参考文献

[1] 林宗寿. 无机非金属材料工学. 3 版. 武汉：武汉理工大学出版社,2008.

[2] 李家驹,廖松兰,马铁成,等. 陶瓷工艺学. 北京：中国轻工业出版社,2001.

[3] 张锐. 陶瓷工艺学. 北京：化学工业出版社,2007.

[4] 李家驹. 日用陶瓷工艺学. 武汉：武汉理工大学出版社,1992.

[5] 李世普. 特种陶瓷工艺学. 武汉：武汉工业大学出版社,1990.

[6] 金志浩. 工程陶瓷材料. 西安：西安交通大学出版社,2000.

[7] 刘兆田,蔡国斌. 牛牯峯高岭土(陶瓷土)矿床特征及其成因分析. 西部探矿工程,2006(10)：117-121.

[8] 行业资讯. 中国粉体工业,2009(1)：39.

[9] 庞玉荣,孟建卫,庞雪敏,等. 某高铁钾长石矿的选矿试验研究. 现代矿业,2009(12)：24-27.

[10] 李小春. 关于宜兴陶瓷产区原料标准化的探讨,江苏陶瓷,1991,55(4)：17-20.

[11] Fofanah M S,吴基球,李竟先,等. 塞拉利昂黏土制造建筑陶瓷的可行性评价. 华南理工大学学报(自然科学版),2001,29(4)：45-48.

[12] 孙庆利. Excel 在陶瓷配料计算中应用一例. 山东陶瓷,2001,33(1)：34-36.

[13] 赵志曼,何天淳,程赫明,等. 利用 $K_2O-Al_2O_3-SiO_2$ 相图进行云南煤系高岭土陶瓷砖坯料配制研究. IM & P 化工矿物与加工,2005(2)：16-18.

[14] 哈恩 Ch,颜石麟. 从新的成型方法来看细陶瓷坯料制备的发展倾向. 中国陶瓷,1979(03)：69-70.

[15] 贾荣仟,王庆立. 李官瓷石在日用陶瓷坯料中的应用. 陶瓷工程,1996(4)：23-25.

[16] 王金锋. 磷矿渣用于陶瓷坯料试验研究. 江苏陶瓷,2001,34(4)：20-22.

[17] 张光明,张本清. 干压成型陶瓷气孔成因探析,真空电子技术,2007(4)：85-86.

[18] 邵怀启,钟顺和. 挤出成型法制备莫来石-硅藻土陶瓷膜管的研究. 硅酸盐通报,2004(4)：25-28.

[19] 王亚利,郝俊杰,郭志猛. 凝胶注模成型生坯强度影响因素的研究. 材料科学与工程学报,2007,25(2)：262-264.

[20] 刘人雪. 西德日用陶瓷等静压成型简介及看法. 中国陶瓷,1989(6)：41-44.

[21] 刘可栋. 卫生陶瓷制品的注浆成型. 中国建材,1962(21)：26-28.

[22] 俞康泰. 西班牙的陶瓷色釉料产业. 陶瓷科学与艺术,2009(07)：4-5.

[23] 王尉和,刘开平. 户县麦饭石在唐三彩釉料中应用的实验研究. 应用化工,2007,36(6)：619-621.

[24] 刘世明,曾令可,税安泽,等. 论黑色陶瓷色料的制备. 陶瓷,2007(5)：32-35.

[25] 刘志国. 浅谈建筑卫生陶瓷色料调配技术. 陶瓷科学与艺术,2005(2)：22-24.

[26] 翟新岗. 陶瓷色料在炻瓷无光釉中的应用. 佛山陶瓷,2009,19(22)：8-11.

[27] 毛必明. 日用陶瓷窑炉应用燃气的实例汇编,陶瓷研究,1986(1)：27-29.

[28] 刘海龙. 略谈景德镇古代陶瓷窑炉的发展与演变. 陶瓷研究,2009(2)：99-100.

[29] 颜汉军. 欧洲陶瓷窑炉节能技术综述. 陶瓷科学与艺术,2006(1)：34-36.

[30] 闫法强,陈斐,沈强,等. 放电等离子烧结技术制备熔融石英陶瓷. 硅酸盐通报,2007,26(2)：362-365.

[31] 李飞舟. 用超细氧化铝粉体制备氧化铝陶瓷的烧结工艺研究. 材料热处理技术,2008,37(18)：25-30.

[32] 中光科技. 实现氧化锆陶瓷插芯生产产业化. 光机电信息,2009(2)：46-47.

[33] 孙葆森,编译. Advanced Materials and Processes(先进材料和工艺),2009,3.

[34] 钱成雄,叶毓姝,吴坤南,等. 生物陶瓷(β-TCP 人工骨)治疗四肢骨折 22 例临床研究. 中国当代医药,2010,17(10)：37-38.

[35] 孟宪谦,李鹏. 节能减排材料的一支奇葩——多孔陶瓷材料. 中国建材,2008(10)：92-94.

[36] 世界经理人情报——bi.icxo.com,2003.

内容提要

　　全书共分四篇二十章,分别对水泥、混凝土、玻璃和陶瓷等无机非金属材料的工程案例进行了分析。主要内容包括:水泥原材料与配料,生料粉磨与均化,水泥烧成,水泥制成和特种水泥;混凝土材料与工程质量,混凝土施工,预应力混凝土知识要点,混凝土制品和大体积混凝土;玻璃混合料制备,玻璃熔窑及结构,玻璃成形,玻璃退火;陶瓷原料,陶瓷配料和坯料制备,陶瓷成型,釉料及色料,陶瓷烧结方法和先进陶瓷(或特种陶瓷)。

　　本书适用于应用型本科院校的材料学专业高年级本科生,也可作为从事无机非金属材料工程技术人员的参考用书。